清华电脑学堂

新手学电脑
办公应用标准教程

实战微课版

黄春风◎编著

清華大學出版社
北京

内容简介

本书以实用性为原则，以普及电脑使用方法为指导思想，以Windows 10操作系统为演示平台，用通俗易懂的语言对电脑的常规操作与设置进行详细阐述。

全书共12章，包括电脑的组成、电脑的组装和检测、Windows 10的基本操作、个性化设置、文件与文件夹管理、系统自带工具的使用、电脑上网的连接与设置、必备软件的使用、电脑的管理与优化、电脑的日常维护、Word/Excel/PowerPoint的基本应用等内容。书中除了基础知识的详细讲解与操作外，还穿插了“知识点拨”“注意事项”“动手练”等板块，以便让读者掌握疑难点、规避易错点。每章的结尾处还安排了“知识延伸”板块。

本书兼具逻辑性、实用性与综合性，全程图解，上手简单，边学边练。不仅可以作为电脑初学者、电脑爱好者的参考工具书，还可以作为各大中专院校及电脑培训机构的教学用书。

图书在版编目（CIP）数据

新手学电脑办公应用标准教程：实战微课版 / 黄春风编著. —北京：清华大学出版社, 2021.7
（清华电脑学堂）
ISBN 978-7-302-58411-7

Ⅰ. ①新… Ⅱ. ①黄… Ⅲ. ①办公自动化—应用软件—教材 Ⅳ. ①TP317.1

中国版本图书馆CIP数据核字（2021）第115629号

责任编辑：袁金敏
封面设计：杨玉兰
责任校对：胡伟民
责任印制：丛怀宇

出版发行：清华大学出版社
网　址：http://www.tup.com.cn，http://www.wqbook.com
地　址：北京清华大学学研大厦A座　　**邮　编：**100084
社 总 机：010-62770175　　**邮　购：**010-83470235
投稿与读者服务：010-62776969，c-service@tup.tsinghua.edu.cn
质 量 反 馈：010-62772015，zhiliang@tup.tsinghua.edu.cn
印 装 者：大厂回族自治县彩虹印刷有限公司
经　销：全国新华书店
开　本：170mm × 240mm　　**印　张：**17　　**字　数：**395千字
版　次：2021年7月第1版　　**印　次：**2021年7月第1次印刷
定　价：69.80元

产品编号：088997-01

前言

本书向读者介绍电脑版Windows 10的常规操作及使用技巧，让读者在短时间内掌握大量实用的电脑使用技能，并做到边学边用，熟练掌握电脑的操作方法。本书也针对新手办公用户介绍了Office系列软件，包括Word、Excel、PowerPoint的使用方法，让读者除了掌握电脑常用技巧外，也掌握常用的办公软件的应用方法。通过本书的学习，读者可以更好地使用并管理电脑，为以后的学习、工作打下坚实的基础。

本书特色

- **简单易学**。零基础入门，按照书中的操作，循序渐进地达到认识电脑、使用电脑、管理电脑的目的。
- **逻辑严谨**。按照电脑硬件、电脑软件、系统软件、应用软件、软件应用实例的顺序，简略介绍简单的操作知识，侧重技巧和实际应用的讲解。
- **涵盖面广**。涵盖电脑硬件、电脑软件、系统使用、系统管理优化、系统的日常维护、Office软件的使用等多方面知识。

内容概述

全书共13章，各章内容如下。

章	内容导读	难点指数
第1章	主要介绍电脑的历史、特点、用途及分类、电脑的内部组件、电脑的外部组件、电脑的工作原理、软硬件系统相关知识等	★☆☆
第2章	主要介绍电脑硬件的组装过程、设备的连接、电脑硬件、CPU、内存、硬盘、显卡查看和检测软件的使用、电脑温度监控、跑分、实时监测等	★★☆
第3章	主要介绍Windows 10的启动、退出、窗口的操作、对话框的操作、常用快捷键及其功能介绍、图形密码的设置等	★★☆
第4章	主要介绍系统桌面图标的设置、Windows主题的设置、任务栏的设置、开始菜单的设置、日期和时间的设置、Windows字体的管理和分辨率的更改等	★★☆
第5章	主要介绍Windows 10的文件及文件夹的多种查看方式、排序和筛选功能、文件夹的基本操作、加密、搜索等	★★☆
第6章	主要介绍Windows截图工具的使用、Edge浏览器的使用、记事本及写字板的使用、计算器的使用、输入法的使用、多屏显示的设置、画图工具的使用等	★★☆

（续表）

章 节	内 容 导 读	难点指数
第7章	主要介绍计算机网络的定义及功能、分类和结构、网络硬件设备、电脑上网方式、硬件的连接、软件的设置、连接无线路由器及设置IP地址等	★★★
第8章	主要介绍软件的安装、卸载及应用操作，例如解压缩软件、下载软件、百度网盘、QQ浏览器、QQ与微信、电子邮箱、多媒体软件、本地播放软件、在线客户端软件等	★★★
第9章	主要介绍电脑设置默认应用软件、禁用自启动软件、修改默认文件夹位置、Windows隐私和权限的设置、游戏模式的设置、放大系统字体、系统垃圾清理、配置存储感知、配置电源管理、电脑管家的应用等	★★★
第10章	主要介绍电脑病毒和木马的概念、安全软件的使用、电脑的备份和还原、重置操作系统、电脑驱动的安装备份与还原、硬盘碎片整理、数据恢复、Windows更新的使用等	★★★
第11章	主要介绍Word文档的创建、页面设置、输入与保存、文本的选择、格式设置、格式刷的使用、段落格式的设置、添加编号和项目符号、插入及编辑图片、打印与输出、查找和替换等	★★☆
第12章	主要介绍Excel工作簿的创建与保存，工作表的基本操作、插入、删除行或列，填充柄的使用，单元格格式的更改，调整行高、列宽及对齐方式，数据的排序、筛选、分类汇总，公式、函数的使用，创建图表的方法等	★★☆
第13章	主要介绍演示文稿的创建和保存，幻灯片的常规操作，添加图片的方法，添加音频、视频的方法，视频的剪裁，添加转场动画，添加动画效果，添加超链接的方法等	★★☆

附赠资源

- **案例素材及源文件**。附赠书中所用到的案例素材及源文件，方便读者学习实践，扫描图书封底的二维码即可下载。
- **扫码观看教学视频**。本书涉及的疑难操作均配有高清视频讲解，共50段、80分钟，扫码即可观看。
- **作者在线答疑**。作者具有丰富的实战经验，在学习过程中如有任何疑问，可进QQ群（群号在本书资源包中）与作者交流。

本书由黄春风编著，笔者在编写过程中力求严谨细致，但由于时间与精力有限，疏漏之处在所难免，望广大读者批评指正。

编　者

目录

全面认识电脑

电脑的组装与检测

Windows 10的基本操作

操作系统个性化设置

第5章 文件与文件夹的管理

第6章 系统自带工具的使用

电脑网络及连接上网

上网必备的软件

电脑的管理及优化

电脑的日常维护

日常办公从Word开始

数据管家——Excel电子表格

PPT演示文稿的应用

第1章 全面认识电脑

电脑也称为计算机，发展至今已经有70多年的历史。作为一种用于高速计算的设备，发展迅速并不断改变着人们的生活方式。

在互联网高速发展的今天，虽然手机等智能终端的便携性和丰富的软件及功能已经让人们不再完全依赖电脑，但一些专业性领域仍然是手机无法代替的，例如大型游戏、专业软件的使用和大型数据的处理等，所以有必要学习并掌握一些关于电脑方面的知识。本章将介绍电脑的历史、组成、原理等一些基础知识。

1.1 电脑概述

本节将详细介绍电脑的历史、发展、特点、用途及分类。

1.1.1 电脑的出现和发展

科技的进步除了由需求和市场决定外，战争也是一种推动手段，电脑的出现就源于第二次世界大战。

第二次世界大战的爆发带来了强大的计算需求。宾夕法尼亚大学电子工程系教授约翰·莫克利（John Mauchly）和他的研究生埃克特（John Presper Eckert）计划采用真空管建造一台通用的电子计算机，帮助军方计算弹道轨迹。1943年，这个计划被军方采纳，约翰·莫克利和埃克特开始研制ENIAC（Electronic Numerical Integrator And Computer，电子数字积分计算机），并于1946年2月14日研制成功。ENIAC被认为是第一台实际意义上的计算机，如图1-1及图1-2所示。

图 1-1

图 1-2

不久之后，两人又研制了新型EDVAC（Electronic Discrete Variable Automatic Computer），即离散变量自动电子计算机。同时，冯·诺依曼开始研制自己的EDVAC计算机，并成为当时计算速度最快的计算机，其设计思想一直沿用至今，具体内容如下。

- **二进制：** 根据电子元件双稳工作的特点，建议在电子计算机中采用二进制，二进制的采用大大简化了计算机的逻辑线路。
- **程序和数据的存储引出了存储程序的概念：** 计算机执行程序是完全自动化的，不需要人为干扰，能连续自动地执行给定的程序并得到结果。

EDVAC方案明确了计算机由五部分组成，包括运算器、逻辑控制装置、存储器、输入设备和输出设备，并描述了这五部分的功能和相互关系。冯·诺依曼对EDVAC中的两大设计思想作了进一步论证，为计算机的设计树立了一座里程碑，因此，冯·诺依曼被誉为“现代电子计算机之父”。

计算机发展至今，主要分为四个阶段。

1. 第 1 代：电子管数字机（1946—1958 年）

电子管数字机的硬件方面，逻辑元件采用真空电子管，如图1-3所示，主存储器采用汞延迟线，外存储器采用穿孔卡片和纸带。软件方面采用机器语言、汇编语言。应用领域以军事和科学计算为主，特点是体积大、功耗高、可靠性差、速度慢（每秒处理几千条指令）、价格昂贵，但为以后的计算机发展奠定了基础。

2. 第 2 代：晶体管数字机（1958—1964 年）

晶体管数字机的逻辑元件采用晶体管，如图1-4所示，使用磁芯存储器作为内存，外存为磁带，可以连续处理编译语言。应用领域以科学计算、数据处理、事务管理为主，并开始进入工业控制领域。特点是体积缩小、能耗降低、可靠性提高、运算速度提高（一般每秒可处理几万至几十万条指令），性能比第一代计算机有很大的提高。

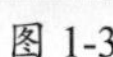
图 1-3

图 1-4

3. 第 3 代：集成电路数字机（1964—1970 年）

第3代计算机如图1-5所示，逻辑元件采用中、小规模集成电路（MSI、SSI），内存采用半导体存储器，外存采用磁带、磁盘，如图1-6所示。软件方面出现了分时操作系统及结构化、规模化的程序设计方法，可以实时处理多道程序。特点是速度更快（每秒处理几十万至几百万条指令），且可靠性有了显著提高，价格进一步下降，产品走向了通用化、系列化和标准化。应用领域以自动控制、企业管理为主，开始进入文字处理和图形图像处理领域。

图 1-5

图 1-6

知识点拨

IBM与电脑发展

电脑的发展史就是IBM的历史，前三代都明白无误地以IBM公司的电脑作为“代际”产品标志。IBM360的研制成功，标志着大量使用集成电路的第三代电脑正式登上历史舞台，其研制费用共计50亿美元，是美国研制第一颗原子弹“曼哈顿工程”的2.5倍。

4. 第 4 代：大规模集成电路机（1970 年至今）

大规模集成电路机在硬件方面，逻辑元件采用大规模和超大规模集成电路（LSI和VLSI），如图1-7所示。内存使用半导体存储器，外存使用磁盘、磁带、光盘等大容量存储器。软件方面出现了数据库管理系统、网络管理系统和面向对象语言管理系统等，处理能力大幅度提升（每秒处理上千万至万亿条指令）。1971年世界上第一台微处理器在美国硅谷诞生，开创了微型计算机的新时代。应用领域从科学计算、事务管理、过程控制逐步走向家庭，并在办公自动化、数据库管理、文字编辑排版、图像识别、语音识别中发挥更大的作用。

随着网络的发展，计算机从传统的单机发展到依托于网络的终端模式。多核心、多任务，更高的稳定性，更强的处理能力，更专业的显示、存储技术的出现，使电脑的应用领域和技术水平都达到了前所未有的程度。

图 1-7

1.1.2 电脑的特点、用途及分类

电脑既可以进行数值计算，又可以进行逻辑计算，并具有运算、控制、存储单元。下面主要讲述电脑有哪些特点、哪些分类，又主要应用在什么方面。

1. 电脑的特点

电脑的主要特点如下。

- **高速、精确的运算能力：** 无论怎么发展，核心的计算能力永远是衡量电脑好坏的一个主要标准。
- **准确的逻辑判断力：** 除运算能力外，电脑还负责逻辑判断的运算，随着算法越来越完善，电脑的逻辑判断力也在逐步提高。
- **强大的存储能力：** 电脑的内部存储保障了CPU的运算速度，而外部存储，例如硬盘，已经从机械硬盘向固态硬盘过渡。除了容量上成倍提升，在速度上也已经突破了传统机械硬盘的瓶颈。
- **自动功能：** 电脑可以按照预先编写的程序，连续、自动地工作，无须人员干涉，运算、存储、判断过程对用户来说属于透明。
- **网络与通信功能：** 随着网络的发展，传统以单台电脑为中心的结构，已经逐渐发展为以网络为中心、电脑之间高速传输数据的结构。

2. 电脑的用途

电脑主要进行科学计算，但不能狭义地理解为计算器的数值计算，而是多种科学计算和逻辑判断的集合。

（1）科学计算。

电脑的用途首先是科学计算，包括工程力学的测试计算、人造卫星轨道计算、基因序列分析及最常见到的天气预测等都属于该范畴。

（2）数据、信息处理。

计算机处理的数据不仅仅是数值，还包括文字、图像、声音、视频等各种数据、信息。

（3）计算机辅助技术。

例如计算机辅助设计（CAD）、计算机辅助制造（CAM）、计算机辅助测试（CAT）、计算机辅助教学（CAI）等，如图1-8所示。计算机模拟与仿真、集成电路设计、测试、核爆炸、地质灾害模拟等是人工无法实现的，只有通过计算机进行模拟计算实现并提取需要的数据。

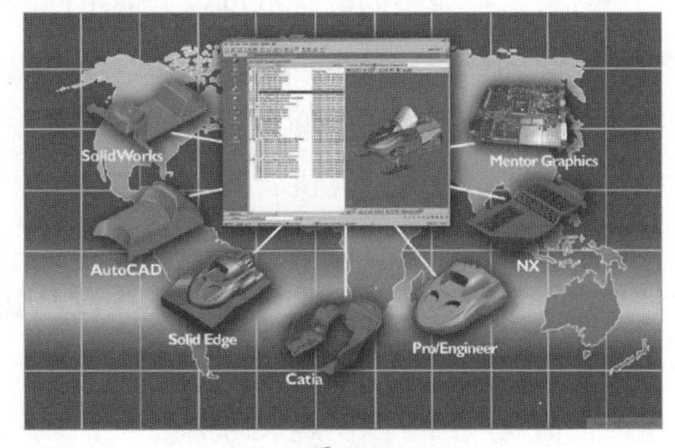

图 1-8

（4）过程控制。

在工业环境中，电脑可以进行过程控制，代替人工在各种危险复杂的环境中，按照预设程序不间断、无错误、高精度、高速度地完成各种复杂作业。

（5）网络通信。

电脑通过网络连接各种服务器，实现下载、上传、分享、网上购物、点餐、订票、缴费、转账、游戏等各种功能，如图1-9所示。

（6）人工智能。

人工智能是用于模拟、延伸和扩展人的智能理论、方法、技术及应用系统的一门新的技术科学。通过计算机模拟，可以进行语言识别、图形识别、医疗诊断、故障诊断、智能分拣、计算机辅助教育、案件侦破和经营管理等诸多工作，如图1-10所示。

图 1-9

图 1-10

（7）多媒体应用。

电脑通过多媒体（文本、图形、图像、音频、视频、动画）与人进行交互，并将信息与数据通过多媒体文件进行存储与管理。结合虚拟现实技术、虚拟制造技术打造新一代的多媒体应用。

（8）嵌入式系统。

嵌入式系统是一种专门的计算机系统，穿戴设备、家电、汽车等很多应用领域都采用了嵌入式系统。大多数嵌入式系统是由单个程序实现整个系统的控制。

3. 计算机的类型

计算机按照不同的标准可以分成不同的种类，例如按照处理的数据类型可以分为模拟计算机和数字计算机。按照应用领域可以分为通用计算机和专用计算机。按照计算机的运算速度、字长、存储容量、软件配置等综合性能指标，可以分为巨型机、大型通用机、小型机、个人计算机、工作站、服务器等。

（1）巨型机。

巨型机，又称为大型电脑，特点是占用空间大，具有非常强的处理能力，如图1-11所示。它广泛应用于金融业、天气预报、石油和地震勘测等领域。巨型机的研制水平、生产能力及应用程度已经成为衡量一个国家经济实力和科技水平的重要标志。

图 1-11

（2）大型通用机。

大型通用机的通用性强，具有很强的综合处理能力，应用覆盖面广，通常称为“企业级”计算机或者大型机。

（3）微型机。

微型机体积小、结构简单、可靠性高、对环境要求低、易于操作及维护。它的应用领域比较广泛，例如工业自动控制、大型分析仪器、测量仪器、医疗设备的数据采集、分析等。

（4）个人计算机。

个人计算机，通常称为个人电脑，包括PC机和笔记本电脑等。它出现于20世纪70年代，因其受众广、功能全、软件丰富、价格适中等特点，一直活跃在计算机舞台上。

（5）工作站。

工作站是介于个人电脑和小型机之间的一种高档微型计算机，运算速度快，主要应用于图像处理中心、计算机辅助设计中心等领域。

（6）服务器。

服务器依托网络来对外提供服务，是一种高档的微型计算机，如图1-12所示。工作时侦听网络请求并提供相应的网络服务。服务器有高速的运算能力、长时间稳定工作的能力、强大的数据吞吐和处理能力。服务器架构同微型机基本一样，但硬件一般是特制的并具有较强的安全性及可扩展性。

图 1-12

常见服务器的种类

服务器根据提供的服务不同，可以分为提供网页服务的Web服务器、提供文件下载的ftp服务器、提供网址解析的DNS服务器、提供IP地址分配的DHCP服务器、提供E-mail服务的电子邮件服务器、提供数据服务的数据库服务器，此外，还有OA服务器、打印服务器等。

服务器是构建互联网所必需的，主要特点如下。

- 只有客户端请求才提供服务。
- 对客户透明，用户只需要从服务器获取需要的数据，不用管服务器的结构、系统、硬件等。
- 服务器通过软件实现其不同服务的功能。一台服务器可以提供多种服务，多台服务器也可以通过组建服务器集群来提供一种服务。

4. 计算机的发展方向

未来计算机的发展将向着巨型化、微型化、网络化、智能化的方向发展。

- **巨型化：** 计算速度更快、存储容量更大、功能更完善、可靠性更高。
- **微型化：** 价格低廉、更加轻薄便携、功耗低、待机时间长、软件丰富。
- **网络化：** 将以网络为中心，逐渐向网络终端的方向发展。
- **智能化：** 可以模仿人类的思维和感觉，未来的计算机将可以接受自然语言指令，可以与人交互并自我思考，完成复杂的工作。

由于纳米技术、光技术、生物技术、量子技术等技术的发展，下一代计算机也可能采用各种高新技术，从而完成新的蜕变。

（1）模糊计算机。

对问题的判断不以准确值进行反馈，而取模糊值，包括接近、几乎、差不多等表示。通过这样的方式，让计算机具有学习、思考、判断和交互的能力，可以识别物体，甚至可以帮助人们从事复杂的脑力劳动。

（2）生物计算机。

生物计算机，又称为仿生计算机，以生物芯片取代在半导体硅片上集成的数以万计的晶体管而制成的计算机。涉及计算机科学、大脑科学、神经生物学、分子生物学、生物物理、生物工程、电子工程、物理学、化学等多学科。主要研究有关大脑和神经元网络结构的信息处理和加工原理，建立全新的生物计算机原理，探讨适于制作芯片的生物大分子的结构和功能。

（3）光子计算机。

光子计算机是由光信号进行数字运算、逻辑判断、信息存储和处理的新型计算机。

（4）量子计算机。

量子计算机主要解决计算机中的能耗问题，概念源于对可逆计算机的研究。

（5）超导计算机。

超导计算机是利用超导技术研制的计算机，运算速度是电子计算机的100倍以上，而能耗仅为1%。

1.2 电脑的组成

前面讲解了电脑的历史及未来发展趋势，那么电脑究竟包含哪些部件，是如何组成的呢？

1.2.1 电脑的内部组件

电脑的内部组件是机箱中的硬件设备，主要有以下配件。

1. CPU

CPU也称为中央处理器，常见的Intel CPU如图1-13所示，主要负责电脑的所有运算工作，体积很小，但科技含量却是整个电脑中最高的。CPU的制作过程将光的应用发挥到了极致。

2. 主板

主板属于电脑的中枢，一般是一块大规模集成电路板，如图1-14所示，用来接驳电脑的内部硬件及外部设备并在其间提供高速的数据通道。

图 1-13

图 1-14

3. 内存

内存是计算机的主要缓存设备，如图1-15所示，用来存放CPU经常用到的各种数据、程序等资源，提供高速的数据交换。

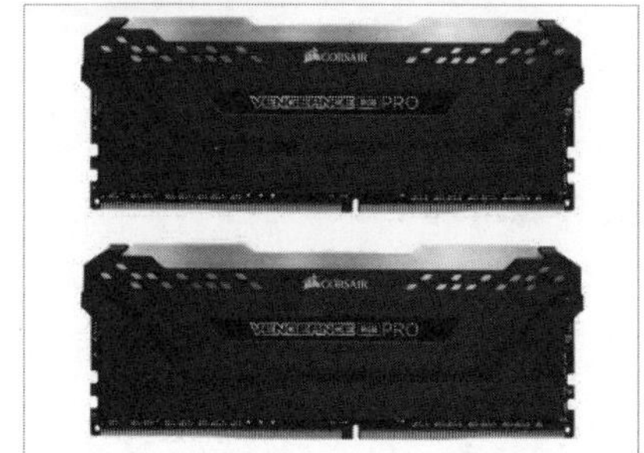

图 1-15

4. 硬盘

硬盘是电脑主要的数据存储设备，现在处于机械硬盘到固态硬盘的过渡时期，常见的硬盘如图1-16所示。

图 1-16

知识点拨

M.2固态硬盘

除了如图1-16所示的SATA接口以及mSATA接口的固态硬盘外，还有一种接口是M.2的固态硬盘，如图1-17所示。这是一种可以连接PCI-E通道的高速设备，配合NVme协议，速度可以达到3000 MB/s以上。

图 1-17

5. 显卡

显卡主要为电脑提供显示输出，如图1-18所示，其价格在计算机的硬件中和CPU一并属于较高的。显卡分为CPU自带的核显及独立显卡。如要享受游戏的效果，建议选择中高档次的独立显卡。

图 1-18

6. 电源

电脑无法直接使用220 V交流电，需要通过电源的转化，变成不同电压的直流电为各个设备供电。所以，电源的好坏直接关系到电脑的稳定性，尤其是使用中高端显卡后，必须要配备一块额定功率比较高的电脑电源。常见的电脑电源如图1-19所示。

知识点拨

电源额定功率与峰值功率

电源功率的决定因素有两个，额定功率和峰值功率。额定功率是指电源在电脑内部组件正常工作时能提供的稳定的功率的最大值；峰值功率是指电源最大的瞬间输出功率，这个数值是虚值，因为电源不可能长时间工作在峰值功率，否则可能造成整个硬件系统的不稳定，甚至烧毁硬件。所以，用户在挑选时，可以忽略峰值功率，重点查看额定功率，尤其是12 V电压所提供的额定功率。

图 1-19

7. 其他内部组件

CPU的散热器，例如360水冷散热，如图1-20所示，还有负责安放各组件的机箱，如图1-21所示。机箱的主要作用是隔离辐射、建立散热风道等。其他内部组件还有很多，例如电脑的PCI-E无线网卡、PCI-E声卡等，但不是必需的。

图 1-20

图 1-21

1.2.2 电脑的外部组件

电脑的内外部组件以机箱为分隔线，只有内部组件的电脑是不完整的，还需要外部组件的支持才能使用，常见的外部组件有以下几种。

1. 显示器

电脑显卡将显示信号发送给显示器，显示器接收信号并处理后将画面展示给用户。常见的显示器如图1-22所示。

图 1-22

2. 键盘和鼠标

键盘和鼠标是电脑的主要输入设备，没有键盘和鼠标就无法操作电脑。目前键盘从传统的薄膜键盘在向更高级的机械键盘发展。鼠标分为有线及无线鼠标，还有二合一及人体工程学键鼠。一般键盘和鼠标是成套销售的，如图1-23所示。高端用户可以选择更加专业的电竞套装或者单品。

图 1-23

3. 音箱和耳麦

音箱和耳麦是电脑的主要输出设备，与显示器显示视频信号类似，音箱和耳麦主要是发出声音。以前装机时音箱是标配，后来逐渐被带有震动的多声道沉浸式耳机所代替，而且耳麦还可以为电脑输入音频信号，在工作和游戏中可以更好地和同伴交流。常见的音箱如图1-24所示，耳麦如图1-25所示。

图 1-24

图 1-25

4. 摄像头

摄像头是电脑视频聊天必备，负责视频信号的输入。现在又新增一个用途——直播。常见的摄像头如图1-26所示。

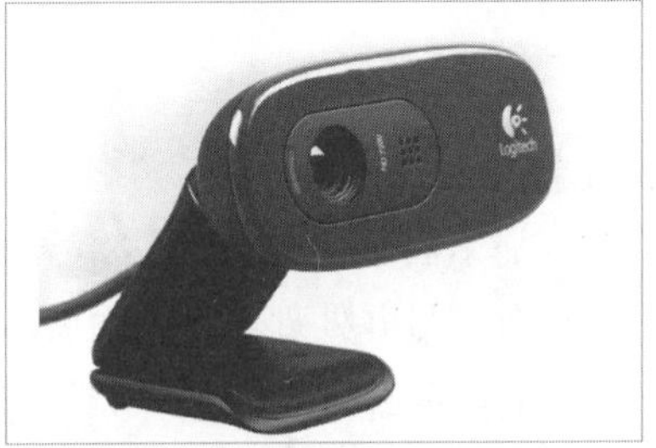

图 1-26

5. 打印机

打印机是电脑的主要输出设备之一，主要负责将文档、照片输出到打印纸上，现在的一体式打印机还提供扫描、传真、无线打印等功能。打印机按照原理，可以分为针式打印机、喷墨打印机、激光打印机。常见的打印机如图1-27所示。

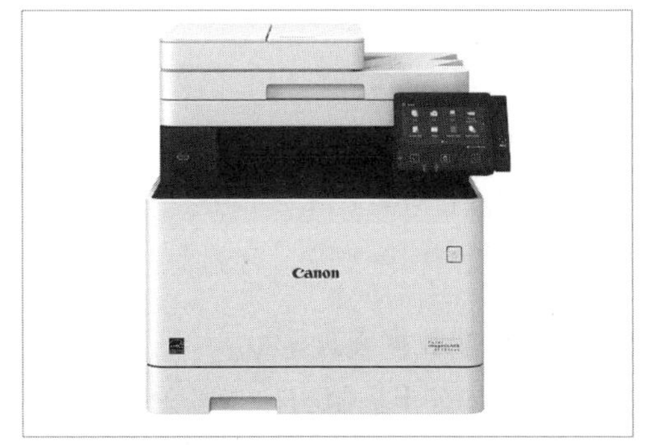

图 1-27

6. 其他外部设备

随着电脑的发展，出现了大量的外部设备。常见的外部设备包括移动硬盘、U盘、移动光驱、USB无线网卡、手绘板，如图1-28所示。还有一些通过无线进行连接的智能设备，例如安防、监控、智能家电等产品，如图1-29所示。

图 1-28

图 1-29

1.3 电脑的工作原理

前面介绍的都是电脑的硬件系统，而电脑正常工作还需要软件的支持，下面介绍电脑的工作原理及软硬件在其中的作用。

1.3.1 电脑的信息表示与存储

电脑的工作过程包括数据信息的收集、存储、处理和传输。下面从数据信息的角度介绍电脑对数据信息的处理方式。

1. 数据和信息

- **数据：**输入到电脑并能被识别的数字、文字、符号、声音和图像等，都可以称为数据。

- **信息**：对各种事物变化和特征的反映，是经过加工处理并对人类客观行为产生影响的数据表现形式，人们通常通过接收信息来了解具体事物。

数据经过处理产生了信息，信息具有针对性、时效性。信息是有意义的，而数据是纯数字，没有实际意义。经过对数字的处理产生的有用数据就是信息。

2. 计算机的数据表现形式

ENIAC是十进制的计算机，逢十进一。而冯・诺依曼在研制EDVAC时，提出二进制，逢二进一，从而提高计算机的处理效率。

采用二进制的计算机，具有运算简单、易于在电路中实现、通用性强、便于逻辑判断、可靠性高的特点。当然单纯的二进制只是方便计算机处理数据，对用户而言属于透明层。

计算机的各种输入设备，将各种模拟信号通过技术手段转换成数字信号，交由计算机处理，再通过数/模转换，将其转换为模拟信号，通过输出设备展示给用户，例如让耳麦发出声音，让显示器显示图像。

3. 计算机中的数据单位

计算机中数据单位有以下几种。

（1）位（bit）。

电脑中最小单位是“位”，一个数称为1位，例如0或1。

（2）字节（Byte）。

字节是存储容量的基本单位，1字节是8位，也就是1Byte=8bit，通常字节被简写成“B”。电脑中的存储换算关系为：1KB=1024B（2^{10}B），1MB=1024KB（2^{20}B），1GB=1024MB（2^{30}B），1TB=1024GB（2^{40}B）。

注意事项 硬盘容量的计算方法

用户购买了1TB的硬盘，但是容量只有900多GB。这是由于操作系统和硬件厂商的计算方式不同，操作系统的计算方式是按1024进行换算，而硬件厂商按1000进行换算。生产时，按照1TB=1000GB=1000*1000MB=1000*1000*1000KB=1000*1000*1000*1000B进行计算。而在电脑存储时，是按照1TB=1024GB=1024*1024MB进行计算和显示，所以中间有差值。通常经过换算，标称1TB的硬盘在电脑中显示是931.33GB，除去一些固件占有的空间，也能达到931GB，如图1-30所示，如果差的比较多，可能买到了有问题的硬盘。

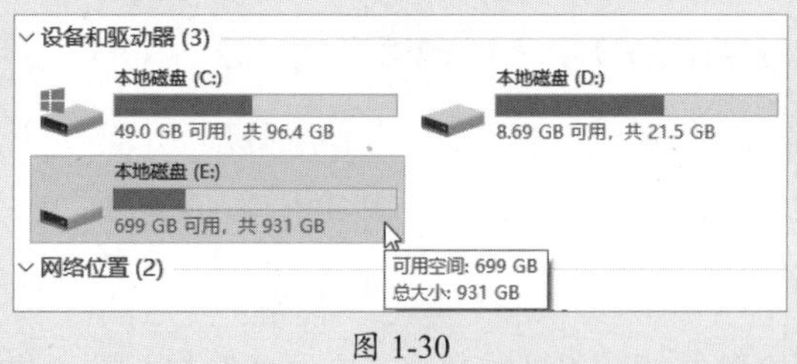

图 1-30

（3）字长。

计算机一次能处理的二进制数的长度，一般为8位、16位、32位及64位，一些超级计算机能处理的字长达到128位。例如常说的64位操作系统，配合支持64位的处理器，才能达到该处理速度。用户可以在“此电脑”的“属性”界面中，查看当前的CPU和操作系统是否是64位，如图1-31所示。

图 1-31

4. 字符的编码

在计算机中通过不同的编码表示不同的信息，例如英文字母使用的是ASCII码，而汉字采用的是双字节的汉字内码。随着需求的变化，这两种编码又有被统一的Unicode码所取代的趋势。所以，信息在计算机中的二进制编码是一个不断发展的、跨学科的综合型知识领域。

1.3.2 电脑的硬件系统

前面介绍了电脑中的各种硬件，那么这些硬件如何协同工作？原理是什么？前面介绍了冯·诺依曼体系结构，将计算机的结构分为运算器、控制器、存储器、输入设备、输出设备五部分。

1. 运算器

运算器的作用是对数据进行各种运算，除了加、减、乘、除外等基本运算外，还包括进行逻辑处理的“逻辑判断”，即“是”“否”“与”“或”“非”等基本逻辑条件以及数据的比较、移位等操作。

2. 控制器

控制器是指挥计算机各个部件按照指令的功能要求协调工作的组件，是计算机的神经中枢和指挥中心，由指令寄存器（Instruction Register，IR）、程序计数器（Program Counter，PC）、指令译码器（Instruction Decoder，ID）和操作控制器（Operation Controller，OC）四个部件组成并负责协调整个电脑的有序工作。

IR用于保存当前执行或即将执行的指令代码；ID用来解析和识别IR中所存放指令的性质和操作方法；OC根据ID的译码结果，产生该指令执行过程中所需的全部控制信号和时序信号；PC总是保存下一条要执行的指令地址，从而使程序可以自动、持续地运行。

电脑指令的执行过程包括取指令、分析指令、生成控制信号、执行指令、重复执行几个步骤。

3. 存储器

存储器是存储数据和程序的硬件，一般分为内存和外存。内存用来存储当前执行的数据、程序和结果。外存属于辅助存储设备，负责存储文件、资料等。内存数据会因断电而丢失，属于易失性存储，速度非常快。外存断电不会丢失，速度相对内存慢一些，但容量比内存大很多。

（1）内存。

常见的内存就是内存条，是与CPU进行沟通的桥梁。计算机中所有程序都是在内存中运行的，主要作用是调取并暂时存储CPU运算所需的常用数据，同时与硬盘等外部存储器进行数据交换。内存按照功能可分为随机存取存储器（RAM）及只读存储器（ROM）。还有一种特殊的内存，就是CPU的高速缓存（Cache），位于CPU中，用来在CPU与内存之间交换数据，容量非常小，但速度非常快，主要用来解决CPU与内存的速度差，一般有L1、L2、L3三级缓存。代数、频率、容量和速度是内存的重要指标。

（2）外存。

外存最常见的是机械硬盘、固态硬盘、U盘、光盘等。

机械硬盘是一块覆盖了磁性材料的盘面，在中心马达的带动下高速旋转，通过读写磁头进行读写。读写时，磁头和盘片的距离非常小，所以非常怕碰撞。一个硬盘可能由多个盘片或者多个磁头组成。一般电脑使用的是3.5寸机械硬盘，笔记本使用的是2.5寸机械硬盘。

固态硬盘从原理上和U盘类似，没有机械部分，通过存储颗粒进行存储，不怕碰撞，速度比机械硬盘快得多。现在固态硬盘正在逐渐蚕食机械硬盘的市场份额。电脑使用的固态硬盘分为M.2接口固态硬盘及2.5寸的SATA接口固态硬盘。笔记本硬盘使用的固态硬盘一般是2.5寸接口的。

4. 输入 / 输出设备

前面已经介绍了键盘、鼠标、摄像头、扫描仪、手写笔、手绘板、游戏柄、麦克风等都属于输入设备，可以将模拟信号输入电脑中，转化成数字信号，控制或者作为数据进行存储及转发。输出设备主要有显示器、打印机、绘图仪、数字电视等。

知识点拨

像素、点距与分辨率

显示屏的分辨率取决于显示器的像素多少。这种独立的显示点称为像素，两个像素之间的距离称为点距。分辨率是指显示器所能显示的像素一共有多少，是显示器的一项重要指标。

1.3.3 电脑的软件系统

电脑只有硬件是无法工作的，还要有对应的软件系统。程序是指为实现特定目标或解决特定问题而使用计算机语言编写的命令序列的集合。电脑软件其实就是程序的集合，电脑软件可分为系统软件和应用软件两大类。

1. 系统软件

系统软件是指控制和协调电脑及外部设备，支持应用软件开发和运行的软件。主要用于电脑的内部管理、控制和维护电脑各种资源等。

- **操作系统：**最常见的系统软件是操作系统，例如经常使用的Windows 10系统，如图1-32所示。

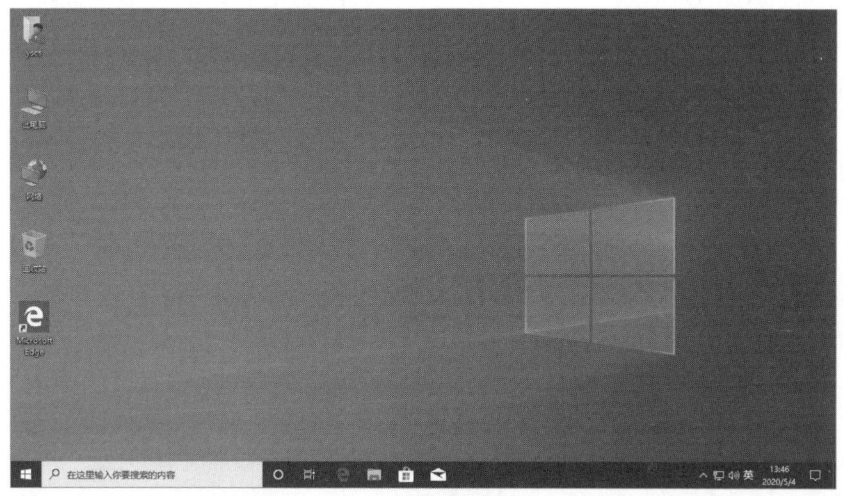

图 1-32

其他常见的桌面操作系统，还有已经停止更新的Windows 7及Linux桌面系统，如图1-33及图1-34所示。

图 1-33

图 1-34

除了桌面操作系统外，还有专门用于服务器使用的服务器系统，例如常见的Windows Server 2019服务器系统（图1-35），以及Linux的服务器系统（图1-36）。

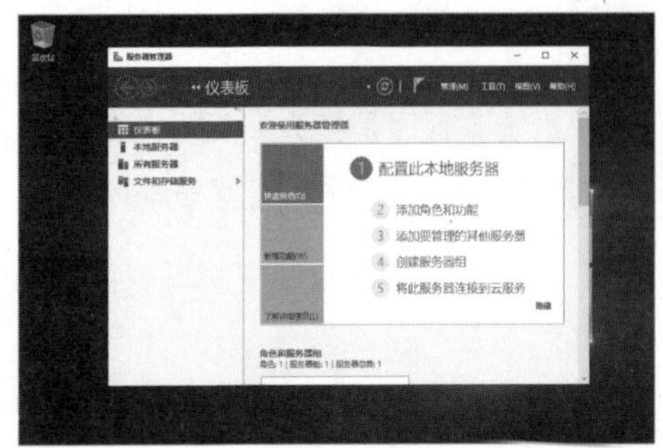

图 1-35

图 1-36

- **语言处理系统：** 包括机器语言、汇编语言和高级语言。
- **数据库管理程序：** 数据库是以一定的组织方式存储，且具有相关性的数据集合。数据库管理程序主要用来实现用户对数据库的建立、管理、维护和使用的软件。常见的数据库软件有MySQL，如图1-37所示。

图 1-37

- **系统辅助处理程序：** 为电脑系统提供服务的工具和支持软件，例如编辑程序、程序调试、系统诊断程序等，目的是维护操作系统的正常运行。

2. 应用软件

应用软件是为了某种特定的用途而开发的软件，例如经常用到的工具软件、办公软件、多媒体处理软件等，如图1-38及图1-39所示。

图 1-38

图 1-39

知识延伸：电脑程序设计及执行

程序都是人编写的，而计算机能够读懂的是机器语言，所以使用高级语言编写的程序，需要先转换成汇编语言，再转换为机器可以读懂的机器语言后，电脑才能执行，以进程和线程的方式存在。

1. 程序设计语言

电脑虽然是电子设备，但是也必须遵循一定的规则。反过来，要让电脑按照设计者的想法工作，必须给电脑下达指令，而且该指令必须是电脑能够读懂的。正常情况下，使用者仅仅通过鼠标和键盘就可以使用电脑，底层语言对于用户来说属于透明的。

计算机语言可分为以下三类。

（1）机器语言。

机器语言是直接用二进制码表达的计算机语言，用“0”和“1”组成的一串计算机可以读懂的指令，有一定的位数并分成若干段，各段代码代表的含义不同。

（2）汇编语言。

汇编语言是面向计算机的程序设计语言，用助记符代替计算机指令的操作码，用地址符号或标号代替指令或操作数的地址，从而增强程序的可读性并降低编写难度。当然，汇编语言并不能被直接使用和执行，必须由汇编程序或汇编语言编译器转换成机器指令。汇编程序将符号化的操作代码转换成处理器可以识别的机器指令，这个转换过程叫作汇编。

（3）高级语言。

高级语言是相对于汇编语言来说的，目的是更加简化编写过程，并使语言和逻辑更接近自然语言和数学公式语言，基本脱离了计算机的硬件系统。

现在大多数语言都是高级语言，但高级语言并不是特指某一种具体的语言，而是包含很多编程语言，例如C语言、Java、Python、C++、C#、VB、JavaScript、PHP等。这些语言的语法、命令格式都不相同，但是思路相近，学好一门语言，再学习其他语言就非常快。

2. 进程与线程

下面介绍电脑中运行的程序和进程与线程之间的关系。

（1）进程。

一个进程就是一个正在被执行的程序实例，包括运行中的程序所占有的资源，例如CPU、内存、网络等。一个程序可以被多次执行，程序之间是独立的，叫作多个进程。用户可以在任务管理器中查看当前系统中运行的进程，如图1-40所示。

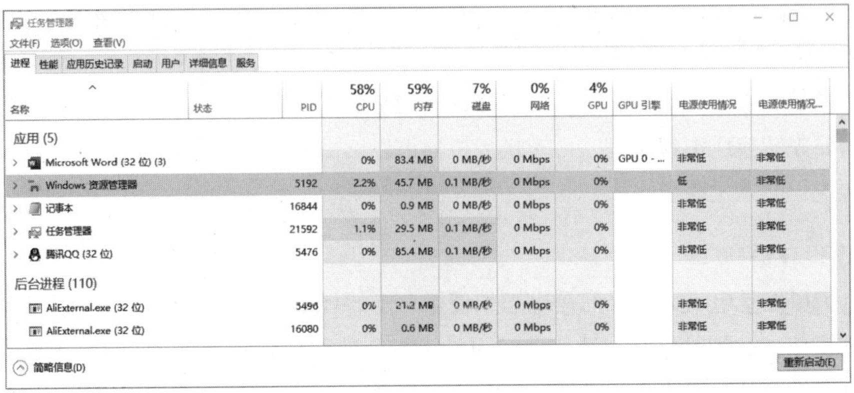

图 1-40

用户可以在程序出错或者未响应时，在任务管理器中结束进程，如图1-41所示。建议用户使用正常的步骤结束任务。

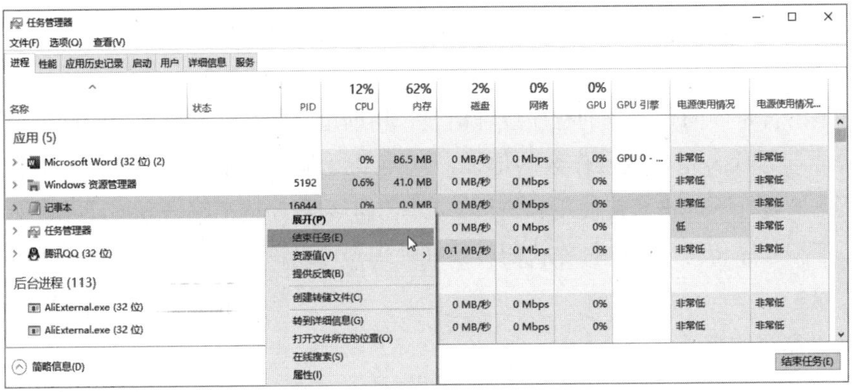

图 1-41

（2）线程。

线程是进程中的实体。一个进程可以有多个线程，一个线程必须有一个父进程，线程不占用系统资源，只运行必需的一些数据结构，与父进程的其他线程共享该进程所拥有的全部资源。线程可以创建和撤销，从而实现程序的并发执行。线程具有就绪、阻塞和运行三种基本状态。

多线程处理器在处理多线程任务时具有很大优势，不同的线程可以在不同的CPU上运行，同一进程的多个线程也可以这样。进程中的线程之间的隔离程度要小于进程之间的隔离，可以共享内存、文件和其他各个进程状态。

知识点拨

电脑中各程序之间的地位并不是平等的、内核态属于高级别，可以拥有电脑所有的硬件资源；普通态即用户态，访问的资源数量和权限均受到影响。

第2章 电脑的组装与检测

本章介绍电脑的组装过程以及硬件的检测和监测方法。通过本章的学习，用户能做到独立安装电脑，理解电脑中硬件的接口和接线方法及顺序。

2.1 电脑的组装

电脑的组装并不复杂，新手按照正确的步骤操作，就可以独立完成电脑的组装。组装过程中切记不能使用蛮力。

2.1.1 组装前的准备工作

电脑组装前需要做一些准备，这样安装才能顺利进行。

1. 工具准备

- **十字花螺丝刀：** 拆装螺丝必需的工具，可以准备几把不同长度的螺丝刀，以适应不同的机箱和硬件构造，如图2-1所示。
- **尖嘴钳：** 主要用来调整机箱的挡板，如图2-2所示。

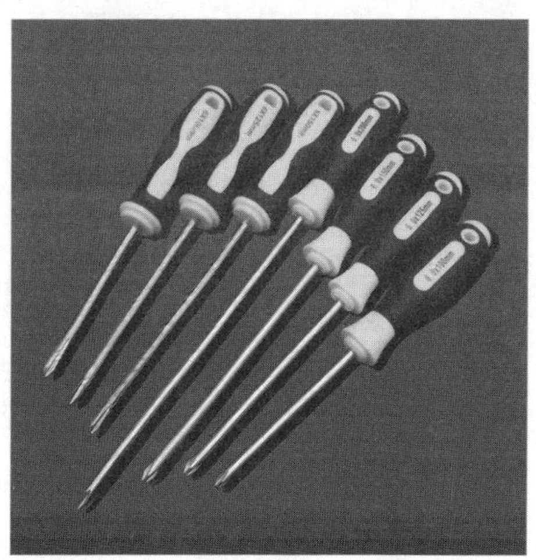

图 2-1

图 2-2

2. 检查硬件

在拆硬件包装前，需要进行全面的硬件检查，确认是否有损坏和不匹配的问题。主要确认的有如下事项。

- **CPU和主板芯片组是否匹配：** 最直接的办法是查看主板说明，看CPU是否在主板支持的列表中，或者查看主板支持的针脚数是否与CPU一致。
- **内存和主板是否匹配：** 现在内存基本上是DDR4，主要是确认接口是否匹配。
- **显卡与显示器是否匹配：** 主要确认显卡提供的接口（图2-3）与视频线接口是否与显示器（图2-4）的接口对应。如果使用了转接卡，还要检查转接卡是否匹配。

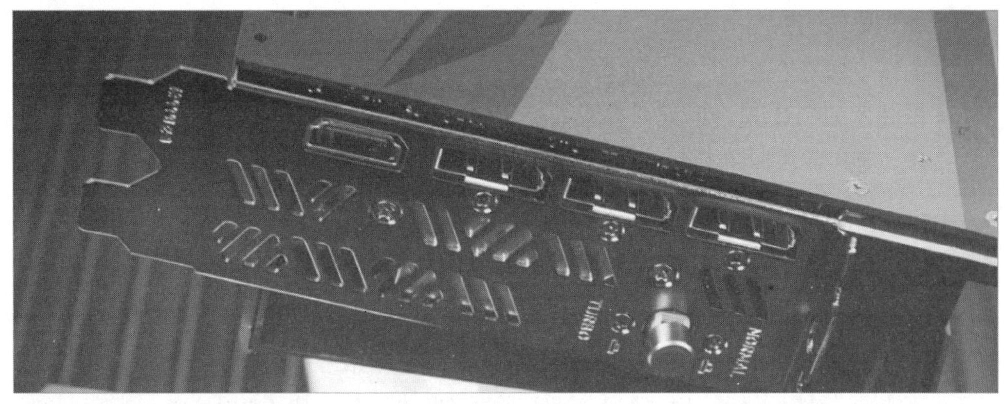

图 2-3

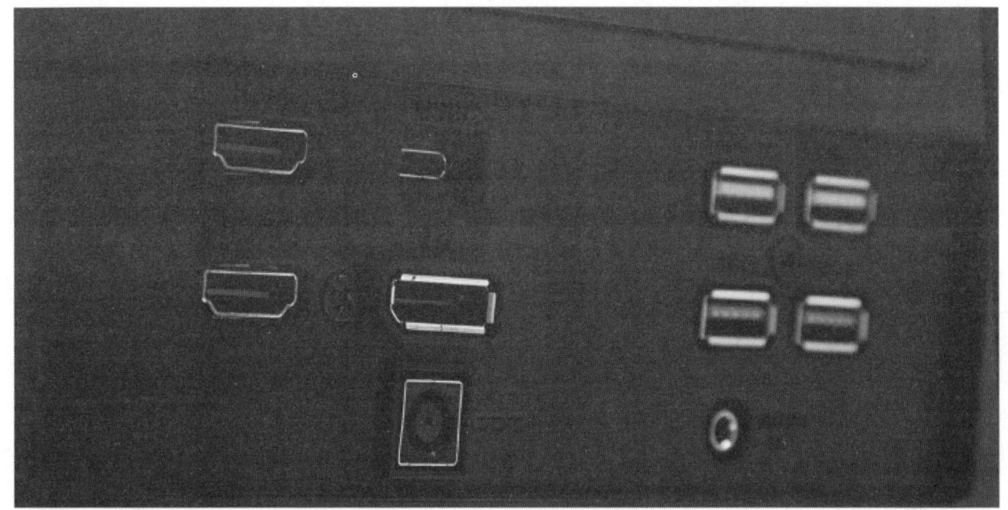

图 2-4

注意事项 电脑的显示接口选择

随着技术的发展，现在的新显卡基本上看不到VGA接口和DVI接口，通常为DP接口或HDMI接口。因此购买显示器时，若使用VGA或DVI接口的老显示器，则需要准备转接器，如图2–5、图2–6所示。

图 2-5

图 2-6

- **机箱电源的匹配：**查看电源提供的电源接口是否齐全，是否够用，还要查看电源的额定功率是否满足整机的功率。
- **散热器和CPU是否匹配：**查看散热器的连接方式，确认底座接口是否与主板匹配，是否需要拆卸主板自带的散热器底座。

3. 零件准备

如果上面的硬件检查都没有问题，就可以拆硬件包装了。建议新手用户拆包装时，按照安装顺序，用到哪个拆哪个，一方面防止损坏硬件，另一方面防止安装扣具、螺丝等小零件丢失。在拆的过程中要轻拿轻放，小心谨慎。最好准备防静电海绵，如图2-7所示，将拆出的硬件放置到海绵上。另外准备一个收纳盒，如图2-8所示，用来盛放螺丝等小物件，防止零件丢失。

图 2-7

图 2-8

注意事项 电脑中螺丝的种类

电脑中的螺丝分为多种，例如安装主板时，将主板与机箱分离的铜柱螺丝，固定主板使用的细纹螺丝，固定硬盘使用的小粗纹螺丝，固定机箱、电源用的大粗纹螺丝等，如图2-9所示。现在比较新的电脑机箱都配备了卡扣式固定装置，免螺丝固定的结构，如图2-10所示。

图 2-9

图 2-10

还需要准备散热硅脂及涂抹硅脂的一套工具（图2-11），各种SATA数据线（图2-12），还有插排、网线等。

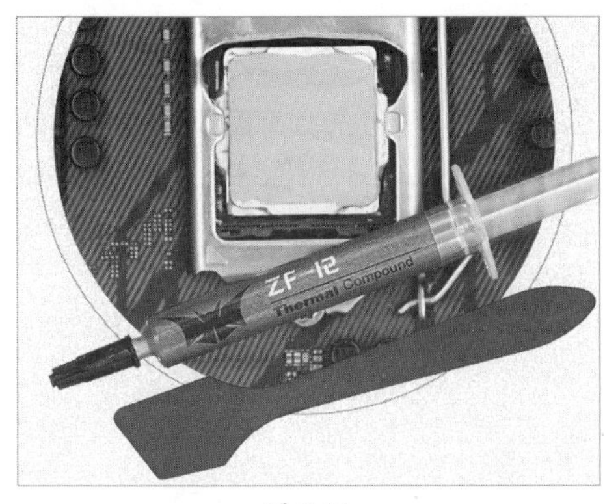

图 2-11

图 2-12

注意事项 预防静电危害

静电是电脑的一大杀手，建议用户在接触或者安装电脑硬件前排净身上的静电。最简单的方法就是洗手或者接触接地物。有条件的用户，还可以佩戴防静电手套或者指套来防止静电对硬件的危害，如图2−13、图2−14所示。

图 2-13

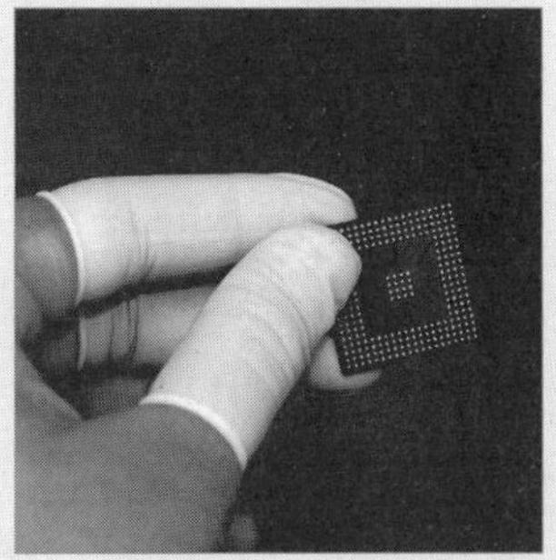

图 2-14

4. 流程准备

电脑的安装要按照一定的流程进行，主要的流程如下。

（1）准备主板。

（2）安装CPU。

（3）安装散热器。

（4）安装内存。

（5）准备机箱。

（6）将主板安装到机箱。

（7）安装电源。

（8）连接各种电源线及跳线。

（9）安装显卡。

（10）安装硬盘。

（11）安装机箱盖。

（12）连接键盘鼠标。

（13）连接显示器。

（14）连接其他外设。

（15）连接机箱及其他设备电源。

（16）开启电源、开机测试。

2.1.2 开始组装电脑

组装时要遵循胆大心细的原则，电脑的各硬件接驳口都具有防呆及卡扣设计，不需要非常大的力量，按照一定技巧即可轻松连接，所以一定要控制力度，以防损坏硬件。

1. 安装 CPU

目前CPU主要有Intel和AMD两家生产厂商，Intel的针脚在主板上，AMD的针脚在CPU上。

（1）安装Intel CPU。

Step 01 将主板放置到平整的桌面上，如图2-15所示。如果有防静电海绵，可以将主板放到防静电海绵上。

Step 02 用力下压固定拉杆并向外掰出，使拉杆离开固定位置，如图2-16所示。

图 2-15

图 2-16

注意事项 CPU的安装技巧

CPU部分的固定盖上有CPU的安装方向提示，一定要看清方向，以免在安装时装反。如果安装新机器，不用取下固定盖，在固定时会自动弹出。

Step 03 将拉杆向上抬到最高处，掀起CPU固定金属框，如图2-17所示。

图 2-17

Step 04 在CPU上也有方向箭头，将其对准CPU插槽，然后轻轻放置在插槽中，如图2-18所示，一定要注意方向和力度。

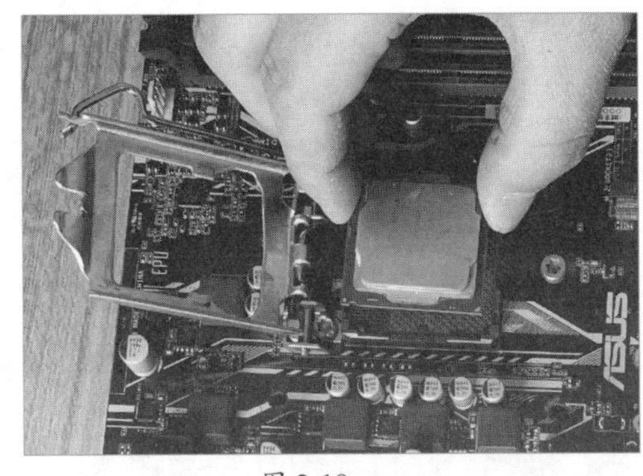
图 2-18

Step 05 盖上固定金属框，将固定拉杆向下拉并卡在固定槽中，如图2-19所示。固定完毕后，效果如图2-20所示。

图 2-19

图 2-20

（2）安装AMD CPU。

Step 01 将CPU固定拉杆下压并向外掰一点，然后轻轻抬起，如图2-21所示。

Step 02 将CPU方向箭头对准插槽上的CPU箭头，轻轻放入，如图2-22所示。

图 2-21

图 2-22

Step 03 将CPU拉杆向下压至卡扣位置并固定，如图2-23所示。完成后，效果如图2-24所示。

图 2-23

图 2-24

2. 安装 CPU 散热器

散热器为CPU提供散热，是必须安装的。除了一些特殊型号外，散热器基本通用。

Step 01 使用工具将散热硅脂薄薄地、均匀地涂抹在CPU上，如图2-25所示。

Step 02 散热器的安装方法有很多种，下面讲解最常见的环形扣具。首先安装散热器的固定扣具，将扣具对准主板上的固定口，轻轻卡入固定口中，如图2-26所示。

图 2-25

图 2-26

注意事项 散热器安装注意事项

新的散热器有一层保护膜，必须撕掉。另外，有些新的散热器会在接触面上预涂硅脂，安装时就不要再涂抹了。涂抹的量不宜过多，可以采用中心涂抹法，待散热器下压时，会自动抹平硅脂。当然，也可以使用工具涂抹均匀后再安装散热器。

Step 03 直到扣具底座完全穿过并固定到主板上。完成后，主板背面的效果如图2-27所示。这里一定要注意对准固定口，用力要均匀，不可用力过度，否则可能损坏主板。

Step 04 完成底座安装后，将固定杆插入底座的固定口中，如图2-28所示，一定要按到底，听到咔的响声后，就说明已经完全固定了。

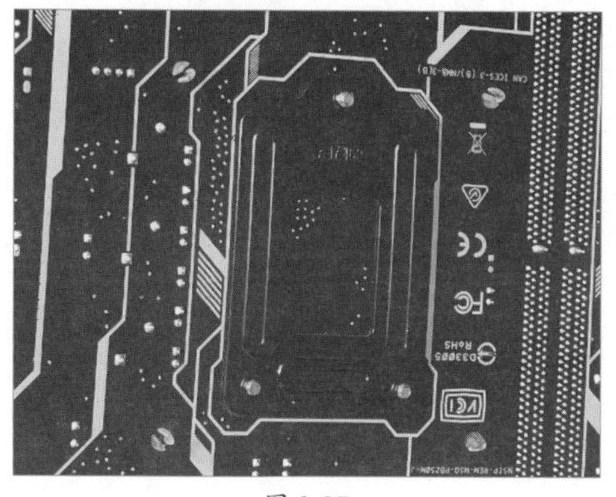

图 2-27

图 2-28

Step 05 将散热器对准CPU的中心位置，轻轻放置在上面，如图2-29所示。

Step 06 随便固定一侧的固定卡扣，只要将散热器的夹子扣到底座的卡扣上即可。另一侧的卡扣，需要按住CPU并将卡扣向外掰，然后固定到底座的卡扣上，如图2-30所示。

图 2-29

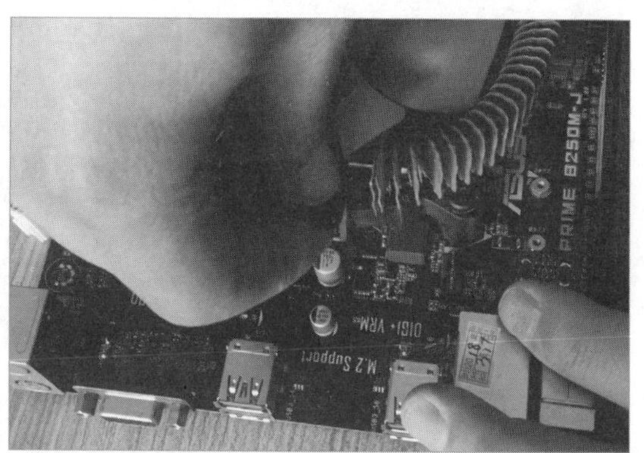

图 2-30

完成固定后，可以轻轻晃动CPU，以确定安装是否牢固，如图2-31所示。

图 2-31

注意事项 散热器扣具安装注意事项

散热器本身不区分方向，但是为了防止散热器卡扣影响内存安装，一般将卡扣朝向非内存条的方向。

Step 07 将散热器接口插入CPU的CPU FAN接口上，如图2-32所示。

图 2-32

> 知识点拨
>
> **CPU散热器插针区别**
>
> 主板一般提供4针的接口，如果CPU散热器是3PIN的，就按照防呆设计，插入靠近防呆缺口的3针上。4针可以自动调节散热器转速，3针是普通型。

3. 安装内存

内存的安装比较简单，注意固定卡扣状态以及防呆缺口的方向即可。

Step 01 掰开固定卡扣，将内存条与防呆缺口的位置进行对比，以便确定方向，如图2-33所示。

Step 02 因为是单边卡扣，可以先放入固定边，另一边慢慢放入，如图2-34所示。

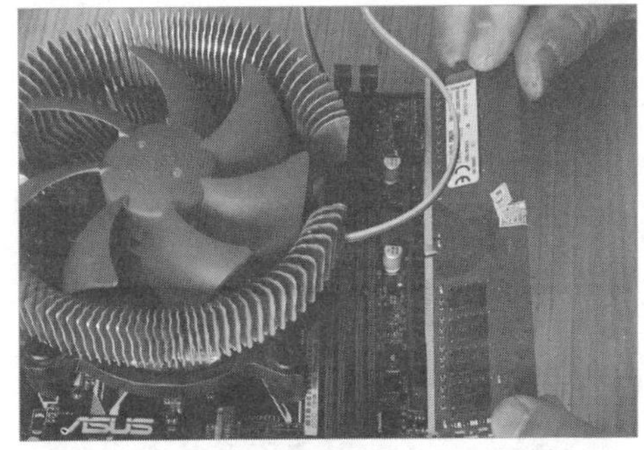

图 2-33

图 2-34

Step 03 插到底部后，双手按住内存上部的两边位置，使劲下压，直到听到咔的声响且固定卡扣恢复正立，如图2-35所示。如果是双边卡扣，两边的卡扣都会立起并卡住内存的两边。

图 2-35

4. 安装主板

接下来就可以将主板安放到机箱中，安装主板的方法如下。

Step 01 将主板放在机箱中，对比有哪些孔需要安装螺丝，然后拿下主板，将铜柱螺丝按照之前确定的位置拧入机箱的对应孔中，如图2-36所示。

Step 02 取出主板配套的机箱挡板，放置到机箱的挡板位置，从内向外扣到机箱上，如图2-37所示。注意挡板的方向，不要安装反了，安装时小心不要被挡板伤到手。

图 2-36

图 2-37

Step 03 将主板放入机箱并将接口伸出机箱挡板，稍微移动主板，将所有铜柱螺丝孔露出，如图2-38所示。

Step 04 使用螺丝刀将固定螺丝拧入铜柱螺丝的固定孔中，如图2-39所示。固定时，可以按照对角的顺序安装螺丝，不要拧到底，待所有螺丝拧入孔中后再依次拧紧。

图 2-38

图 2-39

5. 安装电源

电源的安装比较简单，需要注意机箱电源仓的位置。

Step 01 拿出电源，找到电源仓位置后，将电源推入其中并将电源的固定孔对准机箱上的螺丝孔，如图2-40所示。

Step 02 安装固定螺丝，如图2-41所示。

图 2-40

图 2-41

Step 03 找到电源线的24PIN输出线，如图2-42所示，将其连接到主板的电源输入接口中，如图2-43所示。该接口有防呆设计，注意卡扣方向即可。

图 2-42

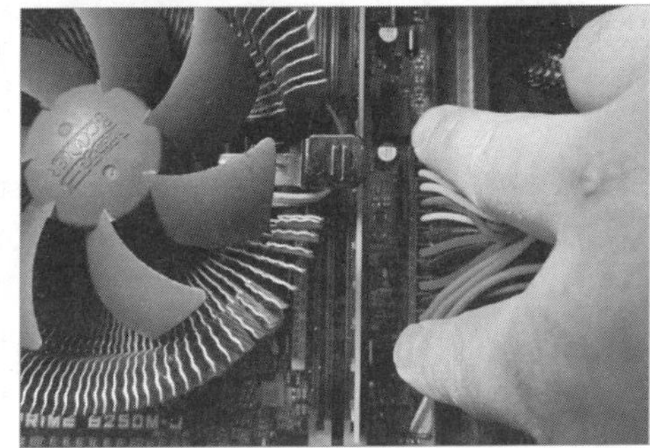

图 2-43

Step 04 找到4PIN输出线，如图2-44所示，连接到主板的CPU供电口中，如图2-45所示，有些CPU需要双4PIN供电。接口有防呆设计，注意卡扣方向。

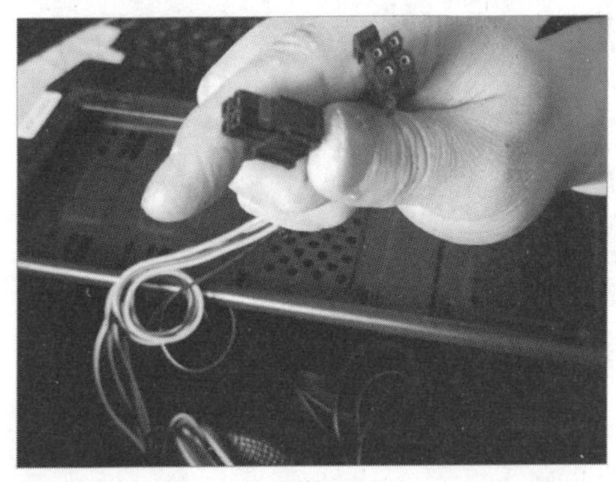

图 2-44

图 2-45

知识点拨

PIN是什么

简单理解，PIN就是插针的数量。例如，24PIN就是24个插针的接口，4PIN就是4个插针的接口。

6. 安装机箱跳线

机箱上的开机键、重启键、LED指示灯、音频接口等，需要接到主板上才能正常使用。

Step 01 音频接口有防呆设计，如图2-46所示，将其连接到主板的音频接口处（Audio），一般该接口在主板的左下方，如图2-47所示。

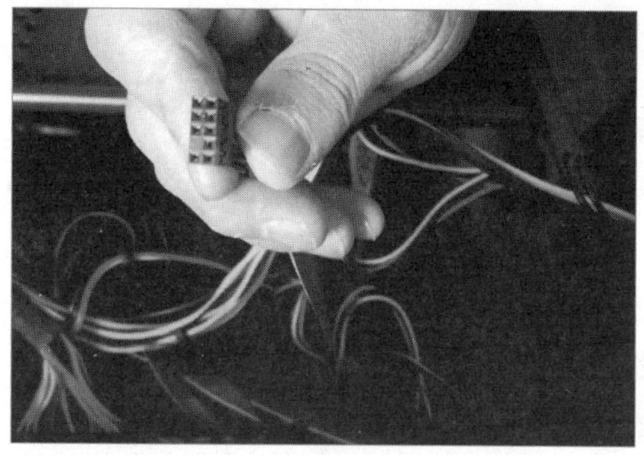

图 2-46

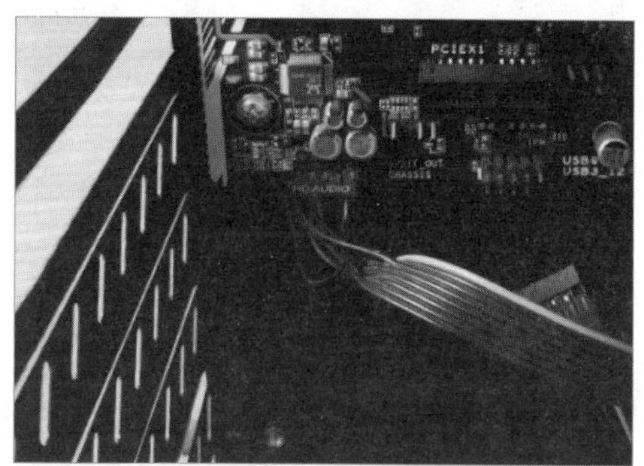

图 2-47

Step 02 前置USB 2.0接线也有防呆设计，如图2-48所示，将其连接到主板的USB 2.0接口即可，如图2-49所示。

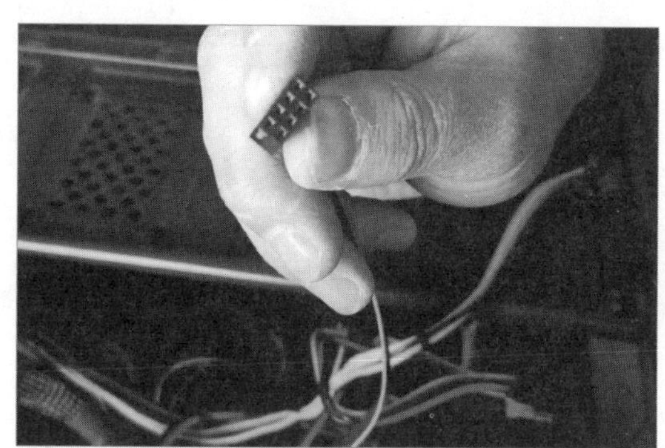

图 2-48

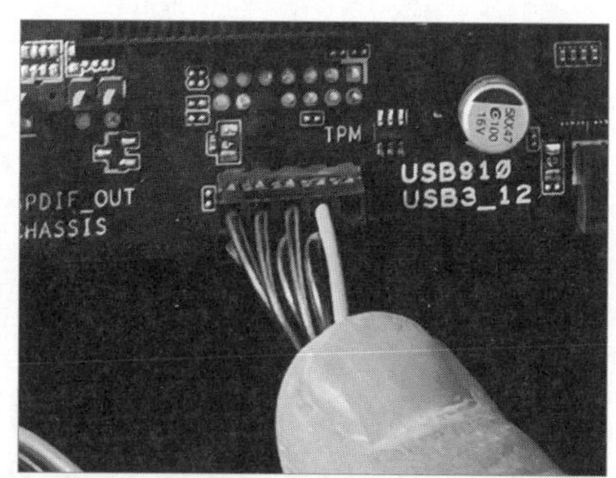

图 2-49

Step 03 前置USB 3.0接线，如图2-50所示，将其连接到主板的USB 3.0接口，如图2-51所示。该接口为蓝色，有防呆设计。

图 2-50

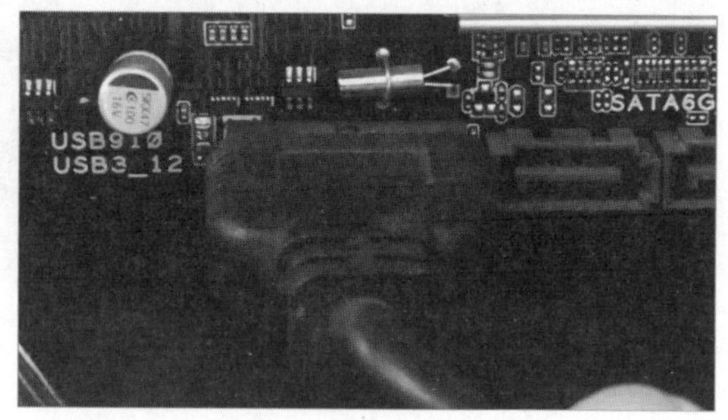

图 2-51

Step 04 按钮及指示灯跳线如图2-52所示。一般主板上都印刷并标明了接线柱的功能，按照该标识连接跳线，完成接线后，如图2-53所示。

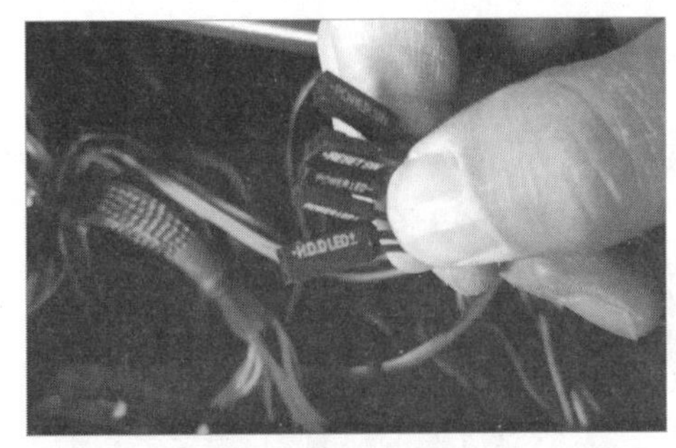
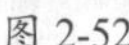

图 2-52

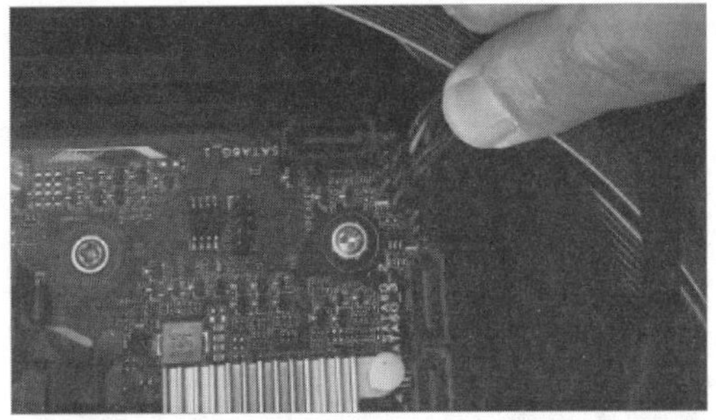

图 2-53

知识点拨

电脑跳线时的注意点

前面板跳线，有POWER SW：电源开关；RESET SW：重启开关，开关不分正负极。开关主要是利用短接的方法实现开机和重启。POWERLED：电源指示灯；HDDLED：硬盘指示灯，指示灯分正负极，一般左侧接线柱为正极。接反了也不会损坏硬盘，如果发现指示灯不亮，反过来接上即可。所有跳线的接线柱一般在主板的右下角，左上两个接线柱为电源指示灯，左下为硬盘指示灯，右上为电源按钮，右下为重启按钮。

7. 显卡的安装

在安装显卡前需要将显卡与机箱进行对比，拆除机箱多余的挡板。

Step 01 把显卡放入机箱中，将显卡金手指对准PCI-E插槽后插入。插入时，双手均匀用力插到底部，如图2-54所示。固定卡扣弹上来时可以听到声音，使用螺丝将显卡固定到机箱上，如图2-55所示。

图 2-54

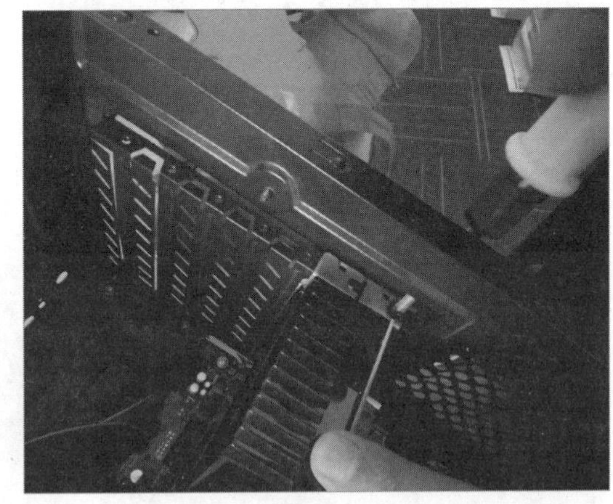

图 2-55

8. 硬盘的安装

硬盘分为M.2固态硬盘、2.5寸固态硬盘、2.5寸机械硬盘和3.5寸机械硬盘。M.2固态硬盘直接固定到主板的M.2接口上，拧紧尾部螺丝，如图2-56所示。3.5寸机械硬盘嵌入扣具中，推入硬盘仓即可，如图2-57所示。

图 2-56

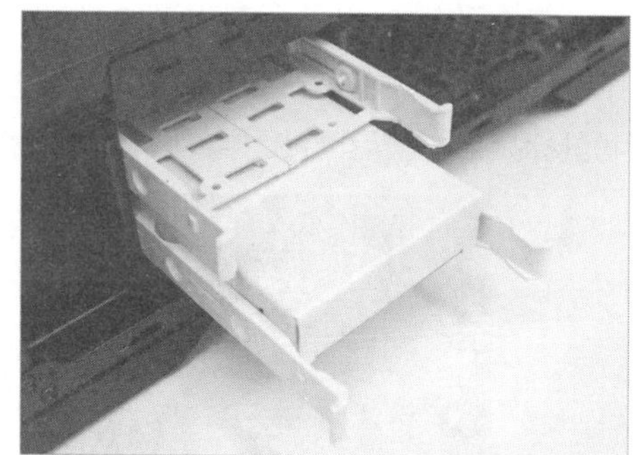

图 2-57

Step 01 安装2.5寸固态硬盘时，用户可以直接找到机箱上的对应仓位，将硬盘放入其中，调整露出的固定孔，如图2-58所示，用螺丝刀拧紧固定螺丝即可，如图2-59所示。

图 2-58

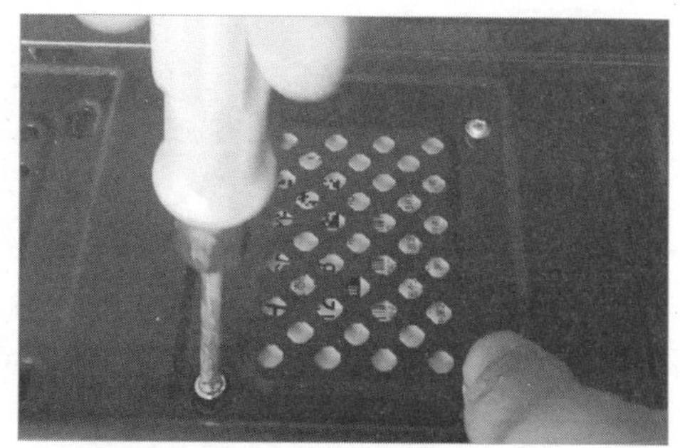

图 2-59

Step 02 取出SATA数据线，将两端分别接入到硬盘和主板的SATA接口，如图2-60所示。SATA数据线也有防呆设计。

Step 03 将SATA电源线接入到电源接口中，如图2-61所示。SATA电源线也有防呆设计，安装时注意方向。

图 2-60

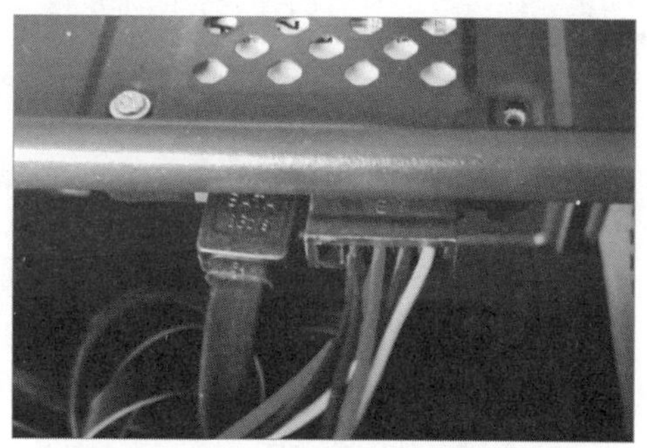

图 2-61

2.1.3 连接外部设备

电脑主机安装完成后，需要连接外部设备，才能正常使用电脑。

1. 连接键盘和鼠标

现在的键盘和鼠标基本都是USB接口，直接连接到机箱后的USB接口即可，如图2-62所示。还有一种是PS2接口，用户需要查看插针的方向，如图2-63所示，将键盘和鼠标接入电脑后的PS2接口即可。

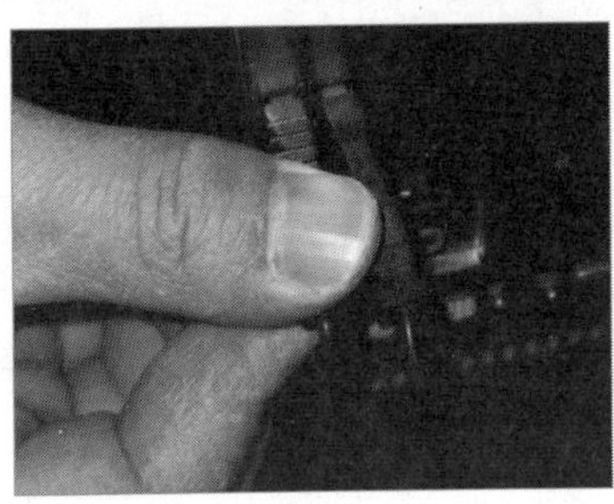

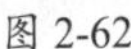

图 2-62

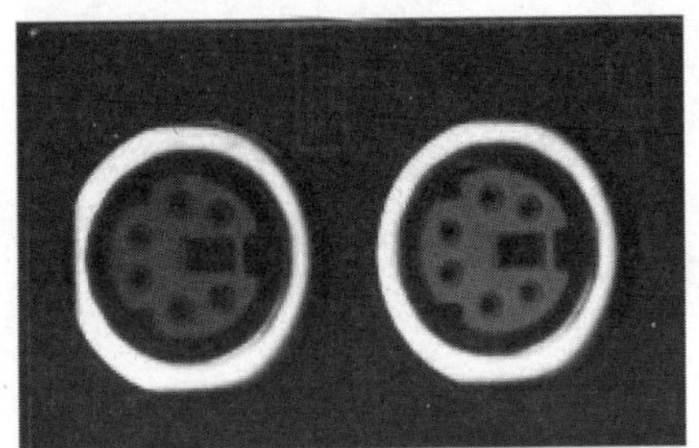

图 2-63

注意事项 PS2接口

PS2接口是比较早的接口，一般是6针接口加一个定位口，如图2-64所示。PS2接口不支持即插即用，需要在关机状态下连接设备。一般绿色接头是鼠标接口，紫色接头是键盘接口。

图 2-64

2. 连接显示器

电脑主机连接显示器，需要根据不同的接口选择不同的视频线，如图2-65所示。例如音频、HDMI、DP、DVI、VGA连接线，这些视频线接口都有方向，也有防呆设计。

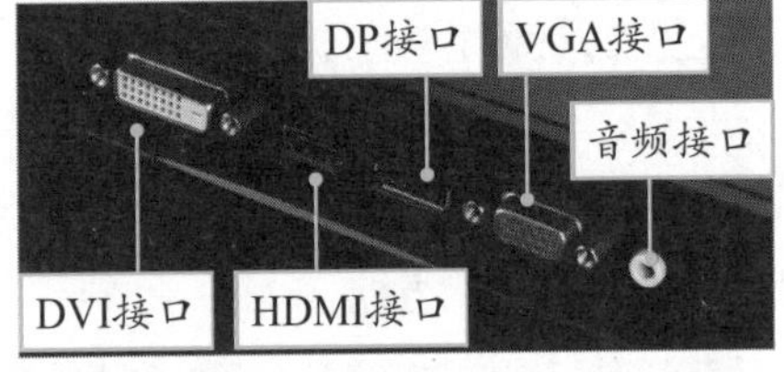

图 2-65

动手练 连接音频线

主机除了提供视频输出接口外，音频输出也是必不可少的。前面板和后面板都有音频接口，常用的是绿色连接音箱或耳麦，粉红色连接话筒，如图2-66所示，其他接口是配合5.1或者7.1组合音响。音频接口的功能不是一样的，通过音频软件的设置可以自定义接口功能，如图2-67所示。

图 2-66

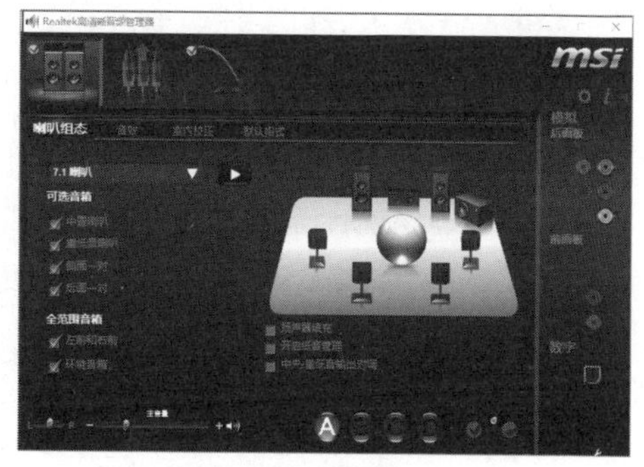

图 2-67

动手练 连接网线及USB设备

网线的连接比较简单，看清网线卡扣的方向，将网线接口推入网线插槽，如图2-68所示。其他USB设备，例如USB无线网卡，注意方向，插入USB接口即可，如图2-69所示。

图 2-68

图 2-69

2.2 电脑硬件的查看和检测

电脑安装完成后可以使用专业软件查看并测试电脑的硬件，例如查看型号、性能等。一方面可以检查硬件购买是否正确，另一方面可通过对硬件进行简单测试来检查硬件之间的兼容性。常用的硬件查看和检测软件有很多，例如CPU-Z、GPU-Z等。下面以最常用的检测工具向读者介绍使用方法。

2.2.1 电脑性能总览软件AIDA64

电脑硬件的查看软件分为总览软件和针对某硬件的专业级别的查看软件。最常用的总览软件是AIDA64，该软件可以详细地显示出电脑每一方面的信息。AIDA64不仅提供诸如协助超频、硬件侦错、压力测试和传感器监测等多种功能，而且还可以对处理器系统内存和磁盘驱动器的性能进行全面评估，非常适合新手使用。

Step 01 用户可以去官网下载最新的绿色版软件，打开后可以看到该软件按照硬件进行了分类，非常直观，如图2-70所示。

Step 02 单击左侧的“计算机”下拉按钮，在弹出的列表中选择“系统概述”选项，可以查看当前计算机硬件的信息，如图2-71所示。

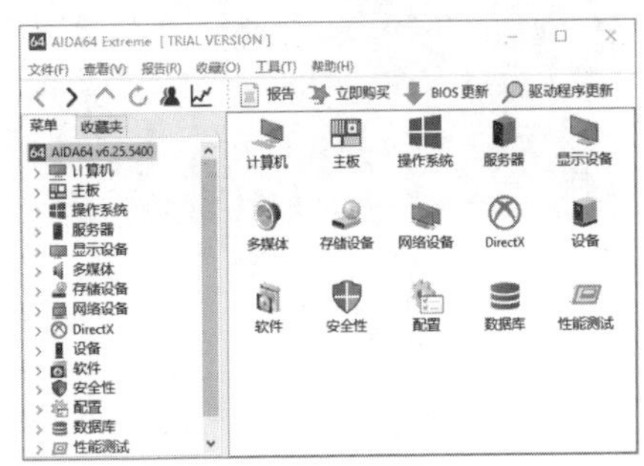

图 2-70

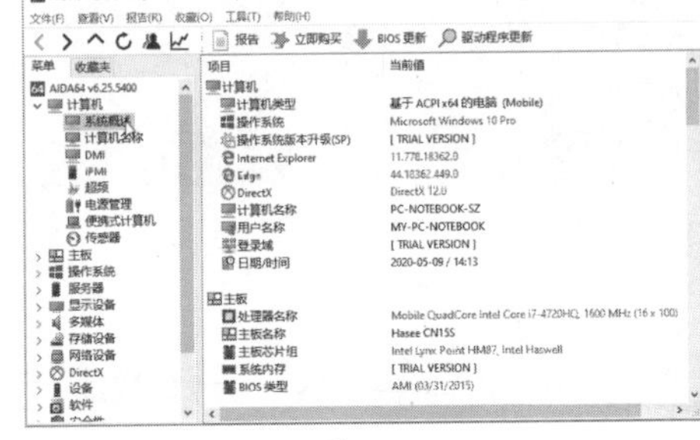

图 2-71

Step 03 用户可以进入到某一硬件中查看更详细的信息，如图2-72所示。用户可以单击对应项目的链接进入该硬件的官网，了解官方发布的硬件详细信息，如图2-73所示。

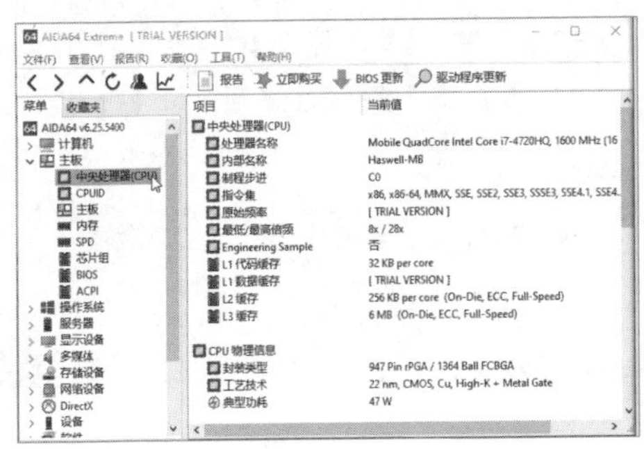

图 2-72

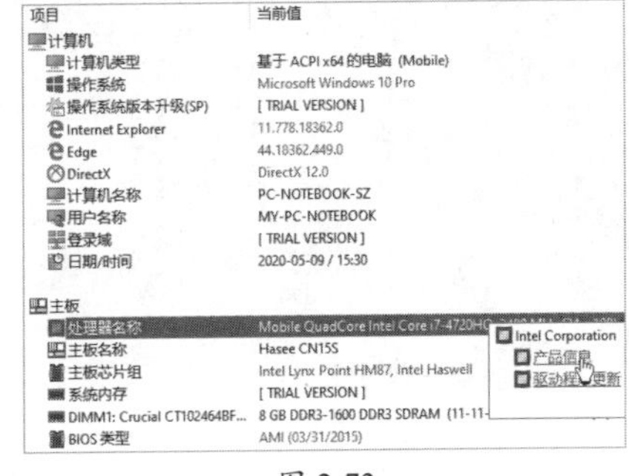

图 2-73

Step 04 AIDA64软件还可以进行硬件测试（图2-74），以及温度监控（图2-75）。

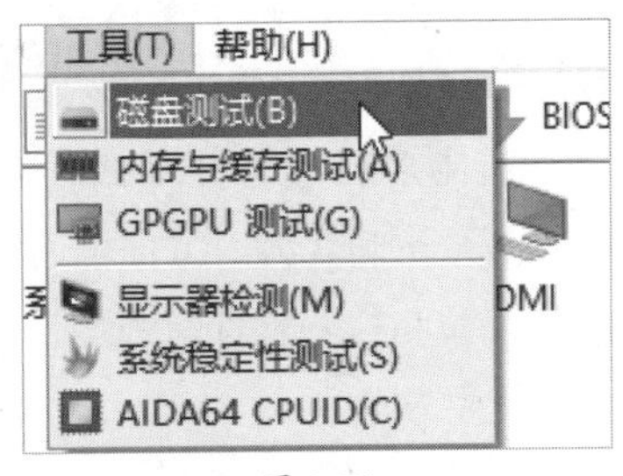

图 2-74

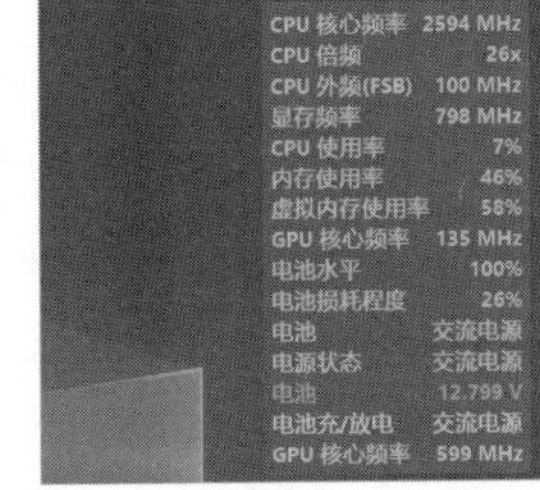

图 2-75

2.2.2 CPU检测软件CPU-Z

CPU-Z是一款家喻户晓的CPU检测软件，是检测CPU使用程度最多的一款软件。CPU-Z支持的CPU种类相当全面，软件的启动速度及检测速度很快。另外，它还能检测主板和内存的相关信息，其中包括常用的内存双通道检测功能。

动手练 使用CPU-Z查看CPU参数

Step 01 CPU-Z是免费的，到官网下载即可。打开软件后，运行该程序会弹出主界面，如图2-76所示。

> **知识点拨**
>
> **CPU-Z中的参数**
>
> 在CPU-Z中可以查看CPU的名称、开发代号、TDP功耗、插槽及封装方式、工艺、核心电压，指令集、CPU的频率、主频、外频、倍频、缓存信息、核心数及线程数，基本涵盖了CPU的所有参数。

图 2-76

Step 02 切换到“内存”选项卡，可以查看内存的类型、大小、通道数、频率等，如图2-77所示。切换到“SPD”选项卡，会显示更多内存信息。切换到“显卡”选项卡，可以查看显卡的相关信息。

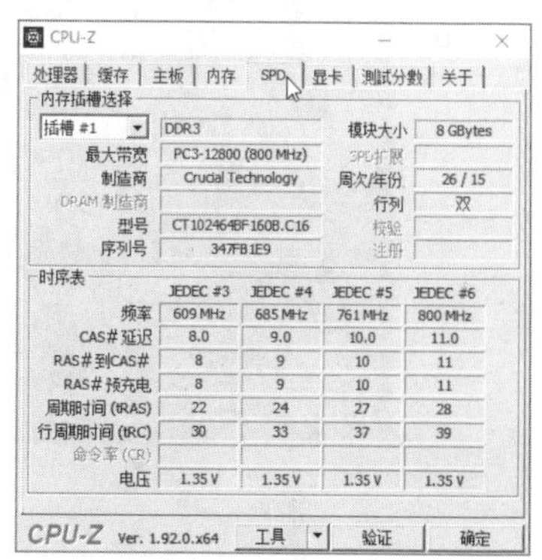

图 2-77

Step 03 切换到“测试分数”选项卡，可以测试CPU的性能并可以选择其他CPU的得分作比较，如图2-78所示。单击“测试处理器稳定度”按钮，可以测试处理器的负载能力和系统的稳定性，如图2-79所示。

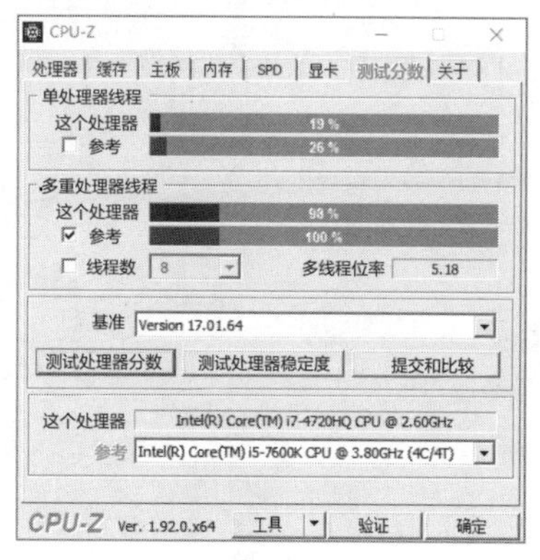

图 2-78

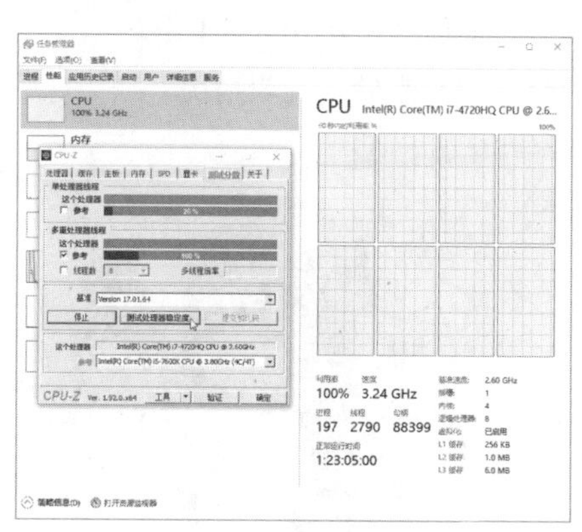

图 2-79

2.2.3 内存检测软件MemTest86

MemTest86是一款免费开源的内存测试软件，测试准确度比较高，和许多内存检测软件一样，MemTest86不能检测电脑的100%的内存容量，但是可以比一般的检测软件检测到更多、更精确的内存参数。下载软件后，需要制成启动盘运行，类似启动U盘的模式，开机启动后，选择对应的U盘启动软件。

注意事项 深度内存检测

计算机启动后都会使用内存，无论使用什么样的内存检测软件，都不可能做到100%完全测试，只能尽量减少内存的使用率，然后进行内存的全面测试。所以，一般在DOS环境下运行该类检测软件。

在配置界面中可以查看当前的系统信息，如图2-80所示，按Alt+S组合键开始进行内存测试，如图2-81所示。如果出现问题，软件会报警提示。

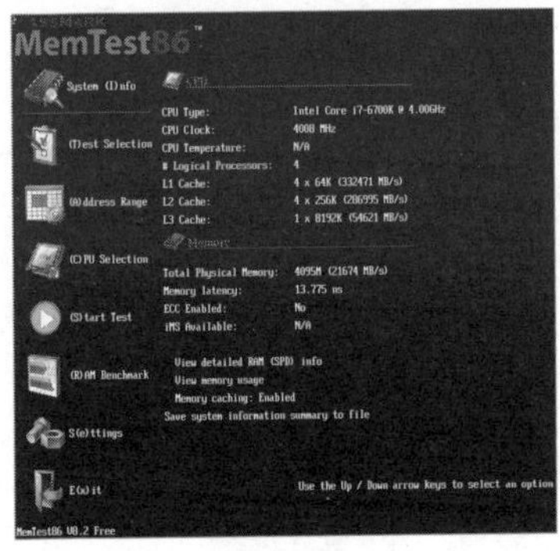

图 2-80

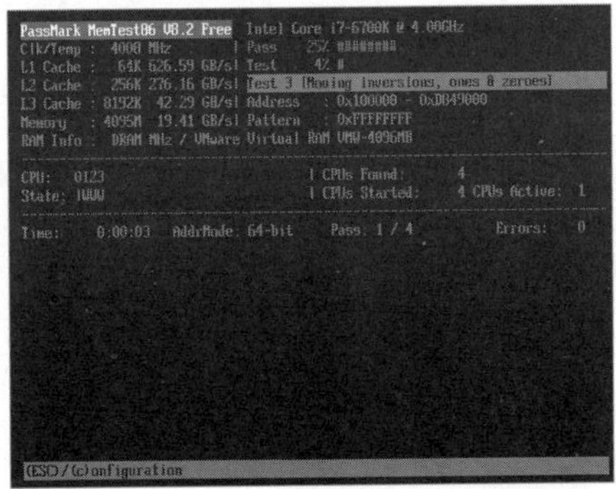

图 2-81

2.2.4 硬盘检测软件

硬件检测软件有很多，基本上可以查看各种硬盘信息，包括当前的硬盘状态、历史使用情况、固件信息、接口等。

1. 硬盘信息总览 CrystalDiskInfo

该软件可以查看硬盘健康情况、通电次数和时间，如图2-82所示。

图 2-82

2. 固态硬盘检测 AS SSD Benchmark

该软件可以测试连续读写、4KB随机读写和响应时间的表现，并显示是否为4K对齐，如图2-83所示。

3. 硬盘坏块检测 HD Tune Pro

该软件的主要功能有硬盘传输速率检测、健康状态检测、温度检测及磁盘表面扫描等。另外，还能检测出硬盘的固件版本、序列号、容量、缓存大小及当前的Ultra DMA模式等，基本上包含了硬盘需要使用的检测。常用的机械硬盘的坏道测试如图2-84所示。

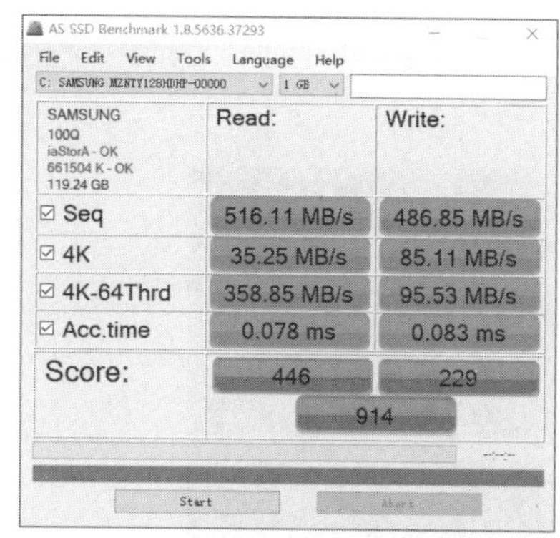

图 2-83

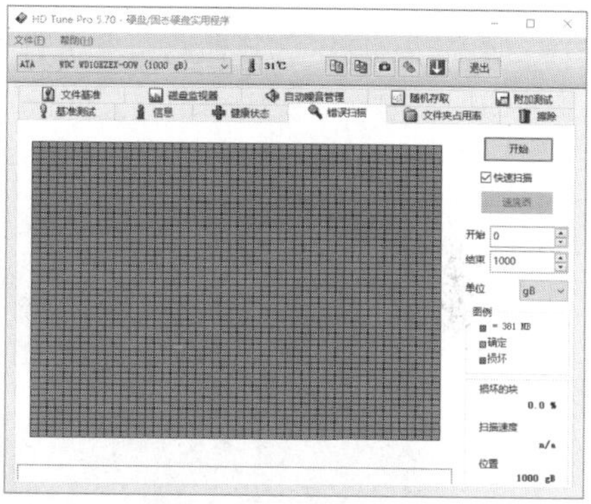

图 2-84

2.2.5 显卡检测软件GPU-Z

类似于CPU-Z的专业性检测工具，GPU-Z软件可以检测显卡的频率、带宽等。打开软件后，可以查看到当前显卡的各种参数信息，如图2-85所示，在“传感器”选项卡中，查看当前显卡的实时电压、温度、使用率等信息，如图2-86所示。

图 2-85

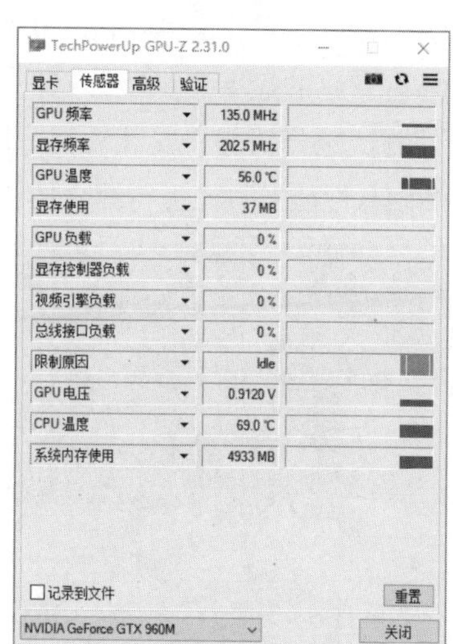

图 2-86

2.2.6 电脑温度监控软件

温度是电脑硬件的一大杀手，当遇到死机、蓝屏等情况时，可以使用温度监控软件，实时监测计算机各硬件的温度，确定是否是温度原因造成的电脑故障。电脑温度监控软件有很多，例如前面提到的AIDA64及QQ安全管家、驱动精灵等，都带有监控模块。用户可以使用一款第三方绿色小软件（魔方温度监测软件）进行温度监控。

动手练 使用魔方温度监测软件检测并查看当前电脑温度

扫码看视频

魔方温度监测软件启动后，可以查看当前CPU、显卡、硬盘和主板的实时温度及温度变化曲线，非常直观，如图2-87所示，还可以通过设置监控的内容来查看CPU及内存的使用率。

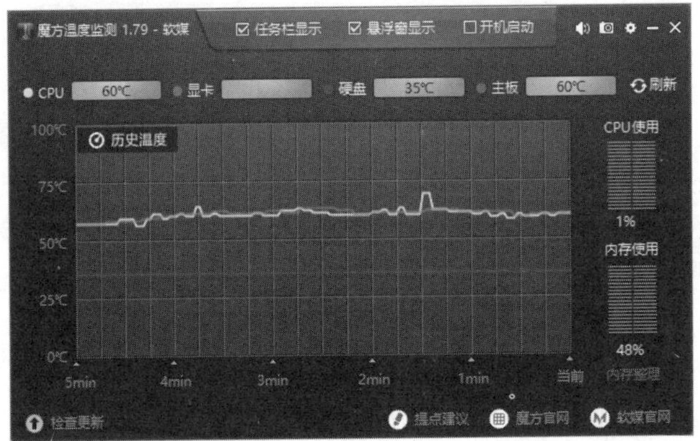

图 2-87

2.2.7 电脑跑分软件

通过电脑跑分软件测试获得电脑的分数值，了解当前硬件的档次，经常使用的软件如鲁大师，还有专业的显卡测试跑分软件，如3DMark等。鲁大师功能很多，但经常使用的是其硬件测试跑分功能。安装后就可以进行跑分，如图2-88所示，可同时对CPU、显卡、内存和硬盘性能及整机进行综合性评分，如图2-89所示。

图 2-88

图 2-89

知识延伸：电脑性能实时监测软件

实际使用电脑时，除了监控温度外，有时还需要监控当前电脑的性能，查看当前的硬件使用情况，实时关注硬件是否满足当前操作的要求，或者在超频后查看硬件的资源占用情况和稳定性。如果电脑出现问题，还可以通过实时监控来排查硬件。实时性能监测软件有很多，例如AIDA64、魔方温度监测、Windows 10自带的监测功能等。但大部分用户使用的是Afterburner，也就是俗称的AB或者微型小飞机，其本身是一款超频软件，但性能监测功能非常好用。

Step 01 启动软件后，通过启动主界面的设置按钮，如图2-90所示，可以调出监控设置并自定义监控内容，如图2-91所示。

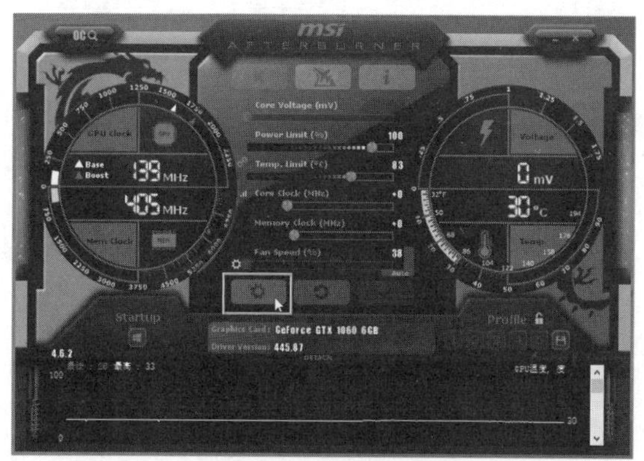

图 2-90

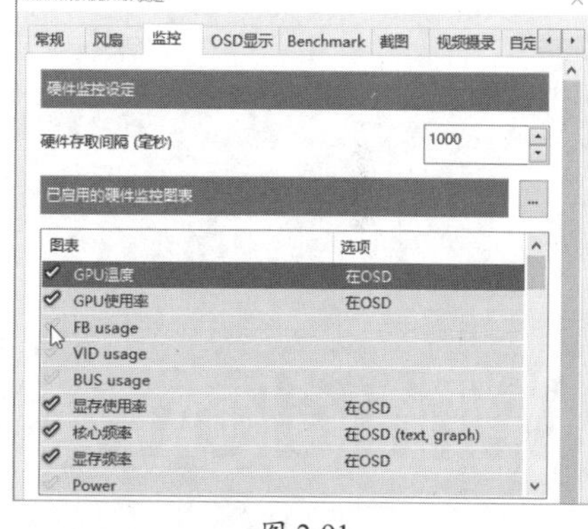

图 2-91

Step 02 设置监测的显示位置，如图2-92所示，启动某游戏后会自动显示当前硬件的运行状态、性能、资源占用率等状态，如图2-93所示。

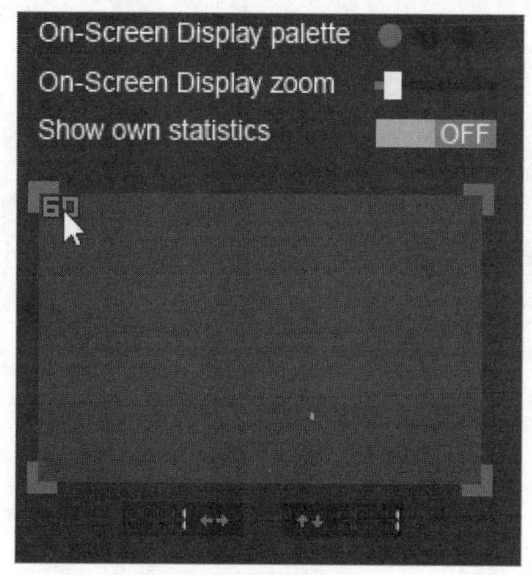

图 2-92

图 2-93

第3章 Windows 10的基本操作

本章将介绍Windows 10系统的基本操作。Windows 10是微软公司于2015年7月29日正式发布的系统，经过多年的完善，现在已经是桌面市场占有率最高的系统，学习并掌握Windows 10的常见操作和使用方法，就掌握了Windows系统的使用。本章主要介绍Windows 10的启动和退出、窗口的基本操作、对话框的基本操作、Windows常用快捷键及其功能。。

3.1 Windows 10的启动与退出

学习电脑的使用，首先要学习开机进入系统及退出系统的操作。

3.1.1 启动及登录Windows 10

首先了解Windows 10的启动过程。

从原理上来讲，电脑开机后，BIOS加电自检，如图3-1所示。硬件通过自检后，读取硬盘的启动信息。如果安装了系统，读取系统内核，然后加载整个系统，启动各种服务，如图3-2所示。

图 3-1

图 3-2

UEFI模式的启动

上述过程是普通启动模式，如果是最新的UEFI模式，会跳过自检过程，直接读取启动分区信息，所以从速度上略快一些。

完成系统启动后会读取登录用户的信息，如果有密码需要输入密码，如图3-3所示，密码正确则加载用户桌面环境，进入系统，如图3-4所示。

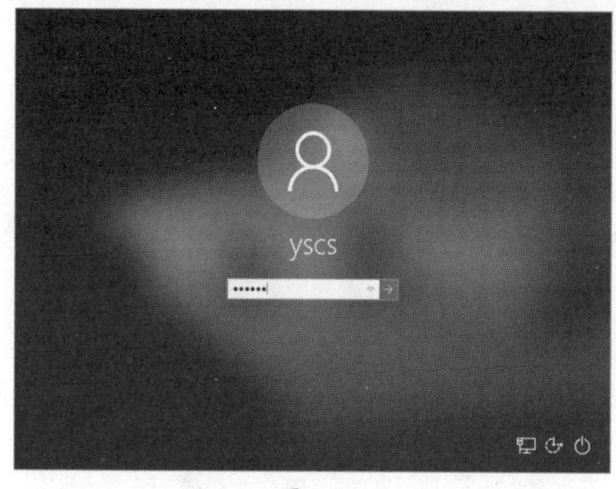

图 3-3

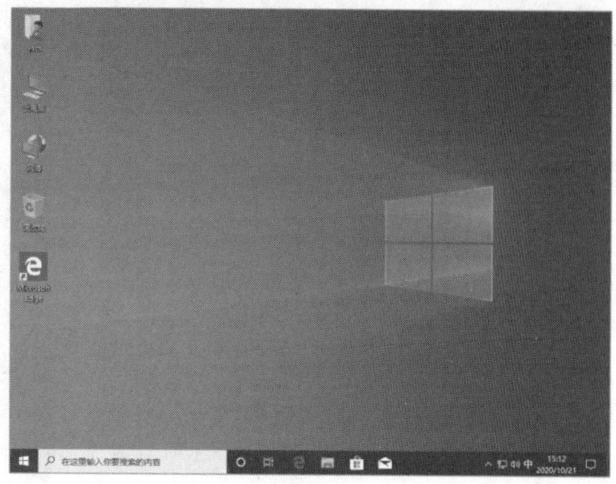

图 3-4

知识点拨

更多登录方式

除了使用密码登录外，Windows 10还支持其他的登录方式，例如人脸识别、指纹解锁、使用PIN登录、物理安全密钥登录及图片密码登录等，如图3-5所示。用户可以设置不同的登录方式，如图3-6所示。

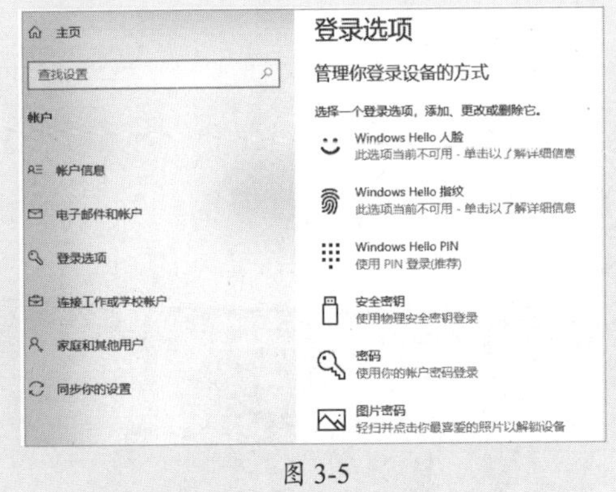

图 3-5

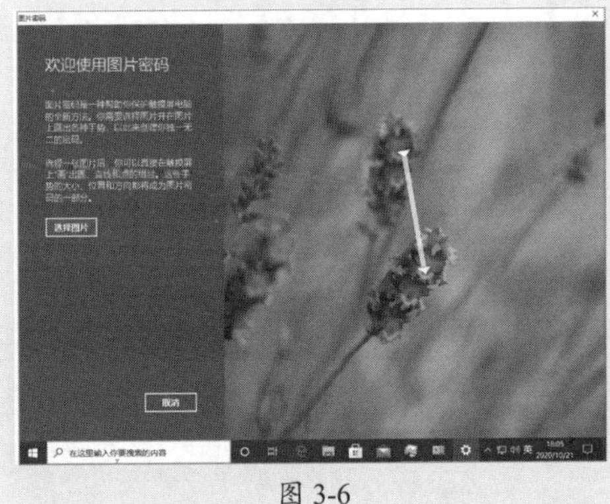

图 3-6

3.1.2 退出Windows 10

Windows 10的退出是指不使用电脑时可以进行的操作，包括长时间不使用的关机操作；一段时间不使用电脑，可以睡眠或休眠；临时走开，可以锁定电脑；还有切换登录用户等操作。

1. 电脑关机

电脑的关机过程包括存储必需的数据、关闭程序和服务、注销用户等，最后断开电源。

电脑的关机方法有很多种，最常用的是在“开始”菜单中，单击“电源”按钮，在弹出的列表中选择“关机”选项，如图3-7所示，系统随即进行关机操作，如图3-8所示。

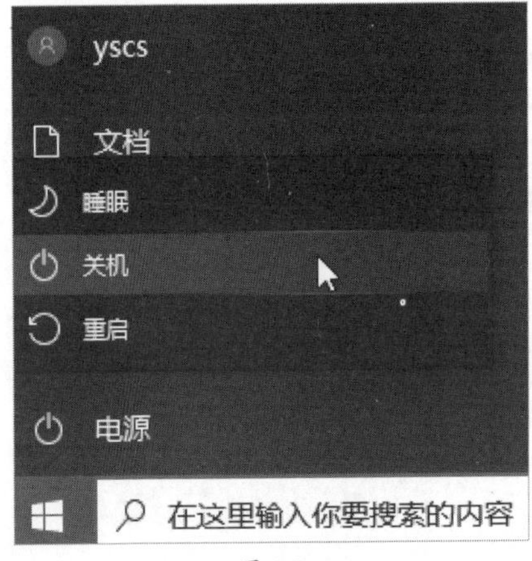

图 3-7

正在关机

图 3-8

其他关机方法

除了上面常用的关机方法外，用户也可以在桌面上使用Alt+F4组合键，调出“关闭Windows”对话框，关闭电脑，如图3-9所示。使用Ctrl+Alt+Delete组合键，在弹出的界面中也可以关机，如图3-10所示。需要注意的是Windows 10的关机并没有确认提醒，单击后就启动关机流程，所以用户需要特别小心。

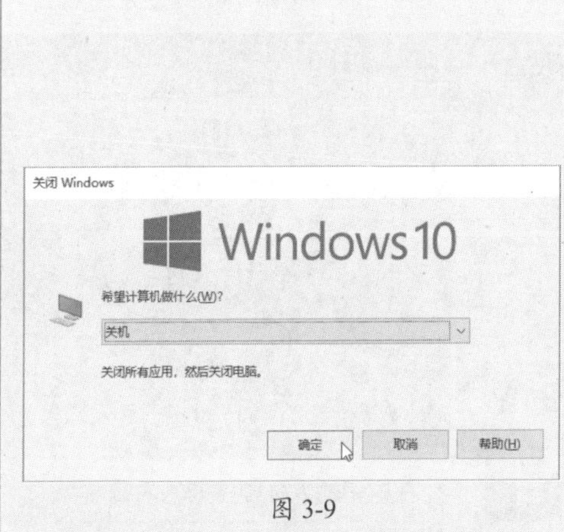

图 3-9

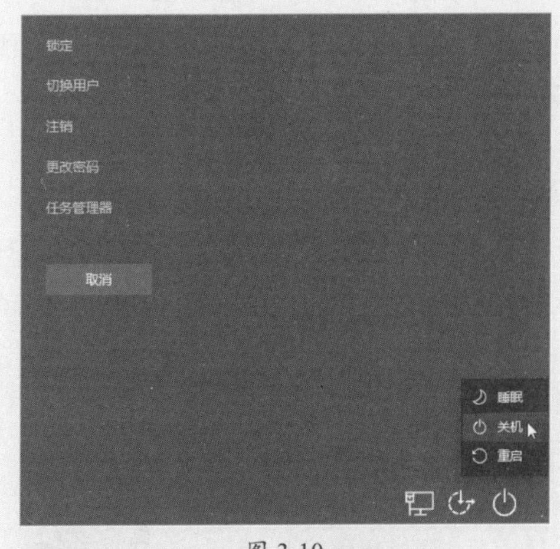

图 3-10

2. 电脑注销

电脑的注销方式有很多种，可以在桌面左下角的“开始”图标上右击，在“关机或注销”选项组中选择“注销”选项，如图3-11所示。

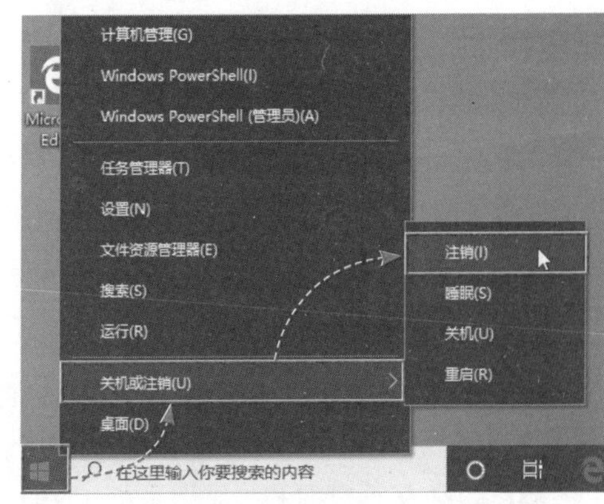

图 3-11

电脑在注销时做什么

注销时，系统将用户当前数据保存，清除用户登录环境及缓存数据，并返回系统的欢迎界面。通过注销当前用户，可以重新登录或者更换用户登录。除了上面介绍的方法外，用户也可以在“关闭Windows”对话框中注销，如图3-12所示。

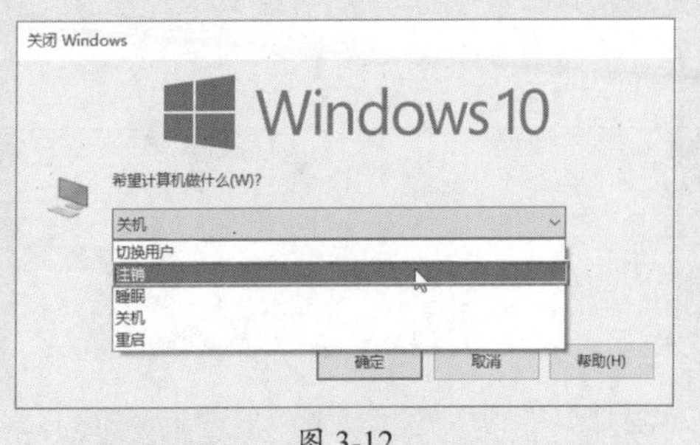

图 3-12

3. 电脑睡眠

电脑在睡眠时电源只为内存提供电力，保证内存中的数据不会丢失，而其他组件停止工作，从而保障电脑低功耗运转。移动鼠标或者键盘等对电脑有输入操作时会唤醒电脑，快速进入到睡眠前的状态，下面介绍启动电脑睡眠功能的方法。

在“开始”按钮上右击，在“关机或注销”选项组中选择“关机”选项，如图3-13所示。其他可以实现关机功能的选项中也有睡眠功能，如图3-14所示。

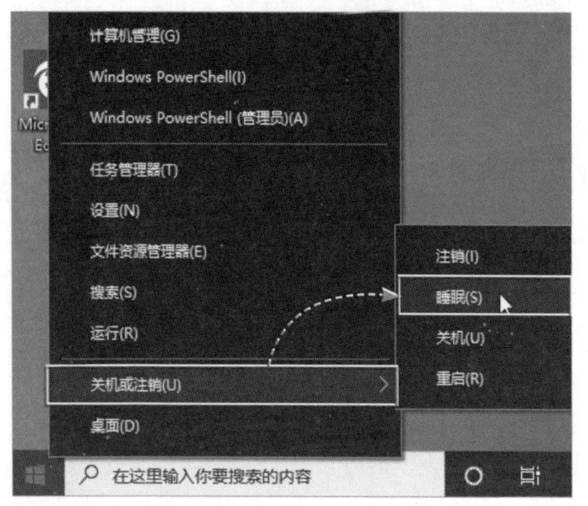

图 3-13

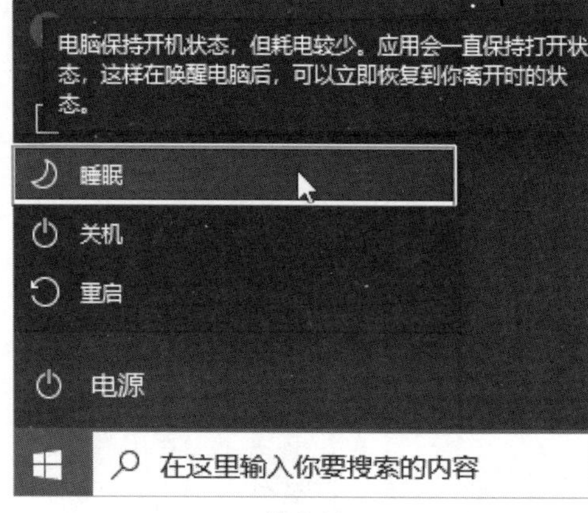

图 3-14

4. 电脑休眠

休眠的作用比睡眠更彻底，将内存信息保存到硬盘上并切断电脑电源，状态和关机一样。再次开机，电脑将休眠时保存的内存数据从硬盘恢复到内存中，启动后的状态和唤醒休眠时的状态一致。当一段时间不使用电脑，又想在开机时快速进入工作状态，可以使用休眠功能。

Windows 10没有休眠按钮，需要在电源选项中启动该功能。

Step 01 在“开始”按钮上右击，在弹出的快捷菜单中选择“电源选项”选项，如图3-15所示。

Step 02 在“电源和睡眠”页面中单击“其他电源设置”按钮，如图3-16所示。

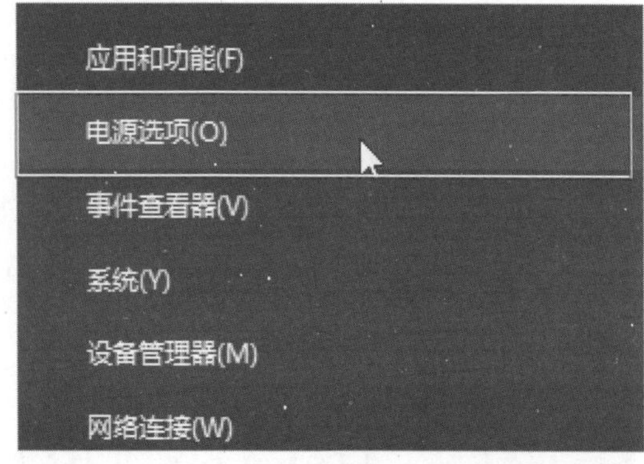

图 3-15

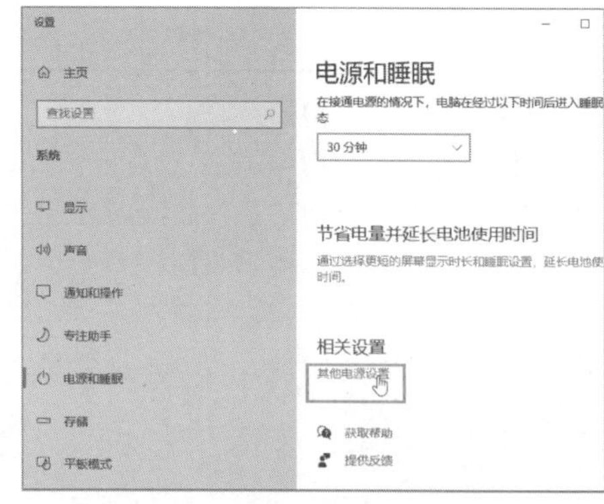

图 3-16

Step 03 单击左侧的“选择电源按钮的功能”按钮，如图3-17所示。

Step 04 在“系统设置”界面中，“休眠”复选框是灰色的。单击“更改当前不可用的设置”按钮，如图3-18所示。

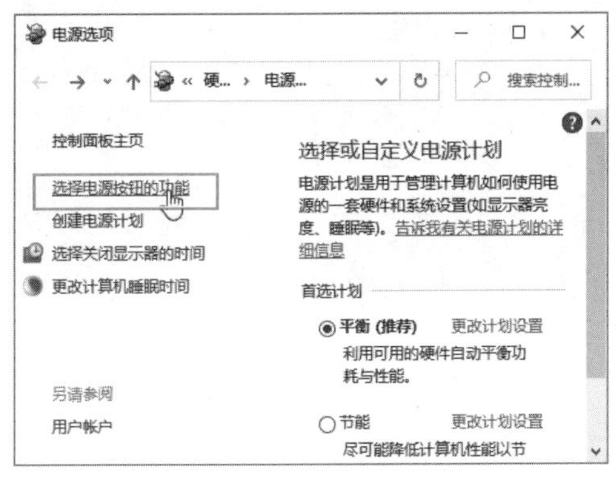

图 3-17

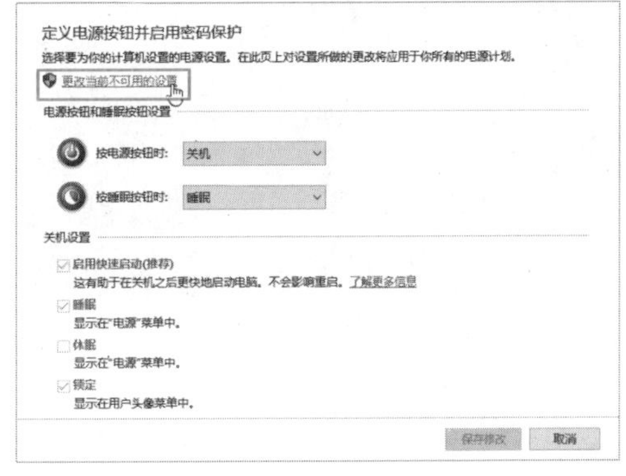

图 3-18

Step 05 此时“关机设置”变为可选状态，勾选“休眠”复选框并单击“保存修改”按钮，如图3-19所示。

Step 06 在“开始菜单”的“关机”选项中，选择“休眠”选项就可以进入休眠状态，如图3-20所示。

图 3-19

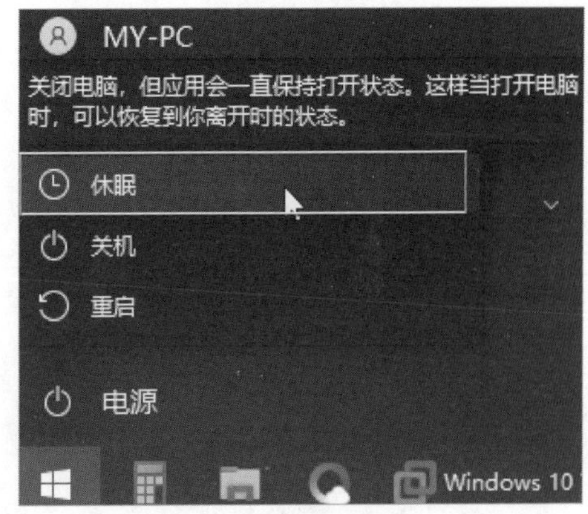

图 3-20

5. 电脑锁定

临时离开，想要回来能马上继续工作，又不想被其他人使用电脑，可以使用“锁定”功能。如果设置了密码，解锁时需要输入密码。

Step 01 在“开始”菜单中单击用户头像，在弹出的选项列表中选择“锁定”选项，如图3-21所示，也可以使用组合键Win+L快速锁定电脑。

Step 02 系统返回到欢迎界面中，用户输入密码就可以解锁，如图3-22所示。

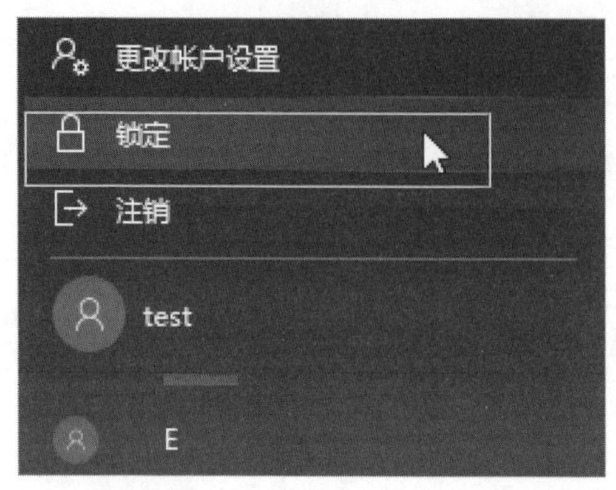

图 3-21

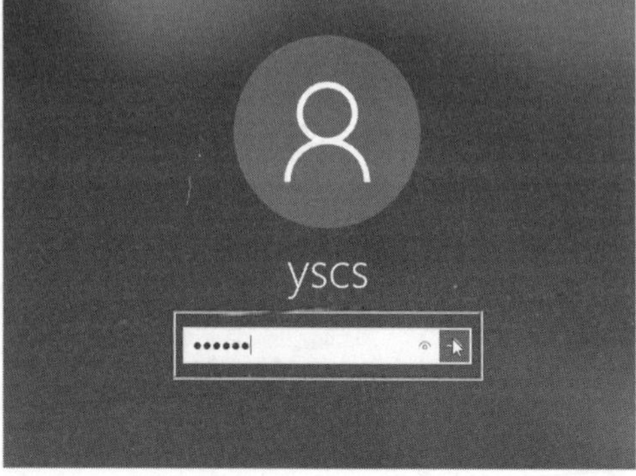

图 3-22

知识点拨

快速切换用户

在如图3-21所示的界面中，会列出电脑中所有可以登录的用户账户，单击就可以切换用户。

动手练 切换用户账户

Windows是多用户操作系统，同一台电脑可以多人使用。不同的账户有各自的使用环境，互不冲突，但是同一时间只能有一个人登录。

Step 01 使用Alt+F4组合键启动“关闭Windows”对话框，从列表中选择“切换用户”选项，单击“确定”按钮，如图3-23所示。

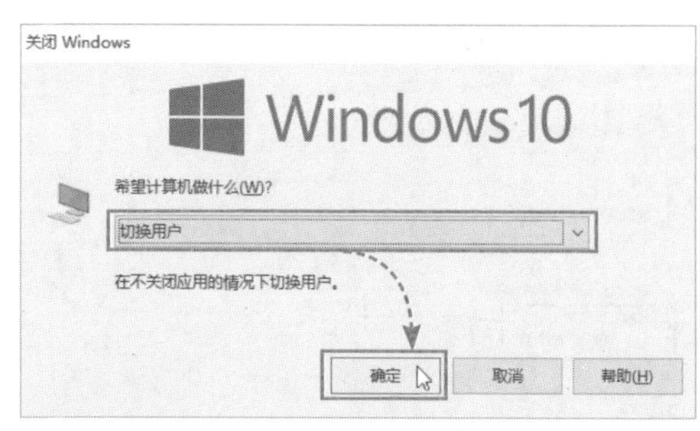

图 3-23

Step 02 在登录界面左下角选择需要登录的用户，输入密码后就可以登录，如图3-24所示。

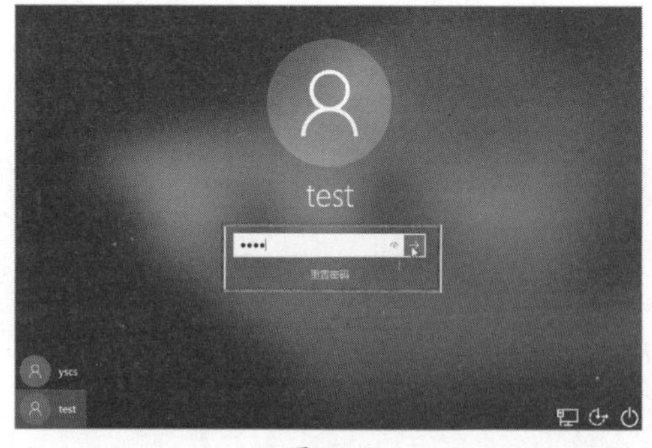

图 3-24

3.2 Windows 10窗口的操作

之所以称为Windows窗口，是因为Windows的各种功能界面类似窗口，Windows的操作与窗口密不可分。下面介绍Windows 10窗口的操作。

3.2.1 打开及关闭窗口

打开及关闭窗口的操作是使用最频繁的，Windows及应用程序窗口的打开和关闭的方法基本一样。

1. 打开窗口

在桌面上找到“此电脑”图标，双击该图标即可打开“此电脑”窗口，如图3-25所示，也可以在“此电脑”上右击，在弹出的快捷菜单中选择“打开”选项，如图3-26所示。

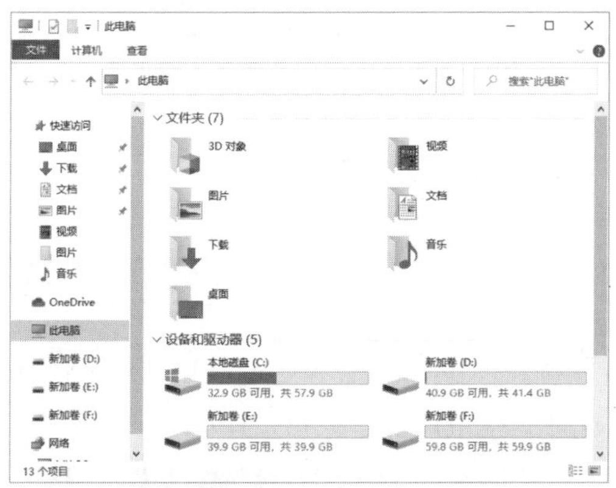

图 3-25

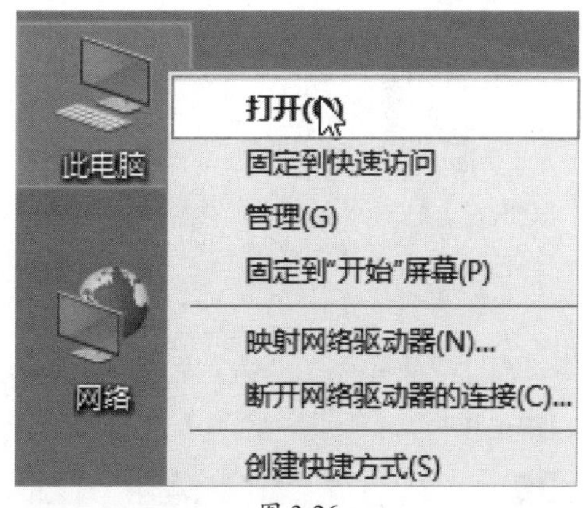

图 3-26

2. 关闭窗口

用户可单击界面右上角的“×”按钮关闭当前窗口，如图3-27所示，也可使用Alt+F4组合键快速关闭当前的活动窗口。

图 3-27

注意事项 区分活动窗口

活动窗口就是当前的工作窗口，用户可以一次打开多个窗口，但是当前只能使用某一个窗口，如图3-28所示。所有的操作都是针对该活动窗口的。

图 3-28

3.2.2 调整窗口

调整窗口的操作包括最大及最小化窗口、调整窗口大小、排列多个窗口、切换窗口等。通过调整窗口可以优化使用区域，使其他操作更方便。

1. 最大及最小化窗口

最大化窗口可以让窗口内容全部显示。用户可以单击界面右上角的“最大化”按钮来最大化窗口，如图3-29所示。

图 3-29

知识点拨

还原窗口

窗口最大化后，该按钮的功能就变成了“还原”，如图3-30所示，单击该按钮，可将窗口还原到最大化之前的状态。

图 3-30

单击“最小化”按钮，如图3-31所示，可以将窗口隐藏到任务栏。使用时可在任务栏单击该窗口，如图3-32所示，还原窗口到最小化之前的状态。

图 3-31

图 3-32

预览窗口内容

将光标悬停在任务栏的任意窗口上，会显示该窗口的内容，如图3-32所示。

2. 调整窗口尺寸和位置

使用窗口时，如果窗口太大或太小，可将光标悬停在窗口的四边或四角，当光标变成双向箭头后，使用鼠标拖曳的方法可调整窗口的大小，如图3-33所示。如果移动窗口，则将光标放到窗口标题栏，就可以拖动窗口到其他位置，如图3-34所示。

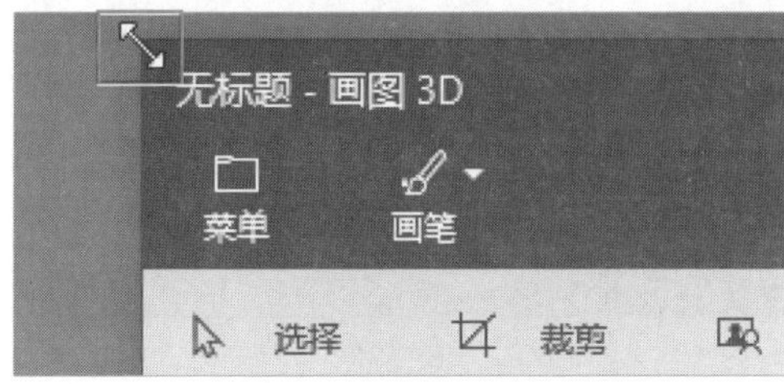

图 3-33

图 3-34

3. 窗口贴边显示

用鼠标拖动窗口的标题栏到显示器的上边缘，松开鼠标可以最大化窗口；拖动到左右侧边，松开鼠标可以半屏显示窗口，如图3-35所示。可选择另外半屏显示的窗口，也可以按Esc键取消。窗口半屏效果如图3-36所示。

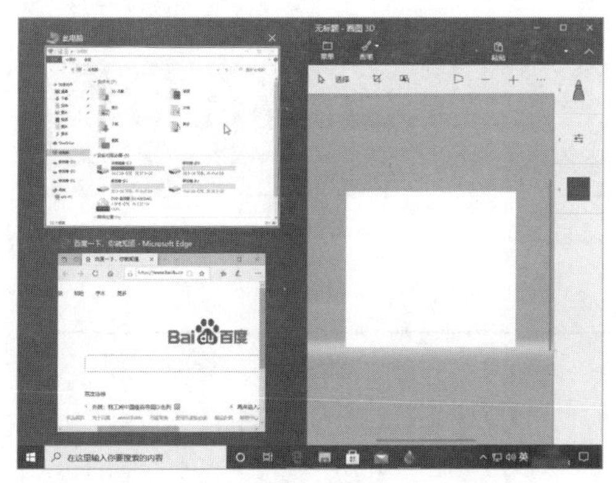

图 3-35

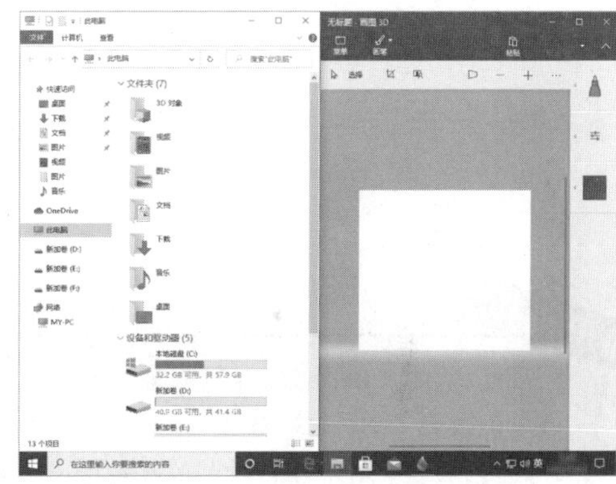

图 3-36

4. 窗口的排列

如果有多个窗口，可以将窗口整齐排列。在任务栏空白处右击，在弹出的快捷菜单中选择“层叠窗口”选项，如图3-37所示，窗口会按照层叠的方式进行排列，如图3-38所示。其他的“堆叠”“并排”方式，读者可以自己测试。

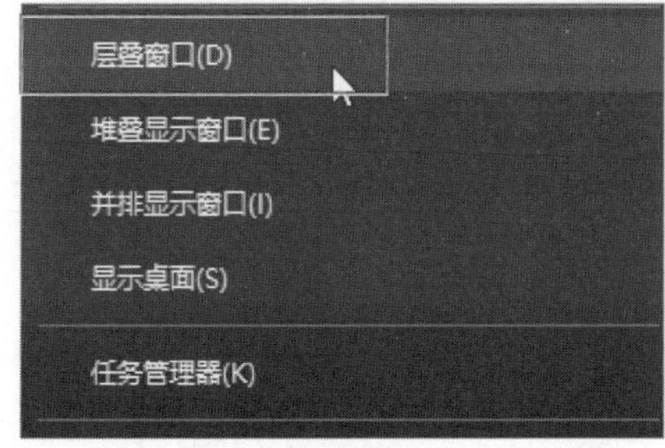

图 3-37

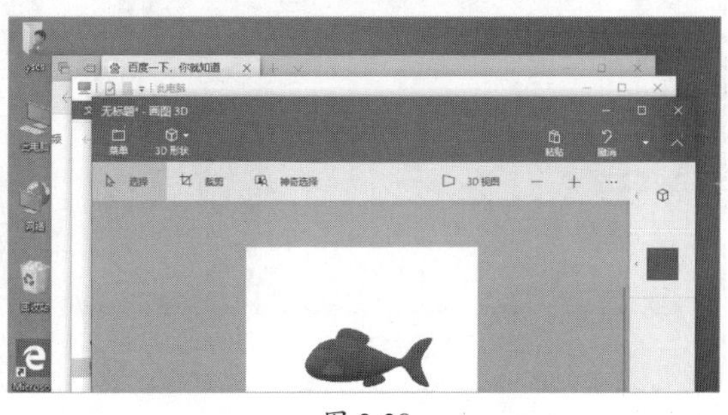

图 3-38

动手练 使用组合键切换窗口

用户可以手动更换当前的活动窗口，大多数用户使用组合键进行切换。按住Alt键不放再按Tab键，可以在窗口之间切换，如图3-39所示。

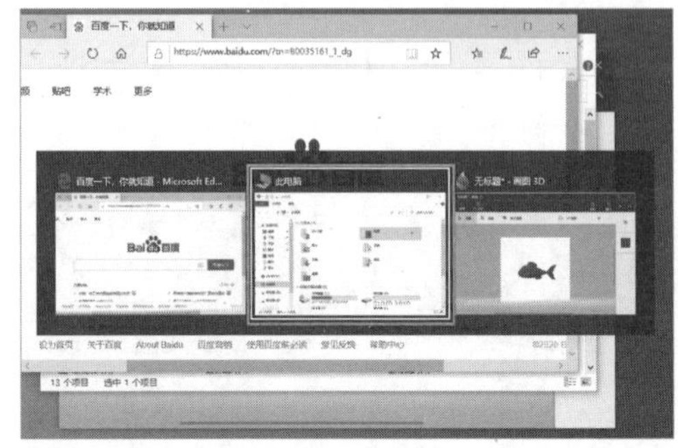

图 3-39

或者使用Win+Tab组合键，在弹出的“时间线”界面中选择目标窗口，如图3-40所示。

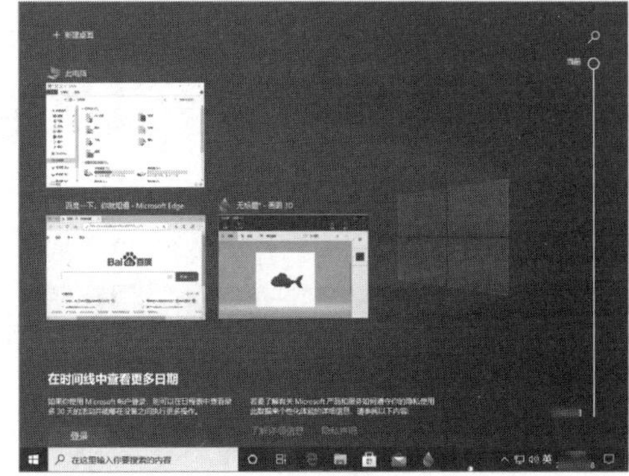

图 3-40

知识点拨

Windows 10时间线及多桌面

Windows 10时间线也叫时间轴，是Windows 10自1803版开启的一项新功能，相当于用户的计算机使用记录。此功能按时间跟踪用户在系统上所做的事情，例如访问的文件、页面、文件夹、应用程序、正在运行的程序等信息，在该界面汇总并以缩略图的方式显示出来，方便用户查看和选择。

Windows 10也支持多个桌面环境，在该界面可以新建空白桌面，如图3-41所示，还可以查看以及在不同桌面之间切换，如图3-42所示。

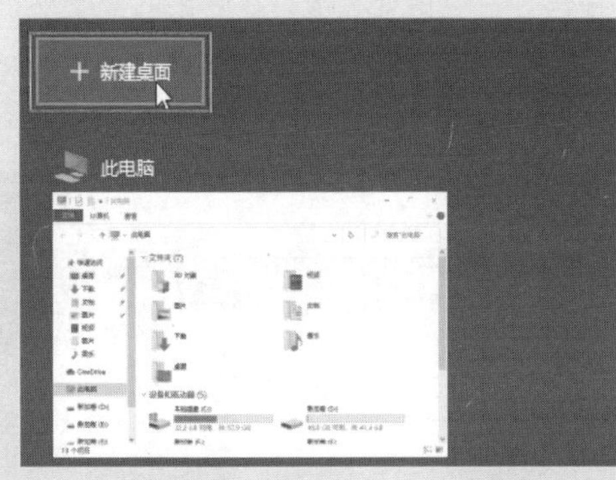

图 3-41

图 3-42

3.3 Windows 10对话框的操作

Windows中有一类特殊的窗口，叫作对话框。对话框是系统或程序与用户之间交流的主要途径。通过对话框，用户设置参数或信息，然后电脑根据用户设置的参数完成某些任务或者功能。

Windows中的对话框，根据不同的应用程序有不同的对话框，但对话框中的元素类型相似，主要有以下几种。

1. 下拉列表按钮

下拉列表中包含所有可以选择的参数，用户不能随意填写，只能从列表中选择，如图3-43所示。

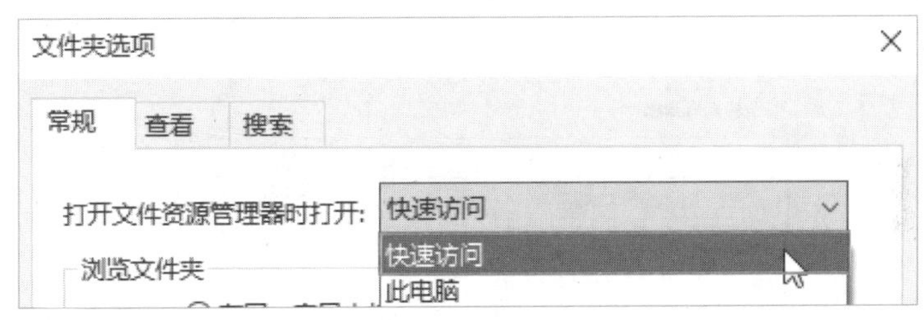

图 3-43

2. 单选按钮

一般单选按钮是一组互斥的选项，必须且只能选择一个选项。单击选项前的单选按钮选中该选项，如图3-44所示。

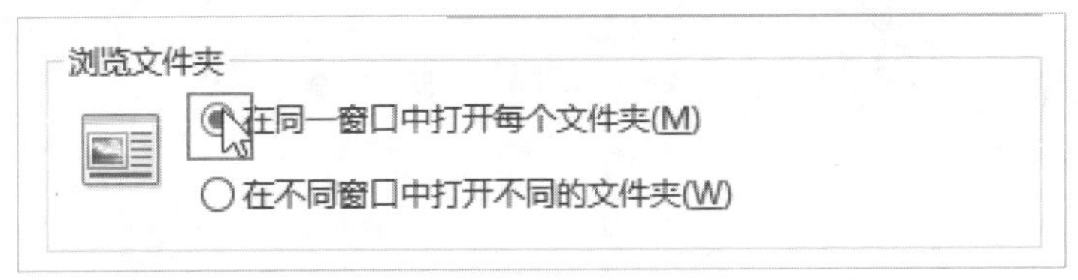

图 3-44

3. 复选框

复选框对应多个选项，可以选择多个，且互相不冲突。用户单击复选框，出现对号即为选中状态，再次单击即取消选中，如图3-45所示。

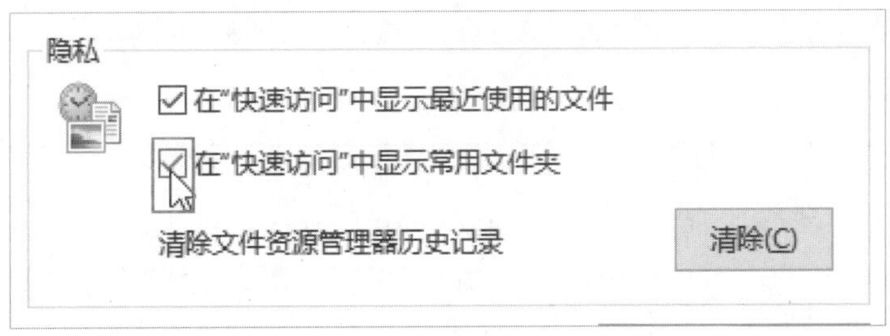

图 3-45

4. 功能按钮

例如常见的“确定”“取消”“应用”“还原默认值”等按钮都属于该类。单击即启动对应的功能，如图3-46所示。

图 3-46

5. 选项框

将所有选项集成在选项框中，选择选项后，下方会显示其功能或说明，如图3-47所示。

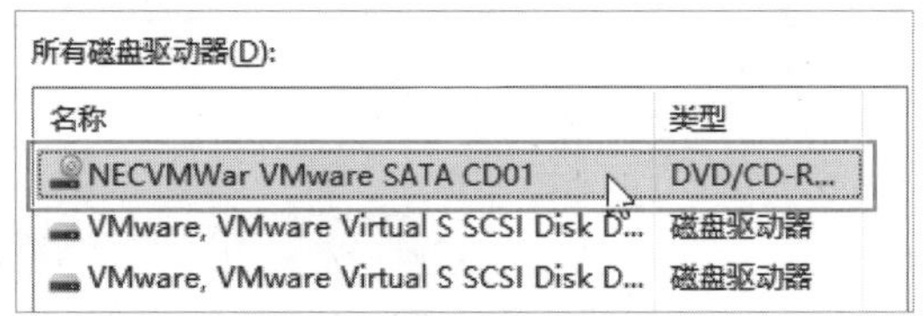

图 3-47

6. 文本框

用户可以在文本框中输入文字信息，如图3-48所示，用于说明性文字的输入。

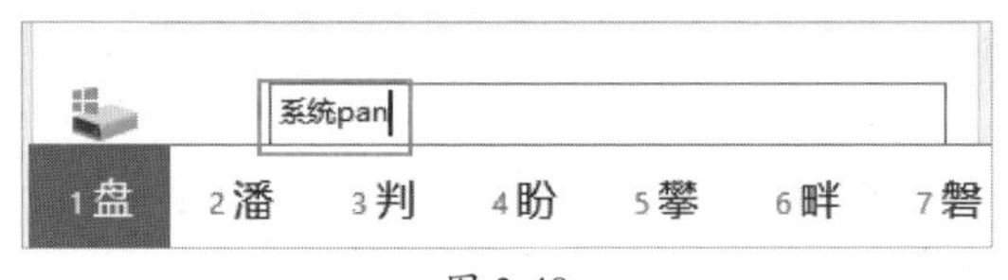

图 3-48

动手练 调出文件扩展名

扫码看视频

Windows 10默认不显示文件扩展名，按照下面的方法，可以开启扩展名显示功能。

Step 01 进入到任意文件夹中，单击左上角的“查看”按钮，如图3-49所示。

Step 02 在弹出的下拉界面中单击“选项”按钮，如图3-50所示。

扩展名

文件扩展名也称为文件的后缀名，是操作系统用来标记文件类型的一种机制。扩展名几乎是每个文件必不可少的一部分。通过扩展名，系统才能知道该文件用什么程序打开。修改扩展名可能会导致文件无法使用正确的程序打开，出于安全考虑，Windows默认隐藏扩展名。

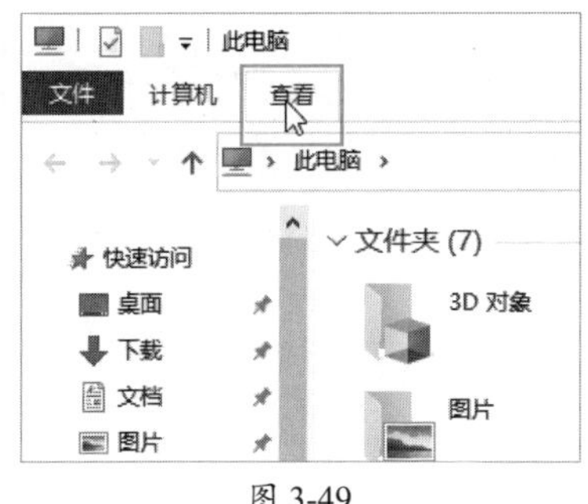

图 3-49

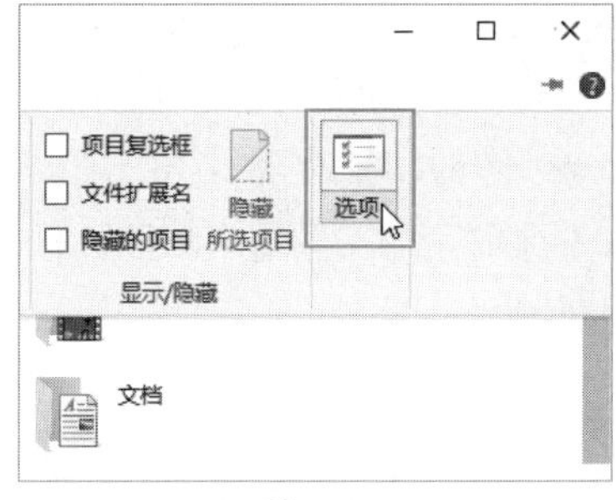

图 3-50

Step 03 在“文件夹选项”的“查看”选项卡中，在“高级设置”列表框中找到并取消勾选“隐藏已知文件类型的扩展名”复选框，单击“确定”按钮，如图3-51所示，这样即可显示文件扩展名，如图3-52所示。

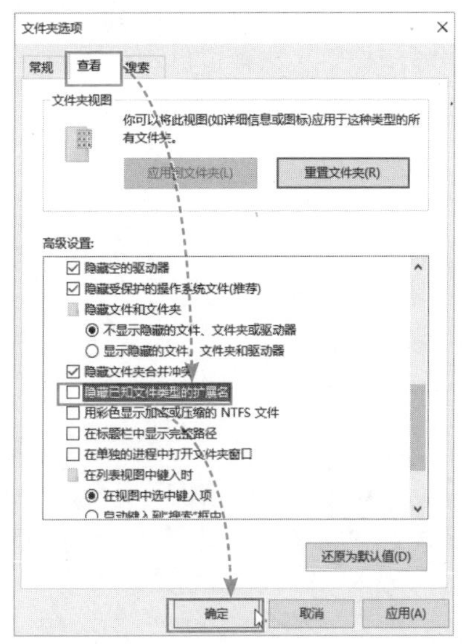

图 3-51

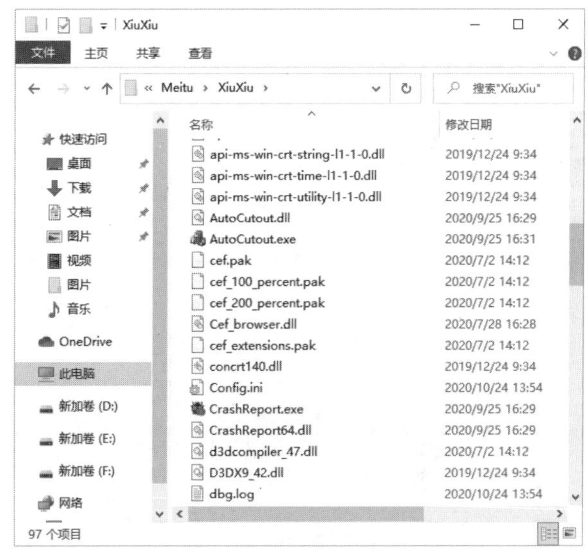

图 3-52

知识点拨

查看隐藏文件

除了显示已知文件扩展名外，“文件夹选项”还可以设置显示隐藏文件及受保护的系统文件。但显示后用户操作时需要特别小心，不要误删系统文件。

在文件夹的“查看”选项卡的功能列表中，也可以通过选择对应的复选框显示扩展名，如图3-53所示，以及显示隐藏的文件或文件夹。

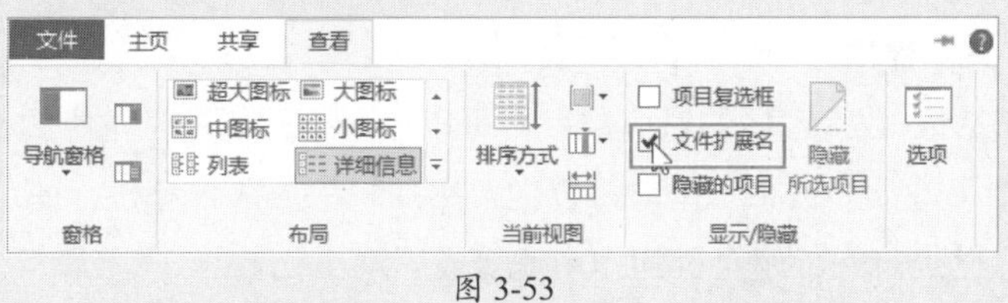

图 3-53

3.4 Windows 10快捷键的使用

Windows 10的功能非常丰富，但一些比较实用的功能不太好找。接下来介绍Windows 10非常好用的一些特有功能，以及这些功能的快捷键，用户可以在使用过程中记住这些快捷键。

1. 快速切换回桌面

使用Win+D组合键可以在任意时刻切换到桌面，其他窗口将最小化。类似的还有使用Win+M组合键可以最小化所有窗口。

2. 打开“快速访问”

使用Win+E组合键可以打开“快速访问”界面，其中列出了常用文件夹、最近使用的文件两个板块，用户可以直接进入文件夹或者打开文件，如图3-54所示。该组合键的功能也可以打开“此电脑”界面，如图3-55所示，至于使用哪个，用户可以在“文件夹选项”中设置，如图3-56所示。

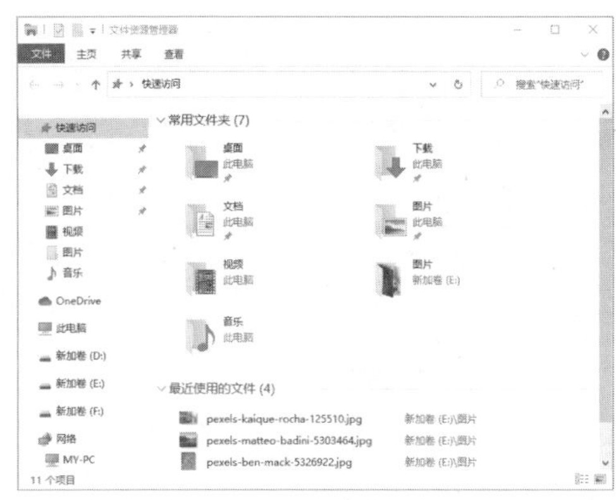

图 3-54

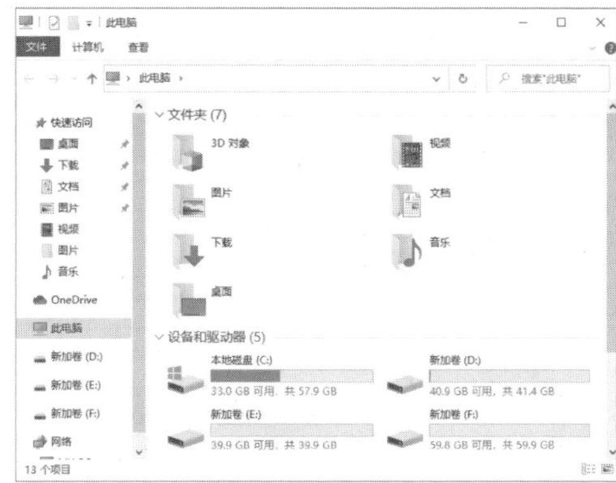

图 3-55

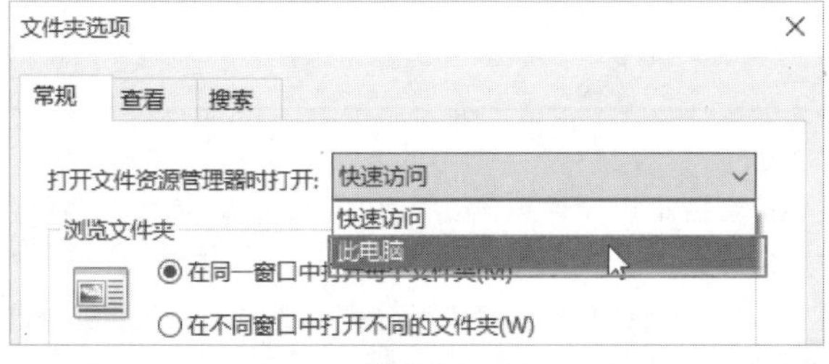

图 3-56

3. 快速启动任务栏程序

使用组合键Win+数字键区的对应数字，可以快速打开任务栏对应的程序，如图3-57所示，不能使用小键盘的数字。用户可以把常用的程序放入任务栏，使用快捷键快速启动。如果该程序已经打开，组合键的作用就变成了最小化。

图 3-57

4. 快速调整窗口

使用Win键配合方向键，可以将程序最大化、最小化，且停靠在桌面的左右侧。

5. 快速切换桌面

如果用户新建了多个桌面环境，可以使用Ctrl+Win+方向键组合键在多个桌面间切换。

6. 快速截图

使用Win+Shift+S组合键，可以启动Windows快速截图功能，如图3-58所示。通过用鼠标拖曳即可截取选定区域，通过上方的功能按钮，还可以截取不规则区域和全屏截图。

7. 快速调出剪贴板

Windows的剪贴板功能非常强大，包括文字、图片、文件等。一般粘贴时使用的是最后一次复制的内容。如果粘贴之前复制的内容，可以使用Win+V组合键，调出剪贴板，从中选择之前复制的内容，如图3-59所示。

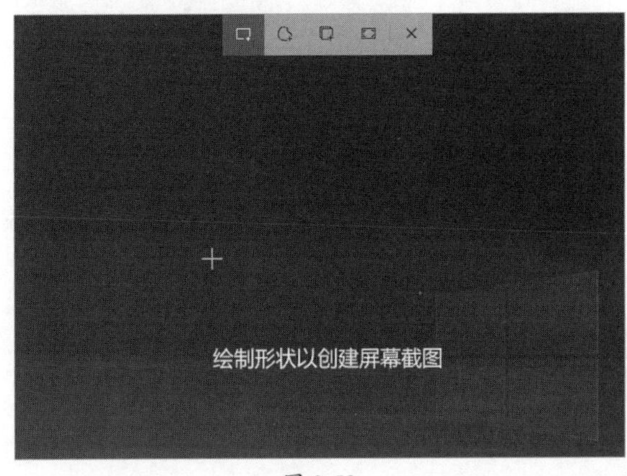

图 3-58

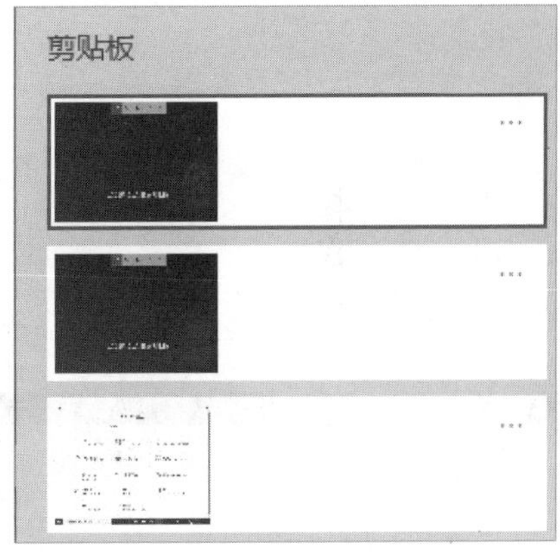

图 3-59

注意事项 快捷键用不了

如果出现快捷键用不了的情况，用户可能使用了精简版的系统，改用原版是可以使用的。有些功能，例如搜索无线显示设备、调整显示方向等，只能在笔记本电脑上实现。如果仍然使用不了，请检查快捷键是否和其他软件设置的快捷键冲突。

8. Win 的其他打开功能

使用Win+R组合键打开“运行”对话框，如图3-60所示。使用Win+G组合键打开“Xbox游戏录制”工具，如图3-61所示，这里的“性能”监测比较常用。

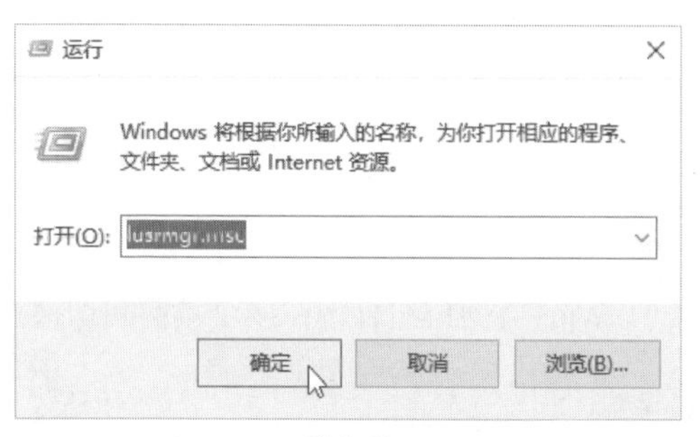

图 3-60

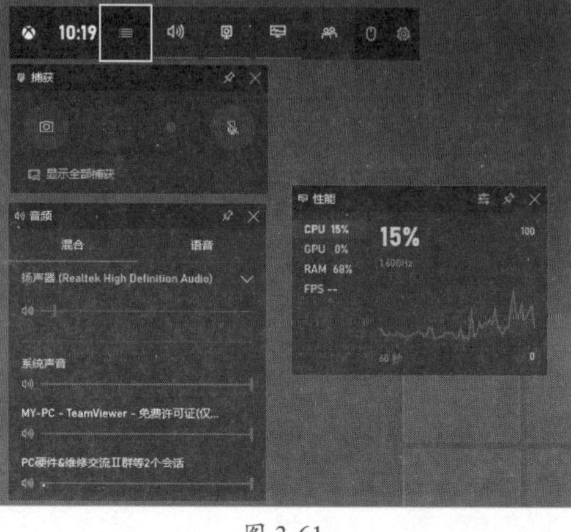

图 3-61

使用Win+I组合键，快速打开“Windows 设置”界面，如图3-62所示。使用Win+P组合键，快速打开“投影”功能。在这里可以设置多屏显示模式，如果用笔记本电脑，还可以连接无线显示器，如图3-63所示。使用Win+A组合键可以快速打开操作中心。

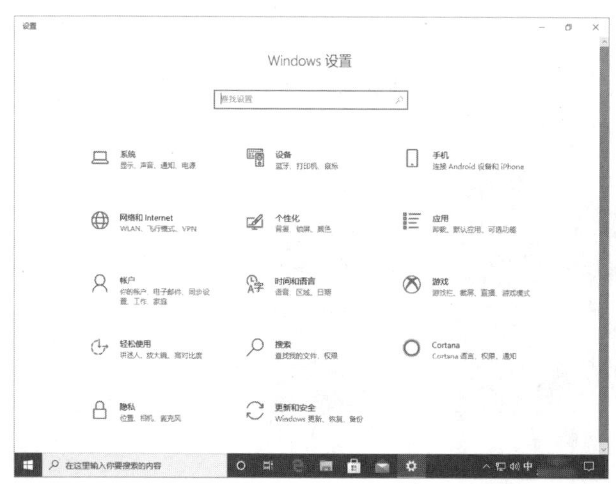

图 3-62

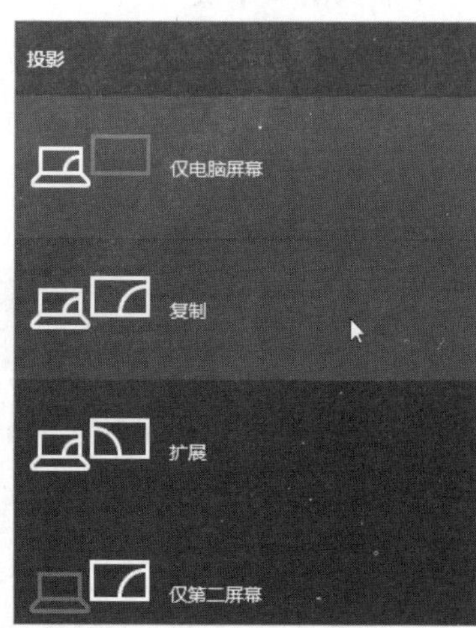

图 3-63

动手练 使用Windows 10的听写功能

扫码看视频

Windows 10的听写功能可以将获取的声音转换成文字，非常方便老人进行文字输入。用户打开文档，使用Win+H组合键打开听写功能，在文档中使用该功能输入文字，如图3-64所示。

图 3-64

知识延伸：使用Windows 10的图形密码登录

Windows 10一般使用用户密码登录账户，也可以和手机的手势密码一样，使用更高级的图形密码登录电脑。下面介绍如何设置Windows 10的图形密码。

Step 01 在“开始”菜单中单击当前登录的用户，在弹出的列表中选择“更改账户设置”选项，如图3-65所示。

Step 02 在“设置”界面中，选择“登录选项”并选择“图片密码”选项，单击“添加”按钮，如图3-66所示。

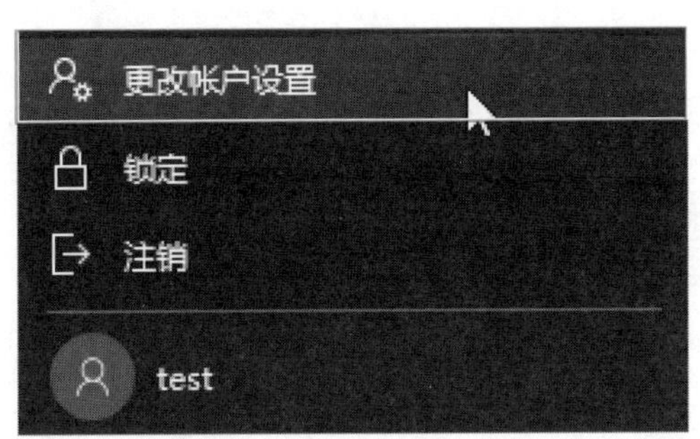

图 3-65

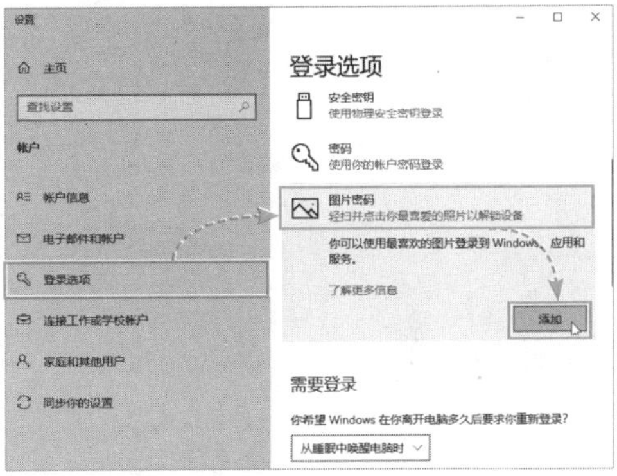

图 3-66

Step 03 首先验证账户密码，输入密码后单击“确定”按钮，如图3-67所示。

图 3-67

Step 04 根据提示，选择图片并在图片上“画”出圆、直线和点的组合，如图3-68所示。再次登录时就可以使用设置的笔画，如图3-69所示。

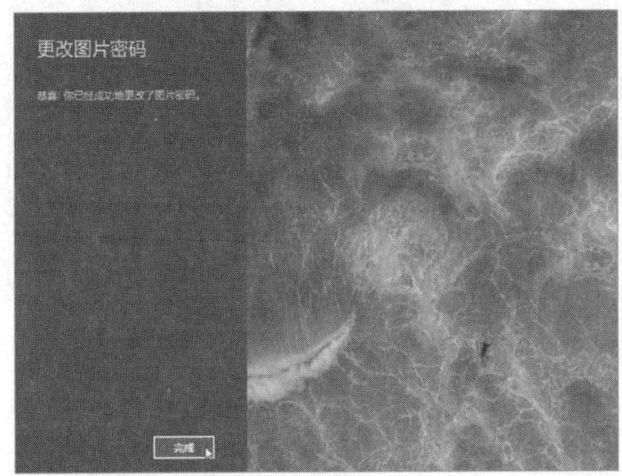

图 3-68

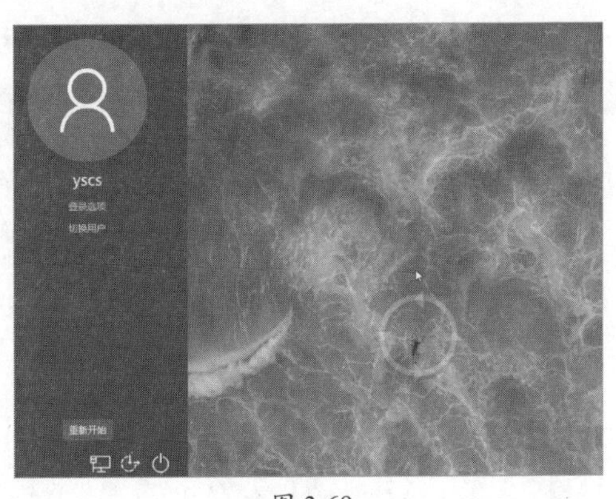

图 3-69

第4章 操作系统个性化设置

Windows 10的界面包括桌面图标、背景、桌面分辨率、窗口颜色和外观、任务栏、时间日期、字体等用户经常看到的部分。长时间使用难免会感觉单调，没有特色。本章的主要内容就是讲解如何自定义以上的界面，包括颜色、界面、功能等，让用户拥有一个个性化的Windows操作界面。

4.1 设置桌面图标

桌面图标的设置包括调出图标、查看图标、图标排序、创建超链接等。

4.1.1 调出常用的图标

在安装完操作系统后，桌面只有“回收站”图标和“Edge”浏览器图标。常用的“此电脑”“网络”等图标如何调出来呢?

Step 01 在桌面上右击，在弹出的快捷菜单中选择“个性化”选项，如图4-1所示。

Step 02 在“设置”界面“主题”选项卡中，选择“桌面图标设置”选项，如图4-2所示。

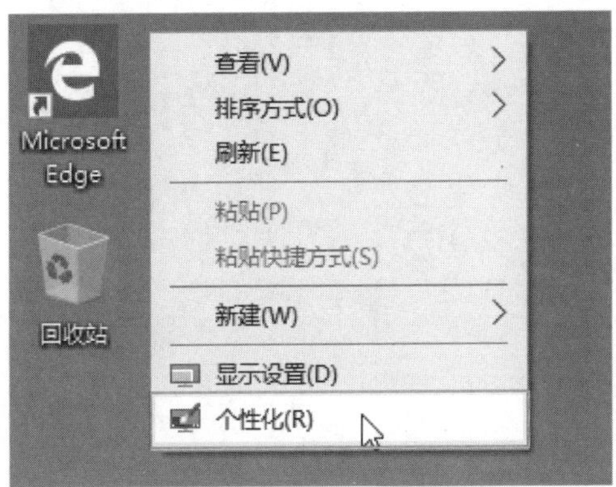

图 4-1

图 4-2

Step 03 勾选需要在桌面显示的图标的复选框，单击“确定”按钮，如图4-3所示。

Step 04 返回到桌面可以看到常用的桌面图标，如图4-4所示。

图 4-3

图 4-4

4.1.2 调整图标顺序

图标的排序与通常见到的不同，用户可以使用鼠标调整图标的顺序，也可以设置图标按照某种规则排列。一般按照名称进行排序，该方法也适合文件及程序图标的排列。

Step 01 在桌面上右击，在弹出的快捷菜单中选择“排序方式”选项组中的“名称”选项，如图4-5所示。

Step 02 完成后可以看到图标已经变成了最为常见的排列方式，如图4-6所示。如果顺序排反，再按同样的步骤操作一遍即可。

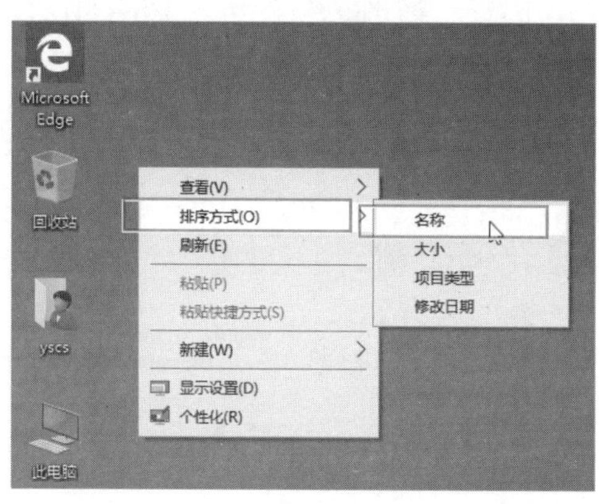

图 4-5

图 4-6

知识点拨

创建快捷方式

用户的桌面上有程序、文件、文件夹甚至分区的快捷方式。在需要创建快捷方式的分区盘符上右击，在弹出的快捷菜单中选择“创建快捷方式”选项，如图4-7所示。创建后会在桌面上生成该分区的快捷方式图标，如图4-8所示。有的文件会在当前文件夹生成快捷方式，剪切到桌面即可。有些文件需要选择“发送到”选项组中的“桌面快捷方式”选项，在桌面生成快捷方式。

双击快捷方式，可以快速启动、打开文件。重新命名或删除快捷方式也不会对源文件及程序造成影响。

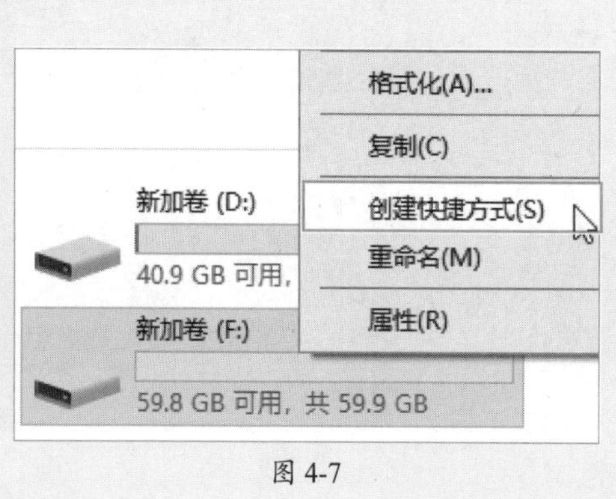

图 4-7

图 4-8

4.1.3 调整图标大小

桌面图标可以设置大小，主要针对一些特殊用户，调整的方法如下。

在桌面上右击，在弹出的快捷菜单中选择“查看”选项，在其级联菜单中选择“大图标”选项，如图4-9所示。此时会以大图标显示，如图4-10所示。

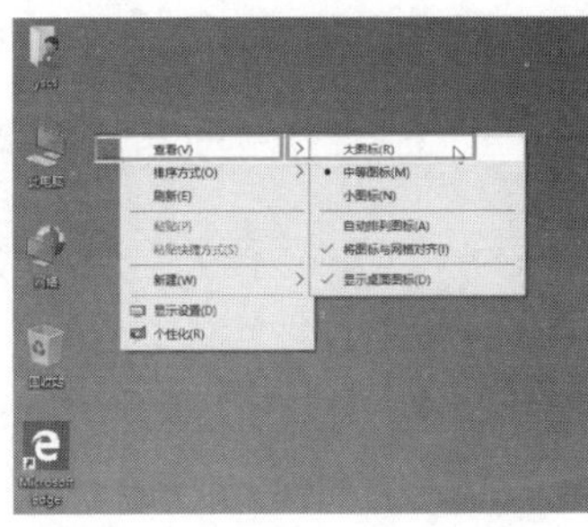

图 4-9

图 4-10

对齐及隐藏图标

在“查看”选项的级联菜单中，可以设置“自动排列图标”“自动将图标与网格对齐”样式。这样桌面图标看起来非常整齐。取消勾选“显示桌面图标”复选框，所有的桌面图标即不再显示。

知识点拨

手动调整图标大小

默认情况下，图标有大图标、中等图标、小图标三种。如果想自定义图标大小，可以在桌面上按住Ctrl键，配合鼠标滚轮，自由变换。

动手练 更改图标样式

如果用户要更改快捷方式的图标样式，可以使用系统自带的，也可以使用下载的ICO格式的图标文件。

扫码看视频

Step 01 在快捷方式上右击，在弹出的快捷菜单中选择“属性”选项，如图4-11所示。

Step 02 在“属性”界面中，单击“更改图标”按钮，如图4-12所示。

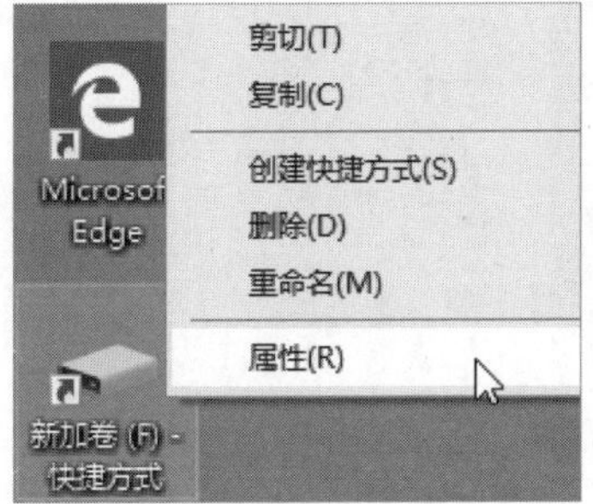

图 4-11

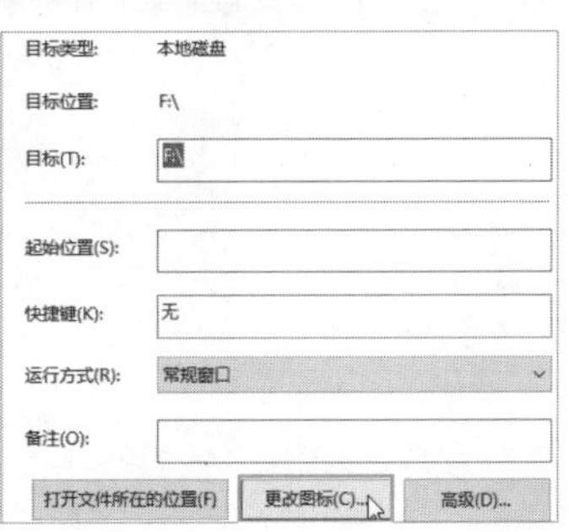

图 4-12

Step 03 在图标列表中选择目标图标，单击“确定”按钮，如图4-13所示。也可以单击“浏览”按钮，查找并使用下载的ICO格式图标。

Step 04 继续单击“确定”按钮，返回到桌面，可查看更换后的效果，如图4-14所示。

图 4-13

图 4-14

4.2 更改Windows主题

Windows主题是指Windows的界面风格，包括桌面背景、窗口、开始菜单、提示音、控件等内容。可以使用内置的成套主题，也可以手动更换。

4.2.1 更换成套的Windows主题

Windows提供了多种成套的内置主题，有需要的用户可以直接使用。

Step 01 在桌面空白处右击，在弹出的快捷菜单中选择“个性化”选项，如图4-15所示。

Step 02 在列表中选择“主题”选项，在右侧的“更改主题”中单击需要更换的主题样式，如图4-16所示。

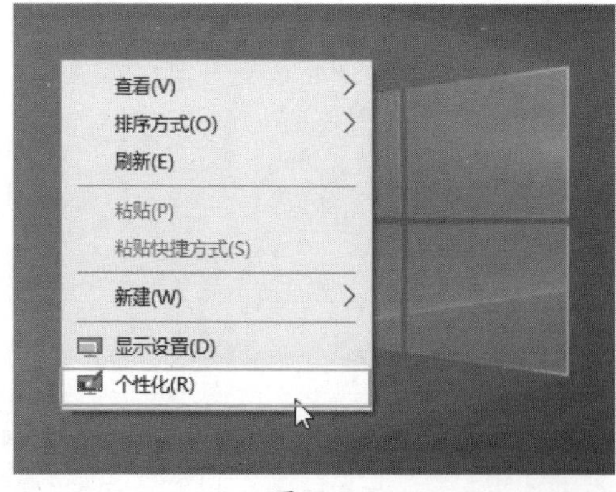

图 4-15

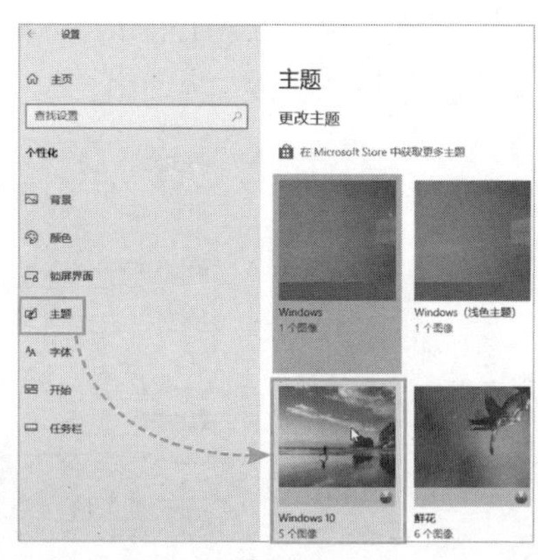

图 4-16

主题太少怎么办？

Windows 10自带4个主题，如果没有喜欢的，可以在如图4-17所示的“在Microsoft Store”中获取更多主题，下载后自动安装该主题。更换后的效果如图4-18所示。

图 4-17

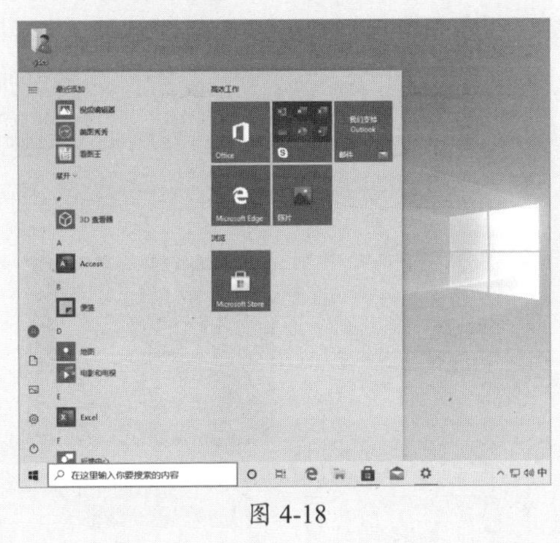

图 4-18

4.2.2 设置Windows背景

Windows的主题元素，不单单指桌面背景，还包括窗口颜色、开始屏幕颜色、声音、鼠标、光标等内容。用户可以手动更换这些主题元素。

1. 设置固定桌面背景

桌面背景是主题的主要组成部分，用户可以更换成固定背景。进入“个性化”设置界面，在“背景”选项中可以查看当前的背景图片，选择其他的背景图片完成更换，如图4-19所示。

图 4-19

知识点拨

直接将图片设置为背景

除了使用系统自带的图片外，还可以单击“浏览”按钮，选择下载的背景图。也可以在下载的背景图片上右击，在弹出的快捷菜单中选择“设置为桌面背景”选项，如图4-20所示。

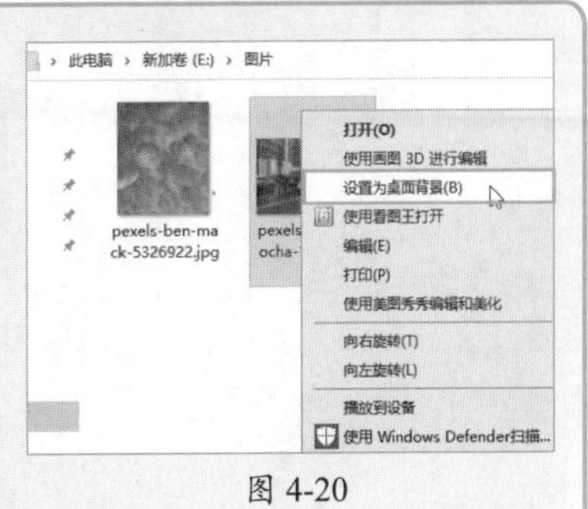

图 4-20

2. 设置自动更换的背景

手动更换背景有时比较麻烦，用户可以设置为多张图片自动更换模式。

Step 01 在“个性化”设置界面的“背景”选项中，单击“图片”下拉按钮，在弹出的列表中选择“幻灯片放映”选项，如图4-21所示。

Step 02 单击“浏览”按钮，选择多张图片所在的文件夹，返回后设置更改时间，如图4-22所示，这样到时间后就会自动更换桌面背景。

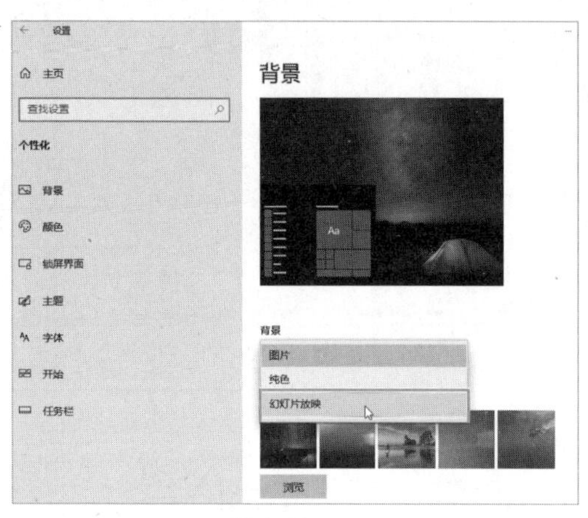

图 4-21

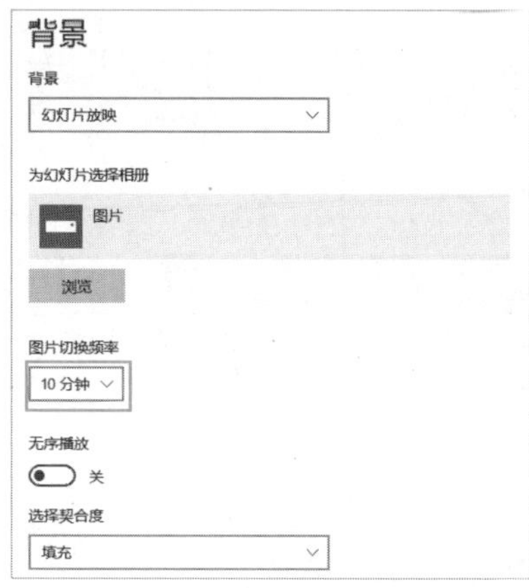

图 4-22

4.2.3 设置主题颜色

主题颜色的影响范围包括任务栏、开始菜单、窗口边框等方面，用户可以手动设置具有个性的主题颜色。

Step 01 在“个性化”设置界面的“颜色”选项中，将“选择颜色”设置为“深色”，选择一个比较喜欢的颜色，如图4-23所示。

Step 02 “在以下区域显示主题色”中勾选全部复选框，在所有位置应用该主题色，如图4-24所示，可以看到任务栏颜色已经更改。

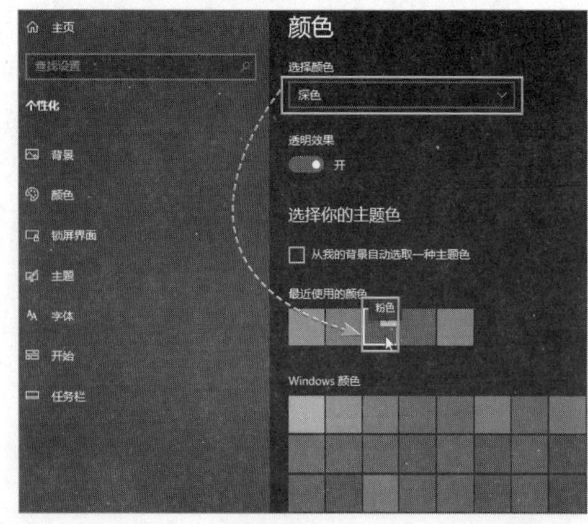

图 4-23

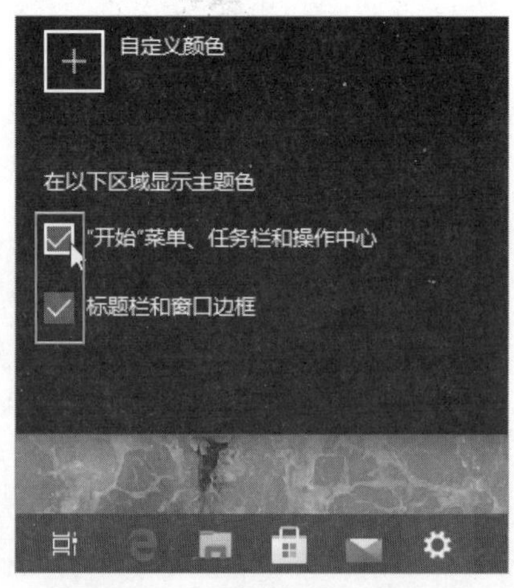

图 4-24

4.2.4 设置锁屏界面

Windows的锁屏界面包括欢迎界面及屏幕保护程序。欢迎界面是用户输入密码并登录系统的界面，屏幕保护程序是用户离开电脑自动启动并锁定电脑的界面。下面讲解如何设置这两个界面。

Step 01 在“个性化”设置界面中选择“锁屏界面”选项，在右侧单击“背景”下拉按钮，在弹出的列表中选择“图片”选项，选择一款内置的图片，如图4-25所示。在锁屏界面显示的应用可以根据需要选择。

Step 02 设置屏幕保护，选择“屏幕保护程序设置”选项，如图4-26所示。

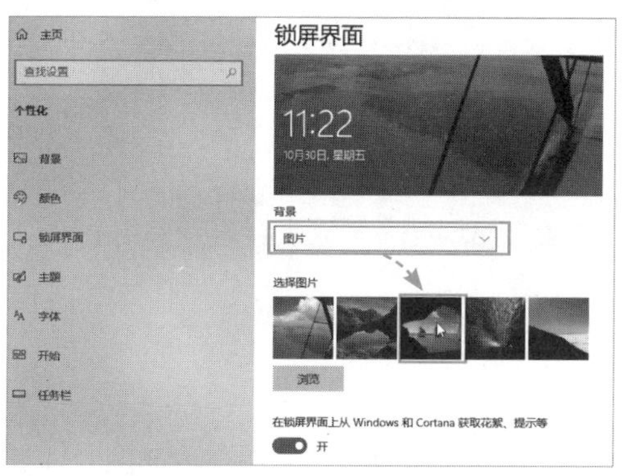

图 4-25

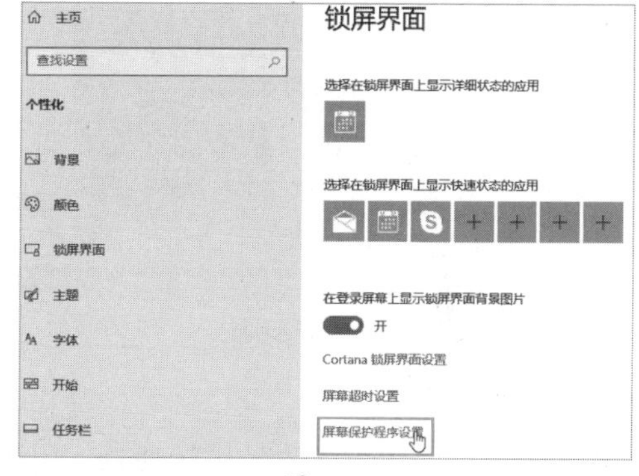

图 4-26

Step 03 在“屏幕保护程序设置”界面中，单击“无”下拉按钮，在弹出的列表中选择喜欢的样式，这里选择“彩带”选项，如图4-27所示。

Step 04 设置等待时间，勾选“在恢复时显示登录屏幕”复选框，单击“确定”按钮完成配置，如图4-28所示，这里可以预览及配置屏保的详细参数。

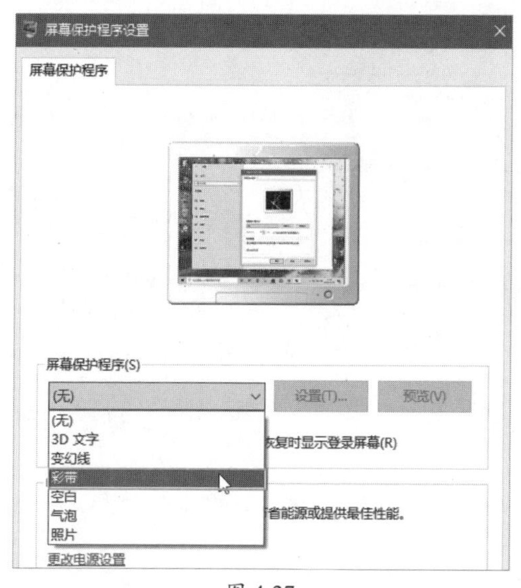

图 4-27

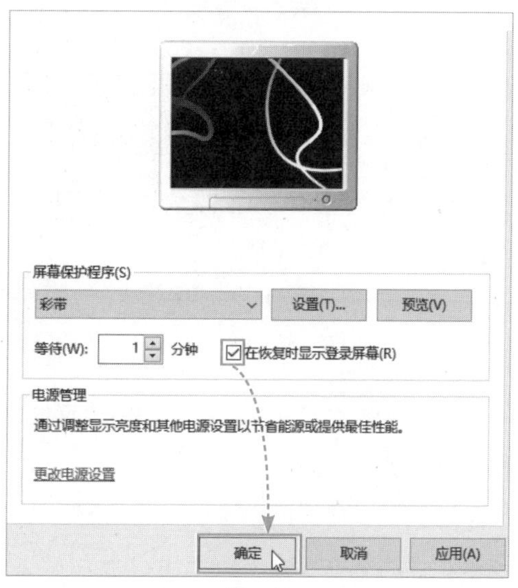

图 4-28

动手练 设置声音及鼠标光标

扫码看视频

主题内容还包括声音和光标样式，下面讲解图标样式的更换。

Step 01 进入“个性化”设置界面，在“主题”选项中，单击“声音”按钮，如图4-29所示。

Step 02 在弹出的“声音”设置界面的“程序事件”中选择需要更改声音的程序事件，如“电池严重短缺警报”，如图4-30所示。

图 4-29

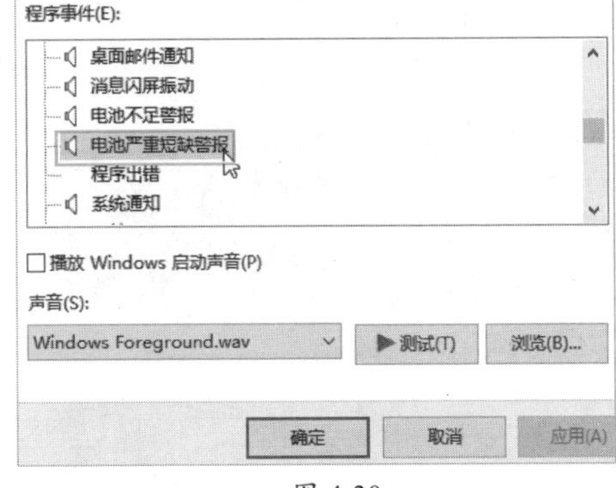

图 4-30

Step 03 单击“声音”下拉列表，在弹出的列表中选择“鸣钟”选项，如图4-31所示。如果有wav的声音文件，也可以单击“浏览”按钮，选择声音。

Step 04 选择声音后，单击“测试”按钮试听声音，没有问题后单击“确定”按钮完成更换，如图4-32所示。

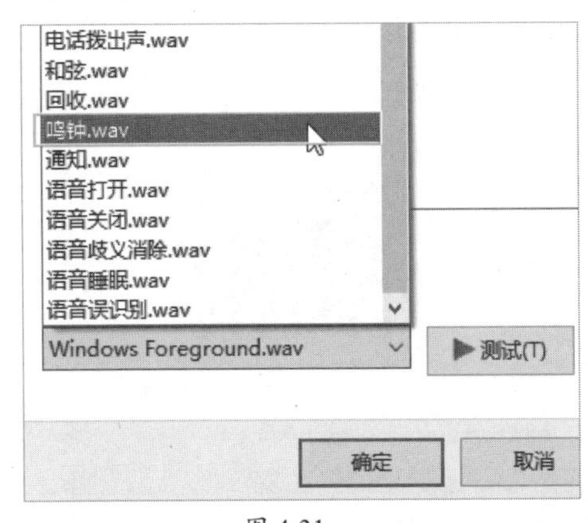

图 4-31

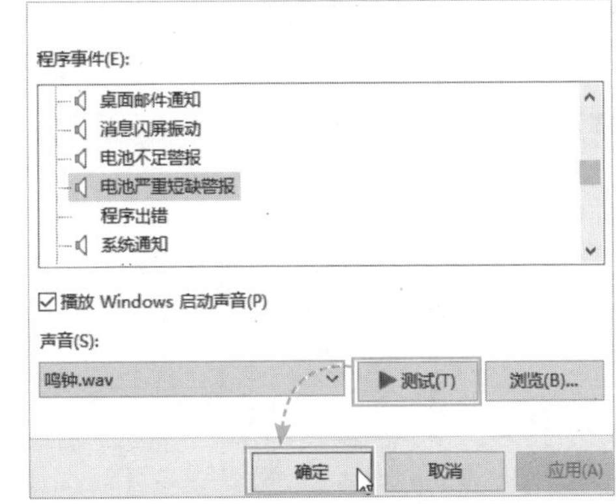

图 4-32

Step 05 在“个性化”设置界面的“主题”选项中单击“鼠标光标”按钮，如图4-33所示。

Step 06 在“鼠标属性”界面中单击“方案”下拉按钮，在弹出的列表中选择一套方案，如图4-34所示。

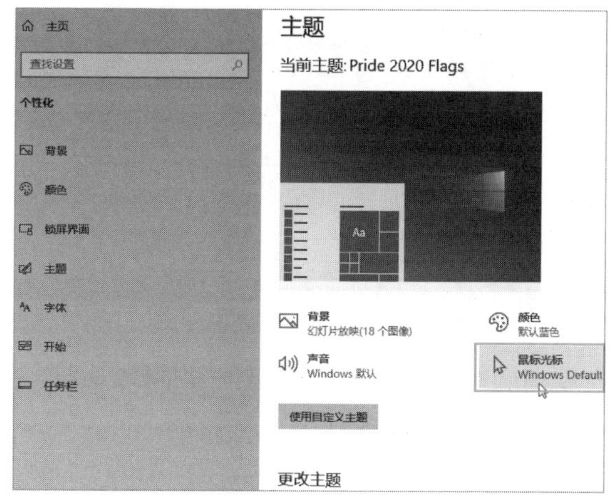
图 4-33

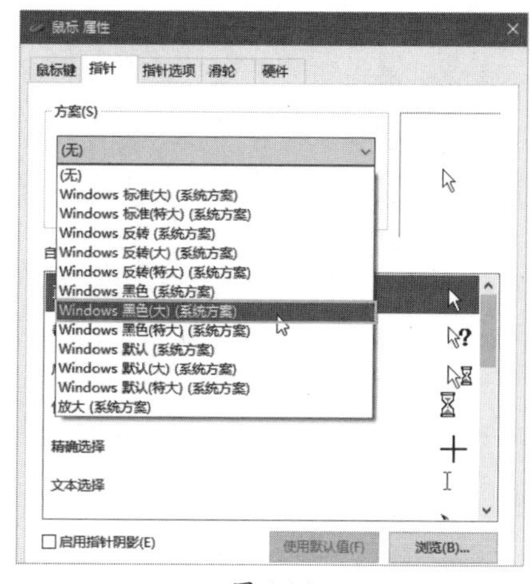
图 4-34

Step 07 在“鼠标属性”界面下方的“自定义”中，可以查看该方案在不同状态下鼠标的样子，如果确定使用，单击“确定”按钮，如图4-35所示。

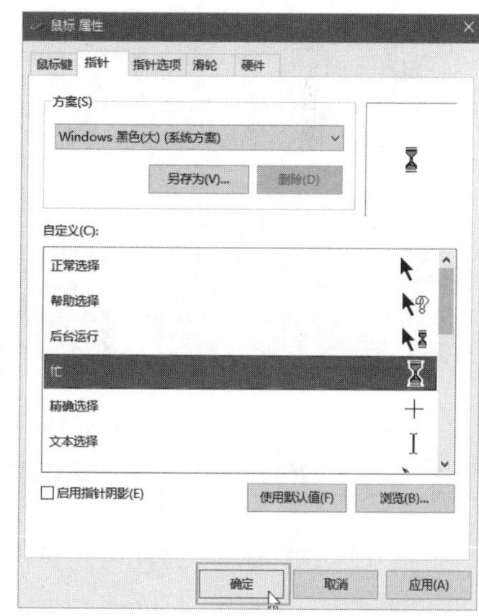
图 4-35

注意事项 更改单个指针样式

前面讲述的方案是一整套鼠标在各种情况下的样式。如果更改单个的样式，可以在“自定义”中选择需要更改的样式，单击“浏览”按钮，在弹出的“浏览”界面中选择一个新的样式，完成后单击“打开”按钮，如图4-36所示。如果列表中的样式都不喜欢，可以在网上下载鼠标的成套方案，导入后使用。

图 4-36

4.3 设置Windows任务栏

任务栏默认在Windows桌面下方，显示“开始”按钮、程序、各种系统图标等元素的矩形区域。任务栏是最常使用的功能组件，优化任务栏能提高用户的工作效率。

4.3.1 更改任务栏位置

任务栏默认在界面下方，如果要换到其他位置，可以按如下方法操作。

Step 01 在任务栏空白位置右击，在弹出的快捷菜单中取消选择“锁定任务栏”，如图4-37所示。

Step 02 使用鼠标拖曳的方法，将任务栏拖至界面上方、左侧或右侧，如图4-38所示。完成移动后，为避免误操作，可以再次锁定任务栏。

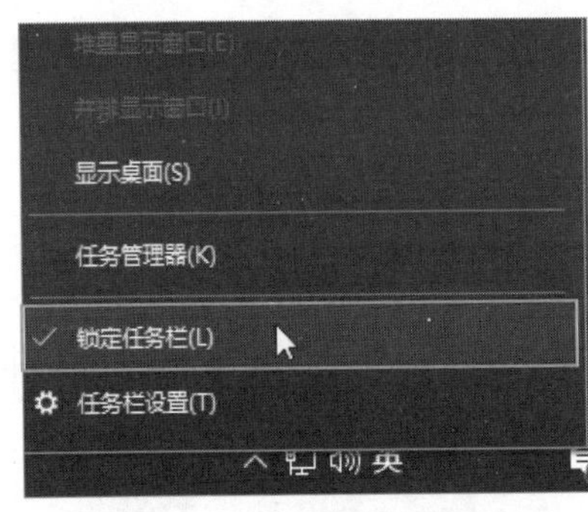

图 4-37

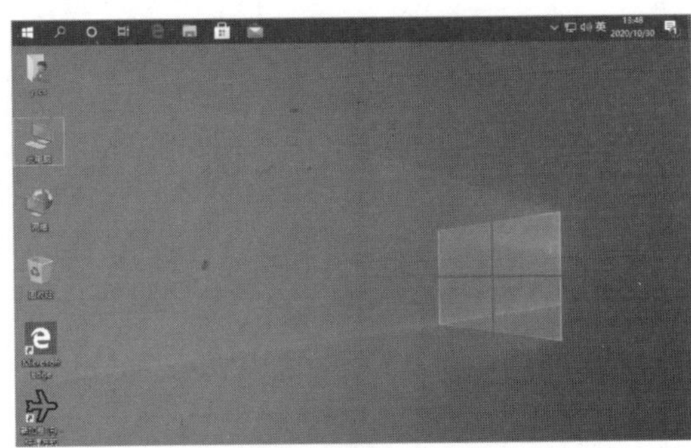

图 4-38

4.3.2 设置任务栏图标显示

任务栏的图标分为程序图标和右侧的系统图标。下面介绍如何设置这些图标的显示和隐藏。

1. 隐藏系统默认按钮

默认按钮包括搜索框、Cortana和任务视图。在任务栏空白处右击，在弹出的快捷菜单中取消勾选不需要的按钮，如“Cortana”“任务视图”，如图4-39所示，选择“搜索”级联菜单中的“隐藏”选项，将搜索框隐藏，如图4-40所示。

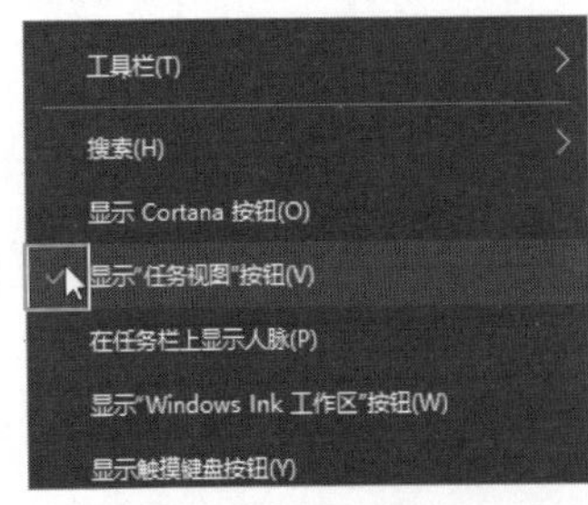

图 4-39

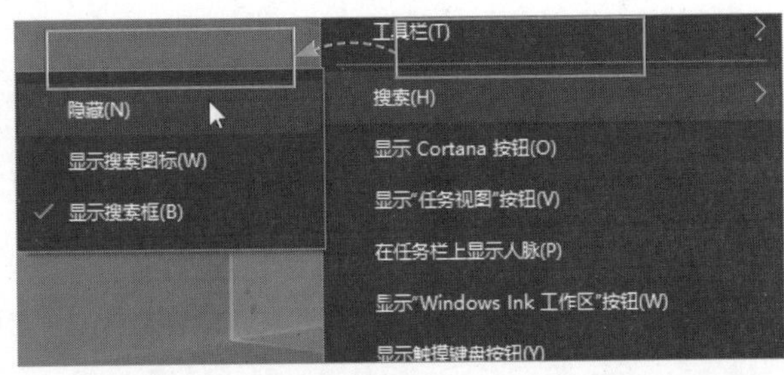

图 4-40

2. 隐藏不需要的任务栏图标

其他不需要的程序图标，可以在图标上右击，在弹出的快捷菜单中选择“从任务栏取消固定”选项，将其从任务栏删除，如图4-41所示。

图 4-41

知识点拨

更改程序图标位置

程序图标可以通过鼠标拖动的方式更改固定位置，如图4-42所示。当打开了很多窗口时，可以通过该方法使图标排列顺序更清晰。

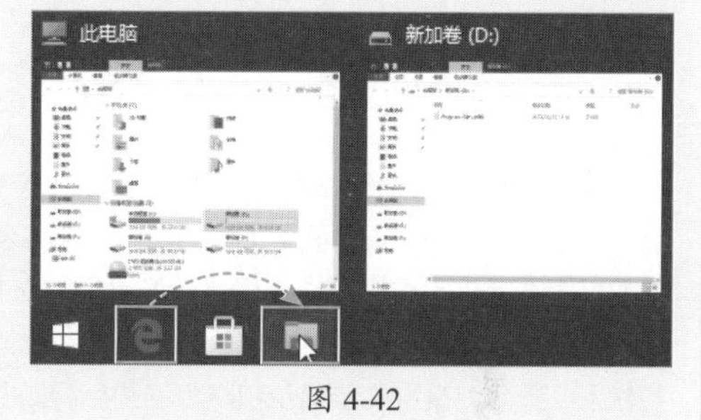

图 4-42

3. 关闭不需要的系统图标

在窗口右侧有网络、声音、输入法、时间、通知等系统默认图标。如果不希望其显示，可以按照下面的方法关闭。

Step 01 在任务栏空白处右击，在弹出的快捷菜单中选择“任务栏设置”选项，如图4-43所示。

Step 02 在弹出的“任务栏”设置界面中选择“打开或关闭系统图标”选项，如图4-44所示。

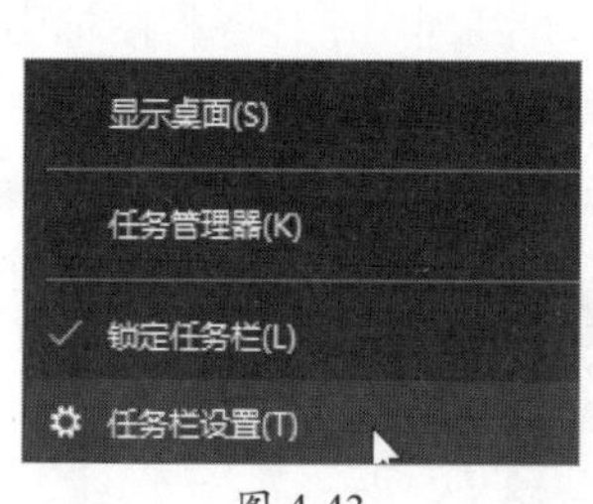

图 4-43

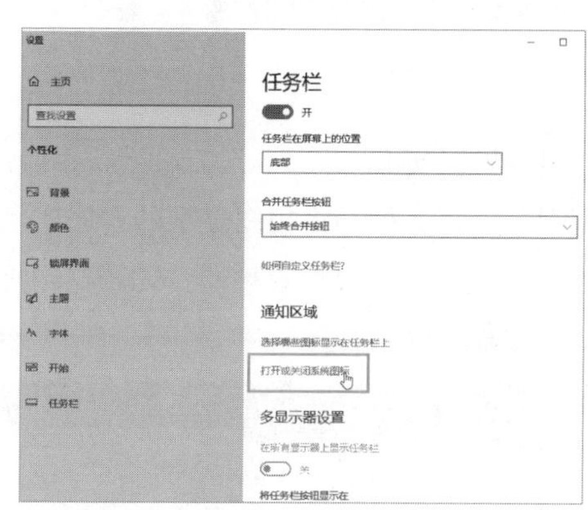

图 4-44

Step 03 在弹出的“打开或关闭系统图标”设置界面中找到不想显示的图标，如“时钟”。单击后面的“开”按钮，可以关闭其显示，如图4-45所示。

Step 04 此时在界面右下角就不会显示时钟，如图4-46所示。

图 4-45

图 4-46

知识点拨

隐藏不需要的系统图标

关闭图标是针对长时间不使用的功能，所以禁止在界面中显示。对于使用频率低的程序，可以将图标隐藏起来。用户可以使用鼠标拖曳的方法将图标拖入到隐藏组中，如图4-47所示。需要查看时可在该组中直接查看，也可以将其再拖曳出来显示。用户也可以进入“选择那些图标显示在任务栏上”界面，设置需要显示和隐藏的图标，如图4-48所示。

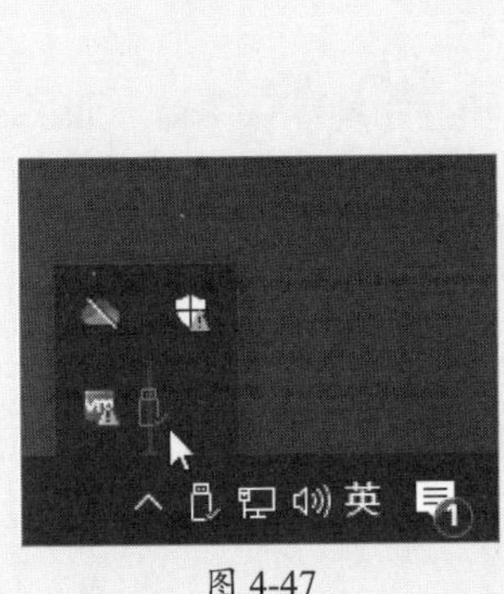

图 4-47

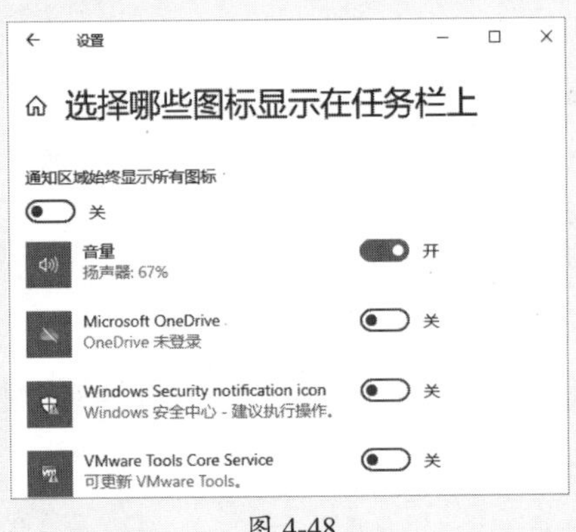

图 4-48

4. 取消任务栏程序合并

默认情况下，任务栏会将相同类型的程序实例合并到同一个任务栏图标中，用户使用时需要选择，例如多个资源管理器（如图4-49所示）和多个网页。笔者认为不是特别方便，下面介绍如何取消合并。

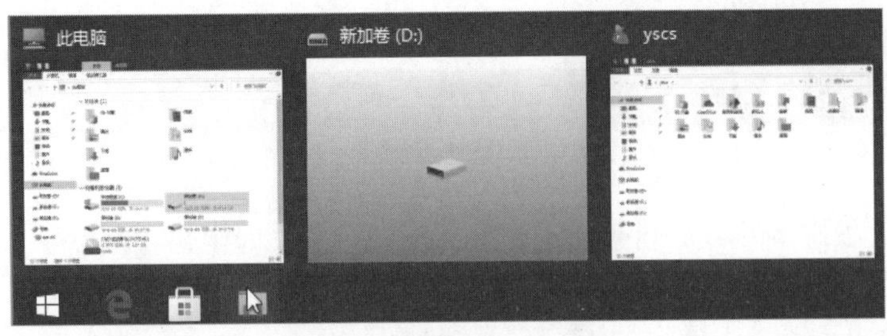

图 4-49

启动“任务栏设置”界面，单击“合并任务栏按钮”下拉列表，在弹出的列表中选择“从不”选项，如图4-50所示。

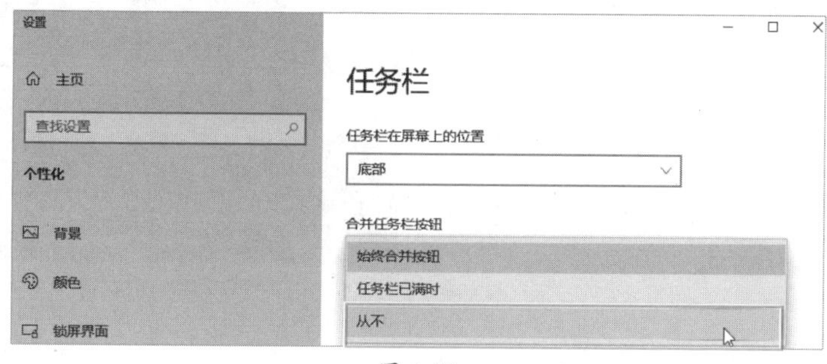

图 4-50

完成后，任务栏的程序就变成了独立的显示模式，如图4-51所示。

图 4-51

动手练 为任务栏添加程序图标

添加的方法很简单，将程序快捷方式拖动到任务栏空白处，松开鼠标，完成操作，如图4-52所示，或者在应用程序上右击，在弹出的快捷菜单中选择“固定到任务栏”选项，如图4-53所示。

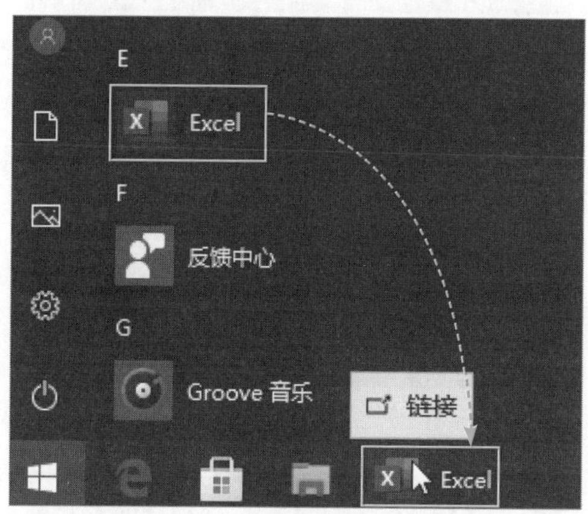

图 4-52

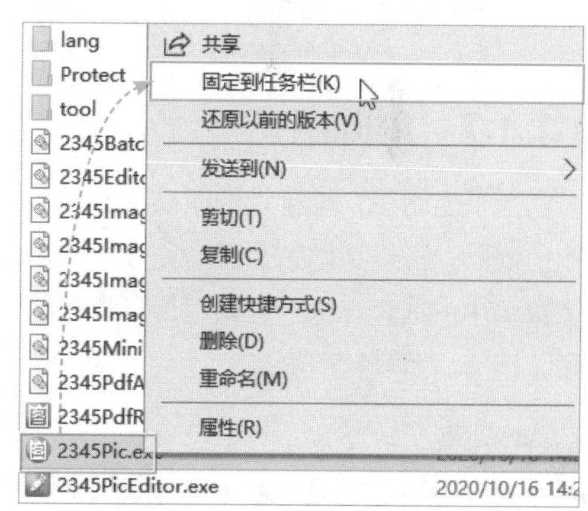

图 4-53

4.4 设置“开始”屏幕

前面在设置Windows主题时有一些操作，例如下载或使用系统自带的主题、更改Windows背景，都会影响“开始”菜单的外观。除了外观样式外，“开始”菜单还可以更改磁贴、设置图标的分类、显示、查找等功能。

4.4.1 增加磁贴

默认的“开始”屏幕的左侧是所有的软件及最近安装的软件，在右侧罗列着一些常用的系统应用磁贴，如图4-54所示，这些磁贴其实是程序的快捷方式。通过设置，将常用的软件磁贴添加上去并整理后，可以提高工作效率。

图 4-54

Step 01 在左侧的“最近添加”或者程序列表中找到需要添加磁贴的程序，在图标上右击，在弹出的快捷菜单中选择“固定到‘开始’屏幕”选项，如图4-55所示。

Step 02 在右侧可以看到，该程序的图标已经添加到了磁贴区，如图4-56所示。

图 4-55

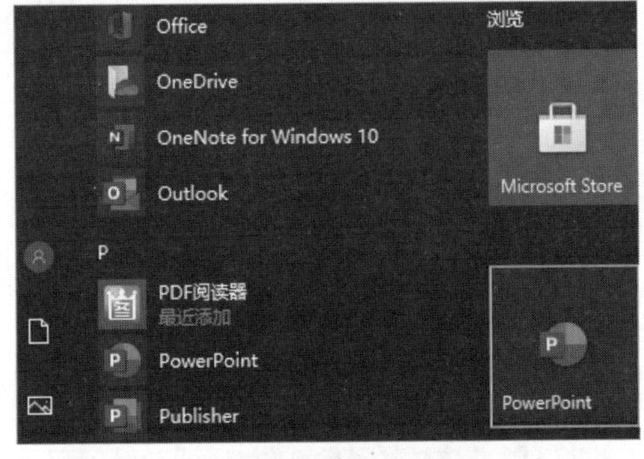

图 4-56

4.4.2 删除磁贴

如果想删除系统自带的磁贴或其他程序的磁贴，可以在磁贴上右击，在弹出的快捷菜单中选择“从‘开始’屏幕取消固定”选项，如图4-57所示。

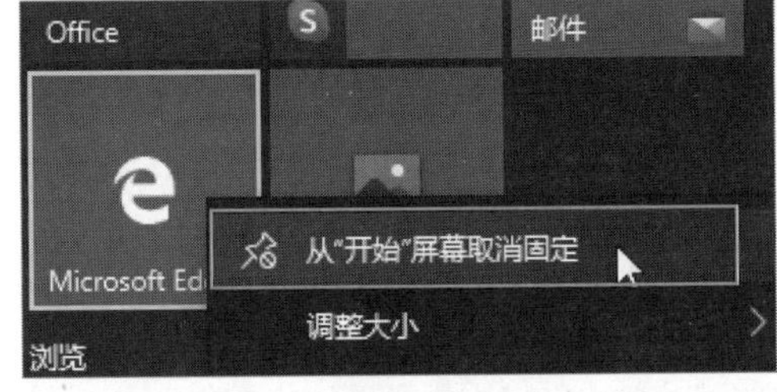

图 4-57

磁贴可以实现的功能

除了可以快速启动对应的应用程序外，在磁贴上右击，还可以实现卸载程序、固定到任务栏、以管理员权限运行、打开程序所在文件夹等功能，如图4-58所示。根据程序的不同，有些磁贴还可以实现应用设置、查看最近打开的文件等功能。

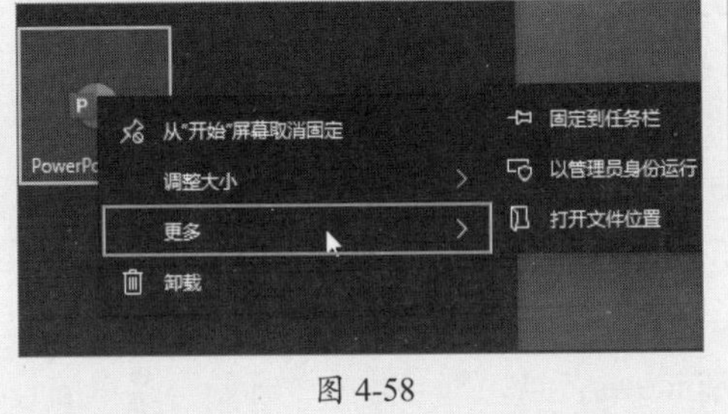

图 4-58

4.4.3 移动及合并磁贴

使用鼠标拖曳的方法可以移动磁贴。移动时可以插到任意位置，其他磁贴会向后顺延，和手机图标的移动方式一样。

如果移动到其他磁贴上可以合并形成磁贴组，类似文件夹，单击就可以展开该磁贴组，如图4-59所示，也可将组中的磁贴拖曳出来使用，如图4-60所示。

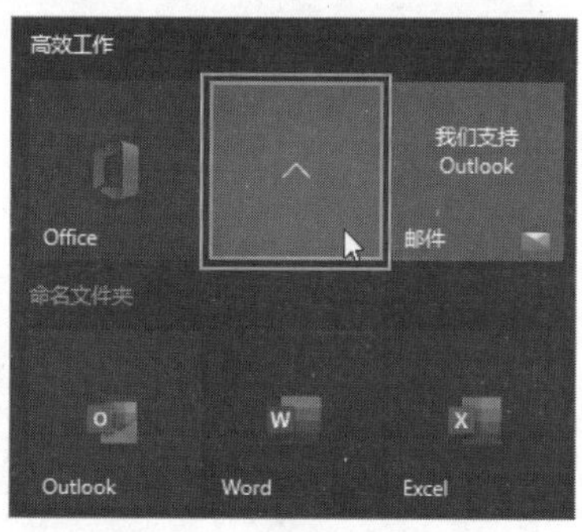

图 4-59

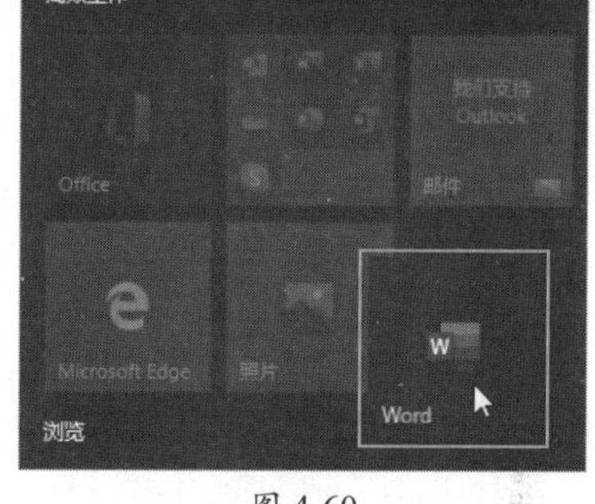

图 4-60

知识点拨

组的操作

合并成磁贴组后，可以为磁贴组命名，类似重命名文件夹。除了磁贴组外，在开始屏幕中还有一种固定组可以对磁贴分类。用户可以通过拖曳的方式分类并为固定组命名，如图4-61所示。拖动固定组的名称还可以调整固定组的顺序，如图4-62所示。

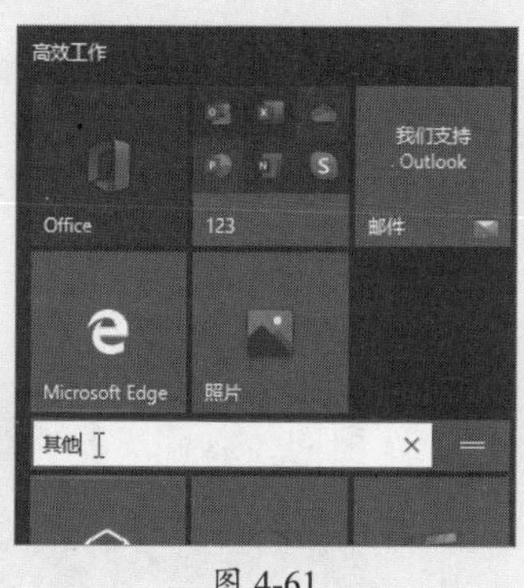

图 4-61

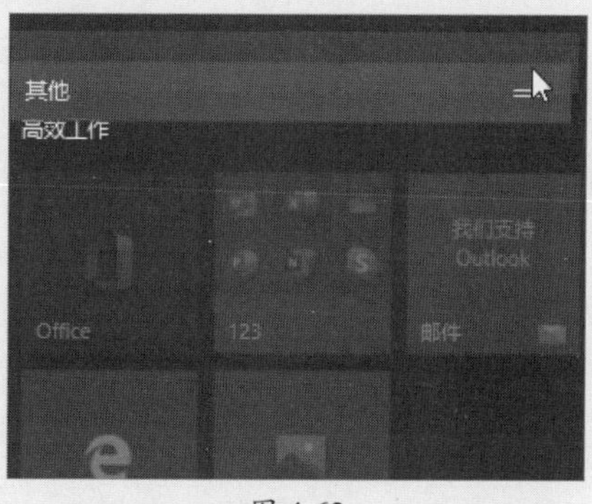

图 4-62

动手练 调整磁贴的大小

磁贴的大小并不是固定的，可以根据磁贴的内容和是否是动态磁贴来调整磁贴的大小。

Step 01 在磁贴上右击，在弹出的“调整大小”级联菜单中选择“大”选项，如图4-63所示。

Step 02 可以看到磁贴占了4个贴位，如图4-64所示。

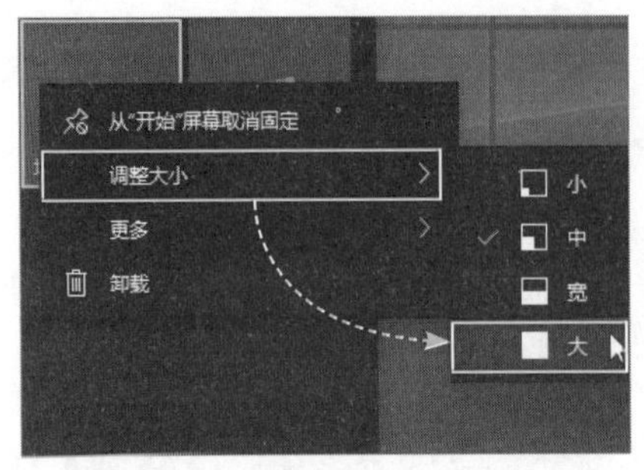

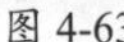
图 4-63

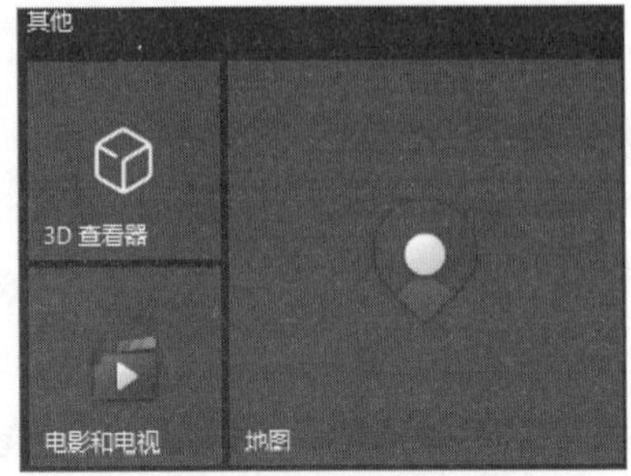

图 4-64

知识点拨

动态磁贴

动态磁贴可以根据应用程序的内容进行预览及实时显示动态信息。不是所有的磁贴都有动态显示，用户可以右击磁贴查看有无开启或关闭动态磁贴的功能选项。未开启动态磁贴的磁贴如图4-65所示，开启动态磁贴并调整磁贴大小后的效果如图4-66所示。

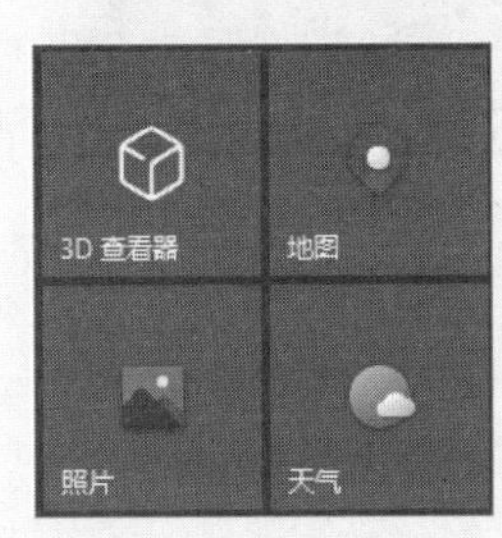

图 4-65

图 4-66

4.5 设置"日期和时间"

在前面介绍设置任务栏图标时，讲解了隐藏日期和时间显示的方法，本节介绍系统日期和时间的设置。

4.5.1 查看日期和时间

将光标移动到界面右下角，悬停到时间和日期上，会显示星期信息，如图4-67所示。单击后会出现日历表，如图4-68所示。这里可以查看更详细的信息，包括农历及日程安排等。

图 4-67

图 4-68

4.5.2 调整日期和时间

如果要修改当前日期和时间，可以按照下面的方法进行。

Step 01 在时间和日期上右击，在弹出的快捷菜单中选择“调整日期/时间”选项，如图4-69所示。

Step 02 当前是自动获取时间，如果要手动设置，可以关闭“自动设置时间”，单击“更改”按钮，如图4-70所示。

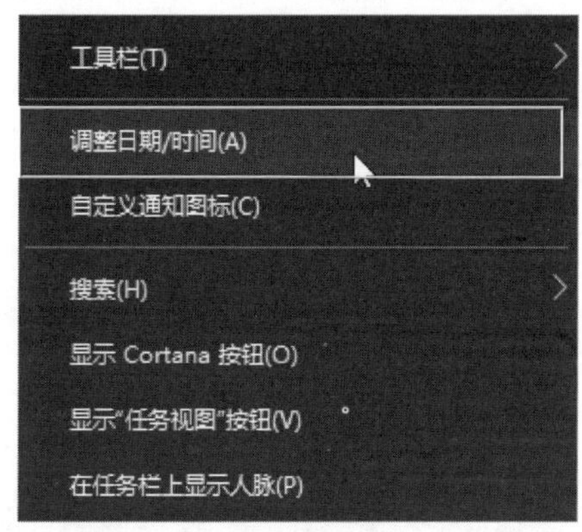

图 4-69

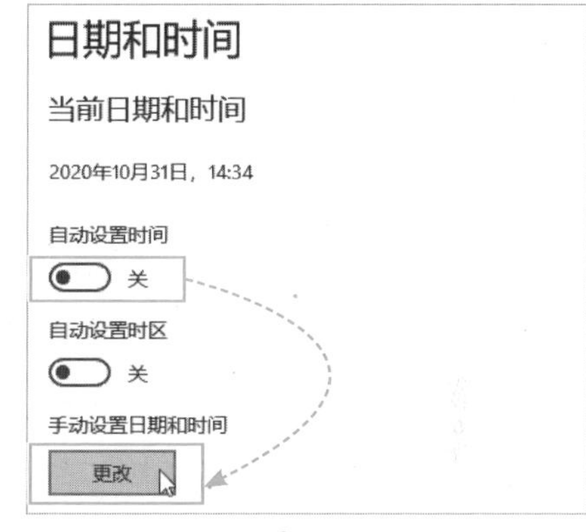

图 4-70

Step 03 在弹出的界面中，手动设置当前的时间及日期，完成后单击“更改”按钮，如图4-71所示。

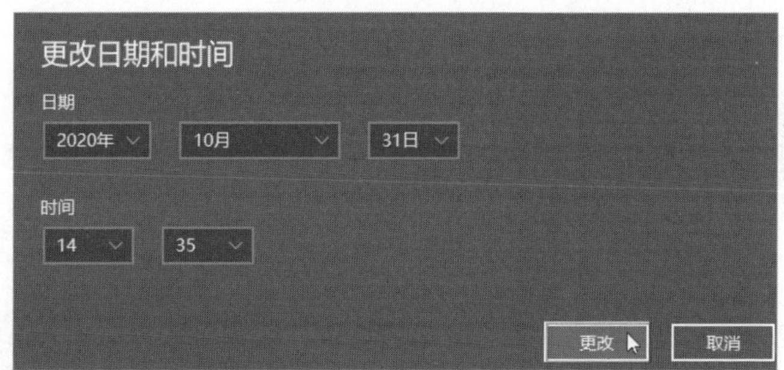

图 4-71

动手练 添加附加时钟

再添加一个时钟，用来了解另外一个地区的时间或者用来计时。下面请读者一起动手来添加。

Step 01 在“日期和时间”设置界面中选择“添加不同时区的时钟”选项，如图4-72所示。

Step 02 在“日期和时间”对话框中勾选“显示此时钟”复选框，选择时区并设置时钟名称，完成后单击“确定”按钮完成添加，如图4-73所示。

时区
(UTC+08:00) 北京，重庆，香港特别行政区，乌鲁木齐
自动调整夏令时
关
在任务栏中显示其他日历
简体中文(农历)
相关设置
日期、时间和区域格式设置
添加不同时区的时钟
获取帮助
提供反馈

图 4-72

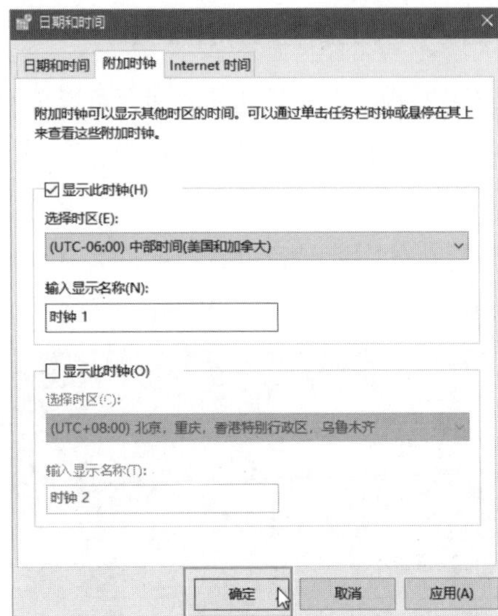

图 4-73

 4.6 Windows字体的管理

扫码看视频

Windows自带很多字体，如何下载及添加新的字体、删除字体是本节将介绍的内容。需要注意，这些字体是在软件中使用的，例如Word、Photoshop等，而Windows系统界面的字体样式暂时还无法更改。用户可以在网上找到字体并下载使用，微软商店中也有字体可以下载使用。

Step 01 在“个性化”设置界面中选择“字体”选项，在右侧选择“在Microsoft Store中获取更多字体”选项，如图4-74所示。此处也可以查看已经安装完成的字体。

Step 02 在“字体”中单击目标字体，如图4-75所示。

图 4-74

图 4-75

Step 03 在打开的“详情”界面中单击“获取”按钮，如图4-76所示。

Step 04 下载完成后自动安装，可以查看已经下载的字体，如图4-77所示。

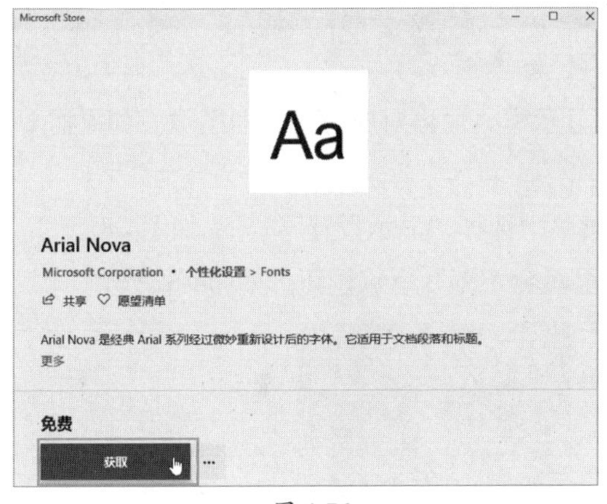

图 4-76

Arial Nova

在此键入以预览字体。

更改字体大小

24 磅

Light

Condensed Light

Light Italic

Condensed Light Italic

Regular

图 4-77

动手练 查找及删除字体

用户可以查找已经安装的字体，不再要的字体可以删除。

扫码看视频

Step 01 在“字体”设置界面中输入要查找的字体名称，如图4-78所示。

Step 02 在详情页中找到并单击“卸载”按钮，对安装的字体进行卸载操作，如图4-79所示。

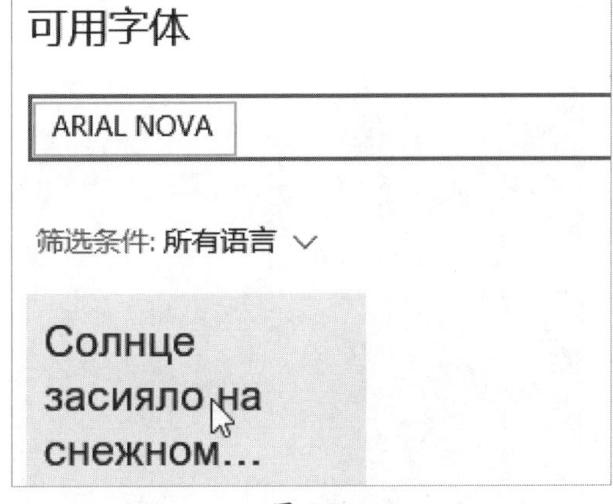

图 4-78

Arial Nova

元数据

选择一个字体查看其元数据。

Light

一个系列中两个字体之间的元数据可能不同。

全称	Arial Nova Light
Microsoft Store 产品	Arial Nova 卸载
版本号	Version 1.05
设计语言	西里尔文; 希腊语; 拉丁文
设计者/制造商	Monotype Design Office
制造商	Monotype Imaging Inc.
版权所有	© 2014 The Monotype Corporation. All Rights Reserved.
合法商标	Arial is a trademark of The Monotype Corporation.
许可证描述	Microsoft supplied font. You may use this font to create, print content as permitted by the license terms or terms

图 4-79

更改系统字体大小

系统字体类型无法更改，但可以适当放大，方便特殊用户使用。用户可以在桌面上右击，在弹出的快捷菜单中选择“显示设置”选项，在“缩放与布局”中单击“100%（推荐）”下拉按钮，在弹出的列表中选择更高比例的选项，如“125%”，如图4-80所示。

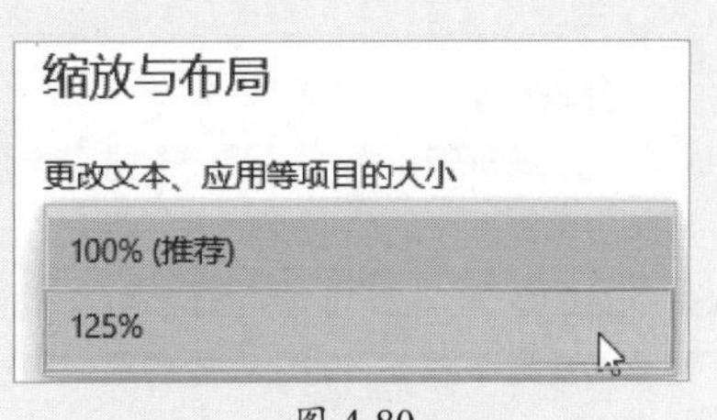

图 4-80

知识延伸：更改显示分辨率

默认情况下，系统会根据显示器的最佳显示模式输出对应分辨率的图像。如果需要输出其他分辨率，则需要手动设置。

Step 01 在桌面上右击，在弹出的快捷菜单中选择“显示设置”选项，如图4-81所示。

Step 02 在“显示”设置界面中单击“显示分辨率”下拉按钮，如图4-82所示。

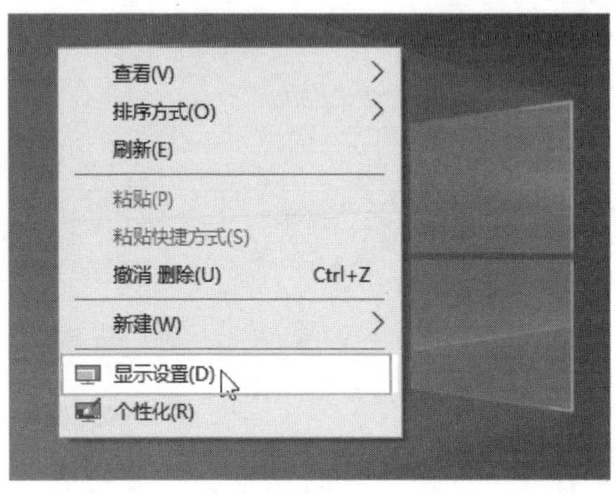

图 4-81

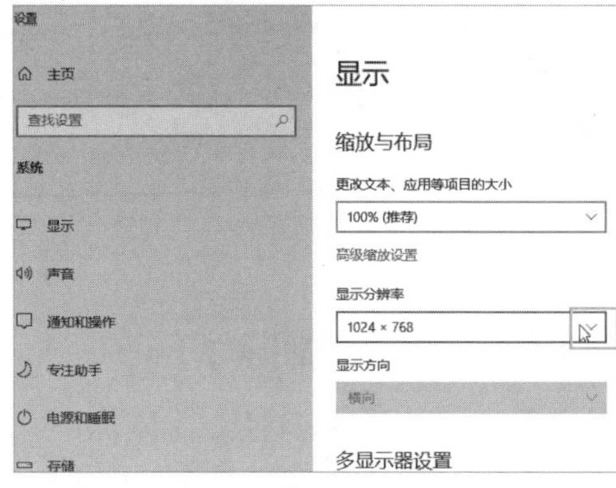

图 4-82

Step 03 在弹出的列表中，选择需要的分辨率，如图4-83所示。

Step 04 系统更改当前分辨率并弹出确认提示。如果显示无误，则单击“保留更改”按钮，如图4-84所示。

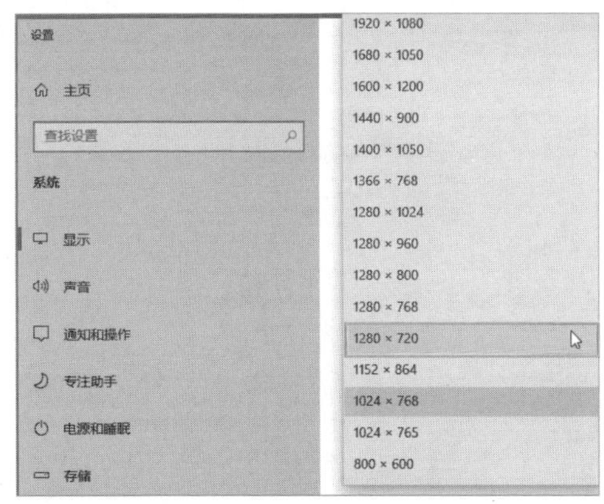

图 4-83

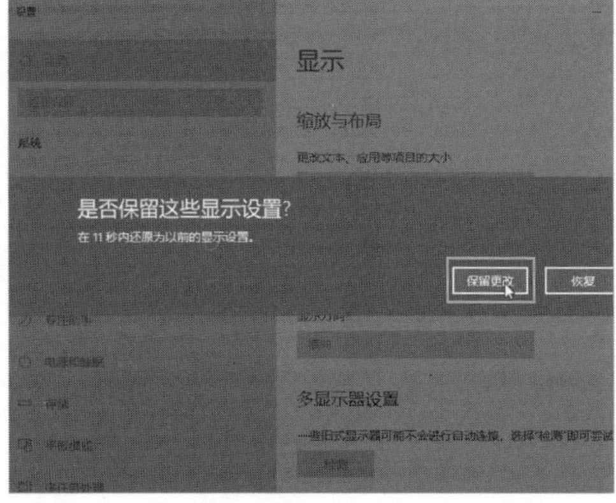

图 4-84

分辨率

显示分辨率是指显示器所能显示的像素。显示器可显示的像素越多，画面就越精细，同样的屏幕区域内能显示的信息也越多。图像分辨率则是单位英寸中包含的像素点数，其定义更趋近于分辨率本身的定义。显卡的显示输出可以适应各种常规分辨率，如果显示器在调节分辨率后无法显示，则应检查显示器支持的最大分辨率。当然分辨率也不是越大越好，一般显卡输出的是显示器的最佳分辨率。

第5章 文件与文件夹的管理

电脑中文档最基本的管理单位是文件与文件夹。文件和文件夹的操作是电脑中经常遇到的，也是必须学习的技能。本章将介绍文件和文件夹的各种基本操作，包括查看、新建、移动、复制、删除、重命名、搜索等。在学习本章内容后，用户可以熟练地处理各种文件和文件夹的操作。

5.1 文件及文件夹概述

文件及文件夹的基本操作包括很多方面，在介绍具体操作前，先了解文件及文件夹的基本概念和命名注意事项。

5.1.1 文件

这里的文件主要指电脑文件，包括用户经常接触的办公文档、表格、演示文稿、图片、电影、网页文件、批处理文件、动态链接库文件、日志文件、可执行程序、图标文件等，如图5-1所示，都属于文件。这些文件使用二进制，长期或临时保存在硬盘上，随时可以读取和编辑。文件的属性包括文件类型、文件长度、文件的存放位置、文件的创建时间等，如图5-2所示。

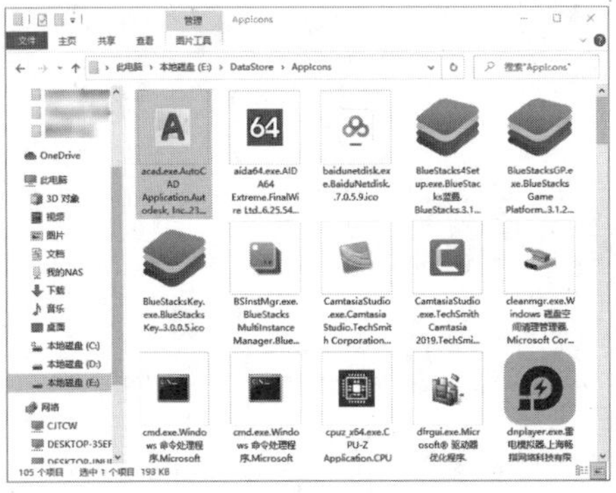

图 5-1

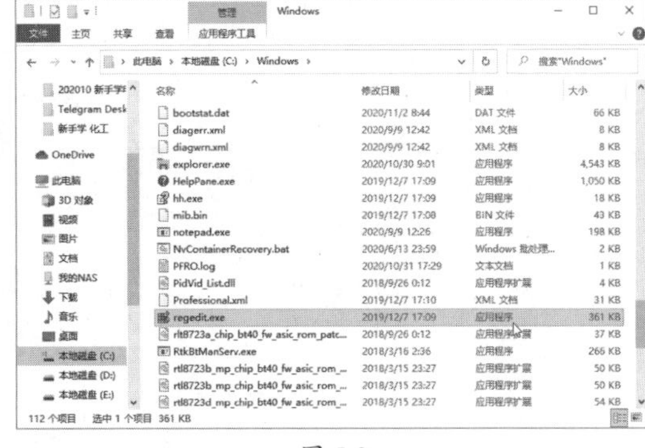

图 5-2

文件通过文件名进行区分，文件的全名包括文件名与文件扩展名。文件扩展名的主要功能是确定文件的类型与打开方式。文件扩展名非常多，常见的扩展名及其含义如下。

- EXE：可执行文件。
- RAR、ZIP：压缩文件。
- HTML、HTM：网页文件。
- RM、AVI、MP4：视频文件。
- JPG、PNG、BMP：图片文件。
- ISO：镜像文件。
- DOC、DOCX：Word文件。
- XLS、XLSX：Excel文件。
- PPT、PPTX：演示文稿文件。
- TXT：记事本文件。
- PDF：PDF文件。
- WMA、MP3、WAV：音频文件。

文件命名规则

Windows文件的命名需要遵守以下规则，否则系统会弹出错误提示。

- 文件名最多可使用255个字符。
- 文件名中除开头外都可以有空格。

- 在文件名中不能包含以下符号：\、/、:、*、“、？、<、>、|，否则系统会报错，如图5-3所示。
- 文件名不区分大小写，如“MUSIC”同“music”被认为是同一个文件。
- 在同一文件夹中不能有相同的文件名。
- 由系统保留的设备名字不能用作文件名，如AUX、COM1、LPT2等，否则，系统会提示错误，如图5-4所示。

图 5-3

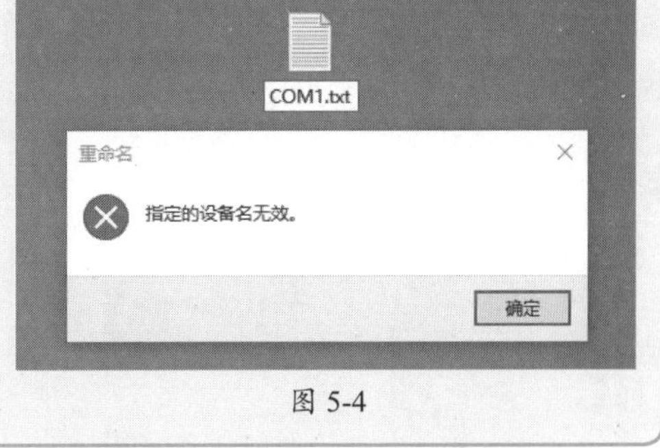

图 5-4

5.1.2 文件夹

文件夹是用来组织和管理电脑文件的一种结构，用来协助使用者管理计算机文件。每个文件夹对应一块磁盘空间，文件夹没有扩展名。文件夹中可以包含文件，也可以包含文件夹，如图5-5所示。

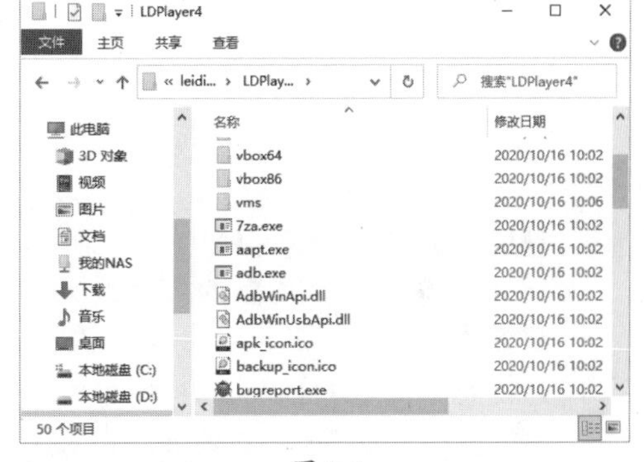

图 5-5

文件夹的基本操作有创建快捷方式、加密文件夹以及在文件夹中显示文件的各种预览方式等，如图5-6所示。

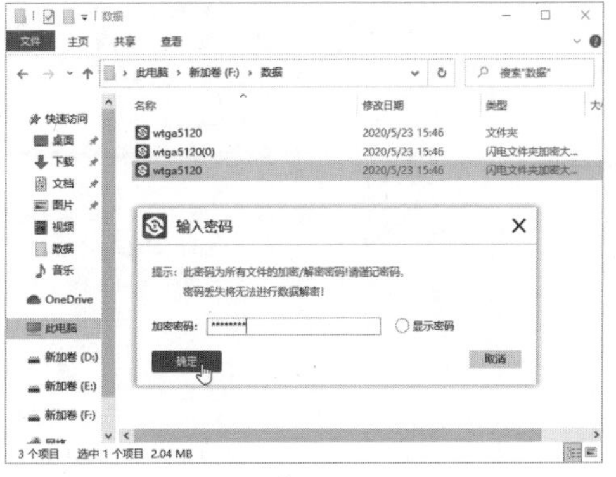

图 5-6

5.2 文件与文件夹的查看

文件与文件夹的查看比较简单，下面介绍查看方式和查看技巧。

5.2.1 使用资源管理器查看文件及文件夹

Windows资源管理器其实和“此电脑”等显示的内容基本一致。用户双击“此电脑”可以打开资源管理器，进入某分区或文件夹后，可以查看当前目录中的文件及文件夹，如图5-7、图5-8所示。

图 5-7

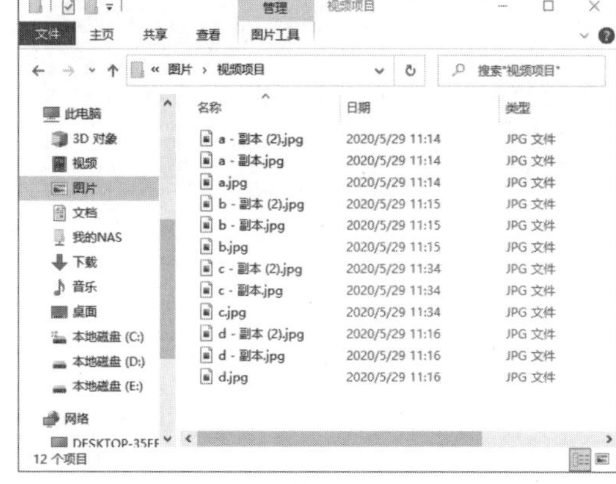

图 5-8

知识点拨

快速查看文件的内容和属性

在资源管理器中，可以使用窗格功能，快速查看文件的预览和属性。

Step 01 进入文件夹后，在菜单栏中单击“查看”按钮，在下拉列表中单击“预览窗格”按钮，如图5-9所示。选择文件就可以预览该文件，如图5-10所示，可以直接在预览中复制内容。

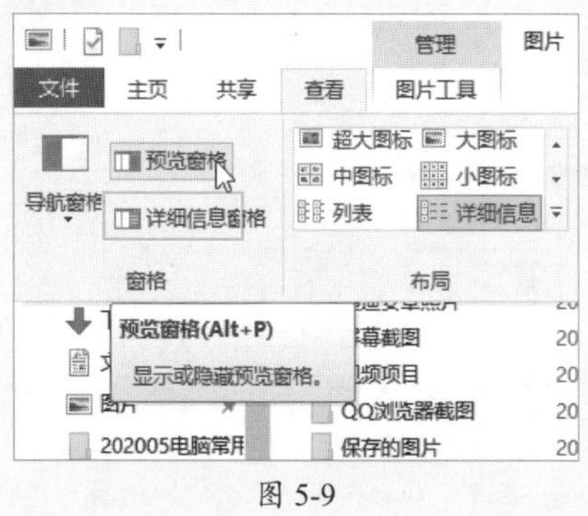

图 5-9

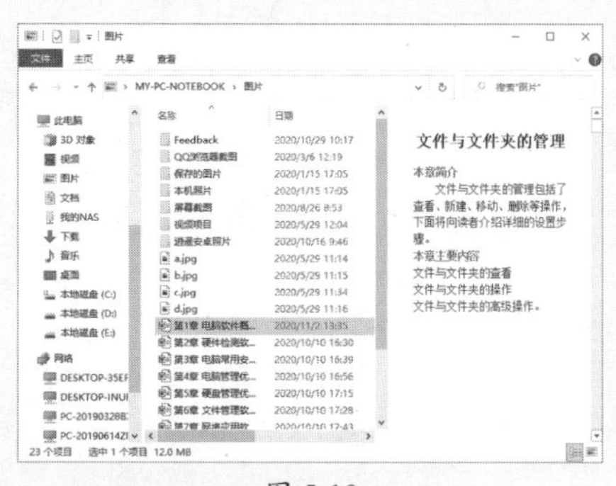

图 5-10

Step 02 如果单击“详细信息窗格”按钮，如图5-11所示，选择文件后就可以查看文件的详细属性信息，如图5-12所示。

如果取消“预览窗格”和“详细信息窗格”的显示，则到“查看”中，再次单击这两个按钮。单击“导航窗格”按钮还可以取消左侧的“导航窗格”的显示。

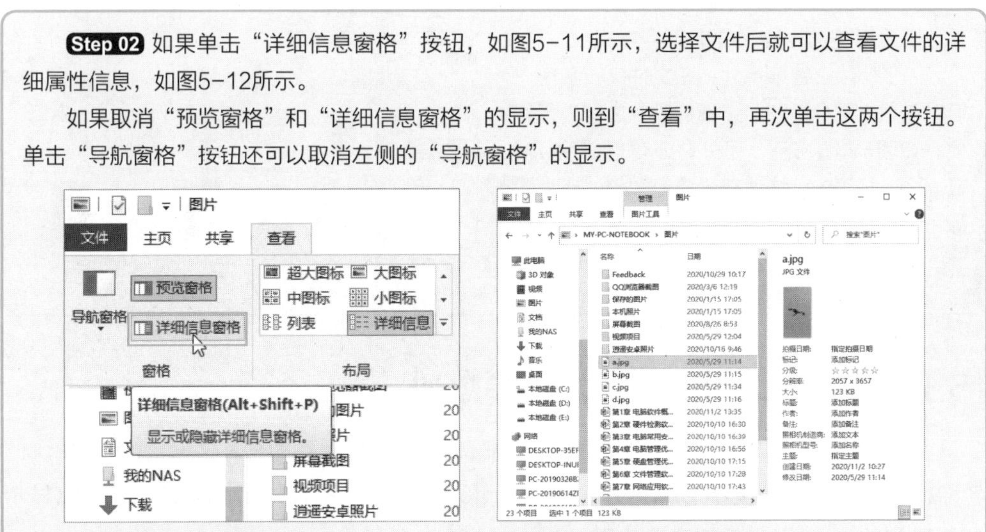

图 5-11　　　　图 5-12

5.2.2　更改文件或文件夹的查看方式

图5-12中文件夹使用了预览模式，文件使用了详情模式，类似这种预览、详情、文件或文件夹图标大小等参数，都可以自行更改。

Step 01 在当前文件夹中，使用的是“详细信息”查看方式。如果想使用其他查看方式，可以在文件夹空白处右击，在弹出的“查看”级联菜单中选择“大图标”选项，如图5-13所示。

Step 02 在“大图标”显示模式中，文件及文件夹使用了预览功能，如图5-14所示。

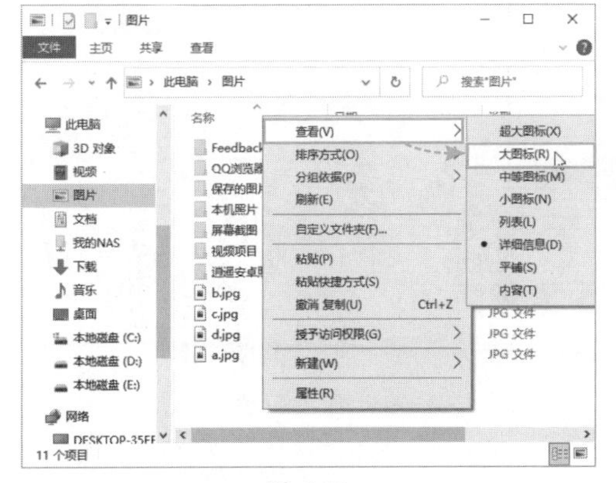

图 5-13

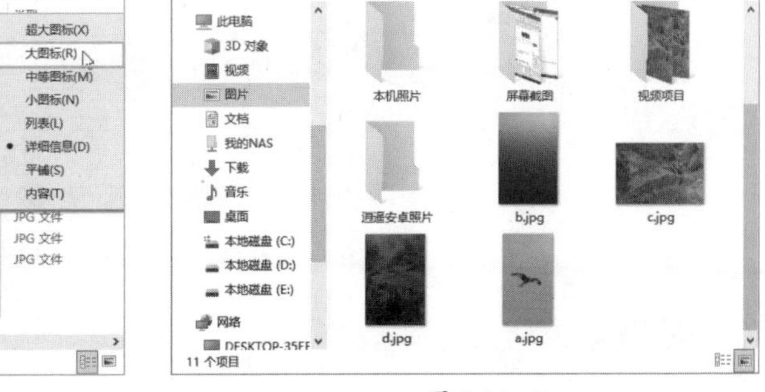

图 5-14

在选项中还有“超大图标”“中等图标”“小图标”“列表”等查看模式，用户可以根据需要选择。

知识点拨

快速调整文件及文件夹查看方式

除了使用右键菜单外，在文件夹右下角，可以在“大图标”和“详细列表”之间进行切换，如图5-15所示。另外，还可以使用Ctrl键配合鼠标滚轮，快速在“内容”到“超大图标”之间的多种模式间切换。

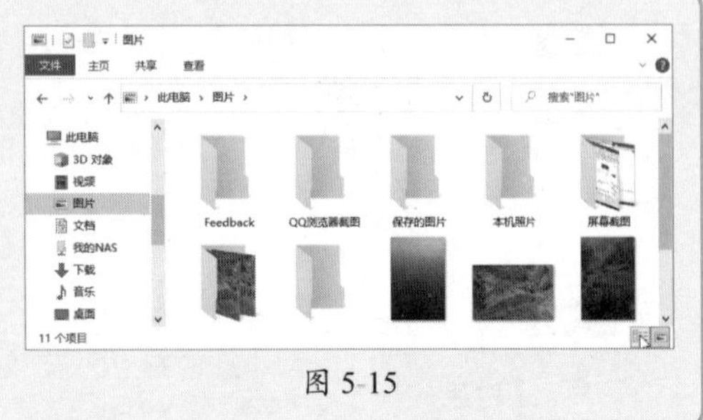

图 5-15

5.2.3 为“详细信息”添加参数列

实际使用中，“详细信息”显示得最详细，也是使用最多的显示模式。除了默认的名称、日期、类型、大小、标记外，用户还可以自定义显示各种属性信息。下面以显示“页码”为例，向用户介绍设置步骤。

Step 01 进入文件夹中，在属性信息上右击，在弹出的快捷菜单中选择“其他”选项，如图5-16所示。

Step 02 在“选择详细信息”页面中找到并勾选“页码范围”复选框，单击“确定”按钮，如图5-17所示。

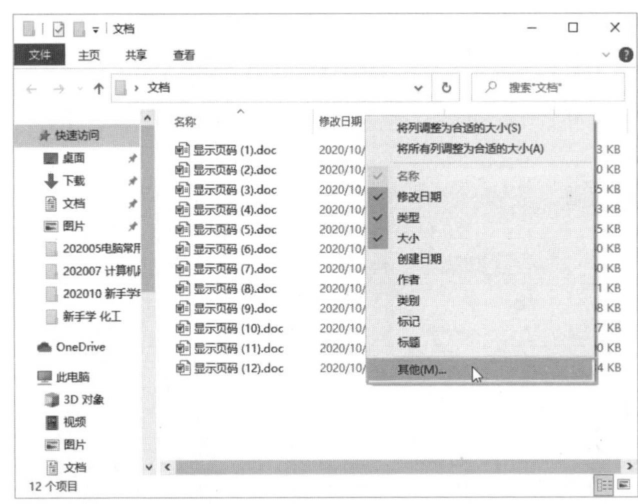

图 5-16

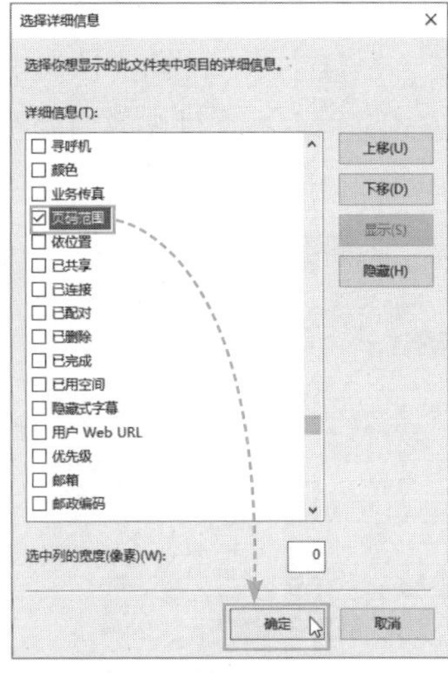

图 5-17

Step 03 返回文件夹中，可以看到此时增加了“页码范围”一列，如图5-18所示。“页码范围”对于文档统计来说是非常重要的功能。

图 5-18

快速定位到“页码范围”

在“选择详细信息”对话框的“详细信息”列表中有非常多的选项，用户可以手动向下浏览，找到需要的选项。最快捷的方法是使用汉字输入法，输入“页”，就会快速定位到“页”开头的选项中。

5.2.4 文件或文件夹分组显示

在“此电脑”中，默认可以看到“文件夹”“设备和驱动器”两个分组。文件夹中，文件和文件夹都可以按照类似的属性分组显示。

Step 01 在文件夹空白处右击，在弹出的“分组依据”级联菜单中选择“类型”选项，如图5-19所示。

Step 02 文件和文件夹会按照“类型”归类，按照默认的“名称”顺序进行显示，如图5-20所示。

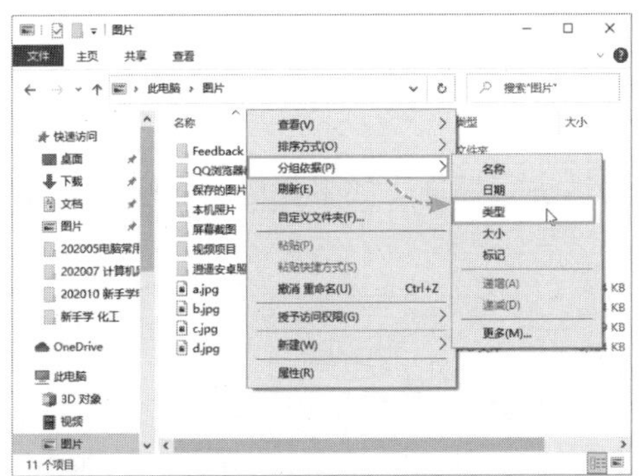

图 5-19

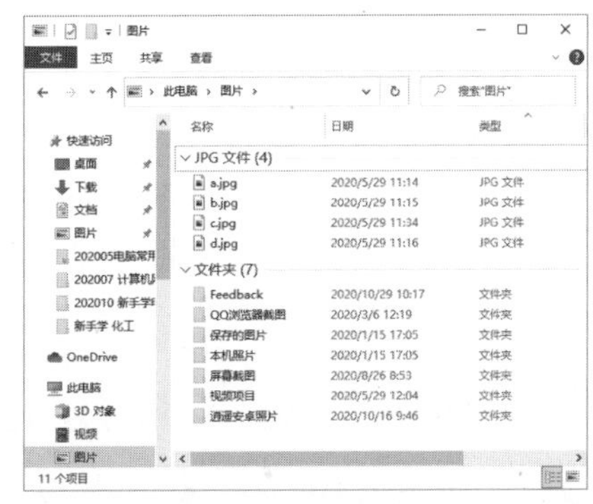

图 5-20

分组显示高级操作

除了按照类型分组外，还可以按照名称、日期、大小和标记进行排序。在分组后，再次使用排序功能，在分组中对文件和文件夹再次排序，类似Excel的多次分类汇总，如图5-21所示。如果要取消分组，可以在“分组依据”中选择“无”选项，如图5-22所示。

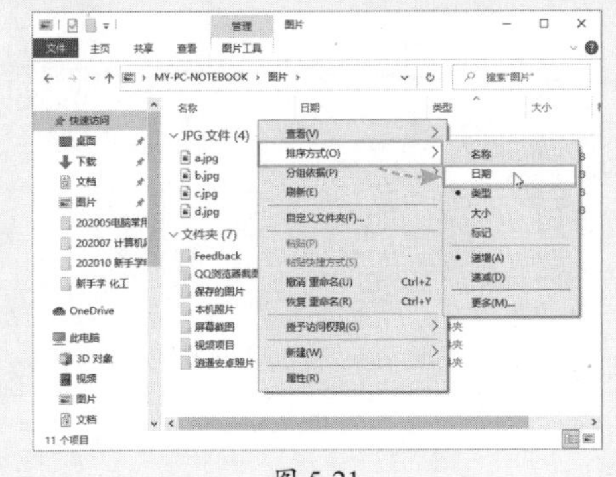

图 5-21

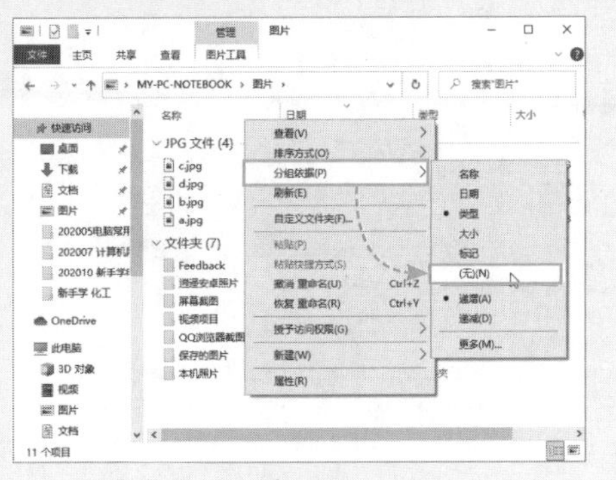

图 5-22

5.2.5 文件或文件夹筛选功能

Excel的筛选功能非常实用。它可按照某种标准剔除不需要的项，保留需要的结果。在文件和文件夹中也可以使用该功能。

Step 01 切换到“详细信息”视图，在标题中单击“类型”下拉按钮，在弹出的列表中勾选“Microsoft Word 97-2003文档”复选框，如图5-23所示。

Step 02 除了Word文档外，其他类型的文件就不再显示，如图5-24所示。

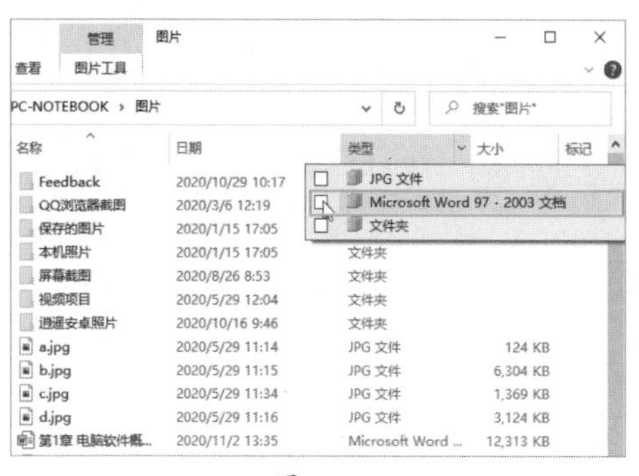

图 5-23

图 5-24

和Excel类似，用户可以根据标题栏的属性进行筛选。如果要取消筛选，则进入属性下拉按钮，取消勾选对应选项即可。

动手练 更改文件或文件夹的排列顺序

扫码看视频

文件或文件夹默认按照名称的首字母或拼音首字母升序排列，但有时需要根据要求调整排列顺序。下面介绍更改排列顺序的方法。

Step 01 将查看方式更改为“详细信息”，在文件夹中的空白处右击，在弹出的“排序方式”的级联菜单中选择“递减”选项，如图5-25所示。

Step 02 可以看到，所有的文件和文件夹按照名称完成了递减排序，如图5-26所示。

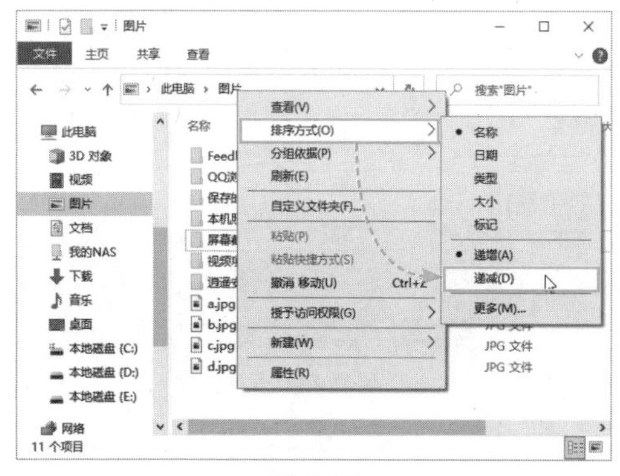

图 5-25

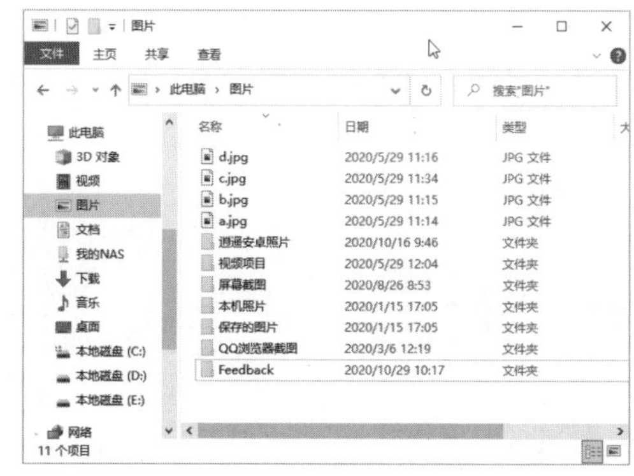

图 5-26

其他的排序方式还包括按照日期、类型、文件大小、标记的递增或递减的方法进行排序，读者可以自己动手设置。

快速排序方式

在“详细信息”视图中单击标题栏的内容，可以按照对应的属性快速进行排序。

5.3 文件及文件夹的操作

前面介绍了文件及文件夹的查看、排序、筛选等。本节介绍文件及文件夹的基本操作方法。

5.3.1 打开文件或文件夹

文件及文件夹的打开操作包括双击打开文件或文件夹，或者在文件或文件夹上右击，在弹出的快捷菜单中选择“打开”选项。如果要更换文件的打开程序，需要在文件上右击，在弹出的快捷菜单中选择“打开方式”选项并选择其他程序，如图5-27所示。

打开的位置可以在文件夹中，也可以通过快捷方式打开。快捷方式可以在桌面上、文件夹中、开始菜单中（如图5-28所示）、任务栏中。

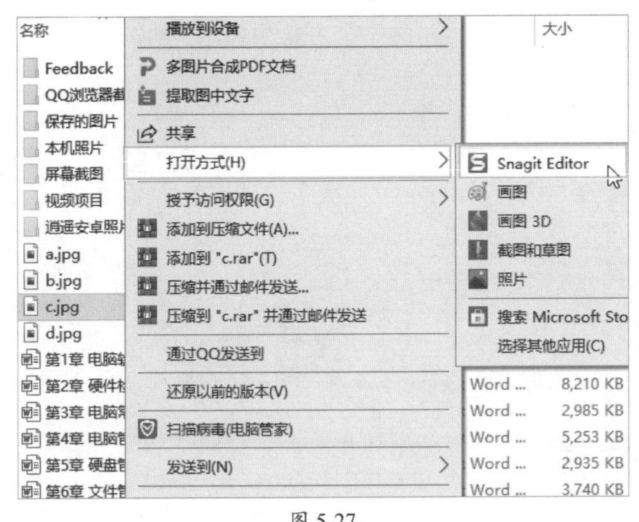

图 5-27

图 5-28

在新窗口中打开文件夹

默认情况下，用户双击打开文件夹都是在同一个资源管理器中。用户可以按住Ctrl键双击文件夹，就能在新的窗口中打开该文件夹。

5.3.2 新建文件或文件夹

新建文件夹比较简单，方法也比较多。

1. 新建文件夹

在需要新建文件夹的位置右击，在弹出的“新建”级联菜单中选择“文件夹”选项，如图5-29所示，再为文件夹重命名，完成新建，也可以在资源管理器的“主页”选项卡中单击“新建文件夹”按钮，如图5-30所示。

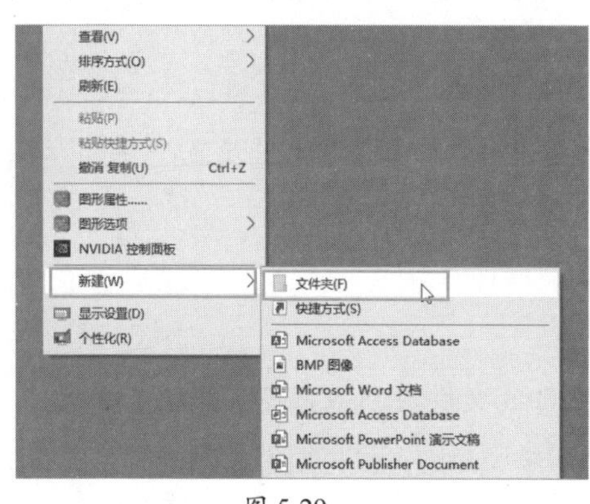

图 5-29

图 5-30

2. 新建文件

通过“新建”级联菜单选择对应的文件类型完成新建，如图5-31所示，为文档重命名后，双击启动对应的应用程序进行编辑。大部分情况先打开应用程序，编辑完成后通过“另存为”保存成文件，如图5-32所示。

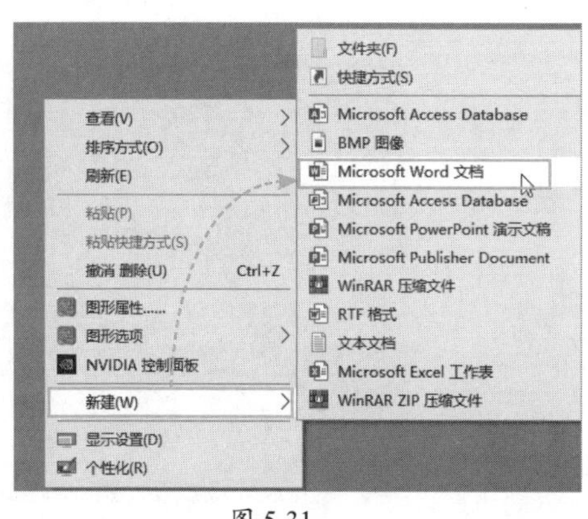

图 5-31

图 5-32

5.3.3 重命名文件或文件夹

重命名文件或文件夹的方法类似，命名的规则参见5.1.1节。

Step 01 选择需要命名的文件或文件夹，右击，在弹出的快捷菜单中选择“重命名”选项，如图5-33所示。

Step 02 文件或文件夹名称变为可编辑状态，输入文件或文件夹的新名，如图5-34所示，按回车键或者单击其他位置，完成重命名。

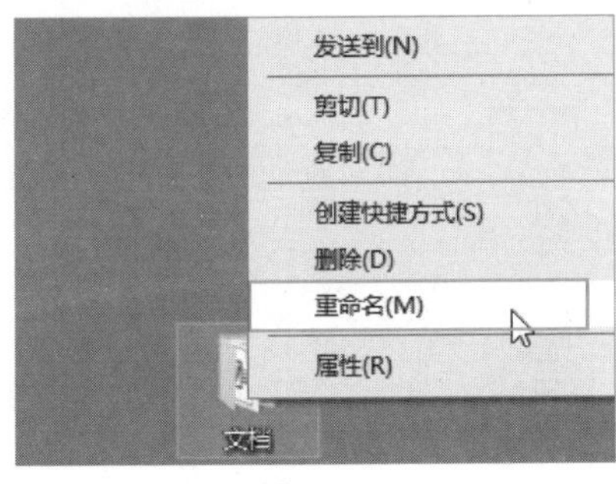

图 5-33

图 5-34

注意事项 文件扩展名

重命名文件时，一定要注意扩展名。在扩展名隐藏的情况下，可以随便改名。如果扩展名显示了，一般只重命名文件名，而不修改扩展名，否则可能造成文件无法打开或者程序出现错误的情况。当然，系统也会用弹窗提醒用户。

重命名的快捷键是F2，用户选择文件或文件夹后，按F2键即可输入新名称。

5.3.4 选择文件或文件夹

执行删除、移动、复制文件或文件夹前，需要先选择文件或文件夹，如果是多个文件或文件夹该如何选择？在选择功能上，文件与文件夹的操作是一样的。

1. 选择单个文件或文件夹

单击文件或文件夹就可完成选择，选择后的文件或文件夹图标处于选中状态，如图5-35所示。

2. 全选文件或文件夹

可以使用鼠标框选的方式将全部文件选中，还可以使用Ctrl+A组合键选中文件夹中的所有文件及文件夹，如图5-36所示。

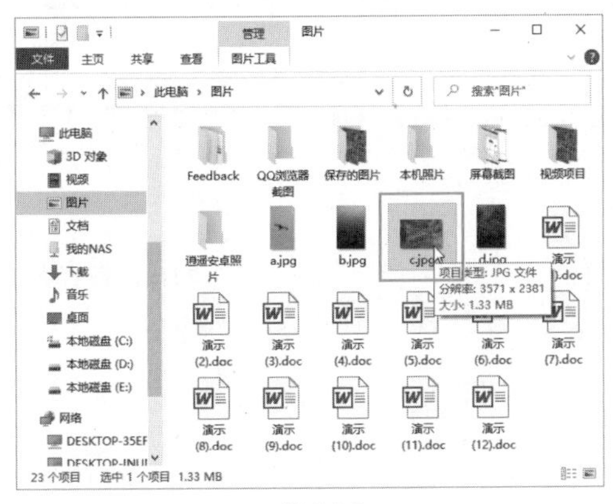

图 5-35

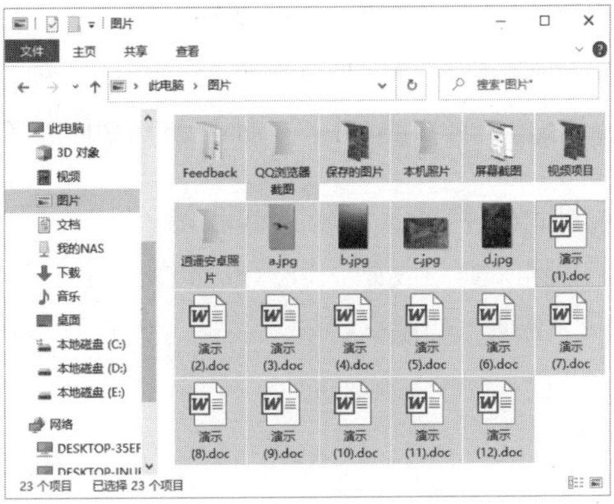

图 5-36

3. 选择连续的文件或文件夹

可以使用鼠标框选的方式连续选中，也可以选择第一个文件或文件夹，按住Shift键，单击最后一个文件或文件夹，如图5-37所示，系统会将两者及两者间的所有文件或文件夹选中。

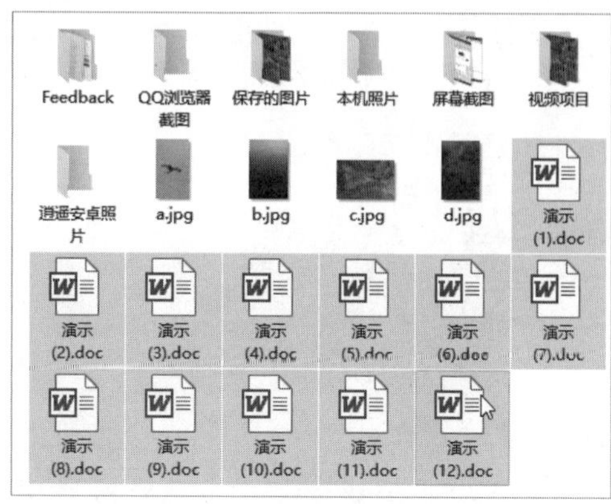

图 5-37

4. 选择不连续的文件或文件夹

按住Ctrl键并单击选中不连续的文件或文件夹，如图5-38所示。

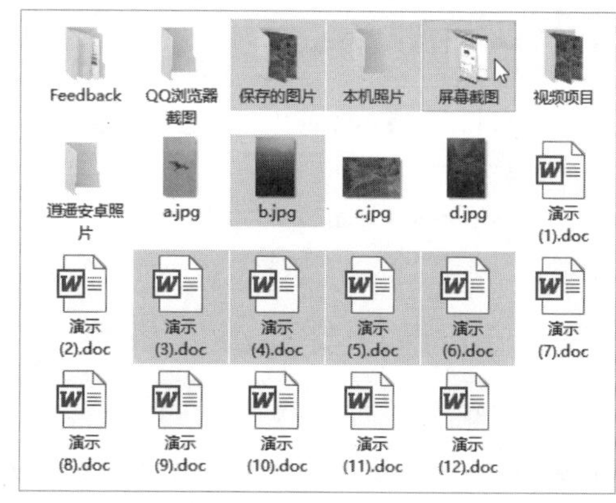

图 5-38

知识点拨

取消选中

选中文件后，如果要取消选中，可以按住Ctrl键，单击不需要的文件或文件夹，就可以取消其选中状态。

5.3.5 删除文件或文件夹

删除文件或文件夹有两种模式，一种是删除到回收站，这是默认的删除模式，删除的内容是可以找回的。另外一种是彻底删除，删除后无法找回。

1. 删除文件或文件夹到回收站

删除到回收站，可以在选择文件或文件夹后右击，在弹出的快捷菜单中选择“删除”选项，如图5-39所示。也可以直接按Delete键删除，删除后可以在“回收站”找到该文件，如图5-40所示。

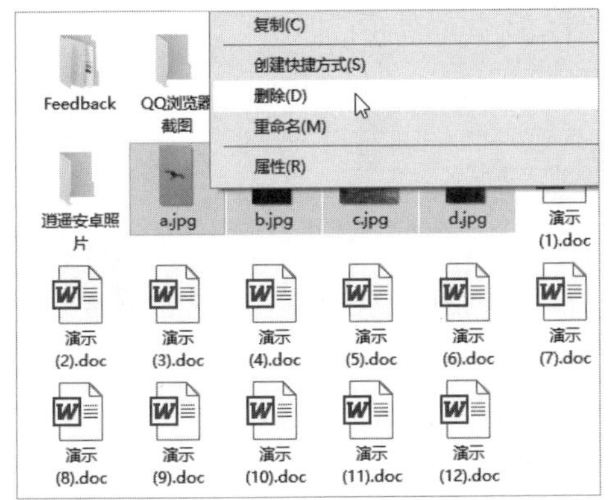

图 5-39

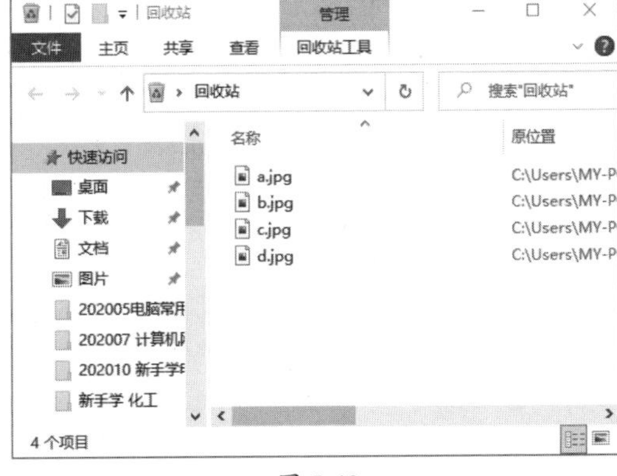

图 5-40

2. 彻底删除

彻底删除使用Shift+Delete组合键，或者按住Shift键，在目标文件或文件夹右击，在弹出的快捷菜单中选择“删除”选项。这样删除后是无法在“回收站”找回的。

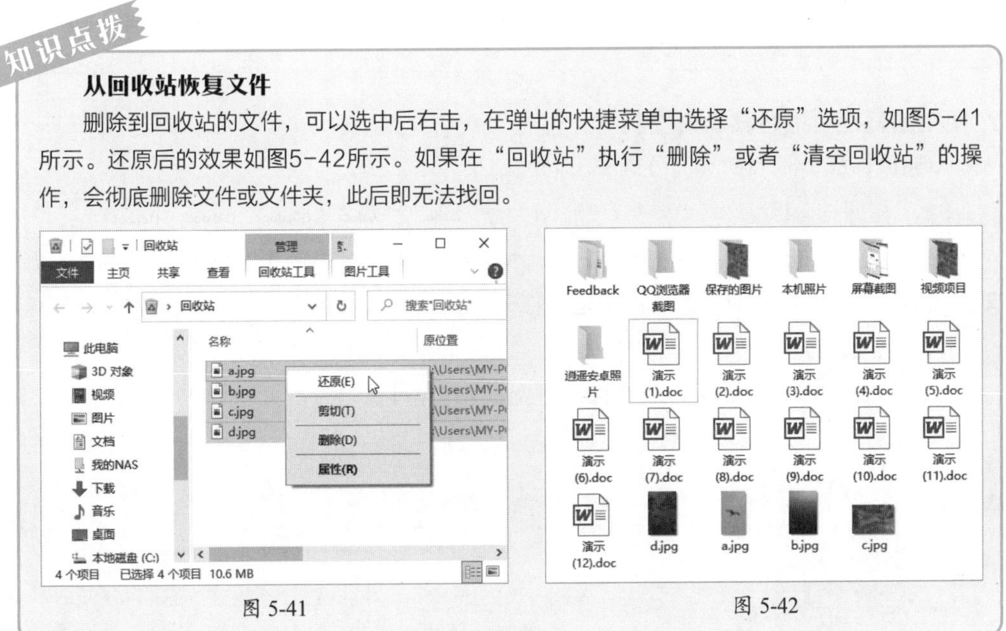

知识点拨

从回收站恢复文件

删除到回收站的文件，可以选中后右击，在弹出的快捷菜单中选择“还原”选项，如图5-41所示。还原后的效果如图5-42所示。如果在“回收站”执行“删除”或者“清空回收站”的操作，会彻底删除文件或文件夹，此后即无法找回。

图 5-41　　　　图 5-42

5.3.6　移动或复制文件或文件夹

移动是指将文件或文件夹从A位置移动到B位置。移动后，原位置的文件或文件夹就不存在。而复制后，A、B两处的文件或文件夹是相同的。

1. 使用组合键移动

Step 01 选中需要移动的源文件或文件夹，使用Ctrl+X组合键，此时文件或文件夹变成透明状态，如图5-43所示，表明移动后源文件就不在此处了。

Step 02 在目标文件夹中使用Ctrl+V组合键进行粘贴，如图5-44所示。

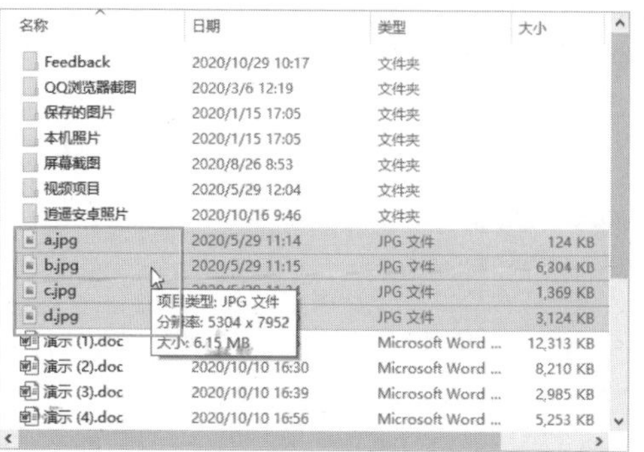

图 5-43

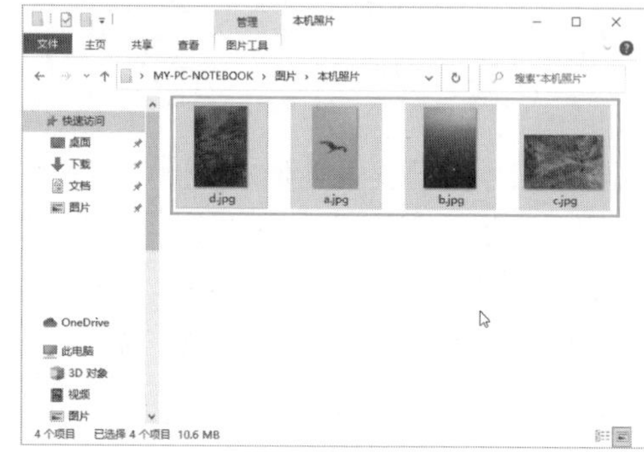

图 5-44

知识点拨

使用组合键复制文件或文件夹

和移动类似，选中源文件或文件夹后，使用Ctrl+C组合键进行复制，在目标位置使用Ctrl+V组合键进行粘贴，这样两处文件或文件夹是相同的。

2. 使用鼠标拖曳进行移动或复制

使用鼠标拖曳时根据不同分区有不同的结果。

（1）在同一分区。

如果目标文件夹和源文件夹在同一个硬盘分区，使用拖曳，执行的是剪切命令，源文件消失，如图5-45所示，界面提示是“移动”。

（2）在不同分区。

如果目标文件夹和源文件夹在同一硬盘的不同分区，使用拖曳执行的是复制命令，源文件仍然存在，如图5-46所示，界面提示是“复制”。

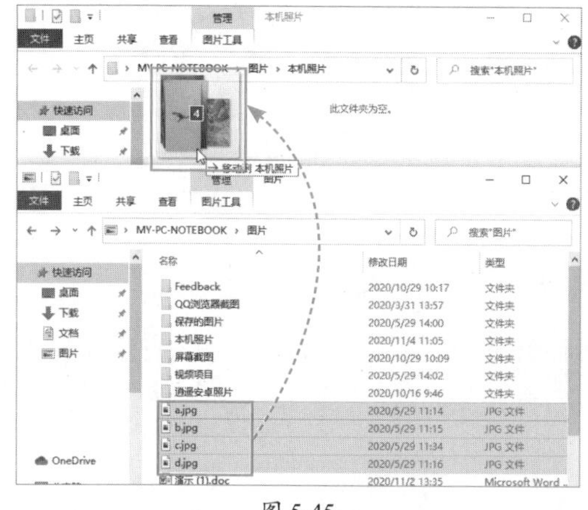

图 5-45

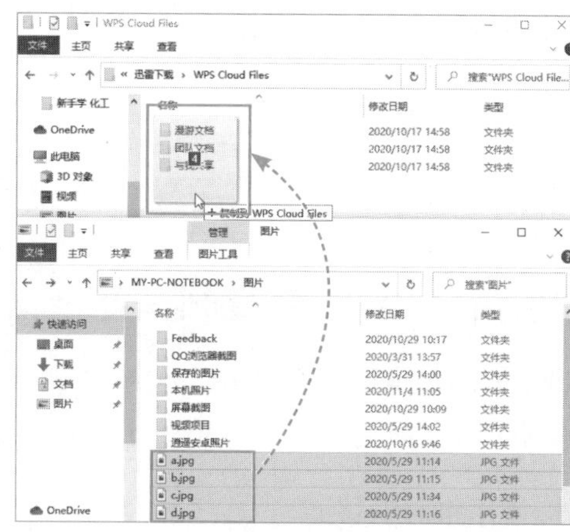

图 5-46

使用功能区的移动或复制功能

选择文件后，单击“主页”选项卡，其中有“复制”“剪切”“复制路径”功能。另外还有“删除”“重命名”“新建文件夹”“全部选择”“反向选择”等以前介绍的功能都可以使用。

选择需要操作的文件，在“复制到”下拉按钮中选择目标位置，就可以直接将文件或文件夹复制及移动过去，如图5-47所示，可以到桌面上查看文件，如图5-48所示。

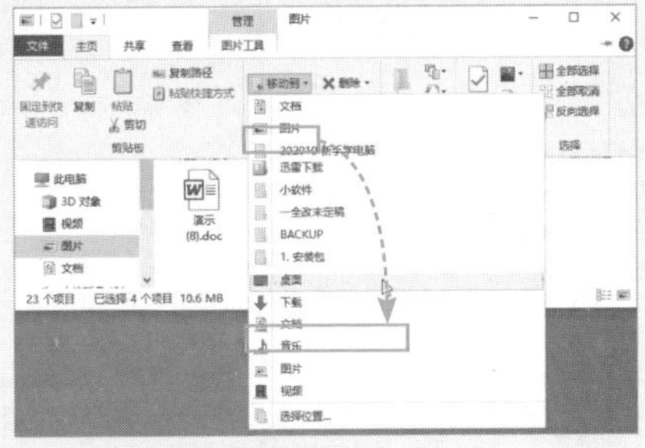

图 5-47

图 5-48

3. 使用快捷菜单移动或复制

普通的移动或复制，可以选择文件或文件夹后右击，在弹出的快捷菜单中选择“复制”选项，如图5-49所示，然后到目标文件夹粘贴。用户也可以选择“剪切”选项，然后在目标文件夹粘贴，就完成了移动操作。

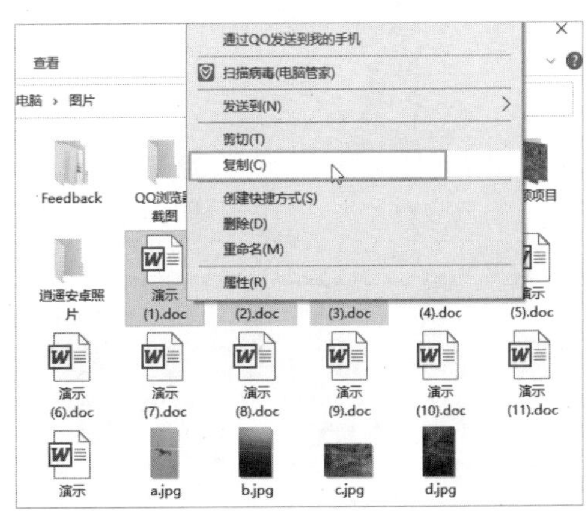

图 5-49

右键的高级功能

还有一种操作，选中文件或文件夹后，使用鼠标右键拖曳到目标文件夹，松开鼠标后会弹出提示，如图5-50所示，可以复制或移动到当前位置，也可以在当前位置创建源文件的快捷方式。用户可以根据需要选择对应的选项。

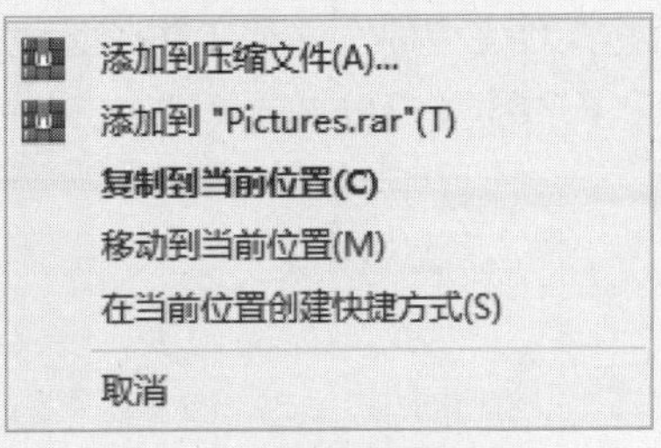

图 5-50

5.3.7 设置文件及文件夹属性

“属性”指的是文件或文件夹的基本信息、文件大小、创建者、创建时间、高级属性等。下面按照功能介绍文件及文件夹的操作方法。

1. 设置文件或文件夹为只读

要保护文件或文件夹不被修改，可以将文件或文件夹属性设置为“只读”，用户只能查看，无法修改。下面以设置文件夹为例介绍“只读”属性的设置步骤。

Step 01 在文件夹上右击，在弹出的快捷菜单中选择“属性”选项，如图5-51所示。

Step 02 在“属性”界面中，可以查看文件的类型、大小、占用空间、文件夹中的文件数、创建时间等。勾选“只读”复选框，单击“确定”按钮，如图5-52所示。

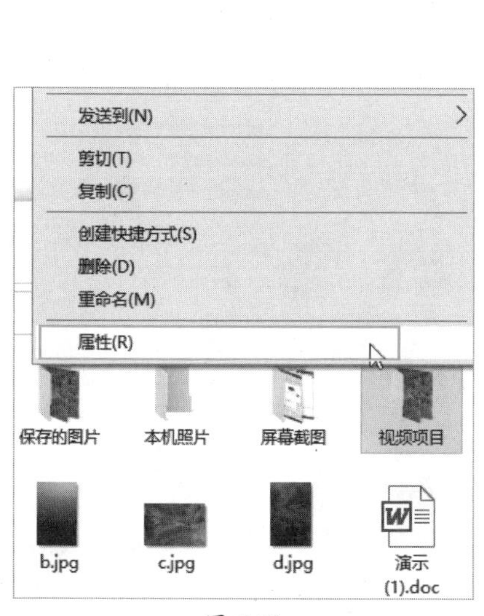

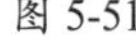
图 5-51

图 5-52

Step 03 如果是文件，这样设置就完成了。如果是文件夹，则会弹出提示，询问是否将文件夹中的文件及文件夹都设置为“只读”，单击“确定”按钮，如图5-53所示。

Step 04 设置只读属性后，修改文件时会提示用户无法更改，如图5-54所示。

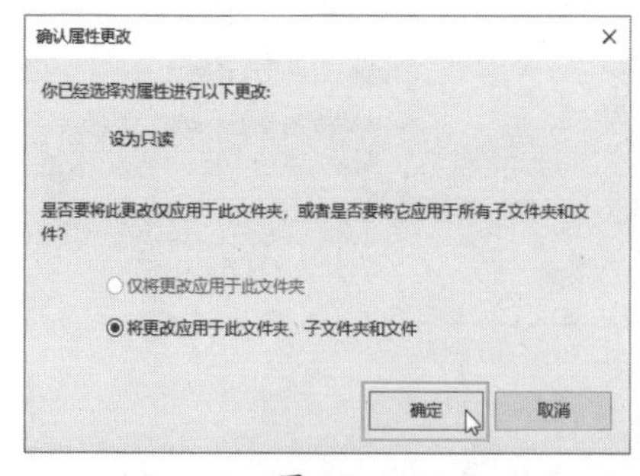

图 5-53

图 5-54

“只读”属性的用法

设置了“只读”属性后，文件可以打开、查看、浏览。复制、剪切后，仍然保持“只读”属性，也可以删除，但对文件修改后，无法保存，只能另存为一个新文件。文件夹设置为“只读”属性后，会将文件夹中的所有文件设置为“只读”属性，对于新加入该文件夹的文件，不会自动修改其属性为“只读”。

2. 设置文件或文件夹为“隐藏”

前面介绍了显示隐藏文件的方法。下面以文件为例介绍如何将文件或文件夹设置为隐藏。

Step 01 在文件上右击，在弹出的快捷菜单中选择“属性”选项，如图5-55所示。

Step 02 在“属性”界面中勾选“隐藏”复选框，单击“确定”按钮，如图5-56所示，文件会被隐藏起来了。

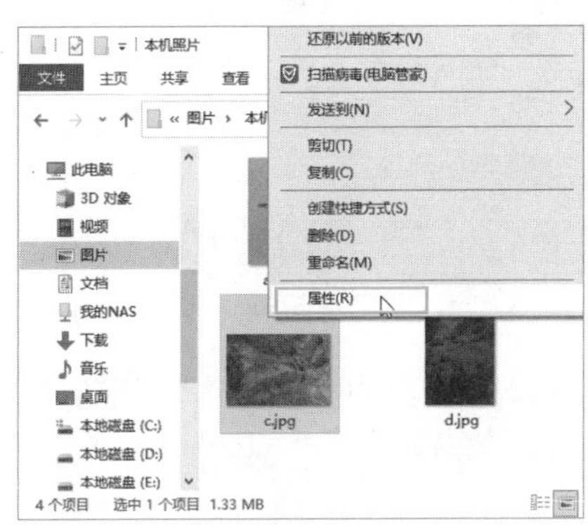

图 5-55

图 5-56

Step 03 在“查看”选项卡中勾选“隐藏的项目”复选框，如图5-57所示，就可以查看隐藏文件，如图5-58所示。

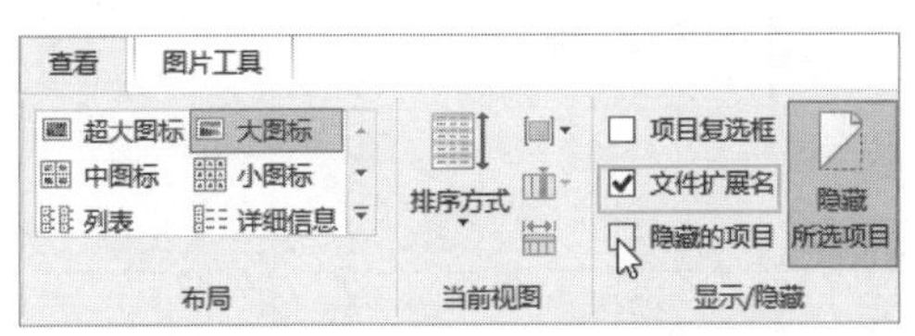

图 5-57

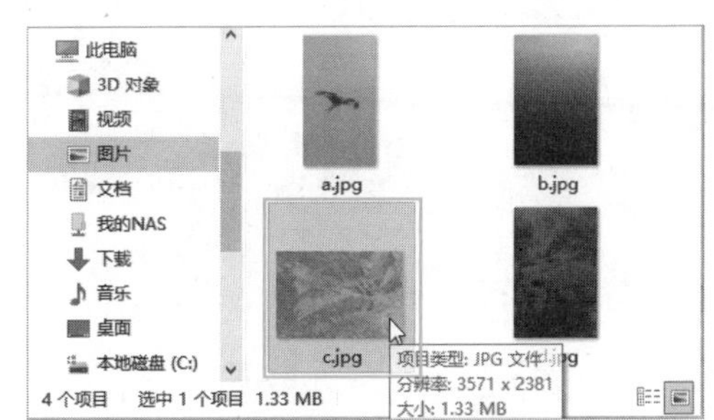

图 5-58

查看文档高级信息

在“属性”菜单中，还可以查看文件的详细信息。根据文件类型的不同，看到的信息也不一样，例如图片信息，如图5-59所示；文档信息，如图5-60所示，用户可以查看及修改，还可以在“以前的版本”中查看以前的版本文件。

图 5-59

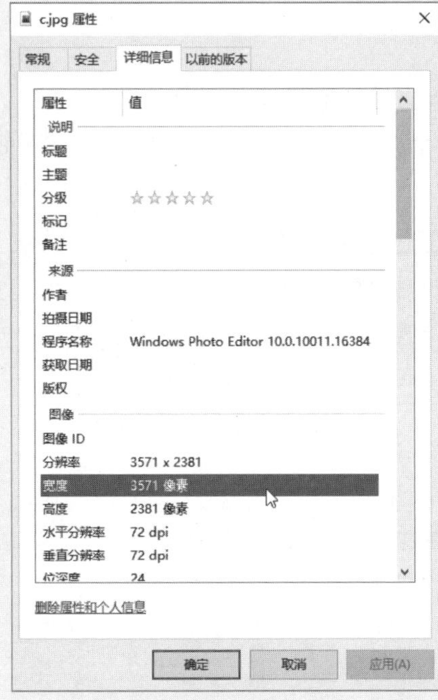

图 5-60

在“安全”选项卡中可以设置文档能被哪些系统用户查看，以及这些用户能进行的操作，如图5-61所示。这是Windows的NTFS文件系统所特有的安全机制。另外，在“共享”选项卡中可以设置文件夹为“共享”及哪些人可以访问共享，如图5-62所示。

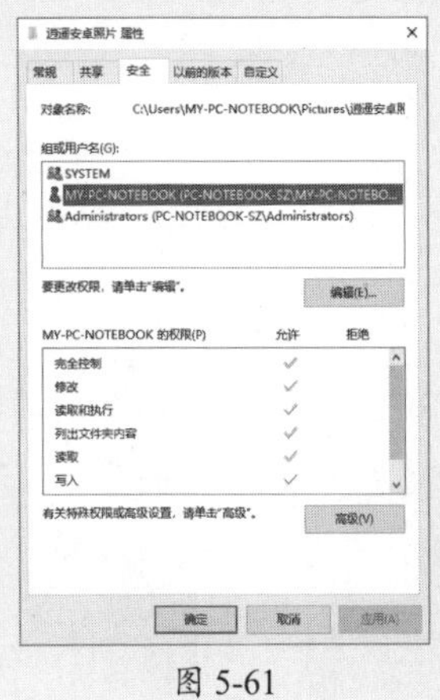

图 5-61

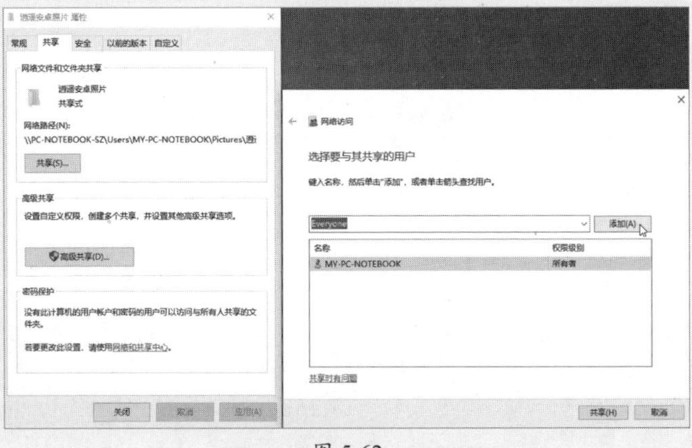

图 5-62

动手练 设置高级加密

我们可以使用第三方软件对文件进行加密，使用时用密码解密即可。NTFS支持一种特殊的加密：在本机的当前用户，可以随意访问，但将文件复制到其他电脑，或者是其他用户登录本电脑，都无法查看文件。这在一定条件上保证了文件的安全性。下面介绍如何设置。

Step 01 在文件上右击，在弹出的快捷菜单中选择“属性”选项，如图5-63所示。

Step 02 在“属性”界面中单击“高级”按钮，如图5-64所示。

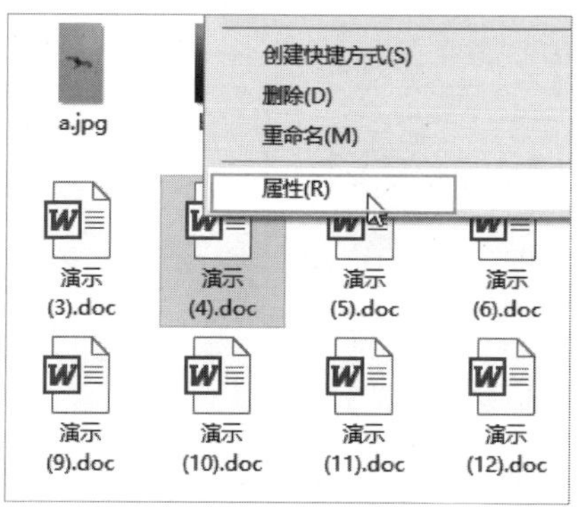

图 5-63

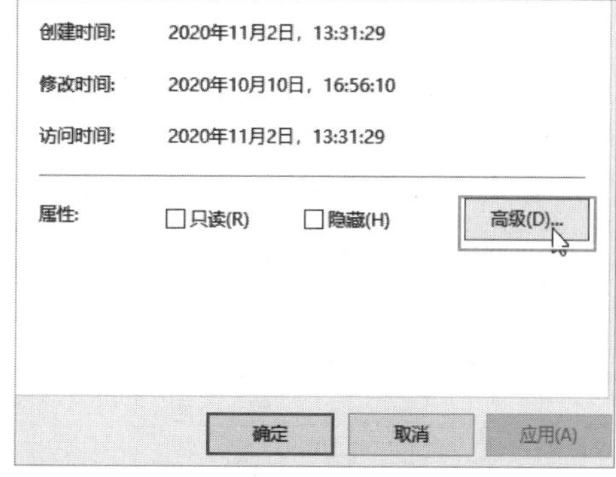

图 5-64

Step 03 勾选“加密内容以便保护数据”复选框，单击“确定”按钮，如图5-65所示。

Step 04 弹出“加密警告”对话框，选中“只加密文件”单选按钮，单击“确定”按钮，如图5-66所示，到此完成加密。

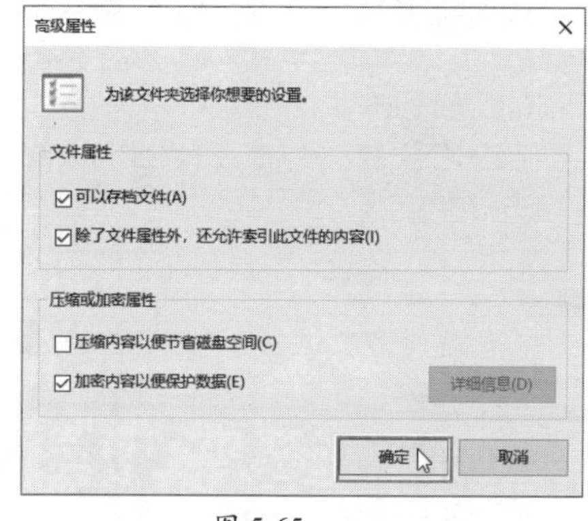

图 5-65

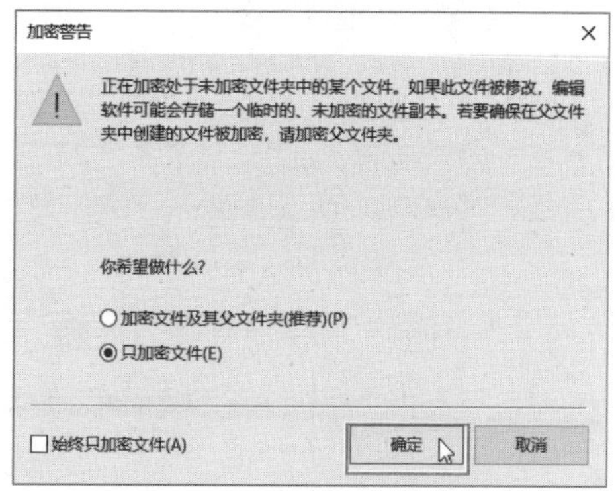

图 5-66

注意事项 高级加密注意事项

这里的高级加密是“EFS”加密，加密后需要注意，如果在重装系统前没有备份加密证书，重装系统后EFS加密的文件夹中的文件将无法打开。如果证书丢失，EFS加密的文件夹中的文件也无法打开。如果系统出现错误，即使有加密证书，EFS加密的文件夹里面的文件打开后也可能会出现乱码的情况，所以在使用时要注意备份加密证书或者密钥。

知识延伸：学会用搜索功能

搜索文件或文件夹的方法很多，例如前面介绍的文件及文件夹筛选功能，就可以在某文件夹中，按照需要显示出符合条件的文件或文件夹。常用的搜索文件及文件夹操作，可以按照以下步骤进行。

Step 01 进入需要查找的位置，在资源管理器右上角的搜索框中输入搜索的文件或文件夹的名称，单击“搜索”按钮，如图5-67所示。

Step 02 搜索结果如图5-68所示。

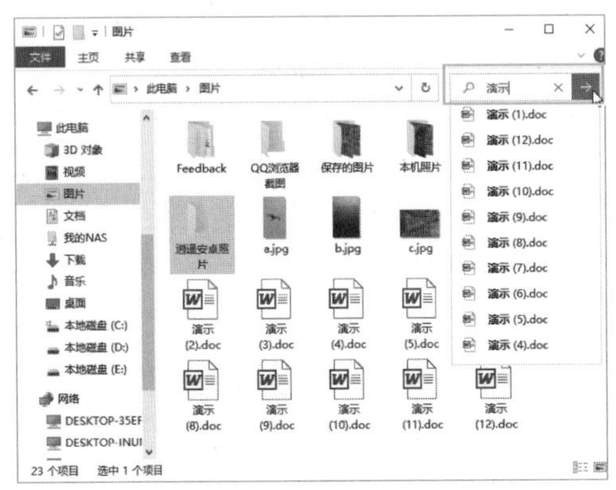

图 5-67

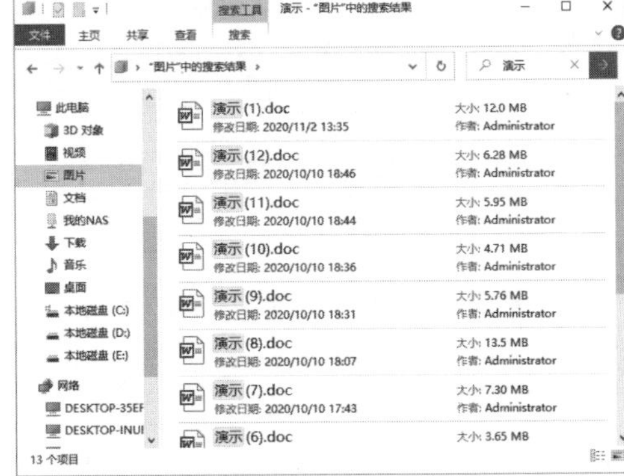

图 5-68

知识点拨

搜索技巧

搜索时掌握以下几个小技巧，可以缩短搜索时间，提高搜索结果的准确性。

- 搜索时，尽量缩小搜索范围，也就是选择离目标最近的位置启动搜索，例如如果知道文件在D盘，就不要在“此电脑”中搜索。
- 搜索时，尽量输入更多的文件信息，以提高匹配度和结果的准确性。
- 搜索支持匹配符，如“*”代表多个字符，“？”代表一个字符。另外，搜索也支持关键字搜索，关键字之间用空格隔开即可，如图5-69、图5-70所示。

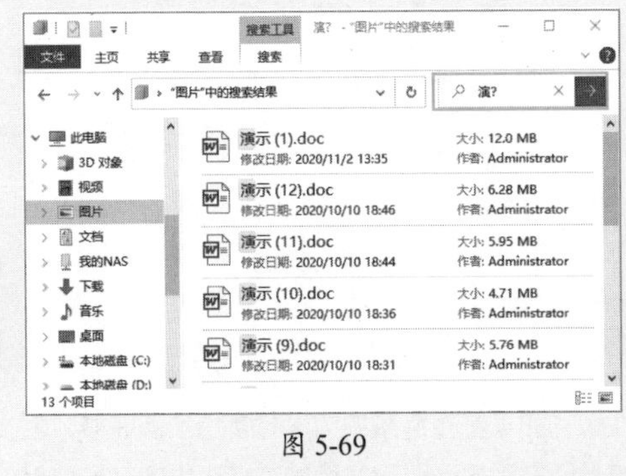

图 5-69

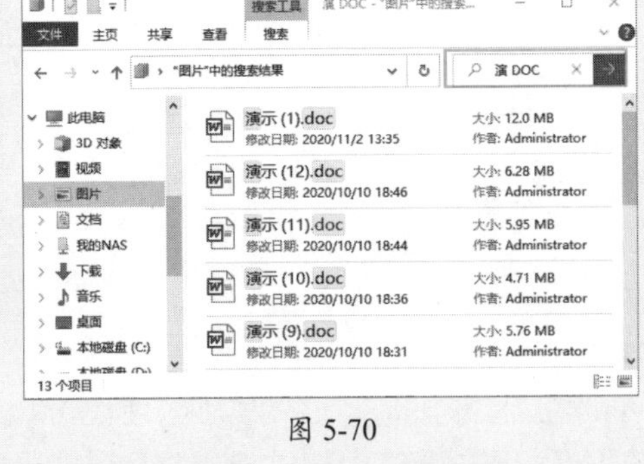

图 5-70

- 搜索支持扩展名，如果不知道文件名，可以按照扩展名搜索。
- 除了在文件夹中搜索外，还可以在Windows的“搜索”功能中进行搜索。

第6章 系统自带工具的使用

Windows 10自带很多实用工具，涵盖系统使用的方方面面。在本章中，将着重介绍Windows 10自带的一些工具的使用方法。通过本章的学习，读者可以全面掌握Windows 10的操作方法。

6.1 截图工具的使用

通过截图工具可以将当前电脑状态、工作需要的内容、出现问题的状态等，通过图片的形式记录下来或者发送给可以帮助的人。截图比口述更能说明问题，可以更快地解决问题。Windows 10系统带有截图工具，不需要使用第三方软件就可以快速截取图片，非常方便。

6.1.1 启动截图工具

截图工具的启动方式有很多，在Windows菜单中，可以找到并启动截图，如图6-1所示，也可以搜索截图启动“截图工具”，如图6-2所示，还可以使用组合键Win+Shift+S启动。

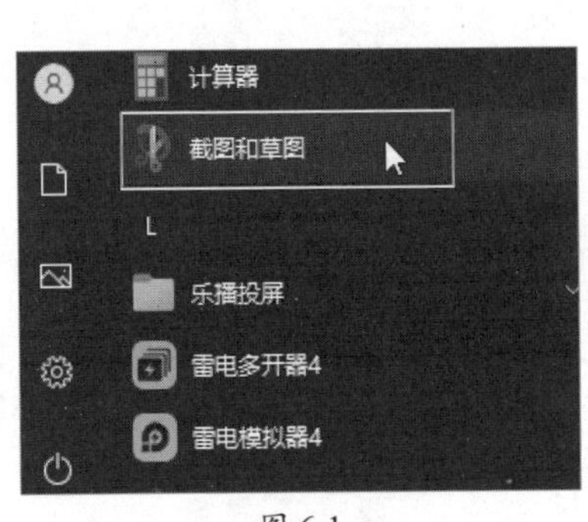

图 6-1

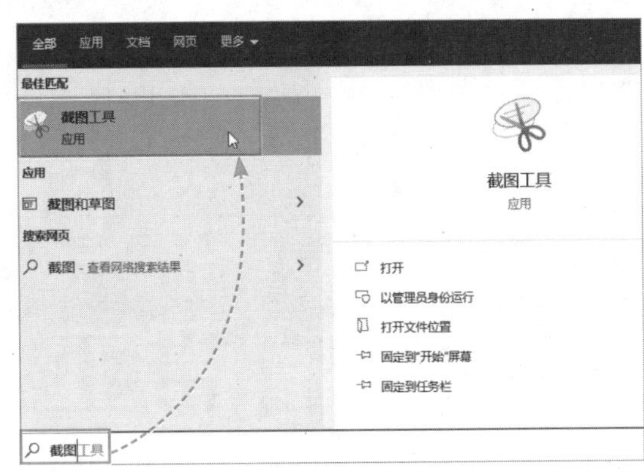

图 6-2

6.1.2 矩形截图

最常见的截图是矩形截图，在启动了截图功能后，默认可以截取所看到的任意区域。

Step 01 使用组合键启动截图，屏幕变为灰色，使用鼠标拖曳的方法选择需要截取的部分，如图6-3所示，截取的部分为彩色显示。

Step 02 截图后，在需要粘贴的位置使用Ctrl+V组合键进行粘贴，如图6-4所示。

图 6-3

图 6-4

6.1.3 窗口截图

矩形截图可以截取任意区域显示的内容。如果截图的区域正好是窗口，可以直接使用窗口截图功能截取窗口中的所有内容。

Step 01 使用快捷键启动截图功能，在上方的菜单区域单击“窗口截图”按钮，如图6-5所示。

Step 02 将光标移动到需要截取的窗口中，此时截图工具会自动识别当前区域是否是窗口，如果是窗口，自动调整截图范围到整个窗口，如图6-6所示。用户单击就可以完成窗口截取。

图 6-5

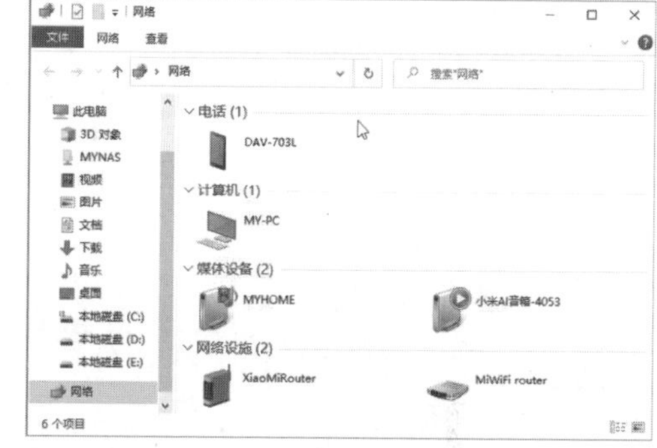

图 6-6

知识点拨

其他截图工具

上面讲解的截图方法适用于Windows的所有截图程序，但Windows中的截图程序有很多，例如Windows菜单中的“截图和草图”程序，可以使用“新建”按钮，启动延时截图，如图6-7所示，而搜索到的“截图工具”提供的功能与其类似，如图6-8所示。

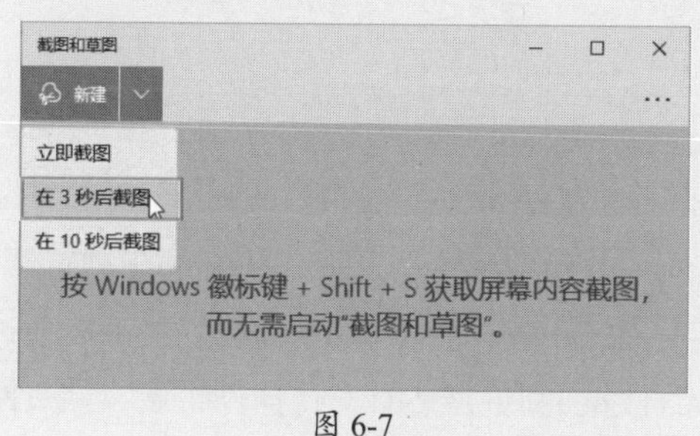

图 6-7

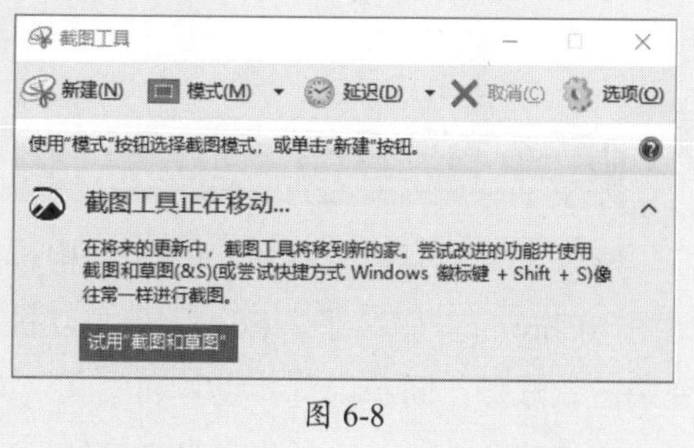

图 6-8

动手练 使用截图工具截取任意形状截图

除了截取规则的矩形、窗口、全屏外，Windows 截图工具还可以截取任意形状的截图，读者可以动手练习。

Step 01 启动“截图和草图”程序，单击“新建”下拉按钮，在弹出的列表中选择“立即截图”选项，如图6-9所示。

Step 02 在界面上方弹出的选项中单击“任意形状截图”按钮，如图6-10所示。

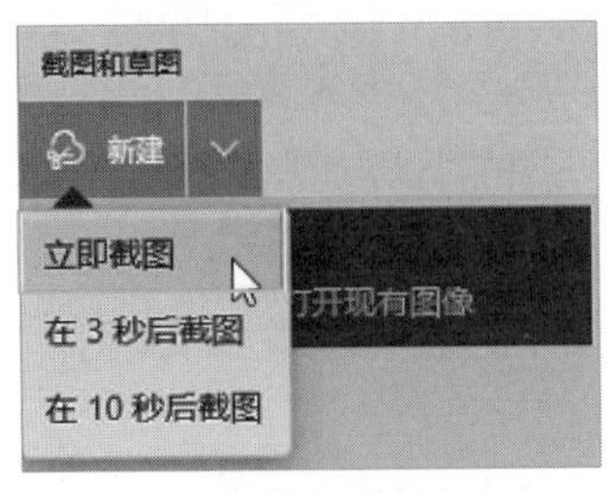

图 6-9

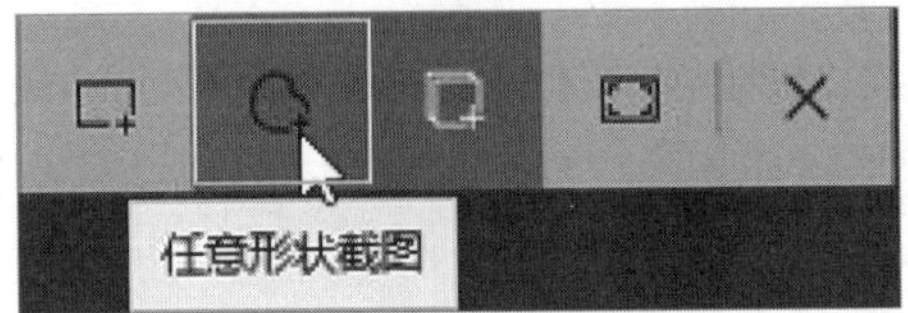

图 6-10

Step 03 使用鼠标拖曳的方法描出需要截取的界面轮廓，如图6-11所示。

Step 04 松开鼠标完成截图，返回“截图和草图”界面并显示刚才截取的区域，在这里可以简单地处理图片，包括为截图添加各种标记，保存、复制、共享截图等，如图6-12所示。保存成PNG格式，可以插入到Photoshop中，作为素材使用。

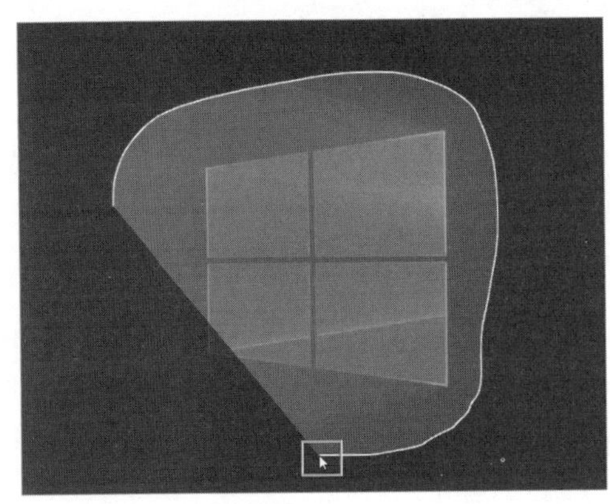
图 6-11

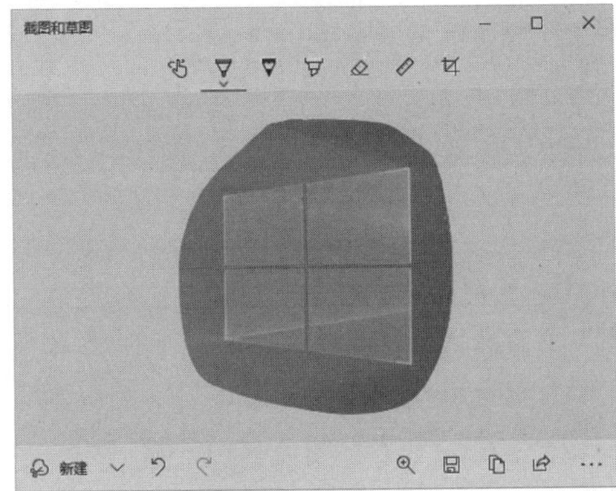

图 6-12

6.2 Edge浏览器的使用

Edge浏览器是微软在Windows 10中推出的一款新型浏览器，取代传统的IE浏览器，试图与Chrome一争高下。Edge浏览器功能很全面，不仅内置微软Contana，还可以通过登录微软账号，同步浏览器设置和收藏夹，而且Edge浏览器还有支持插件扩展、网页阅读注释等特色功能，为用户带来高效便捷的网页浏览体验。下面介绍Edge浏览器的常见功能。

6.2.1 浏览网页

浏览网页是浏览器的基本功能，Edge浏览器在浏览网页方面比IE浏览器速度快很多。

Step 01 在桌面上双击“Microsoft Edge”浏览器图标，打开浏览器，如图6-13所示。

Step 02 在地址栏输入要访问的网站地址，如“www.dssf007.com”，按回车键即可加载网页，如图6-14所示。

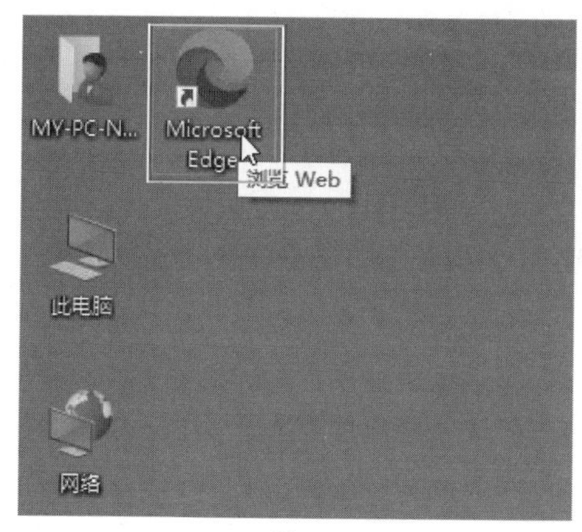

图 6-13

图 6-14

6.2.2 设置主页

Edge打开后默认链接到微软的网站，用户可以手动设置打开后进入的网页浏览器。

Step 01 打开浏览器，单击右上角的“设置及其他”按钮，选择“设置”选项，如图6-15所示。

Step 02 Edge浏览器打开“设置”选项卡，选择“启动时”选项，单击“打开一个或多个特定页面”单选按钮，单击“添加新页面”按钮，如图6-16所示。

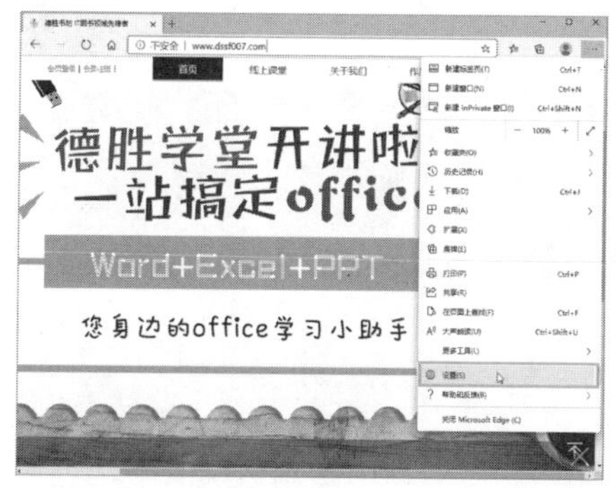

图 6-15

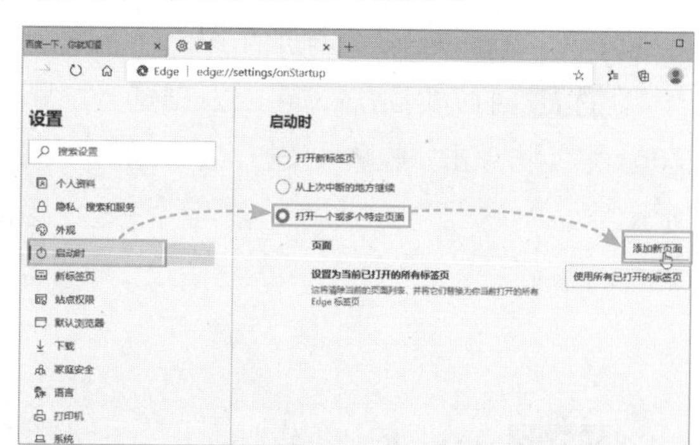

图 6-16

Step 03 在“添加新页面”页面中，输入作为主页的网站域名，单击“添加”按钮，如图6-17所示，再打开Edge浏览器，会自动转到设置的页面中。

图 6-17

注意事项 修改了主页地址，但是打开Edge浏览器后还是不进入主页

用户需要检查是否锁定了主页，各种安全卫士为了保护浏览器主页不被篡改而锁定了主页。如QQ电脑管家的工具箱中，有“浏览器保护”程序，如图6-18所示。启动后解锁默认主页设定，如图6-19所示，再返回Edge浏览器，修改主页即可。当然也可以在此处设置IE和Edge浏览器的默认主页。

图 6-18

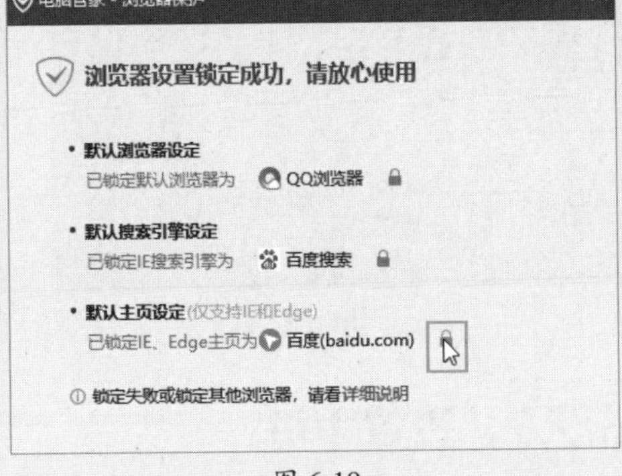

图 6-19

6.2.3 收藏网页

遇到有用的网站可以收藏起来，下次直接在收藏中打开该网站，不用每次都输入域名了。下面介绍收藏网页的步骤。

Step 01 打开网站后，在Edge浏览器的地址栏后方单击“收藏”按钮，如图6-20所示。

图 6-20

Step 02 在弹出的“编辑收藏夹”中设置该页面的收藏名称，设置收藏的位置，单击“完成”按钮，如图6-21所示。

Step 03 如果要访问收藏夹的内容，可以在菜单栏中单击“收藏夹”按钮，在下拉列表中选择需要访问的网站，如图6-22所示。

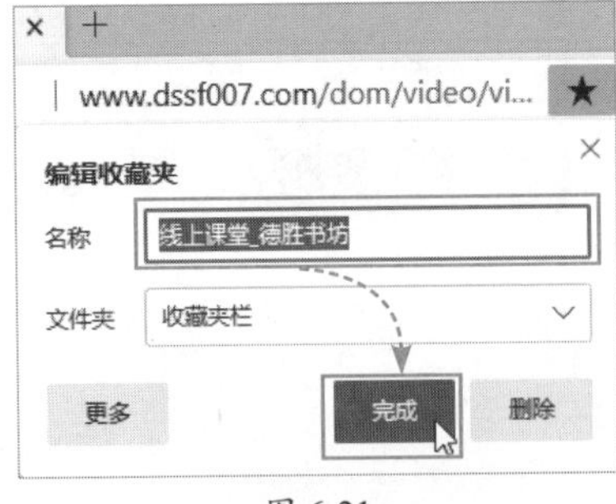

图 6-21

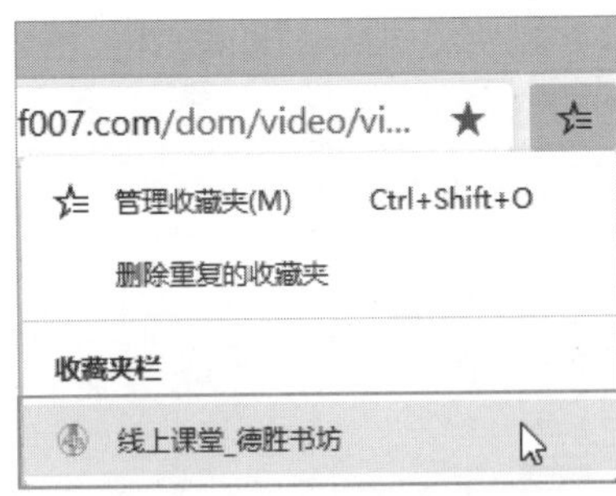

图 6-22

显示收藏夹

默认情况下，Edge浏览器的收藏夹是隐藏起来的，通过上面介绍的方法访问。可不可以像其他浏览器那样，将收藏夹放置到浏览器上方，方便访问？答案是肯定的。用户可以单击浏览器右上角的“设置和其他”按钮，在“收藏夹”的级联菜单中选择“显示收藏夹”选项，继续在其级联菜单中选择“始终”选项，如图6-23所示，这样收藏夹就会始终显示在浏览器上，如图6-24所示。

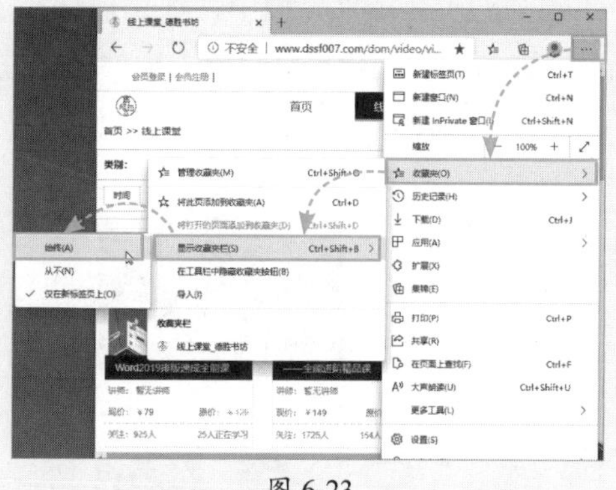

图 6-23

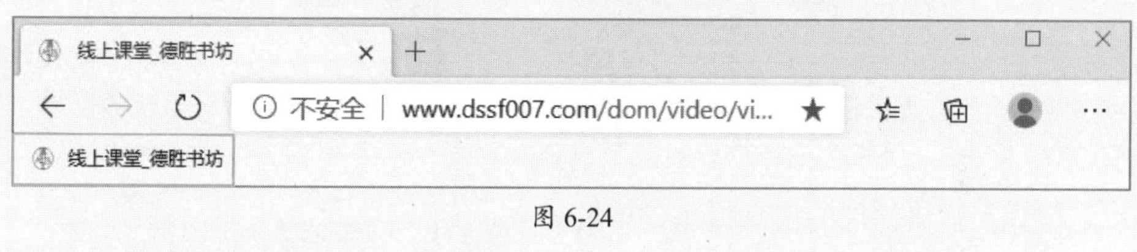

图 6-24

动手练 获取插件

Edge浏览器之所以比IE浏览器要更受欢迎，除了内核和速度外，还可以像Chrome浏览器那样安装插件。浏览器插件可以为浏览器实现很多功能，例如屏蔽广告、在线翻译等。插件最有优势的地方在于不需要实际下载应用程序，而是使用一个浏览器插件实现应用程序的功能，而且插件体积小、安装方便、使用灵活。下面以安装常用的翻译插件为例进行讲解。

Step 01 打开Edge浏览器，单击“设置及其他”按钮，在弹出的下拉列表中选择“扩展”选项，如图6-25所示。

Step 02 在“扩展”选项卡中单击“获取Microsoft Edge扩展”按钮，如图6-26所示。

图 6-25

图 6-26

Step 03 在弹出的扩展界面中单击搜索框，搜索关键字“翻译”，如图6-27所示。

Step 04 在结果界面中，根据插件描述选择需要的翻译插件，单击“获取”按钮，如图6-28所示。用户也可以单击插件名，进入插件介绍界面，了解详细信息。

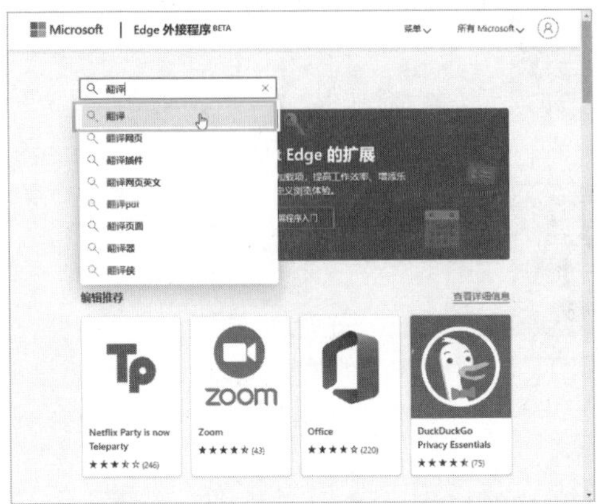

图 6-27

图 6-28

Step 05 弹出插件的信息提示，单击“添加扩展”按钮，如图6-29所示。

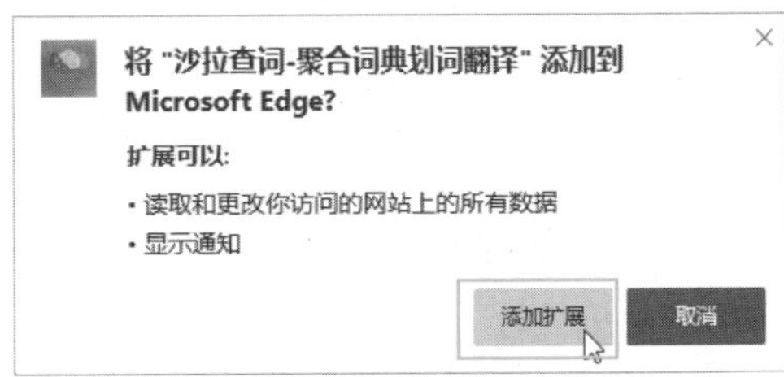

图 6-29

Step 06 插件会检查浏览器的属性并下载安装插件，完成后弹出提示信息选项卡及配置选项卡，保持默认状态，单击“保存”按钮，如图6-30所示。

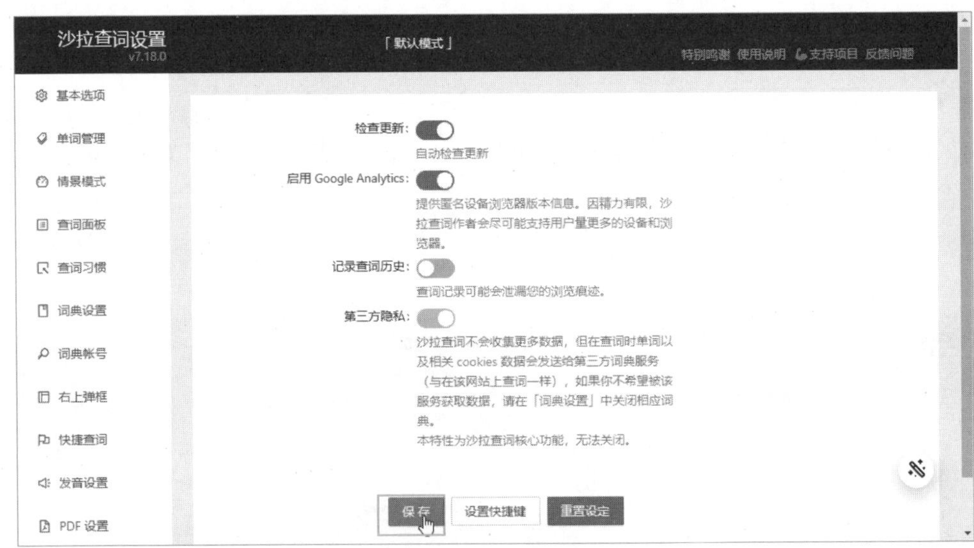

图 6-30

Step 07 接下来找一个英文网页，划词后单击“沙拉查词”按钮，会进行划词翻译，如图6-31所示。

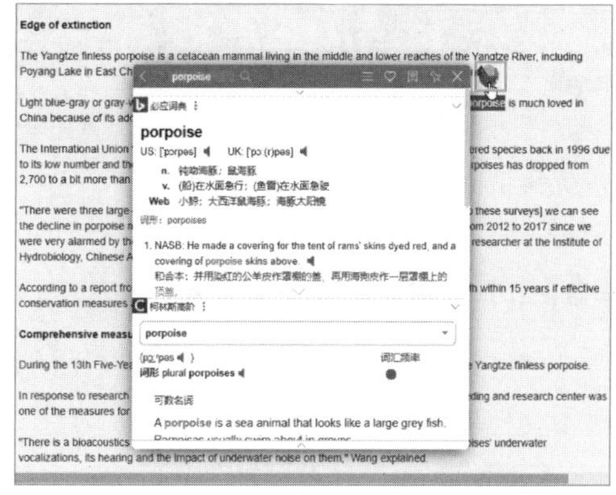

图 6-31

Step 08 如果要翻译全文，可以单击地址栏右侧的“沙拉查词”按钮，页面会在英文段落后带上中文翻译，如图6-32所示。

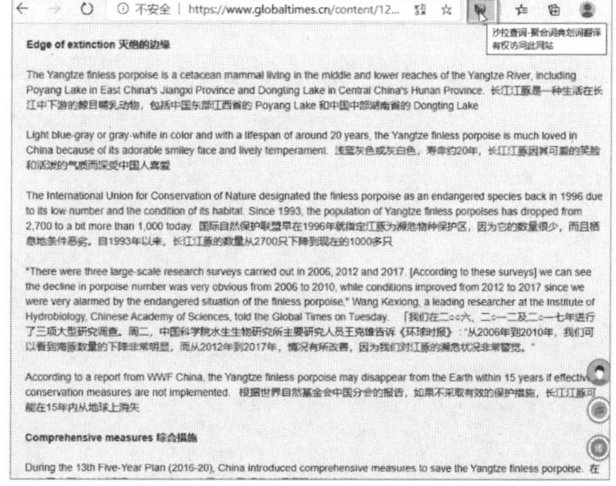

图 6-32

知识点拨

禁用及删除插件

插件起到辅助作用，还包含各种高级功能的实现，但插件过多会增加浏览器的加载时间，占用更多内存。对于临时不使用或者不需要的插件，可以在“扩展”界面中单击“关闭”按钮来关闭该插件，如图6-33所示。也可以单击“删除”按钮，弹出插件删除提示，单击“删除”按钮删除插件，如图6-34所示。

图 6-33

图 6-34

6.3 记事本及写字板的使用

如果没有安装Office软件，要在Windows 10中进行文字录入及排版处理，可以使用系统自带的写字板及记事本。

6.3.1 记事本的使用

临时记录一些信息或者进行纯文字的处理，可以使用记事本，特点是简单高效。记事本文档也称为TXT文档。

Step 01 在开始菜单的“Windows 附件”中找到并启动记事本，也可以在桌面空白处右击，在弹出的“新建”级联菜单中选择“文本文档”选项，如图6-35所示。

Step 02 对文本文档进行重命名，双击打开记事本就可以进行文本的输入，如图6-36所示。文字输入完成后可以调整字体字号，最后保存即可。

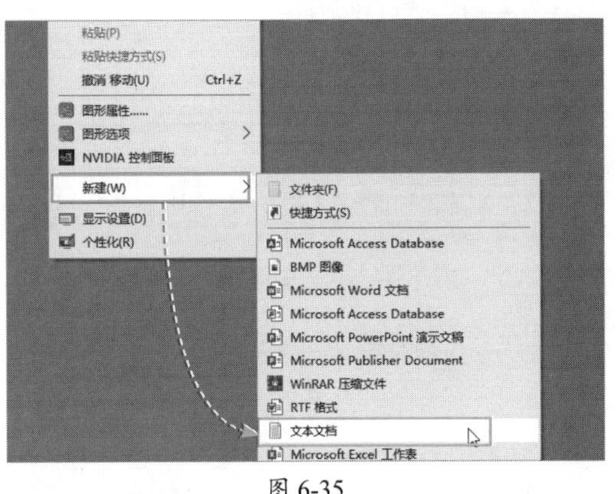

图 6-35

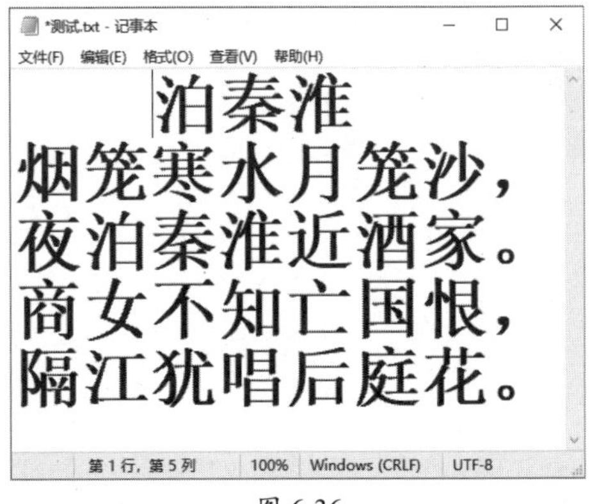

图 6-36

知识点拨

配置信息的打开

除了临时记录文件外，一些软件的配置文件在编辑时也常常使用记事本打开，然后编辑配置信息。记事本适合处理一些简单的小型文件，大型文件一般使用写字板或者对应的专业软件编辑，否则记事本程序可能会因文件太大无法响应而报错。

6.3.2 写字板的使用

写字板可以说是Word的雏形，可以进行图文混排的编辑。写字板保存的RTF文件可以使用Word打开，也可以直接保存成Word的Docx文件。写字板也可以打开Word文档，但还是略有兼容性问题，不过不影响用户使用。下面介绍写字板的使用方法。

Step 01 在“开始”菜单的“Windows 附件”中单击“写字板”按钮，如图6-37所示。

Step 02 写字板的界面和Word有些类似，此时可以输入文字信息。输入完毕后可以对文字进行排版、美化，包括调整字体、字号、对齐方式、段落间距、文字颜色等，如图6-38所示。

图 6-37

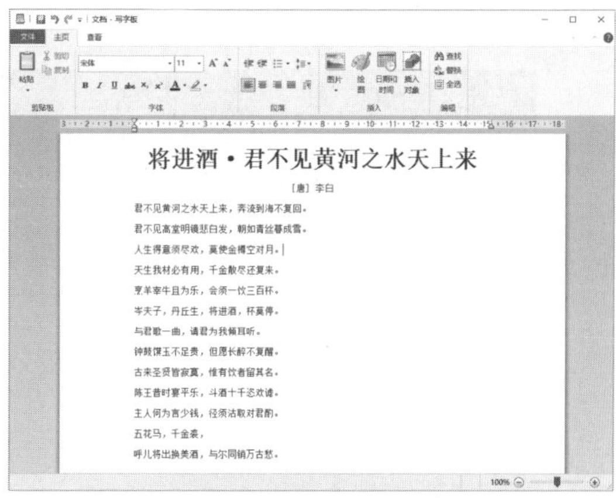

图 6-38

动手练 写字板添加图片

除了处理文字信息外，写字板还可以添加图片，做成图文混排模式。

Step 01 在写字板中，将光标定位到需要插入图片的位置，单击“图片”按钮，如图6-39所示。

Step 02 找到图片并打开，调整图片大小，完成图文混排，如图6-40所示。

图 6-39

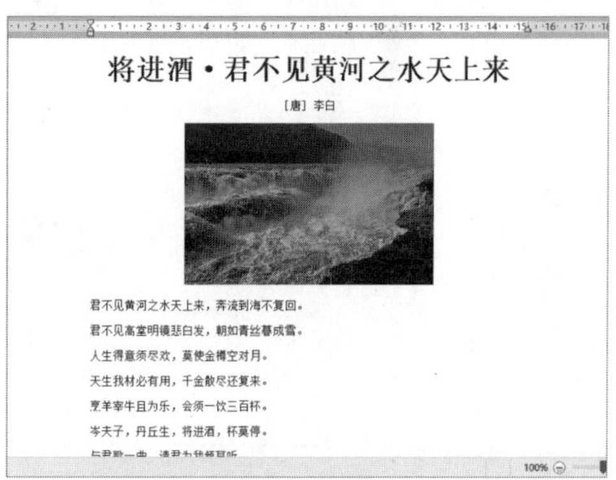

图 6-40

动手练 使用Windows计算器

Windows中自带了计算器功能，可以完成很多复杂的运算，下面介绍计算器的使用。

Step 01 单击Win键，在搜索框中输入“计算器”，在搜索结果中单击“计算器”选项，如图6-41所示。

Step 02 在弹出的计算器中，可以使用鼠标或者小键盘输入数字及运算符号完成计算，如图6-42所示。

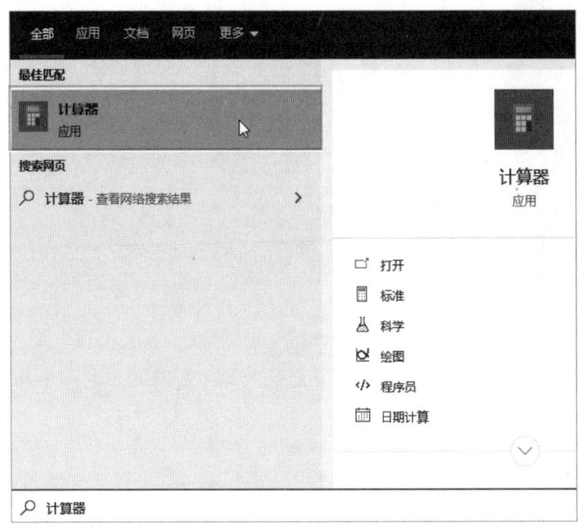

图 6-41

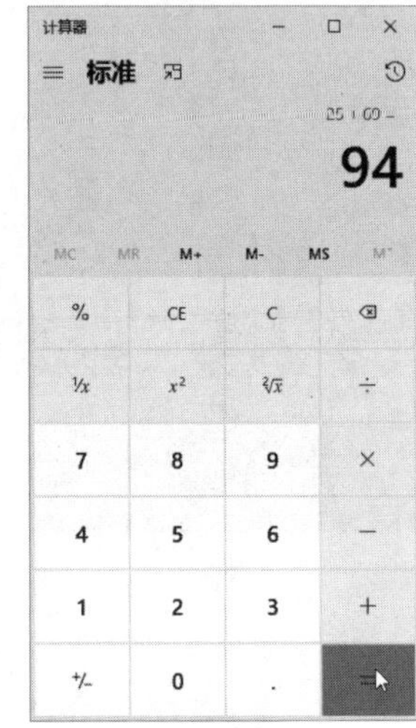

图 6-42

知识点拨

计算器的高级操作

默认计算器使用的是标准运算，比较简单。用户可以单击左上角的“打开导航”按钮，在弹出的列表中选择高级计算器或者启用换算器，如图6-43所示。还可以单击右上角的“历史记录”按钮查看之前计算过的结果，如图6-44所示。

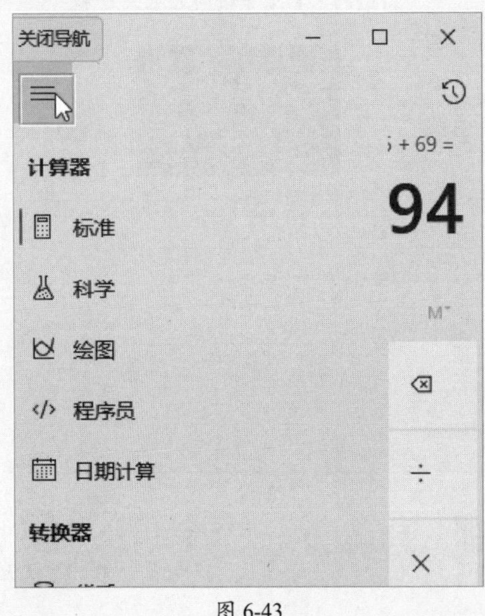

图 6-43

图 6-44

动手练 使用系统自带输入法

扫码看视频

Windows 10自带微软拼音输入法，可以满足用户输入文字的需要。在编辑界面中可以使用Ctrl+空格或者Ctrl+Shift组合键启动微软拼音输入法，接下来即可输入文字，如图6-45所示。使用Shift键可以在英文与中文之间切换。如果要输入不认识的字，可以按u键，使用笔画输入，如图6-46所示，按v键可以实现大小写、公式、时间的输入，如图6-47所示。

图 6-45

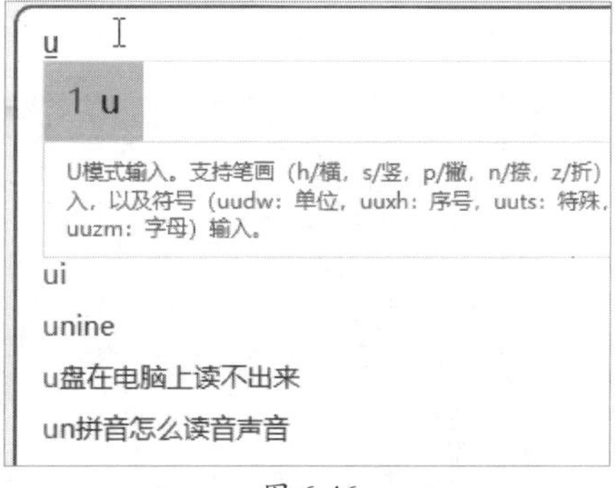

图 6-46

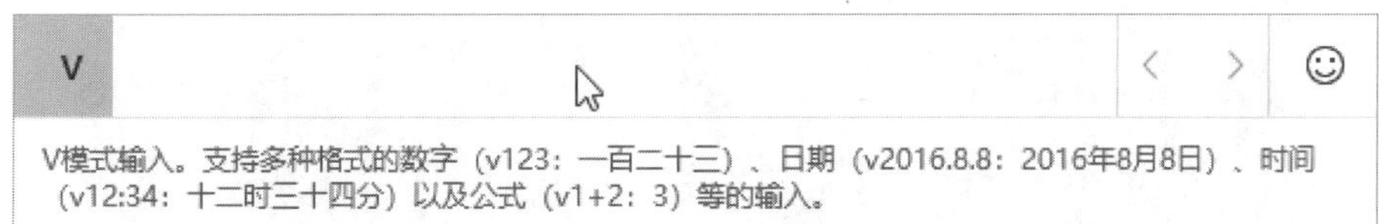

图 6-47

动手练 Windows特色搜索

扫码看视频

Windows 10的搜索功能非常强大，除了按Win键输入搜索的软件外，用户可以直接输入公式，Windows将显示计算结果，如图6-48所示，也可以输入想要查询的汇率，会显示汇率的计算结果，如图6-49所示。

图 6-48

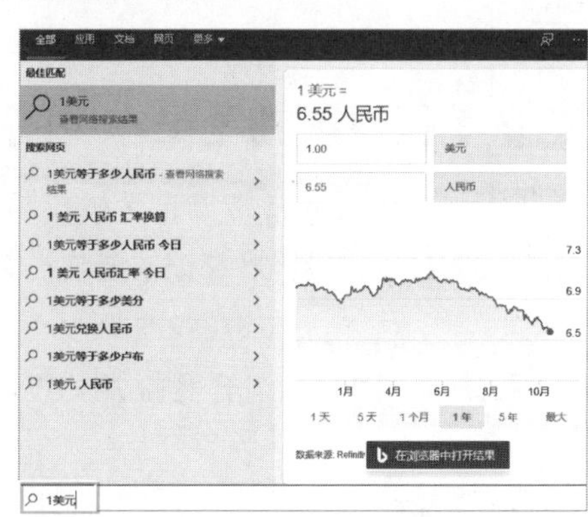

图 6-49

6.4 多屏显示切换

不管是笔记本电脑还是台式机，在连接了另一台显示器后，都可以快速切换显示模式，下面介绍具体操作方法。

Step 01 单击桌面右下角的“通知”按钮，在弹出的菜单中单击“投影”选项，如图6-50所示。

Step 02 在弹出的投影方式中选择“复制”选项，如图6-51所示，这样第二台显示器将和第一台显示器显示同样的内容。

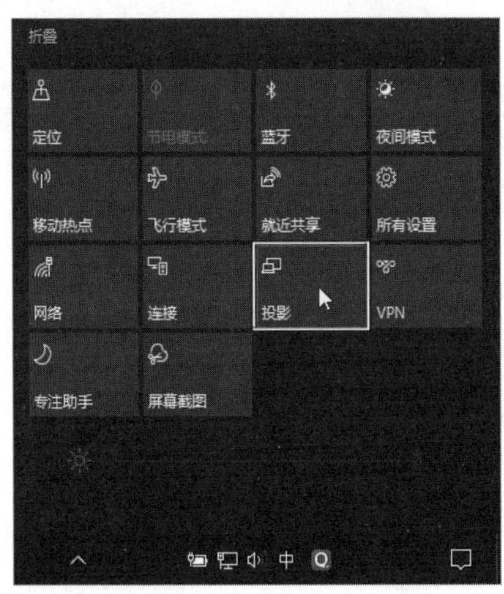

图 6-50

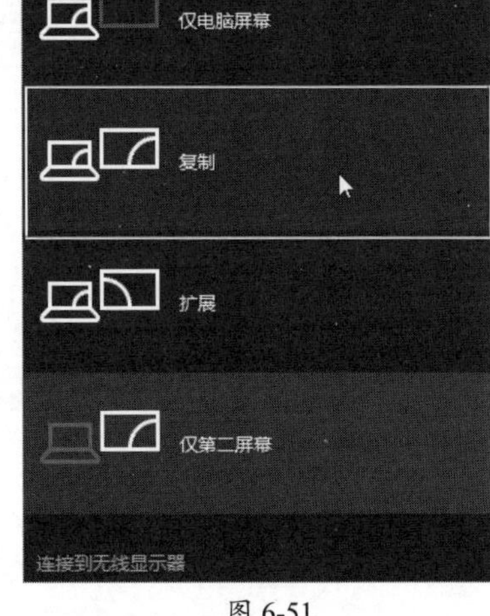

图 6-51

注意事项 投影模式的区别

“仅电脑屏幕”选项指只有主屏显示，连接的其他显示器不显示。如果要主屏不显示，仅连接的屏显示，可以选择“仅第二屏幕”选项，“复制”选项是主屏和第二屏幕显示的内容是一样的，但扩展屏的分辨率可能会根据主屏的分辨率变化。“扩展”选项指将第二屏幕作为独立的桌面进行显示，和主屏是扩充的关系。逻辑上是在主屏的右侧，可以把程序拖曳过去显示。如果局域网中支持无线投屏，且支持Miracast协议的显示设备，可以使用该功能将电脑屏幕投屏过去，还可以将音频投射到无线音频设备上。

动手练 手机投屏到笔记本电脑

手机投屏到电视非常常见，手机投屏到电脑上则需要安装第三方的软件来实现。Windows 10支持手机投屏到笔记本电脑，无须安装其他软件就可以实现，下面介绍具体的操作步骤。

Step 01 使用Win+i组合键打开“Windows设置”界面，单击“系统”按钮，如图6-52所示。

Step 02 选择“投影到此电脑”选项，因为默认没有该功能模块，需要添加。单击“可选功能”选项，如图6-53所示。

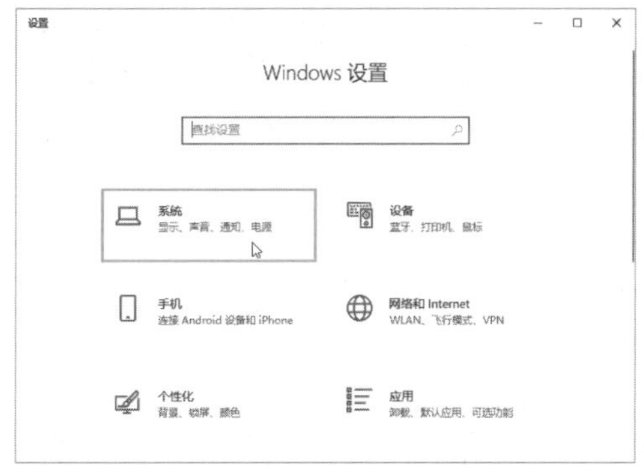

图 6-52

图 6-53

Step 03 此处可以查看已经添加的功能，单击“添加功能”按钮可继续添加功能，如图6-54所示。

Step 04 勾选“无线显示器”复选框，单击“安装”按钮，如图6-55所示。

图 6-54

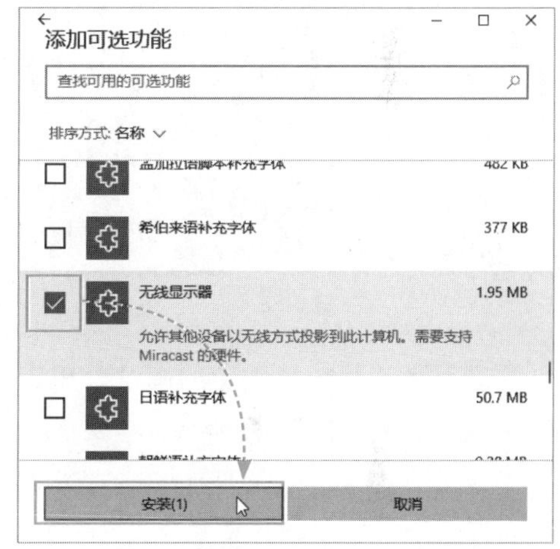

图 6-55

Step 05 完成安装返回“投影到此电脑”界面，开启投影功能，如图6-56所示。

Step 06 用手机搜索投屏信号连接，在笔记本电脑界面单击“同意”按钮后开启投屏，如图6-57所示。

投影到此电脑

将 Windows 手机或电脑投影到此屏幕，并使用其键盘、鼠标和其他设备。

启动“连接”应用以投影到此电脑

当你同意时，部分 Windows 和 Android 设备可以投影到这台电脑

所有位置都可用

要求投影到这台电脑

每次请求连接时

图 6-56

图 6-57

6.5 画图工具的使用

Windows除了提供文本编辑外，还自带画图工具，可以实现简单的图片编辑功能，下面介绍画图工具的使用。

6.5.1 启动画图工具并打开图片

通过搜索功能打开“画图”工具，也可以在“附件”中找到。

Step 01 在“开始”菜单的“Windows附件”中单击“画图”选项，如图6-58所示。

Step 02 在“画图”主界面中单击“文件”按钮选择“打开”选项，如图6-59所示。

图 6-58

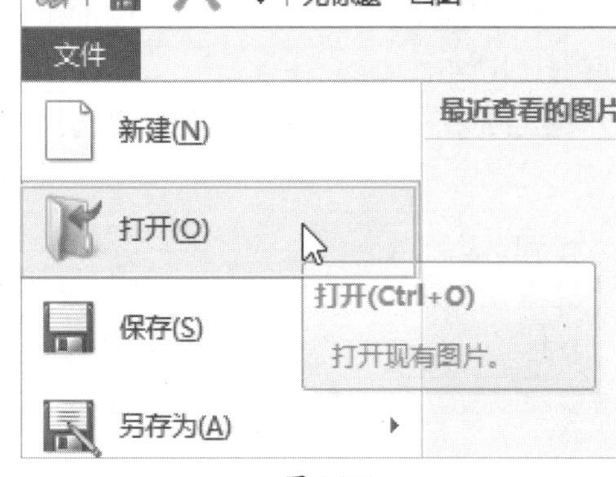

图 6-59

Step 03 选择需要编辑的图片，单击“打开”按钮，如图6-60所示，将图片调入“画图”工具中，如图6-61所示。

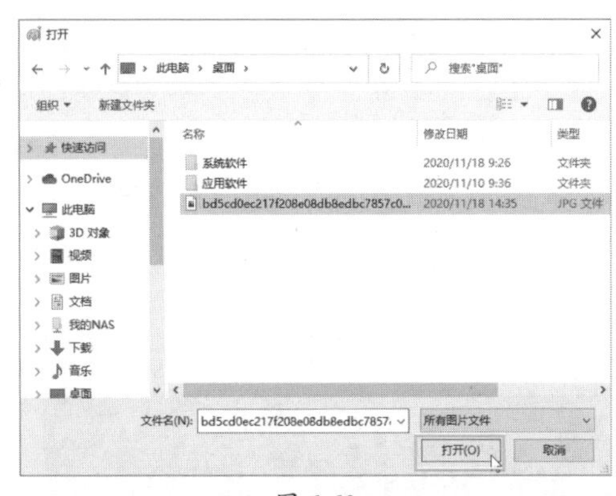

图 6-60

图 6-61

6.5.2 编辑图片

可以为图片添加一些简单的图形或文字，也可以裁剪图片。

Step 01 在形状中选择需要插入的形状，使用鼠标拖曳的方法在合适的位置画出图形，如图6-62所示。

Step 02 选择“填充”下拉按钮，在弹出的列表中选择“普通铅笔”选项，如图6-63所示，此时图案进行了填充。

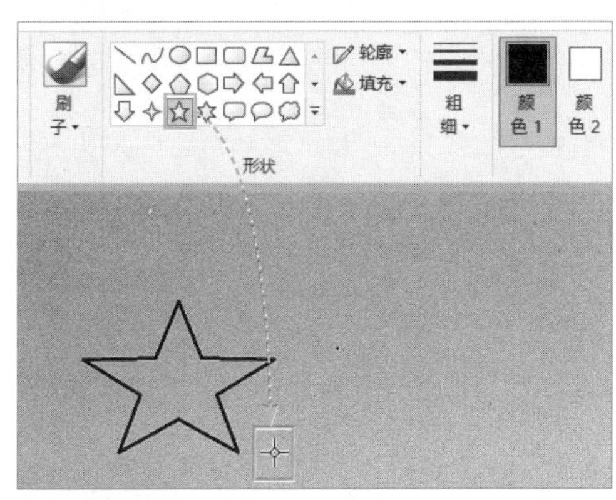

图 6-62

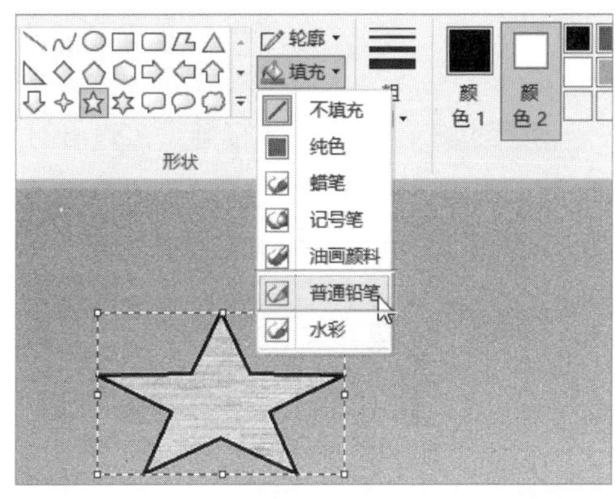

图 6-63

Step 03 单击“添加文字”按钮，在图片上使用鼠标拖曳的方式绘制文本框，如图6-64所示。

Step 04 输入文字并调整字体后的效果如图6-65所示。

图 6-64

图 6-65

动手练 裁剪图片

有时图形过大或过小，需要对图片进行裁剪操作，下面介绍裁剪的方法。

Step 01 在“图像”选项组中单击“选择”按钮，如图6-66所示。

Step 02 在图片中框选出需要保留的范围，如图6-67所示。

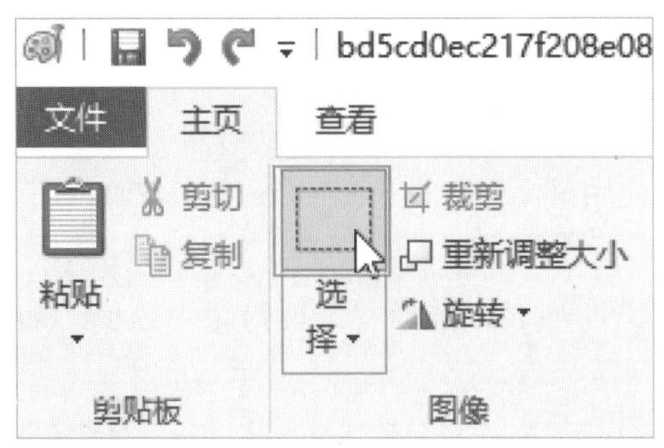

图 6-66

图 6-67

Step 03 在框选区域右击，在弹出的快捷菜单中选择“反向选择”选项，如图6-68所示。

Step 04 按Delete键删除反选区域，完成图片裁剪，如图6-69所示。

图 6-68

图 6-69

知识点拨

其他实用的小工具

其他实用的小工具还有“天气”，如图6-70所示，“便笺”功能如图6-71所示，其他的如小娜语音输入、录音机、地图、人脉、日历等都非常实用，用户可以自己尝试使用。

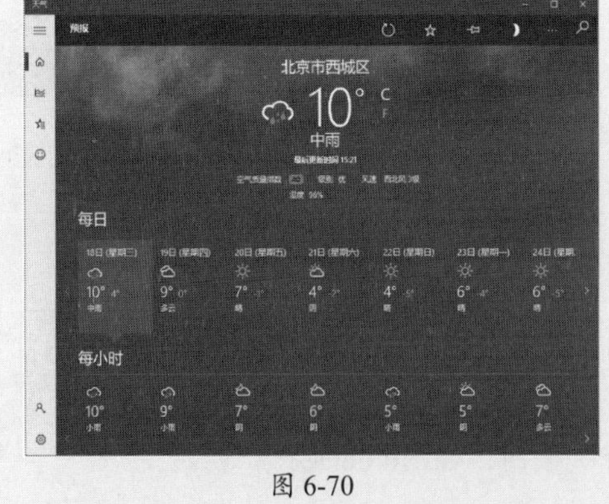

图 6-70

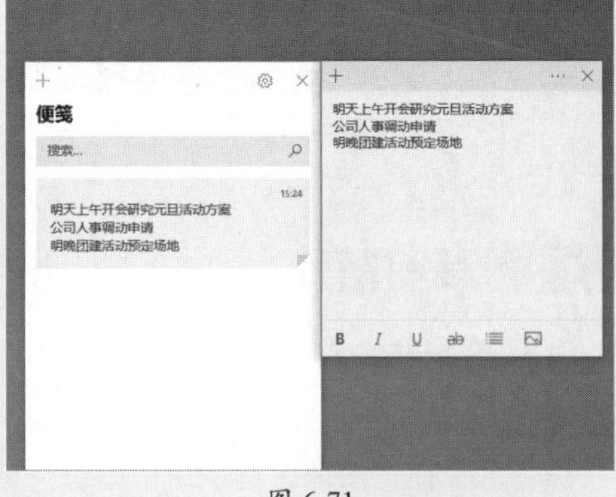

图 6-71

知识延伸：Windows 10的帮助功能

Windows 10中的各种选项及功能按钮下方都有提示信息，而“帮助”功能常被误认为是鸡肋而被删除或者精简。其实Windows的帮助功能已经有了很大改进，而且正版用户通过帮助还可以得到微软的人工服务。

在Windows 10的各种设置界面及功能界面下方有“获取帮助”链接按钮，单击该链接按钮，如图6-72所示。系统会启动“获取帮助”对话框，显示在该界面中经常出现的问题及解决方法，用户可以单击“阅读文章”按钮启动浏览器阅读方案内容，如图6-73所示。

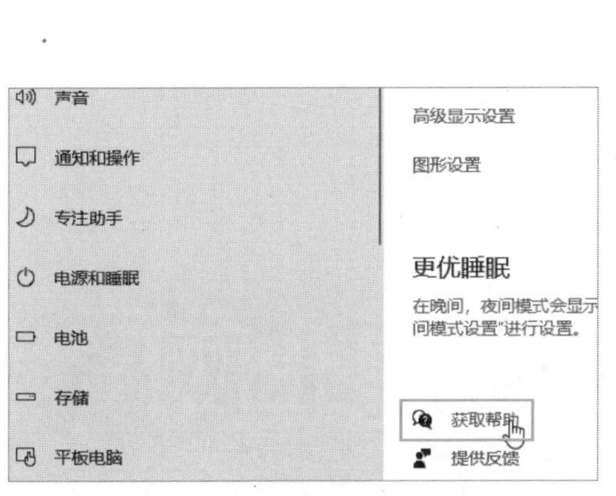

图 6-72

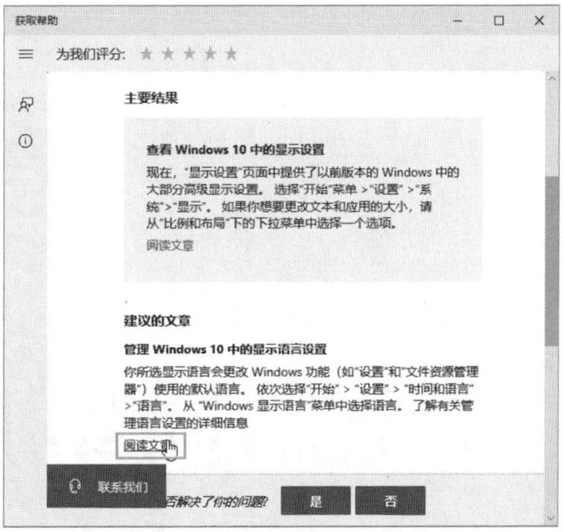

图 6-73

如果没有用户需要的问题及答案，也可以在搜索框中搜索相应的问题，如图6-74所示。如果问题确实非常特殊，可以单击“联系我们”按钮，通过选择具体的问题与人工客服进行交流，如图6-75所示。

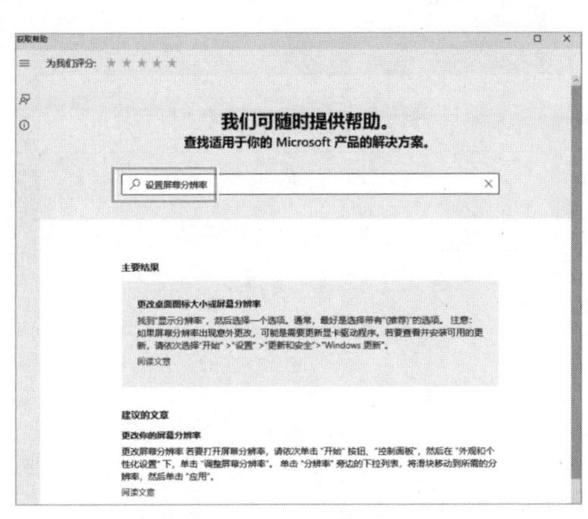

图 6-74

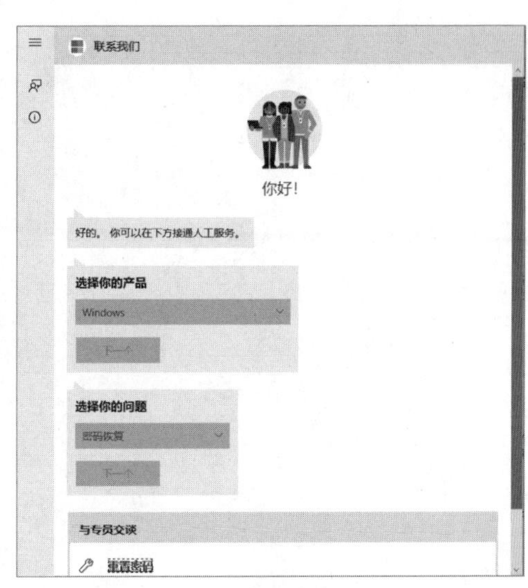

图 6-75

第7章 电脑网络及连接上网

计算机网络的出现及发展极大地改变了人们的生活工作方式，现在的电脑软件，尤其是手机App，都需要依靠网络才能使用。在“互联网+”战略以及“提速降费”政策的影响下，我国的互联网产业进入了高速发展的时期，包括智能终端、人工智能、物联网等新设备、新技术的广泛应用，互联网将加速改变世界。

7.1 计算机网络概述

网络的出现与发展与计算机密不可分，所以网络通常也称为计算机网络。当然，现在的网络终端不只是计算机，还有手机、智能家电、安防系统等一切可以联网的设备，如图7-1所示。首先介绍计算机网络的基础知识。

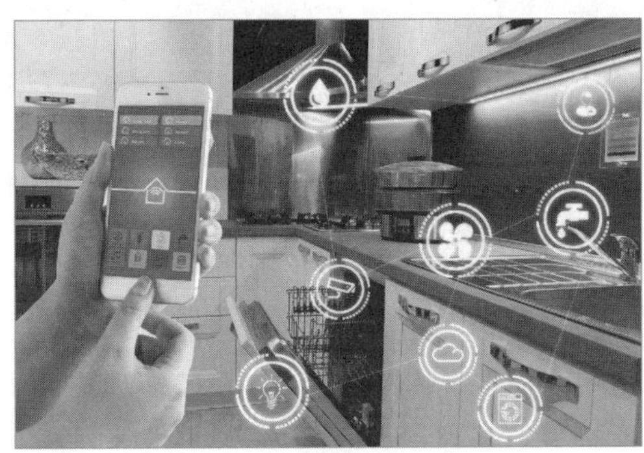

图 7-1

7.1.1 计算机网络定义及功能

计算机网络是利用通信线路和通信设备将地理上分散的、具有独立功能的多个计算机系统相互连接，按照网络协议进行数据通信，通过功能完善的网络软件实现资源共享的计算机系统的集合。计算机网络是计算机技术与通信技术结合的产物，而现在的计算机网络已经不只是计算机互联，也包括所有可以联网的设备，如图7-2所示。计算机网络主要实现以下功能。

图 7-2

1. 数据通信

数据通信也叫数据交换，是计算机网络的基本功能之一。处在不同位置的各种设备通过网络进行数据传送、信息交换，如图7-3所示。这种通信是按照设计好的通信协议在网络设备之间进行数据交换。

2. 资源共享

网络建立的初衷是共享信息。资源共享包括：硬件共享，如打印机、专业设备和超级计算机，如图7-4所示；软件共享，如大型专业级别的处理、分析软件（如医学、地理相关的可视化建模分析软件）；数据资源共享，如各种大型数据库、文件。这些软硬件通过专业的管理，提供给有需要的用户使用，从而达到提高利用率、分摊成本、减少重复浪费、便于维护和开发的目的。

图 7-3

图 7-4

3. 提高系统的可靠性和可用性

电脑的备份非常方便，但服务器相对复杂得多，尤其是某些重要领域，如金融业、售票系统或各种门户网站。依托强大的网络，企业会在多地建立备用服务器，各服务器之间可以同步数据。当某地区服务器出现故障，其他地区的服务器可以继续提供服务，不影响用户的使用和故障机器的修复。

知识点拨

负载均衡

随着网络技术的发展，网络主干的承载能力也变得越来越大，但是在某些特定区域，如北京的服务器访问量非常高，而有些区域，如广州的访问量则非常少。可以将大量的访问按照某种策略进行分流，例如让上海的用户访问广州的服务器，这样可以做到服务器的负载均衡，达到服务器最大利用率，保证访问质量。

现在的服务器负载均衡和冗余备份可以同时使用，且已经成熟，如图7-5所示，具体应用可以参考淘宝双11和近几年的12306网站。

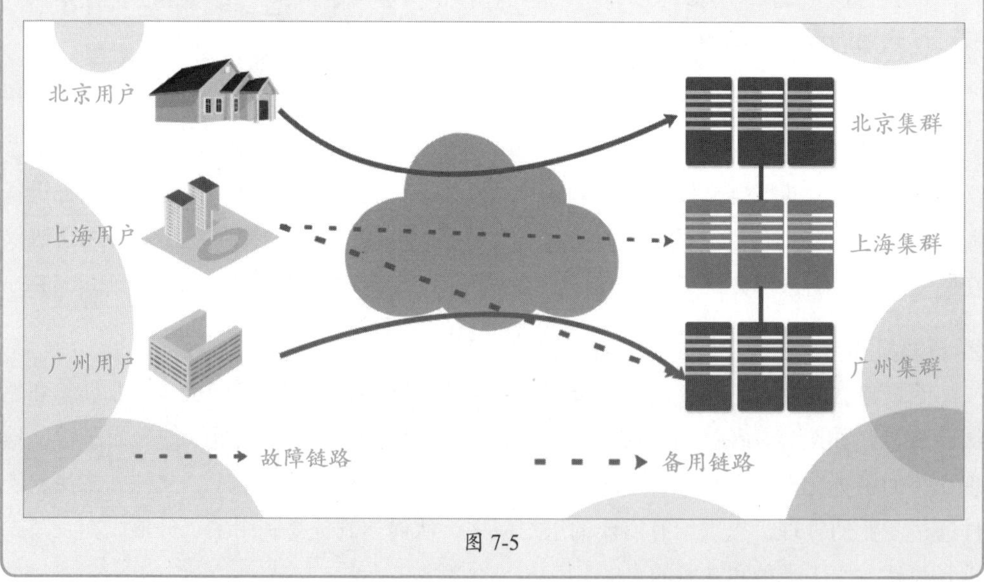

图 7-5

4. 分布式处理

某些大型任务，在单个终端上处理的效率是固定的。借助网络，通过特定算法和策略，将任务分配到不同的终端去处理，从而达到快速完成任务、均衡网络资源、提高解决问题的效率、降低成本的目的。除了分布式处理，分布式存储也可以保证数据的安全性，而这种分布式处理和存储最经典的案例就是区块链技术，如图7-6所示。

图 7-6

5. 综合信息服务

通过网络可以提供各种经济信息、科研情报、咨询服务等。传统的综合业务服务网，就是将电话、传真、电视等办公设备纳入网络中，提供数字、语音、图形图像等多种信息传输。现在的新型应用，如网上交易、远程监控、视频会议、网络直播等都属于综合信息服务。

7.1.2 计算机网络的分类

计算机网络的分类标准有很多，如传输技术标准、网络拓扑结构、网络协议等。最常见的是按照覆盖范围不同将网络分为局域网、城域网和广域网。

1. 局域网

局域网（LAN）指在小范围内（一般不超过10km）（如同一建筑物、同一学校等），将各种计算机终端及其他网络终端设备，通过有线或者无线的传输方式组合成的网络，用来实现文件共享、远程控制、打印共享、电子邮件服务等功能。局域网的特点是距离近、组网便利、成本低、管理方便、用户数量相对较少、更新方便、传输速度快。目前局域网的传输速度大部分为100Mb/s并且正在向1000Mb/s过渡，有些已经达到10Gb/s。

2. 城域网

城域网采用的技术和局域网类似，距离为10～100km，可以是几栋办公楼，也可以是一座城市。与局域网相比，它的传输距离更长，覆盖范围更广，传输效率更高。为了保证数据传输的安全，城域网一般有自恢复机制，使网络具有更高的可用性和可靠性，通常使用光纤作为传输介质。

3. 广域网

广域网传输距离从几十千米到几千千米，一般由多个部门或多个国家联合组建，可以连接多个城市或者国家，甚至可以跨洲连接。广域网的通信子网可以利用公用分组交换网、卫星通信网和无线分组交换网，达到资源共享的目的。广域网的特点是覆盖范围广、通信距离远、技术复杂，当然，建设费用也非常高。因特网就是广域网的一种，如我国的电话交换网（PSTN）、公用数字数据网、公用分组交换网等都属于广域网。

其他分类标准

计算机网络按照应用领域可以分为公用网和专用网。公用网一般由国家机关或行政部门组建，对全社会公众开放。专用网是由某个单位或公司组建、为本企业服务的网络，可以是局域网，也可以是城域网或广域网，通常不对社会公众开放，即使开放也有很大限制。

7.1.3 网络的拓扑结构

网络拓扑是将网络中的节点和通信线路，从逻辑层面上表示出来。网络拓扑结构一般和网络拓扑图相结合。从网络拓扑的结构来说，网络可以分成以下几种。

1. 总线型拓扑

总线型拓扑使用一根传输总线作为介质，所有节点都连接到总线上，如图7-7所示。总线型拓扑的优点是网络成本低，仅需要铺设一条线路，不需要专门的网络设备，缺点是随着设备增多，每台设备的带宽逐渐降低，线路故障排查困难。

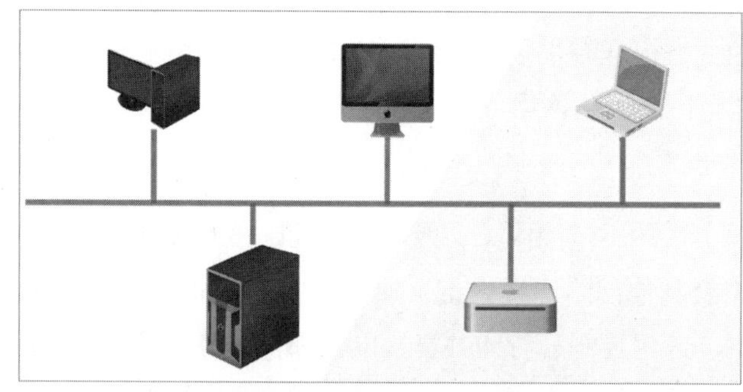

图 7-7

知识点拨

网络拓扑图

网络拓扑图是将网络拓扑结构通过图形的方式直观地表现出来，从逻辑层面上表述网络的布局、连接方式。通过拓扑图可以快速地制定规划、研究方案、分析故障、解决问题。

2. 星形拓扑

星形拓扑是最简单的一种网络结构，以网络设备为中心，其他节点设备通过中心设备传递信号，中心设备执行集中式通信控制，如图7-8所示。常见的中心设备有集线器或者交换机。星形拓扑的主要优点如下。

- **结构简单：**使用网线直接连接。
- **添加删除节点方便：**只需用网线连接中心设备即可扩充节点，删除设备只需拔掉网线。
- **容易维护：**一个节点坏掉，不影响其他节点的使用。
- **升级方便：**只需对中心设备进行更新，一般不需要更换网线。

星形拓扑的主要缺点是中心依赖度高，对于中心设备的要求较高，如果中心节点发生故障，整个网络将会瘫痪。

3. 环形拓扑

把总线型网络首尾相连，就是一种环形拓扑结构，其典型代表是令牌环网，如图7-9所示。在通信过程中，同一时间只有拥有“令牌”的设备可以发送数据，然后将令牌交给下游的节点设备，不需要特别的网络设备，实现简单、投资小。但任意一个节点坏掉，网络就无法通信，且排查起来非常困难。如果要扩充节点，网络必须中断。

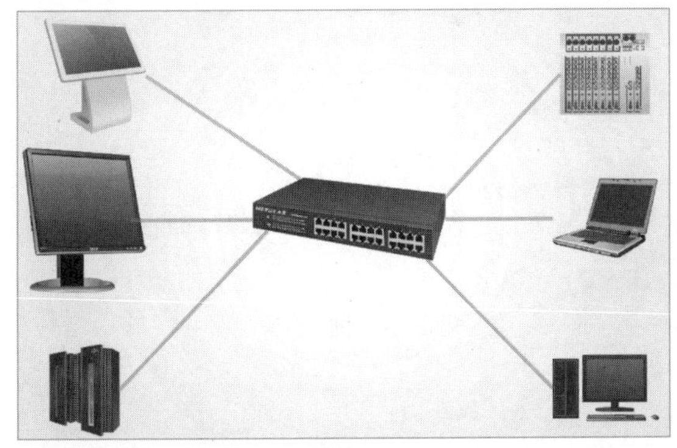

图 7-8

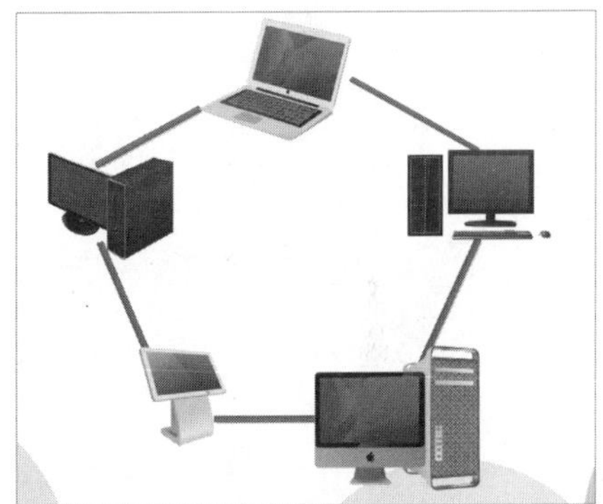

图 7-9

4. 树状拓扑

树状拓扑是分级集中控制，在大中型企业中比较常见。将星形拓扑按照一定标准组合起来，就变成了树状拓扑结构，如图7-10所示，该结构按照层次排列，非常适合主次、分等级层次的管理系统。任意两点间不会形成环路，支持双向传输，其通信线路总长度较短，成本较低，节点易于扩充，寻找路径比较方便。

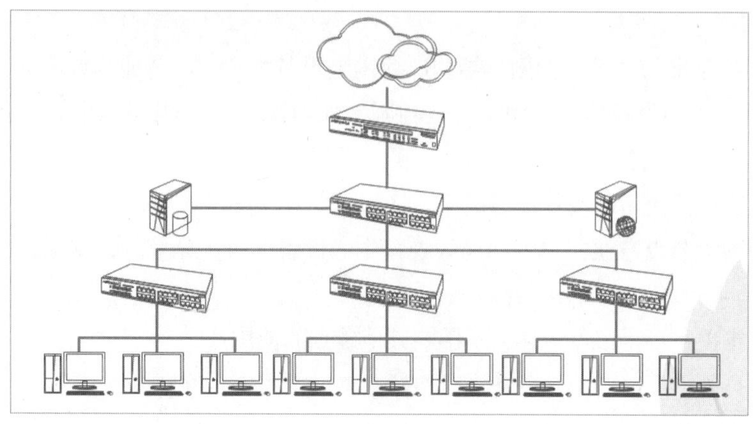

图 7-10

5. 网状拓扑

网状拓扑中一个节点有多条线路通向其他节点，如图7-11所示，数据传输时可以选择多条路径。这种网状结构使网络拓扑非常可靠，某些节点发生故障也不影响数据到达目的地。

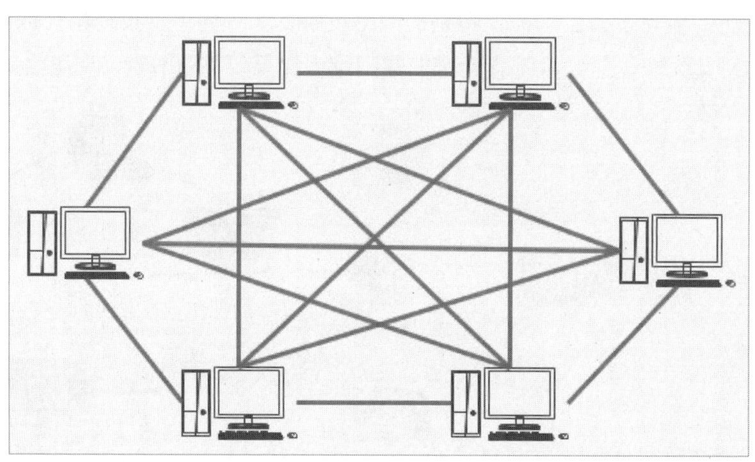

图 7-11

7.1.4 网络硬件设备

网络中包含使用网络的各种终端设备，提供服务的服务器及负责网络数据传输的网络硬件设备。网络中的硬件设备有哪些呢？

1. 路由器

路由器属于网络层，是网络中负责网间连接的关键设备。作为网络中互连的枢纽，路由器构成了因特网的主干，一方面连接多种异构网络，另一方面将整个互联网分割成逻辑上独立的网络单位，使网络具有一定的逻辑结构。常见的家用无线路由器如图7-12所示，而普通的企业级的路由器如图7-13所示。

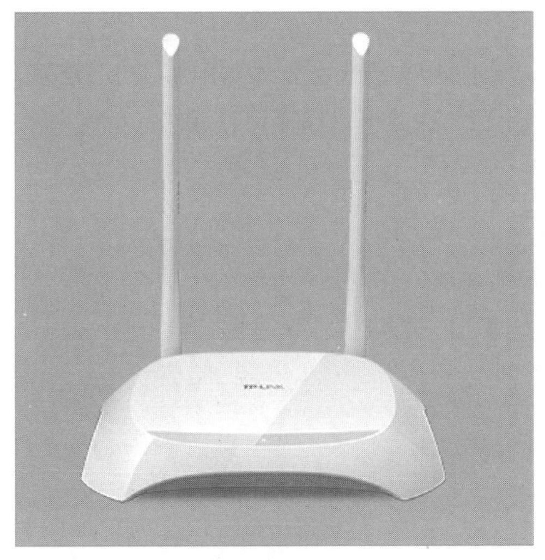

图 7-12

图 7-13

2. 交换机

交换机属于数据链路层设备，用于数据的转发，可以为接入的设备提供独享的高速数据传输通道，主要用于局域网，一般使用双绞线或光纤作为连接介质，常见的多口交换机如图7-14所示。

图 7-14

知识点拨

集线器

较早的数据转发的设备属于物理层，端口共享总带宽，傻瓜式地复制转发电信号，目前已经淘汰。

3. 网络适配器

网络适配器也称为网卡，主要作用是将计算机数据转换为能够通过介质传输的电信号，然后通过双绞线发送出去，是电脑的主要联网设备，所有能够获取IP地址且能联网的设备必须有网卡。除了如图7-15所示的独立网卡外，还有以模块形式在终端设备电路板上存在的集成网卡。

4. 无线 AP

无线AP也称为无线访问点或网络桥接器，是有线局域网与无线局域网之间的桥梁，如图7-16所示。只要计算机中有无线网卡，利用无线AP就可以连接到有线的局域网中。

图 7-15

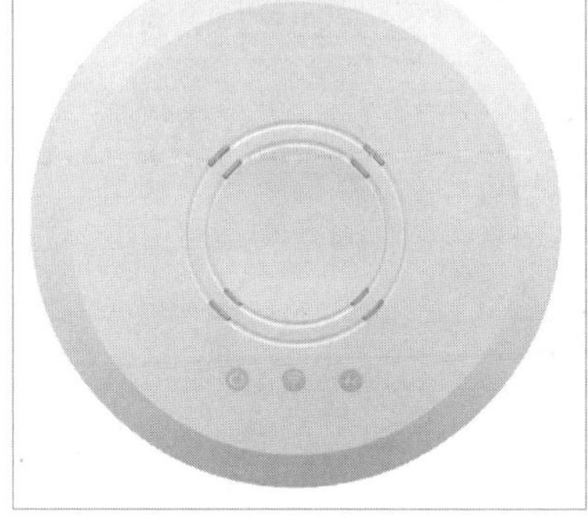

图 7-16

知识点拨

无线局域网与无线标准

随着无线技术的发展，无线连接逐渐成为了主要的连接方式，大部分局域网采用无线技术，所以这种局域网也称为无线局域网。

无线产品的标准很多，如常见的IEEE 802.11a、b、g、n、ac、ax。用户选购无线产品应当从802.11ac起步，有条件可以购买802.11ax设备，也就是常说的WiFi 6。

5. 传输介质

常见的有形传输介质有同轴电缆、双绞线（如图7-17所示）和光纤（如图7-18所示）等。

图 7-17

图 7-18

7.2 电脑连接互联网

共享上网是家庭局域网的主要需求之一，下面介绍电脑联网的设备连接和设置。

7.2.1 电脑联网的方式

电脑联网主要有几种常见的接入方式。

1. ADSL 接入方式

ADSL又称为非对称数字用户线路，因具有下行速率高、频带宽、性能优等特点而深受广大用户的喜爱，成为继调制解调器、ISDN之后的一种更快捷、更高效的接入方式。该接入方式可以利用ADSL调制解调器，通过现有固定电话网的电缆资源，可以在不影响正常通话的情况下，通过一条电话线实现电话通信、数据业务互不干扰。

要使用ADSL方式上网，用户只需在电信部门办理ADSL上网业务，非常方便，但是带宽较低，现在已经基本被淘汰了。

2. 小区宽带

小区宽带以LAN方式接入，利用以太网技术，采用光缆+双绞线的方式对社区进行综合布线，不使用调制解调器，只需要一根网线连接到小区宽带，即可实现上网。如果用户所在的小区已经安装了小区专线，就可以使用这种上网方式。

3. 光纤（PON）接入方式

与ADSL相比，光纤宽带拥有更高的上行和下行速度，光纤是宽带网络中多种传输媒介中最理想的一种，特点是传输容量大、传输质量好、损耗小、中继距离长等。

4. DDN 专线接入

DDN数字数据网是利用光纤、微波、卫星等数字传输通道和数字交叉复用节点组成的数据传输网，具有传输质量好、速率高、网络时延小等特点，适合于计算机主机之间、局域网之间、计算机主机与远程终端之间的大容量、多媒体、中高速通信的需要。

5. 无线接入

无线技术是有线接入技术的延伸，使用无线技术传输数据，既可达到建设计算机网络系统的目的，其中的网络设备又可以自由地移动和选择安放位置。在公共开放场所或者企业内部，无线网络一般会作为已存在的有线网络的一个补充方式，终端设备通过无线技术即可接入到网络中。

7.2.2 电脑联网的硬件准备

电脑要想联网，必须有软硬件的支持，软件就是上网的设置，而硬件包括上网设备的准备和连接，接下来首先介绍电脑联网的硬件准备。

1. 家庭上网拓扑

家庭常见的网络拓扑结构如图7-19所示。

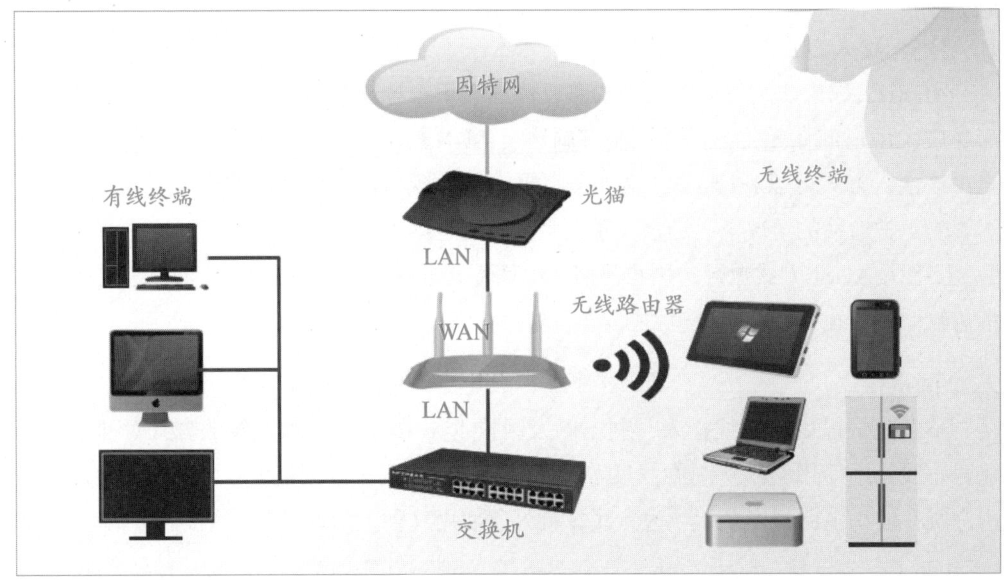

图 7-19

2. 家庭上网的设备连接

现在普遍采用光纤上网，光纤入户后，一般接入运营商提供的光猫（光纤调制解调器），用网线连接光猫的LAN口和无线路由器的WAN口。无线路由器的LAN口可以直接连接设备或者连接通向各个房间的网线。如果房间或信息点过多，无线路由器的LAN口不够用，可以购买多口交换机，将路由器LAN口接出的网线及其他所有的房间或信息点的网线都接到交换机上，这样就完成了网线的连接。无线路由器可以直接使用。

注意事项 弱电箱中的无线路由器无线信号不好

一般家庭都配备有弱电箱，将无线路由器放入弱电箱后，由于屏蔽的原因，可能造成无线信号较弱。可以将无线路由器放置到客厅，客厅到弱电箱需要两根线，一根连接光猫的LAN口和无线路由器的WAN口，另一根连接无线路由器的LAN口和弱电箱中的交换机的任意口。这样无线信号就不会被弱电箱屏蔽，但需要有两根网线连接客厅和弱电线并需要配备交换机。

7.2.3 电脑联网的软件设置

前面介绍了电脑联网的硬件设备，接下来介绍包括路由器和电脑在内的联网配置。其他的无线设备连接后，可以直接使用DHCP自动获取网络参数，就可以上网。

1. 路由器的设置

电脑联网最主要的是设置路由器。一般使用网线连接电脑网卡和无线路由器的LAN口。打开浏览器，输入无线路由器底部的管理IP地址或管理网址，如图7-20所示。

图 7-20

Step 01 第一次进入路由器管理界面，会要求设置密码，如图7-21所示。

Step 02 然后自动弹出上网设置，"上网方式"选择"宽带拨号上网"选项，如图7-22所示，输入运营商提供的账号和密码。

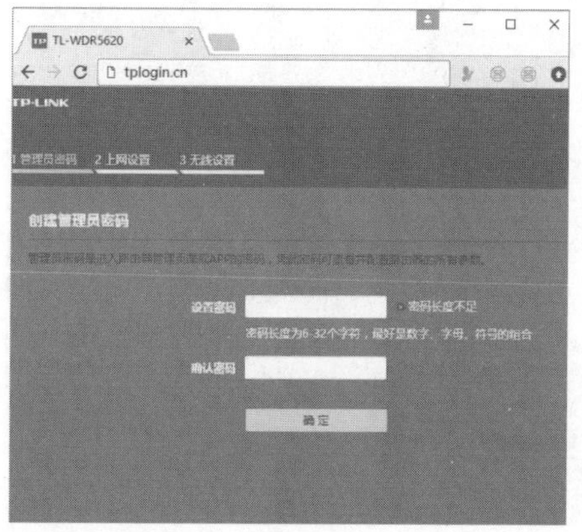

图 7-21

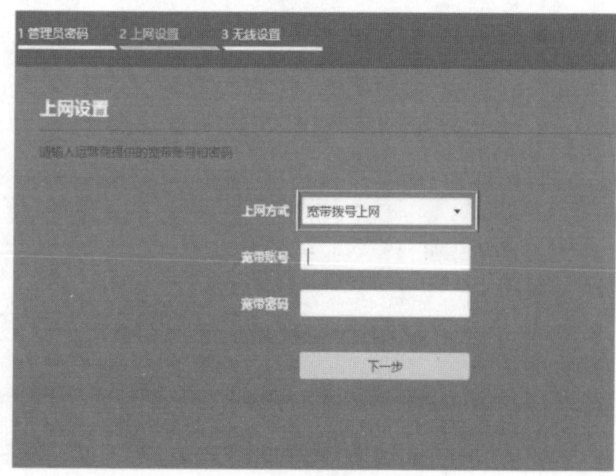

图 7-22

注意事项 其他上网方式

上面介绍的是光猫无其他功能的情况，无线路由器可以直接拨号。有些地区的光猫还带有自动拨号和无线的功能，大部分的无线功能都已经屏蔽，自动拨号功能让光猫实现了路由器的宽带拨号。这种情况下路由器就无须设置成"宽带拨号上网"，而是使用DHCP"自动获取IP"的方式，如图7-23所示。无线路由器在局域网使用时，WAN口连接交换机，也设置使用自动获取IP的方式。

一些特殊的内部网络使用的是固定IP，此时无线路由器在该处需要设置成“固定IP地址”的方式，输入网络管理员提供的IP、子网掩码、网关、DNS等信息，如图7-24所示。

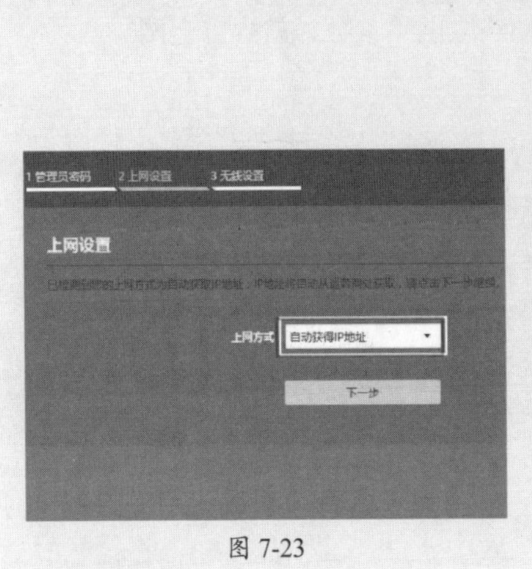

图 7-23

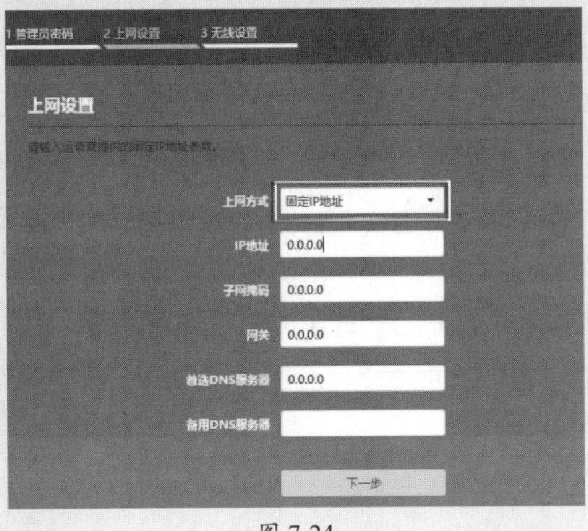

图 7-24

Step 03 设置无线参数，也就是手机等无线终端连接无线路由器时输入的无线名称和密码。一般双频路由器需要分别设置两个频段的参数，如图7-25所示。

Step 04 完成后，路由器自动保存配置并重启，如图7-26所示，至此配置完毕。

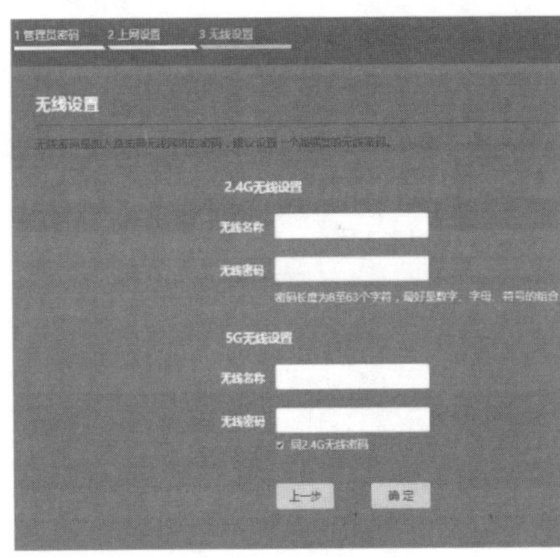

图 7-25

图 7-26

2. 电脑端进行宽带拨号

如果电脑直接连接光猫，就需要在电脑上进行宽带连接的设置。

Step 01 单击右下角的网络图标，在弹出的列表中选择“网络和Internet设置”选项，如图7-27所示。

Step 02 在“设置”界面中选择“拨号”选项，单击“设置新连接”按钮，如图7-28所示。

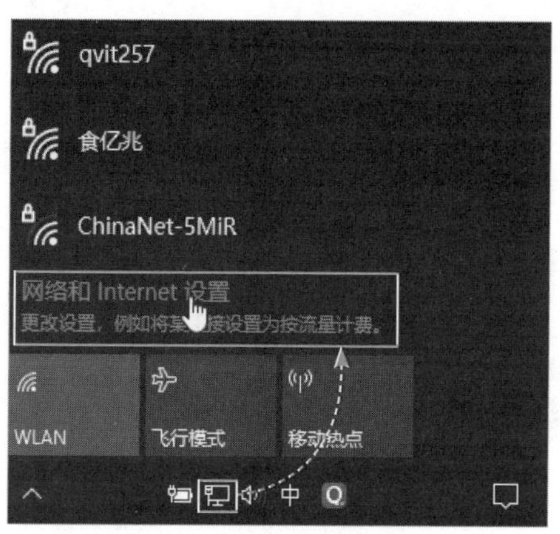

图 7-27

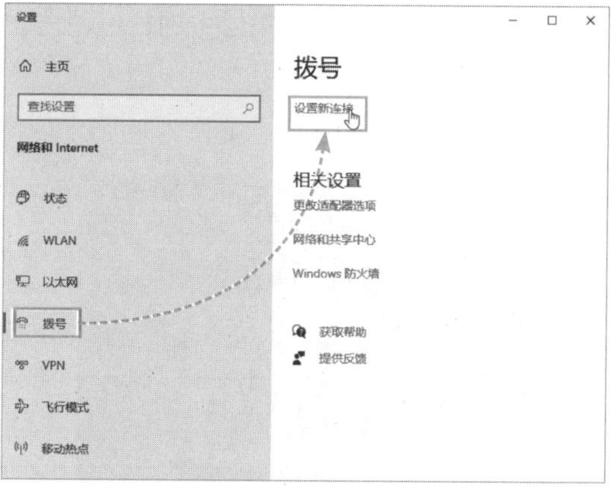

图 7-28

Step 03 选择“连接到Internet”选项，单击“下一步”按钮，如图7-29所示。在打开的提示界面中单击“宽带（PPPoE）”按钮，如图7-30所示。

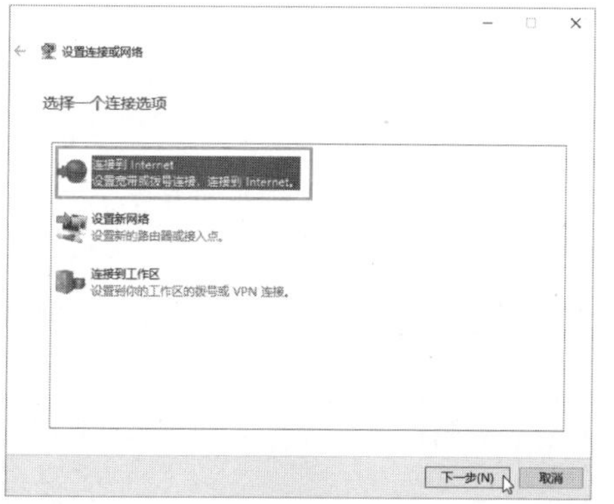

图 7-29

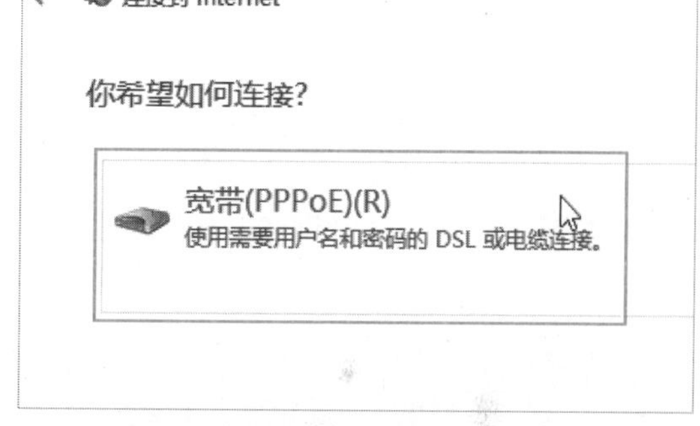

图 7-30

Step 04 输入运营商给的账号、密码，勾选“记住此密码”复选框及“允许其他人使用此连接”复选框，单击“连接”按钮，如图7-31所示。如果连到了网络上，则显示如图7-32所示的画面。

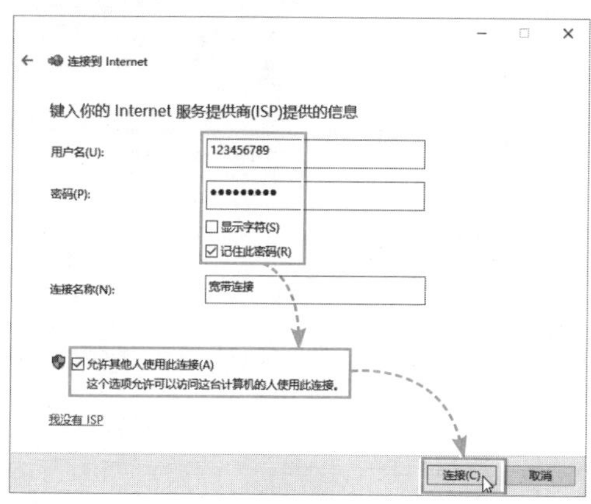

图 7-31

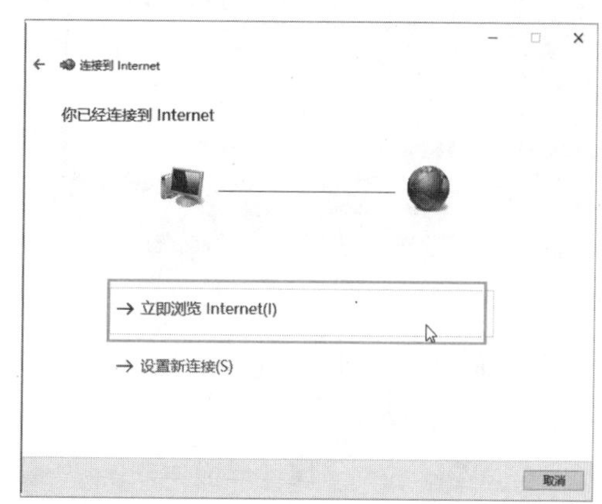

图 7-32

Step 05 如果要再次拨号上网，可单击右下角的“网络”按钮，从中选择“宽带连接”选项，如图7-33所示，在弹出的界面中单击“宽带连接”按钮，再单击“连接”按钮，即可拨号连接Internet，如图7-34所示。

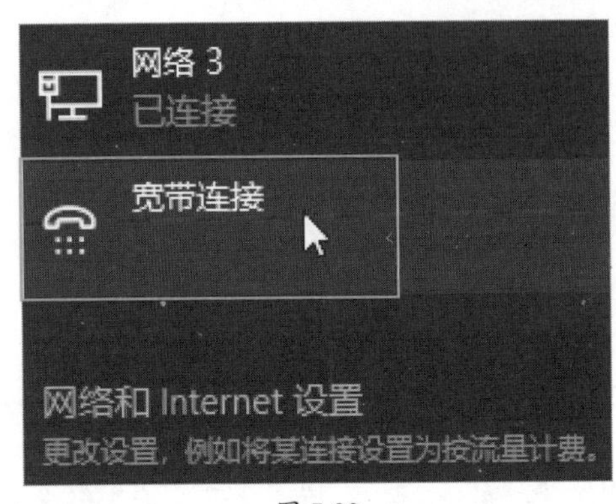

图 7-33

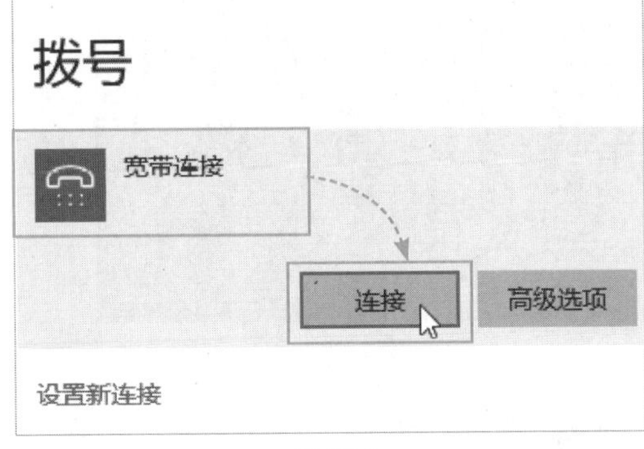

图 7-34

动手练 电脑终端设置固定IP地址

扫码看视频

电脑的网卡如果不作设置，默认是DHCP自动获取模式，从无线路由器获取IP地址即可上网。如果路由器出于安全考虑不分配IP地址等信息，或者局域网环境需要手动配置，可以按照下面的方法进行设置。

Step 01 在桌面的“网络”图标上右击，在弹出的快捷菜单中选择“属性”选项，如图7-35所示。

Step 02 在“网络和共享中心”界面中单击“更改适配器设置”按钮，如图7-36所示。

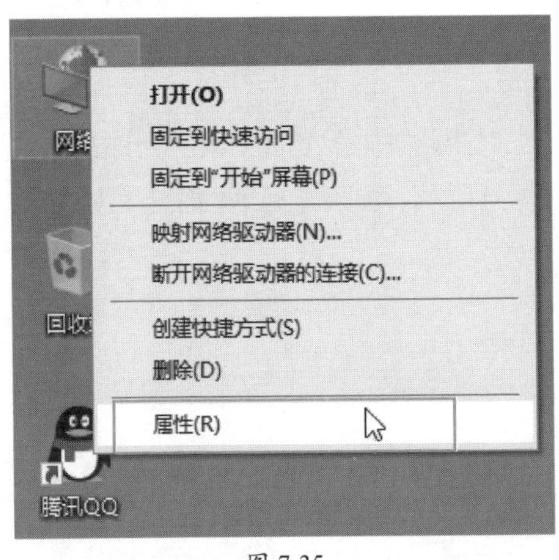

图 7-35

图 7-36

Step 03 在“网络连接”界面的有线网卡上右击，在弹出的快捷菜单中选择“属性”选项，如图7-37所示。

Step 04 在网卡属性界面中双击“Internet协议版本4（TCP/IPv4）”按钮，如图7-38所示。

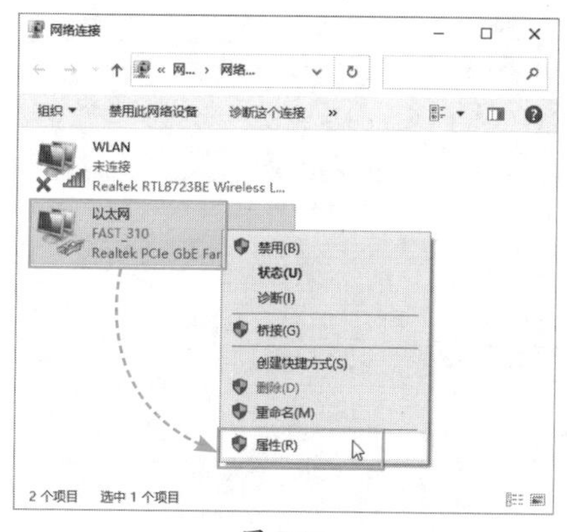

图 7-37

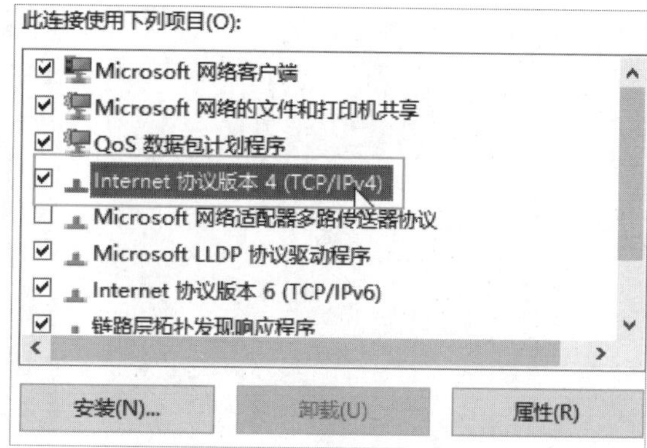

图 7-38

Step 05 在Internet协议版本4属性界面中选中“使用下面的IP地址”单选按钮，如图7-39所示，输入管理员提供的局域网IP地址等信息，完成后单击“确定”按钮，如图7-40所示，这样就完成了电脑固定IP地址的设置。

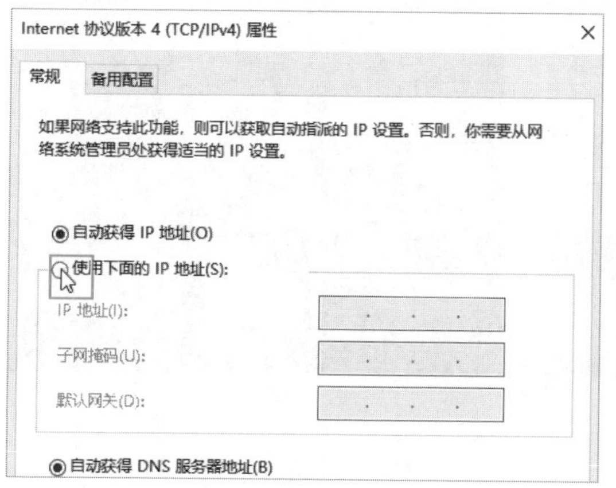

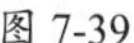

图 7-39

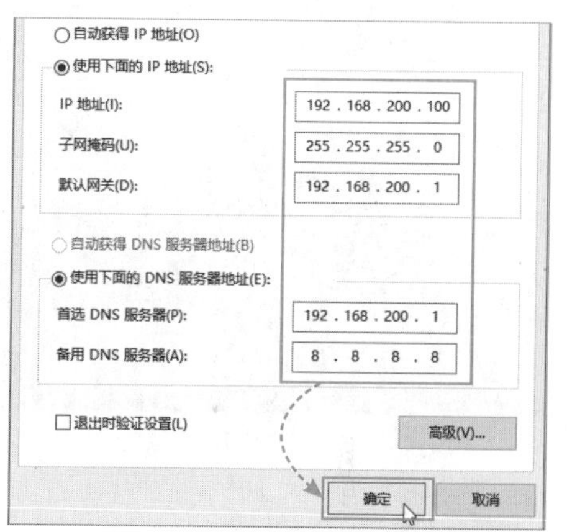

图 7-40

注意事项 改回自动获取

上面介绍的是手动设置IP地址。如果出现问题或者网络提供DHCP，则需要设置成自动获取模式，否则可能无法联网。改为自动获取模式的方法非常简单，在该界面中选中“自动获取IP地址”及“自动获取DNS服务器地址”单选按钮，然后单击“确定”按钮退出即可。

动手练 电脑端使用无线连接路由器

有些台式机也使用无线网卡连接无线路由器，和笔记本电脑差不多，下面介绍电脑端的无线连接设置。

扫码看视频

Step 01 单击右下角的网络图标，在无线列表中选择无线路由器的名称，勾选“自动连接”复选框，单击“连接”按钮，如图7-41所示。

Step 02 输入无线路由器的无线连接密码，单击“下一步”按钮，如图7-42所示。

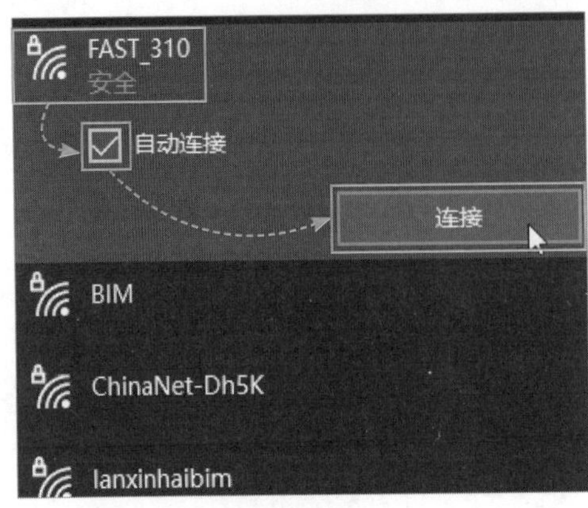

图 7-41

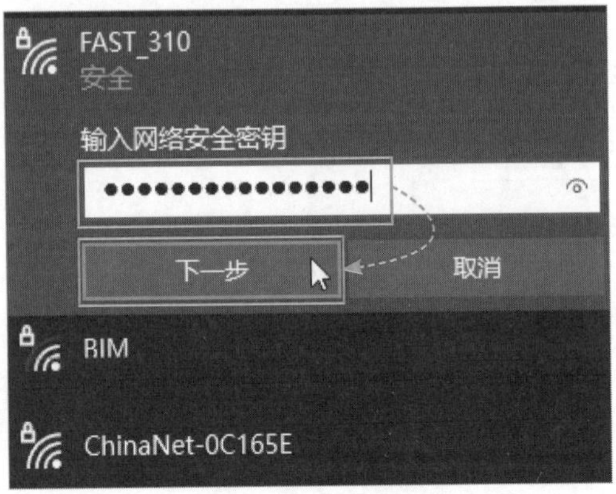

图 7-42

Step 03 系统会自动检查网络要求，如图7-43所示。完成后会显示已连接的提示信息，如图7-44所示，到此无线设置完成。

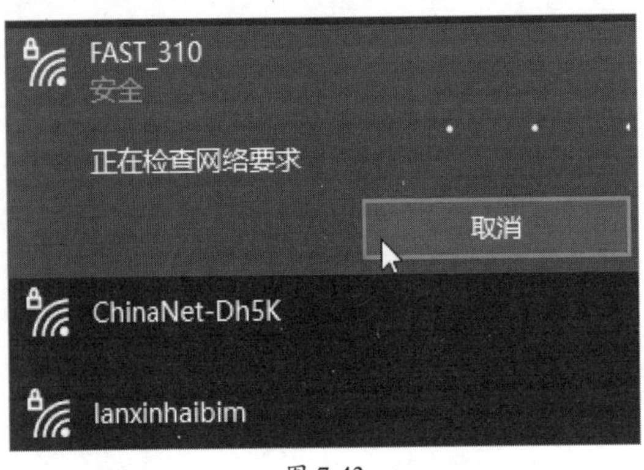

图 7-43

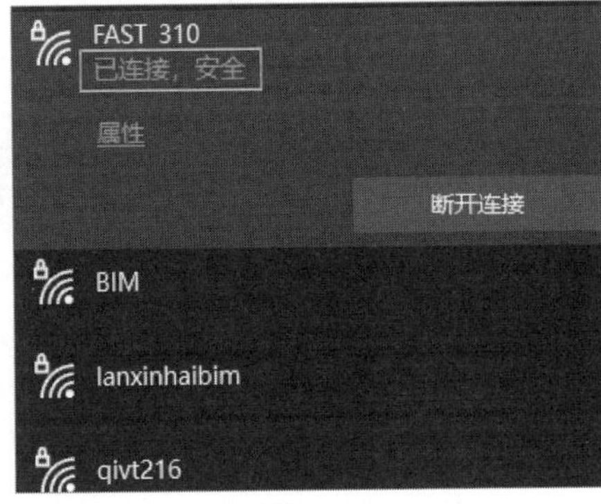

图 7-44

知识点拨

其他无线终端的连接

其他无线终端，如手机、电视、智能家电，连接不同的设备和系统，虽然有不同的设置方法，但基本上和电脑无线连接类似，找到无线名称，输入无线密码即可。有些智能家电需要用手机设置其联网。

知识延伸：TCP/IP参考模型

因为计算机网络的多样性和复杂性，为解决计算机网络的互通问题，必须有一个统一的标准和解决方案，这就是分层次的网络体系结构。

1. TCP/IP 参考模型简介

TCP/IP（Transmission Control Protocol/Internet Protocol，传输控制协议/网际协议）是因特网最基本的协议及基础，由网络层的IP协议和传输层的TCP协议组成。TCP/IP定义了电子设备如何连接因特网及数据如何传输。TCP/IP参考模型采用四层结构，包括网络接口层、网络层、传输层及应用层。TCP负责传输控制，发现问题重新传输，而IP协议主要作用是将数据按照IP地址准确地传输。

知识点拨

网络协议

网络协议指的是计算机网络中互相通信的对等实体之间交换信息时所必须遵守的规则的集合。两台网络设备通过网络协议才能进行通信。网络协议中还规定了如线缆粗细、长度等物理特性及电气特性，双方的开始、结束、如何控制、出现问题如何解决等一系列问题。通过规范的网络协议，网络才能正常、稳定地工作。

2. TCP/IP 协议

TCP协议是面向连接的协议，通过三次握手建立连接，完毕后取消连接，用于点到点的通信。TCP提供可靠的数据流服务，采用“带重传的肯定确认”来实现可靠传输，采用“滑动窗口”进行流量控制。

IP协议是TCP/IP协议体系中的网络层协议，用于不同网络之间的互联。主要用于路由选择，就是选择数据传输的路径。

3. TCP/IP 与 OSI 参考模型

最为著名的体系结构是OSI参考模型，该模型将网络分成七层结构，包括物理层、数据链路层、网络层、传输层、会话层、表示层和应用层。但是因为OSI模型太复杂，现实中没有网络采用该种模型，使用更广泛的是TCP/IP参考模型。TCP/IP参考模型将OSI的物理层和数据链路层合并，变为网络接口层；将应用层、表示层、会话层合并成应用层。通过对功能的合并，简化了OSI分层过细的问题，突出了TCP/IP的功能要点。

4. IP 地址及分类

提到IP协议不得不提IP地址（Internet Protocol Address）。IP地址是IP协议的一个重要组成部分。IP地址是指互联网协议地址，又称为网际协议地址，是IP协议提供的一种统一的地址格式。它为互联网上的每一个网络和每一台主机分配一个逻辑地址，以此来屏蔽物理地址的差异。

最常见的是IPv4地址，IPv4地址用32位的二进制数表示，被分隔成4个8位的二进制数，也就是4个字节。IP地址通常使用点分十进制的形式表示（a.b.c.d），每个十进制数的范围是0～255，例如192.168.0.1。

IP地址由网络位和主机位组成，网络位也叫作网络号，用来标明该IP地址所在的网络，网络号的长度决定其包含的网络数量，在同一个网络或网络号中的主机可以直接通信，不同网络的主机只有通过路由器寻址才能进行通信。主机位也叫作主机号，用来标识终端的主机地址号码，主机号决定了每个网络能容纳的主机数量。

按照网络规模将IP地址分为5类，其中最常用的是A、B、C三类。

A类地址第一字节代表网络号，后三字节代表主机号，第一字节的最高位为“0”，可以有126个网络，每个网络可以分配1600多万个主机，其余地址参见表7-1。

表 7-1

A类地址 1～126	0			网络地址（7位）	主机号（24位）
B类地址 128～191	1	0		网络地址（14位）	主机号（16位）
C类地址 192～223	1	1	0	网络地址（21位）	主机号（8位）

知识点拨

域名及DNS

访问网站时，由于IP地址不容易记忆，所以通常使用字符标识，也就是域名。域名的结构由标号序列组成，各标号之间用点隔开：三级域名.二级域名.一级域名，各级域名从右向左排列，一直到主机名。常见的一级域名有com（公司和企业）、net（网络服务机构）、org（非赢利性组织）、edu（教育机构）、gov（政府部门）、mil（军事部门）、int（国际组织）。另外还有国家及地区级别的，如cn（中国）、us（美国）、uk（英国）等。

DNS（域名解析服务器）主要负责将域名转换为IP地址，起到“翻译官”的作用。用户访问服务器资源可以使用IP地址，也可以使用域名，从域名到IP地址或者从IP地址到域名的转换由DNS完成。

用户访问时，将需要转换的域名交给DNS，等待DNS返回相应的IP地址后，就可以访问具体服务器。这种转换无须用户参与，自动进行。

第 8 章 上网必备的软件

用户可以使用电脑浏览网页、下载资料、聊天、听歌、看视频等，这些都需要通过软件来实现。本章将介绍一些常用的上网必备软件，让读者了解软件的使用及借助互联网可以做什么。

8.1 软件的安装与卸载

除了系统自带的软件，大部分日常使用的应用软件是第三方研发的，这种软件需要下载与安装才能使用。下面介绍软件的下载、安装与卸载的步骤。

8.1.1 软件的下载与安装

建议读者到官方网站去下载软件，下面以安装腾讯电脑管家为例，介绍软件的下载和安装。腾讯电脑管家可以实现电脑体检、病毒查杀、漏洞修复、安全防御、系统急救、垃圾清理、电脑加速、软件管理等功能，是非常好用的电脑管理类软件。

Step 01 打开浏览器，在百度中搜索关键字“腾讯电脑管家”，在搜索结果中选择官网的链接，如图8-1所示。

Step 02 在官网中单击“立即下载”按钮，如图8-2所示。

图 8-1

图 8-2

Step 03 下载完毕后，单击左下角的“打开文件”按钮，如图8-3所示。

Step 04 系统弹出“用户账户控制”界面，单击“是”按钮，如图8-4所示。

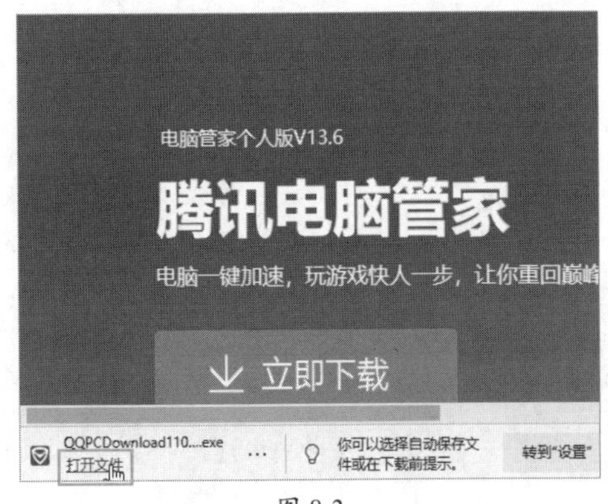

图 8-3

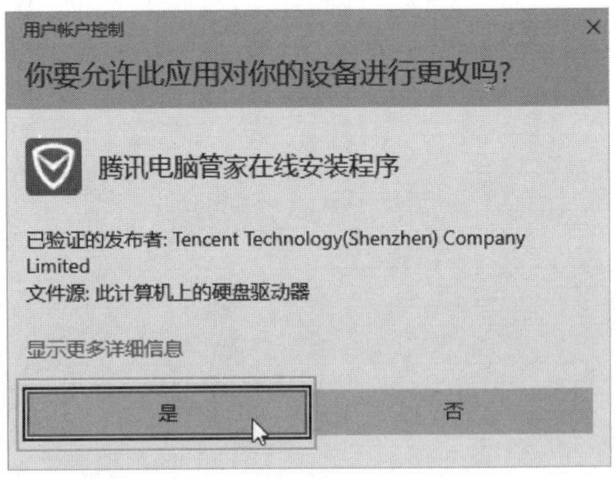

图 8-4

下载与另存为

使用Edge浏览器，默认的下载位置是在用户文档的“下载”文件夹中，如图8-5所示。如果使用其他浏览器下载，会弹出“另存为”对话框或“新建下载任务”对话框，选择下载位置后，单击“下载”按钮，就会保存到指定位置，如图8-6所示。

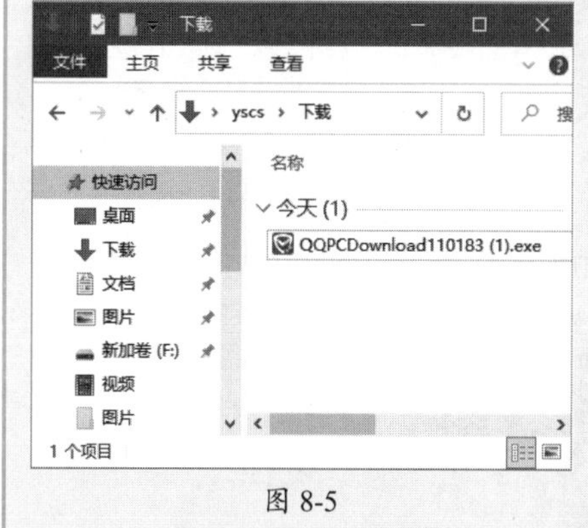

图 8-5

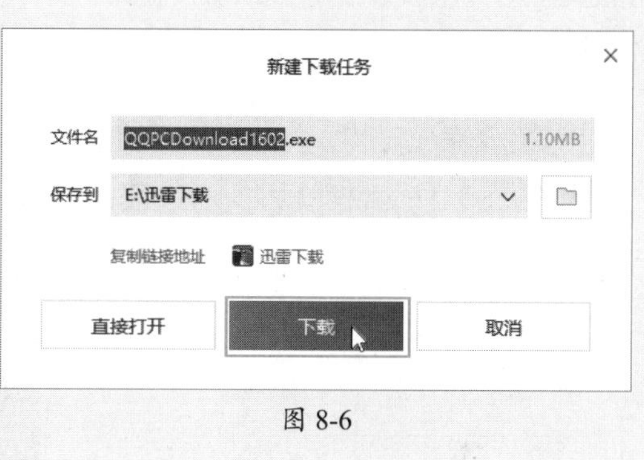

图 8-6

Step 05 在软件安装主界面上，勾选“同意使用协议和隐私政策”复选框，选择安装位置，单击“一键安装”按钮，如图8-7所示。

Step 06 软件会自动联网下载软件，然后自动安装，如图8-8所示。

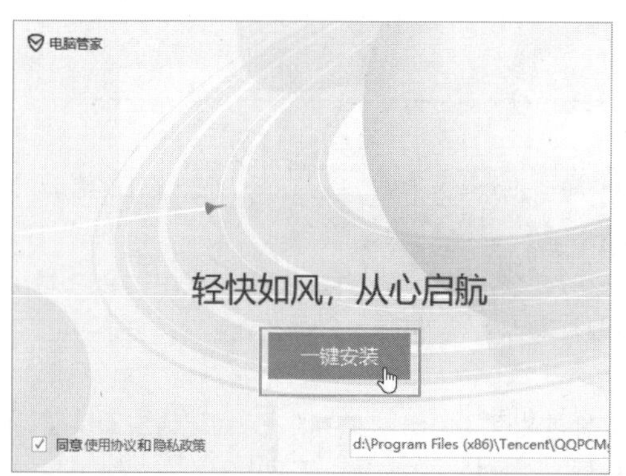

图 8-7

图 8-8

安装包与下载器

大部分软件下载的是完整的安装包，在线和离线安装都没有问题，有些软件下载的是该软件的下载器。下载器必须联网才能使用，其会自动连接服务器下载完整的安装包并安装。

注意事项 安装位置与安装选项

默认情况下，Windows的安装路径是在C盘，如果不修改安装位置，C盘空间会越来越小，加上临时文件或大型游戏，很快就满了。一般情况下应当将可以安装到C盘以外的软件放到其他分区上。注意有些软件只能安装到英文目录下。

安装时一定要看清选项，一些软件默认附加了很多其他软件，当用户单击安装时，会自动下载安装其他软件。在安装结束时也需要注意，还有一些是默认全部安装，勾选的是不安装的软件，用户一定要仔细查看。

Step 07 完成安装，勾选需要的功能，单击“开始起航”按钮，如图8-9所示。

Step 08 软件会自动启动，接下来就可以使用该软件了，如图8-10所示。

图 8-9

图 8-10

安装软件与绿色软件

安装软件必须安装后才能使用，绿色软件可以直接启动软件，不需要安装。两种软件从使用角度几乎察觉不到区别，但从计算机管理的角度还是有不同。

安装软件会在安装中写入系统注册表，有动态链接库文件，有卸载信息，在系统盘中也会创建文件，可以通过系统的卸载工具或者软件自己的卸载程序卸载。绿色版本一般不会影响系统本身的文件系统，也无法在卸载工具中找到。

安装软件在重装系统后，一般需要重新安装该软件才能使用。如果文件损坏，可以通过安装程序进行修复。绿色软件重装系统后可以继续使用。如果文件损坏，需要重新下载。

从用户的角度绿色软件节约时间，不会产生注册表冗余，方便移动、携带和共享。但是，需要小心绿色软件中可能会有病毒或者木马等程序，建议结合杀毒软件使用。

8.1.2 软件的卸载

软件如果不使用了，可以通过卸载功能将软件删除，有些软件的卸载还提供修复软件的功能，使用Windows的应用管理可以卸载软件。

Step 01 使用Win+I组合键启动Windows设置，单击“应用”按钮，如图8-11所示。

Step 02 在“应用和功能”的应用程序列表中，选择“美图秀秀”选项，单击“卸载”按钮，在确认信息中单击“卸载”按钮，如图8-12所示。

图 8-11

图 8-12

Step 03 在弹出的“用户账户控制”界面单击“是”按钮，如图8-13所示。

Step 04 如果是系统控制的，则直接卸载，如果软件有卸载程序，则会调用软件的卸载程序。选中“直接卸载”单选按钮，取消勾选“保留本地素材”复选框，单击“立即卸载”按钮，如图8-14所示。卸载后会有完成提示。

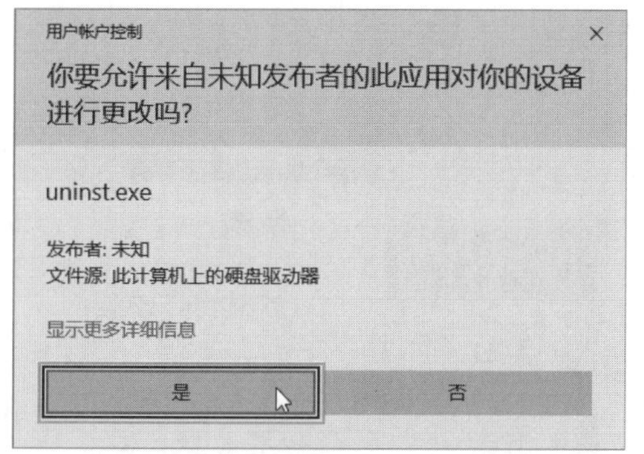

图 8-13

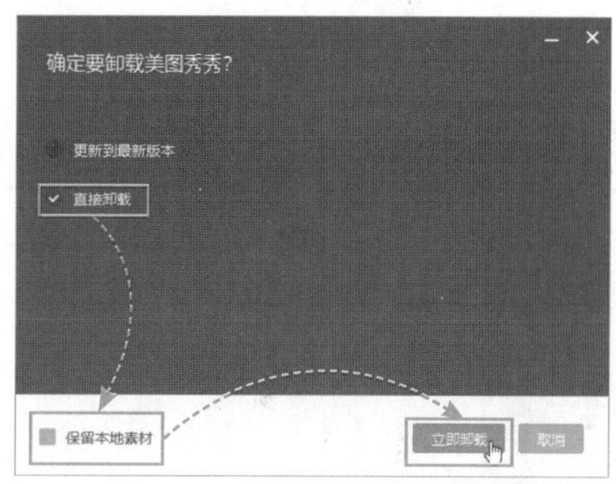

图 8-14

知识点拨

使用卸载程序卸载软件

除了Windows的默认程序外，用户也可以在“开始”菜单中找到对应程序，有些程序带有卸载选项，如图8-15所示。有些软件需要到安装目录中找到卸载程序，如图8-16所示。双击即可启动卸载。

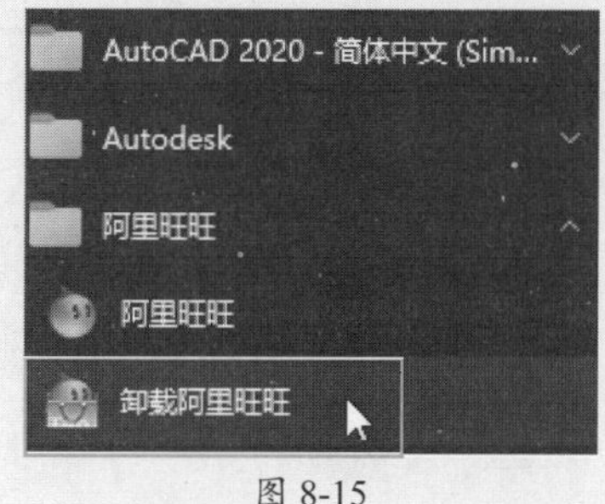

图 8-15

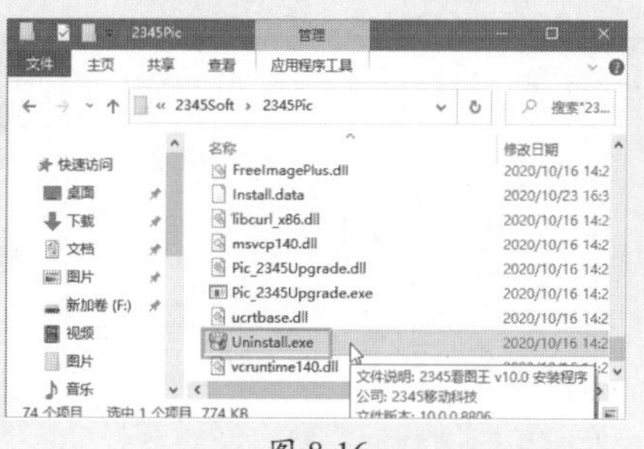

图 8-16

注意事项 不要直接删除软件目录

有些用户喜欢直接删除软件目录，以为删除后软件就不存在了。绿色软件可以这样，但安装软件因为在系统盘、注册表、动态链接库中都有数据，直接删除软件目录会残留数据，影响系统的正常运行，而且还容易报错，所以一定要通过卸载程序卸载。

动手练 使用第三方管理软件

扫码看视频

前面介绍的都是用户自己去网上寻找、下载、安装、管理、卸载软件，有时会比较麻烦，所以有些第三方软件，如刚安装的腾讯电脑管家软件就提供软件的管理，下面讲述该软件的使用方法。

Step 01 启动“腾讯电脑管家”软件，单击“软件管理”按钮，如图8-17所示。

Step 02 在弹出的“软件管理”界面中有常用的安装软件，也可以搜索需要的软件，首先需要设置该软件，单击右上角的“菜单”按钮，选择“设置”选项，如图8-18所示。

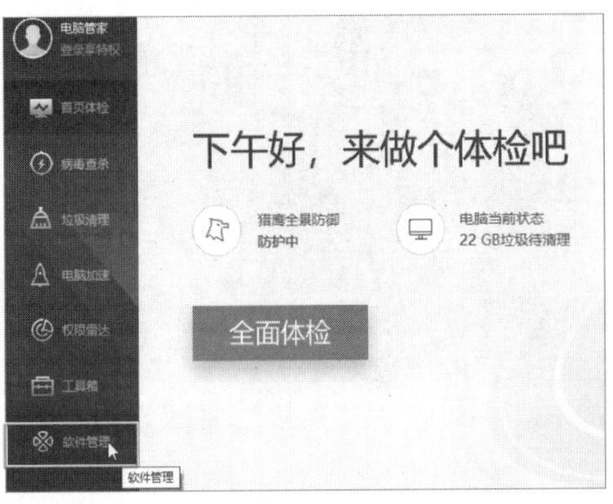

图 8-17

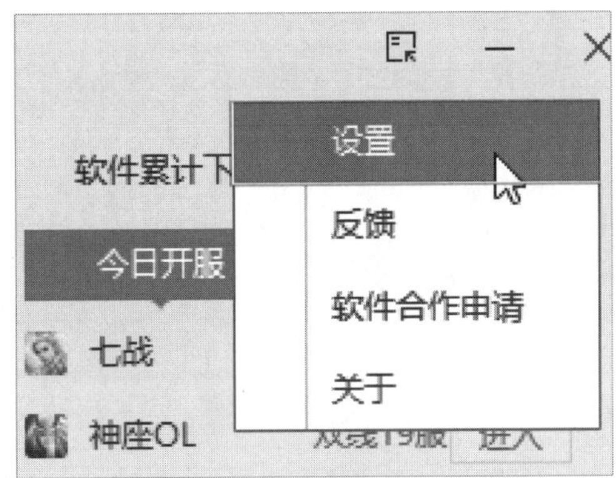

图 8-18

Step 03 在设置中心可以设置软件的保存目录、安装目录、安装包的处理方法。单击“确定”按钮，如图8-19所示，建议保存目录和安装目录选择非系统盘。

Step 04 将光标移动到QQ软件上，单击“一键安装”按钮，如图8-20所示。

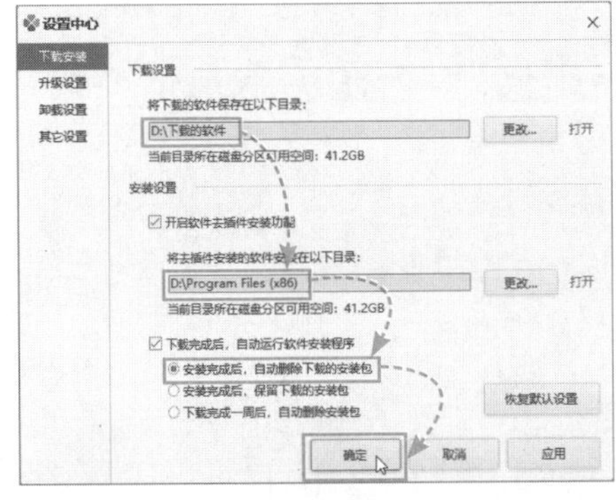

图 8-19

图 8-20

Step 05 软件会自动下载并去安装插件，如图8-21所示。完成后，可以到桌面查看软件的快捷图标，如图8-22所示。

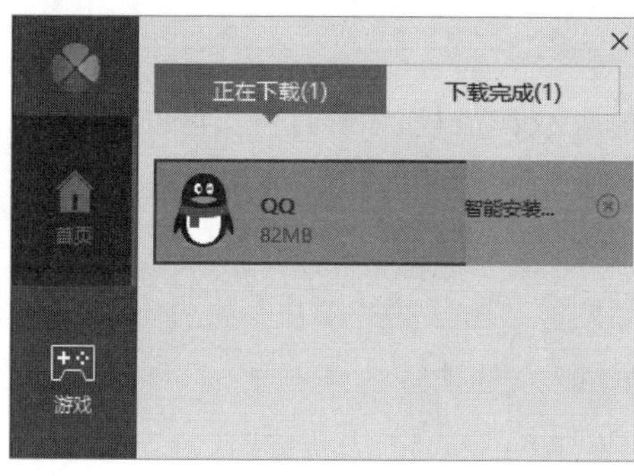

图 8-21

图 8-22

注意事项 安装与一键安装的区别

有些软件安装包启动的是自身的安装程序，需要配置后安装，叫作“安装”。有些软件是腾讯的软件，可以提前设置好安装路径并自动安装各种插件，叫作“一键安装”。反过来，卸载也是同样的道理。

Step 06 如果卸载软件，则单击“卸载”按钮，在软件列表中找到需要卸载的软件，单击“卸载”按钮，如图8-23所示。

Step 07 启动软件自身的反安装程序，单击“卸载”按钮，如图8-24所示。

图 8-23

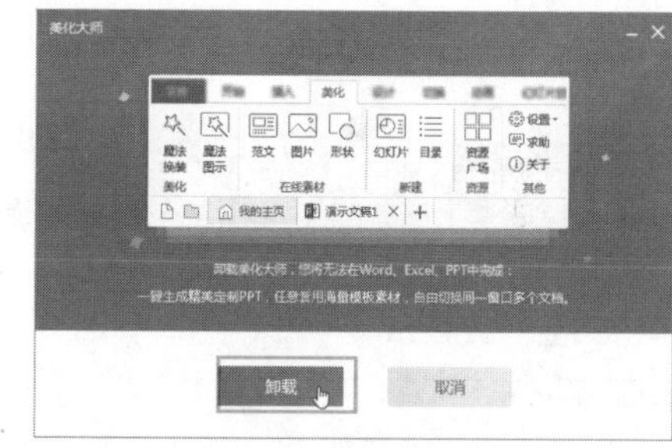

图 8-24

Step 08 按照软件提示进行卸载即可。

8.2 必备软件的使用

必备软件属于基础性软件系列，安装后可以方便以后的各种操作。

8.2.1 解压软件的使用——WinRAR

压缩与解压软件是必备软件，网络上下载的文件通常以压缩包的形式存在，需要解压后使用。最常使用的解压软件是WinRAR。WinRAR是一款功能非常强大的文件压缩和解压工具，包含强力压缩、分卷、加密和自解压模块。WinRAR支持目前绝大部分的压缩文件的解压，其他常用的还有7Zip等。

1. 压缩文件

压缩文件是按照一定的算法对文件夹或文件进行压缩和打包，可以缩小体积，方便传输，现在的网络文件的存储和传输，一般都要求打包。用户到WinRAR官网下载并安装后，就可以使用该软件。

Step 01 选中需要压缩的文件夹，如图8-25所示的“图片”文件夹，右击文件夹，在弹出的快捷菜单中选择“添加到‘图片.rar’”选项。

Step 02 完成压缩后的文件，如图8-26所示。

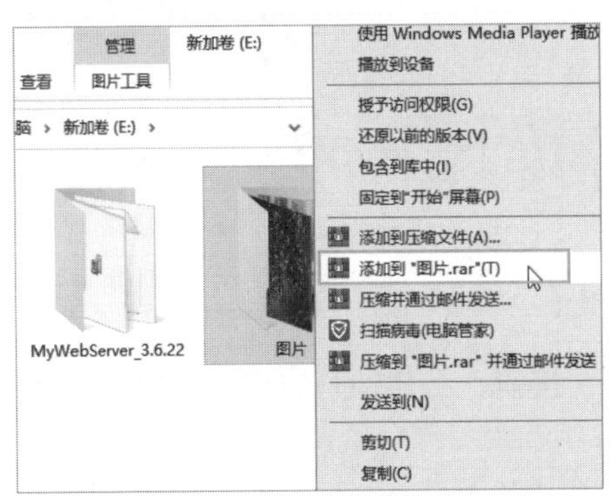

图 8-25

图 8-26

高级压缩设置

上面介绍的是最简单的压缩方法，在图8-25中用户可以选择“添加到压缩文件”选项，打开“压缩文件名和参数”设置界面，如图8-27所示。单击“设置密码”按钮，在弹出的界面中设置解压密码，如图8-28所示。

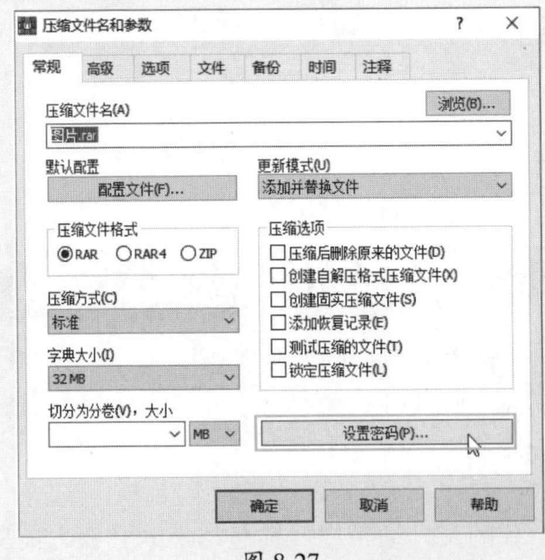

图 8-27

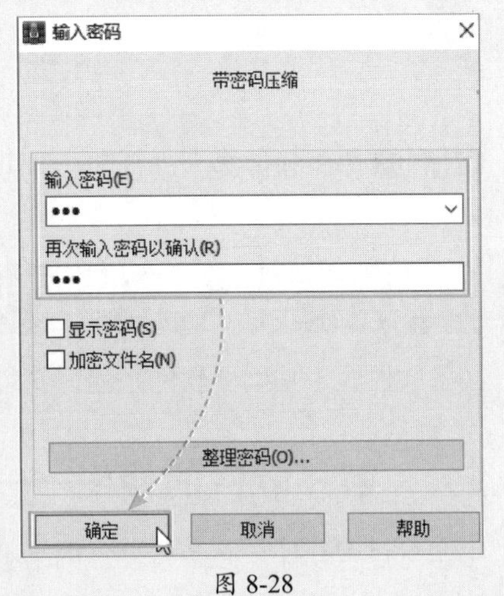

图 8-28

在“压缩文件名和参数”界面中，还可以设置压缩文件的文件名、压缩格式、压缩标准、压缩的字典、将压缩文件分成几个包的“分卷”。

2. 解压文件

相对于压缩文件，解压操作用得更多。在压缩包上右击，在弹出的快捷菜单中选择“解压到当前文件夹”选项，如图8-29所示。压缩文件就被还原成可以读取的标准文件，如图8-30所示。

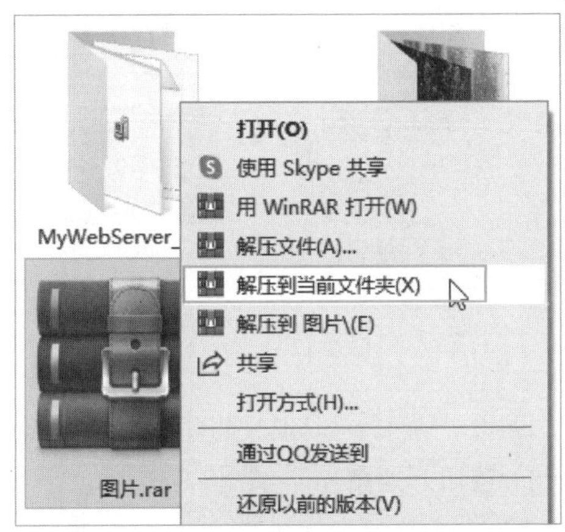

图 8-29

图 8-30

注意事项 解压文件前建议先查看文件

上面介绍的方法是对文件夹进行的压缩，直接解压后也是文件夹。如果是多个文件压缩成的压缩包，需要选择“解压到图片\（E）”选项，这样会创建“图片”文件夹并将文件解压到该文件夹内。如果直接解压到当前文件夹，则会将所有文件解压到当前目录，显得非常乱。用户在解压前可以先查看压缩的是文件还是文件夹。

其他常用的压缩及解压操作

通过双击压缩文件打开预览界面，可以使用鼠标将界面中的文件或文件夹拖曳到目录中进行解压操作，或者将文件或文件夹拖入，向压缩文件中添加文件。

动手练 创建及使用自解压格式的压缩文件

扫码看视频

如果对方的电脑没有安装压缩软件，用户可以创建自解压格式的压缩文件，传输过去以后，对方可以直接解压，无须安装压缩软件。原理就是将压缩软件的内核也放入到压缩文件中，自动启动运行并解压。

Step 01 在文件夹上右击，在弹出的快捷菜单中选择“添加到压缩文件”选项，启动到“压缩文件名和参数”界面中，勾选“创建自解压格式压缩文件”复选框，单击

“确定”按钮，如图8-31所示。

Step 02 创建完成后可以发送给其他人，对方接收后双击自解压文件，如图8-32所示，可以看到自解压文件是.exe文件。

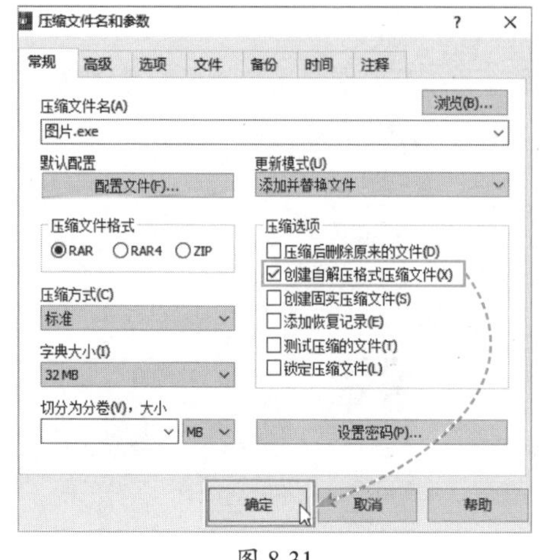

图 8-31

图 8-32

Step 03 在弹出的对话框中选择好解压位置，单击“确定”按钮，如图8-33所示。

Step 04 选择完成后返回主界面，单击“解压”按钮开始解压，如图8-34所示。

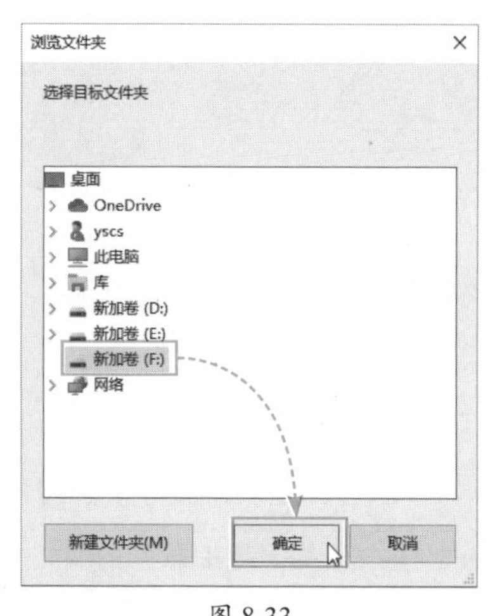

图 8-33

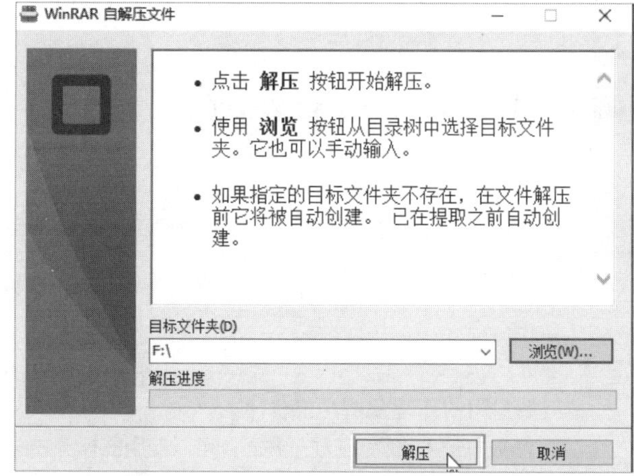

图 8-34

8.2.2 下载软件的使用——迅雷X

前面的下载是在浏览器中完成的，有些文件提供的是专用链接，例如迅雷磁力链接或者BT种子文件，就需要使用专业的下载软件，较为常用的是迅雷软件。全新的“迅雷X”为用户带来“更快的下载速度、更高的下载成功率、更低的资源占用、更高效流畅的下载交互体验”，下面介绍迅雷下载工具的使用。

Step 01 下载并安装迅雷软件，启动后进入浏览器找到下载按钮，单击或者复制链接后会自动启动迅雷下载的对话框，选择保存位置后单击“立即下载”按钮，如图8-35所示。

Step 02 在软件主界面会显示下载的进度、速度、剩余时间等信息，如图8-36所示。

图 8-35

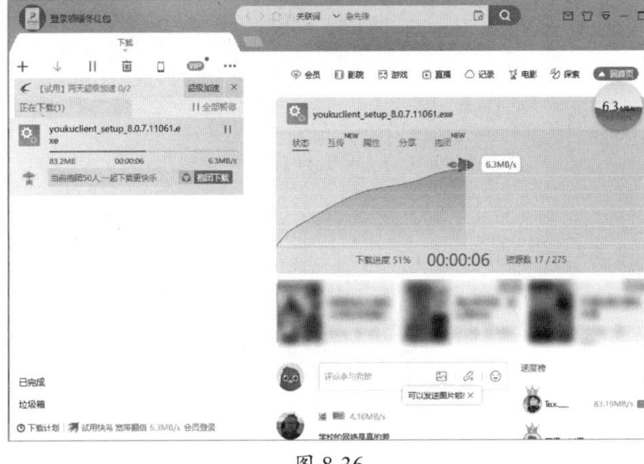

图 8-36

8.2.3 网盘的使用——百度网盘

网盘是互联网服务商提供的、将文档放到网上保存、分享的一种服务，稳定性要高于本地存储，最常使用的网盘就是百度网盘。百度网盘是百度官方推出的安全云存储服务产品，可以进行照片、视频、文档等的网络备份、同步和分享。与传统的存储方式及其他云存储产品相比，百度网盘有“大、快、安全永固、免费”四大特点，而百度网盘的在线浏览功能、离线下载功能等，则突破了“存储”的单一理念，能够实现文档、音视频、图片在网络端预览，还能够自动分类。下面介绍百度网盘的使用。

1. 下载百度网盘的资源

最常使用的百度网盘的功能是下载别人分享的资源。

Step 01 下载并安装网盘客户端，注册并登录。在百度网盘下载资源页面单击“下载”按钮，如图8-37所示。

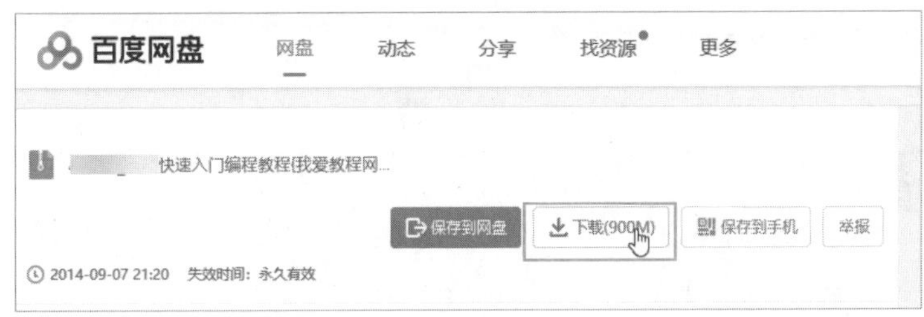

图 8-37

Step 02 系统自动启动百度网盘客户端并弹出保存对话框，选择保存位置后，单击“下载”按钮，如图8-38所示，即可启动下载任务。

图 8-38

Step 03 下载过程中可以查看下载的进度、速度和剩余时间，如图8-39所示。

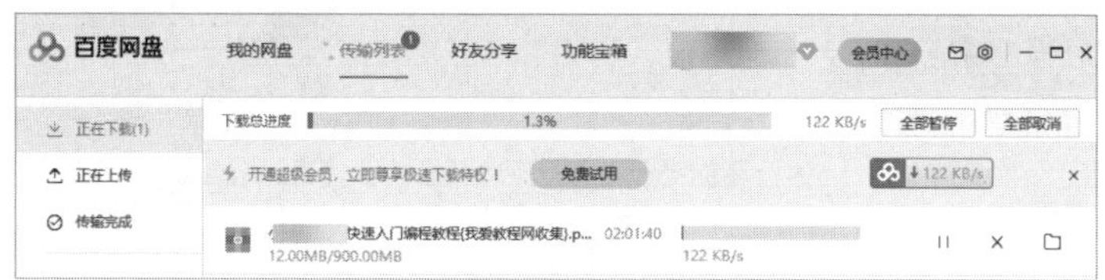

图 8-39

2. 上传文件到百度网盘

下面介绍上传文件到百度网盘进行存储与分享的步骤。

Step 01 用户打开客户端进入文件列表，找到上传位置后将文件拖曳到客户端，如图8-40所示。

Step 02 如图8-41所示文件已经传送到网盘中。

图 8-40

图 8-41

急速上传原理

有些文件有上传进度，有些会直接显示完成。这是因为网盘会检测文件，并与网盘中已有的文件对比，如果有同样的文件，则会显示上传完成，否则会慢慢上传。这是一种存储策略：同样的文件不必存放多份，用户上传时只需做个标记，在用户的文件夹中就可以显示了，这样可节约空间及用户上传的时间。

动手练 使用百度网盘分享文件

百度网盘的一大功能就是共享，可以非常方便地将网盘上的文件分享给其他人。下面介绍使用百度网盘分享文件的步骤。

Step 01 选择要分享的文件，右击，在弹出的快捷菜单中选择“分享”选项，如图8-42所示。

Step 02 设置分享的形式及分享的时间，单击“创建链接”按钮，如图8-43所示。

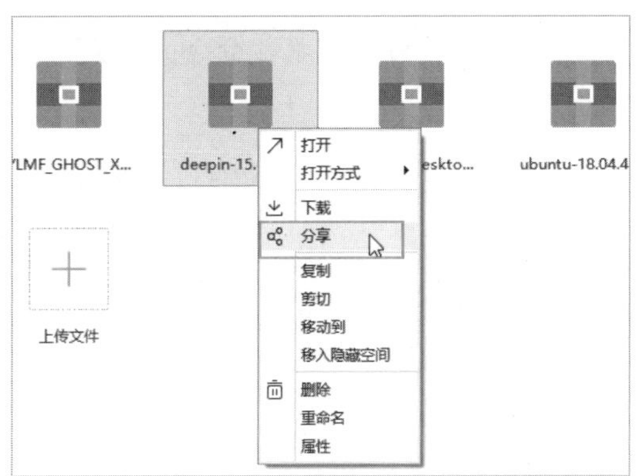

图 8-42

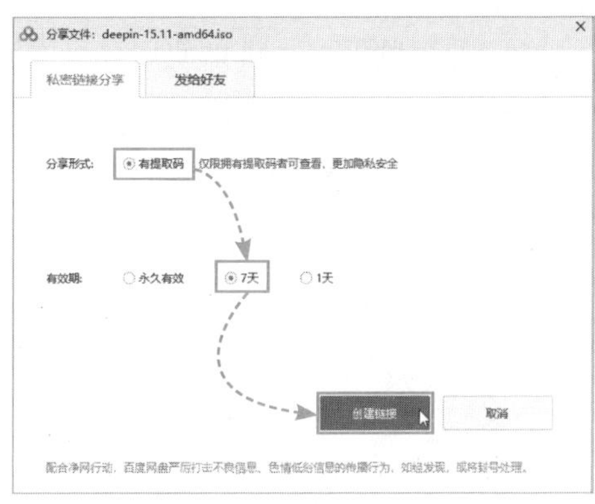

图 8-43

Step 03 网盘自动生成链接地址和提取码、二维码。用户可以将地址或二维码分享给别人，如图8-44所示。

图 8-44

知识点拨

自动备份

百度网盘最近又推出了新功能，可以设置文件夹自动备份到网盘中。无须用户每次手动上传，百度网盘客户端会自动检查并自动同步到网盘中，如图8-45所示。

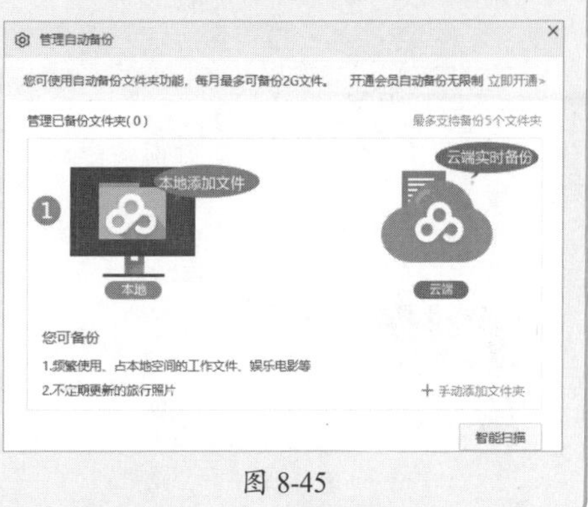

图 8-45

8.2.4 浏览器的使用——QQ浏览器

前面介绍了Windows 10自带的Edge浏览器。下面介绍另外一款常见的浏览器——QQ浏览器。QQ浏览器采用Chrome内核+IE双内核，浏览快速稳定，拒绝卡顿，完美支持HTML 5和各种新的Web标准，同时可以安装众多Chrome的拓展，支持QQ快捷登录和同步，下面主要介绍一些QQ浏览器的特色功能。

1. 手势操作

在QQ浏览器中，可以使用鼠标右键拖曳绘制轨迹，以完成某些命令的输入，如图8-46所示。关于手势和执行的命令，如图8-47所示。

图 8-46

图 8-47

2. QQ 浏览器插件的安装和使用

QQ浏览器和Edge浏览器一样也可以安装插件，下面介绍安装和使用插件的过程。

Step 01 启动浏览器后，单击右上角的“菜单”按钮，在弹出的界面中单击“应用中心”按钮，如图8-48所示。

Step 02 在“应用中心”界面中搜索并找到需要安装的插件，单击“立即安装”按钮，如图8-49所示。

图 8-48

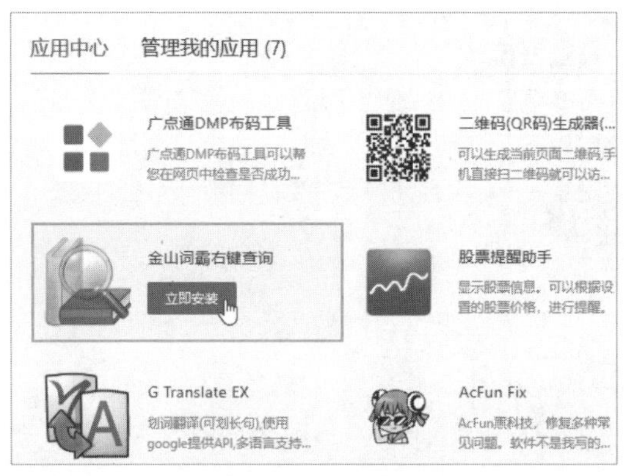

图 8-49

Step 03 安装完成后，打开一个英文网页，在某英文单词上右击，在弹出的快捷菜单中选择“使用金山词霸查询”选项，如图8-50所示，会打开金山词霸的网站并翻译选中的英文。

Step 04 进入“管理我的应用”界面，可以启用或者禁用某插件，如果不需要某插件，可以单击按钮删除该插件，如图8-51所示。

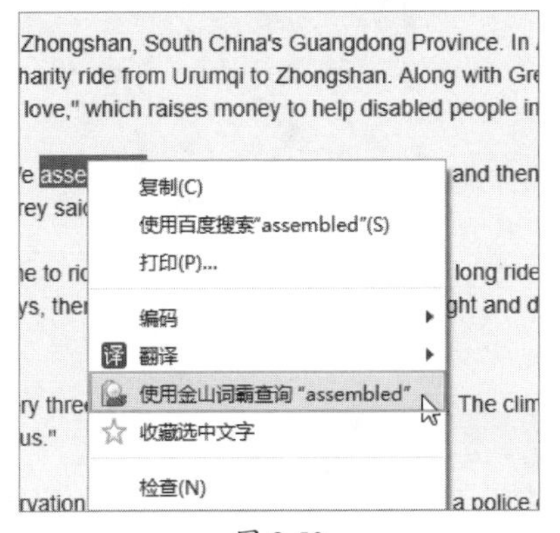

图 8-50

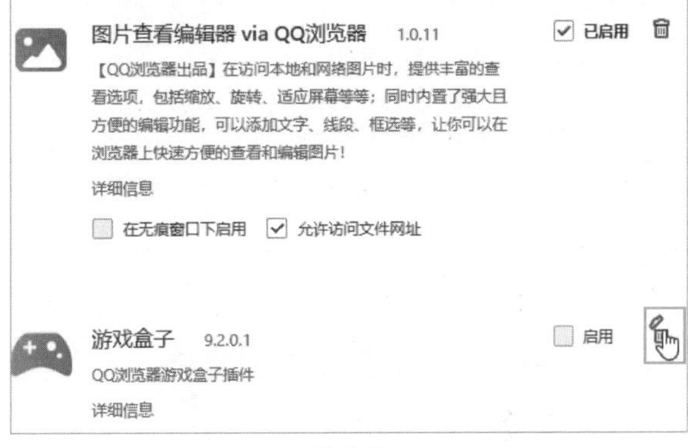

图 8-51

3. 其他特色功能

QQ浏览器可以将当前网页链接转换成二维码，其他设备扫描二维码即可浏览该网页，如图8-52所示，且可以在“极速模式”和“兼容模式”之间切换，便于兼容IE浏览器，如图8-53所示。

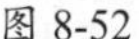
图 8-52

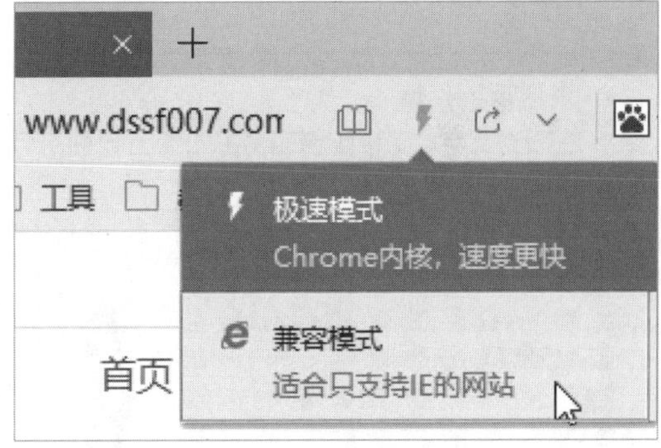

图 8-53

8.2.5 即时通信软件——QQ与微信

即时通信软件最常使用的是QQ和微信了。QQ支持在线聊天、视频通话、点对点断点续传文件、共享文件、网络硬盘、自定义面板、QQ邮箱等多种功能，可与多种通信终端相连。微信主要用在手机上，但也有电脑版。QQ和微信的基本功能不再介绍，下面主要介绍软件的一些使用技巧和特色功能。

1. 发送特色文字和图片

QQ发送的信息可以设置字体、字号等，如图8-54所示，还可以发送红包、语音等信息。输入文字后还可以自动生成带文字的表情，如图8-55所示。

图 8-54

图 8-55

发送特色表情

在发送文字时可以配合表情（如图8-56所示），以及GIF表情（如图8-57所示）。

图 8-56

图 8-57

2. 发送 QQ 文件

QQ可以在线发送及接收文件，也可以发送微云中存储的文件和腾讯文档中的文件，如图8-58、图8-59所示。

图 8-58

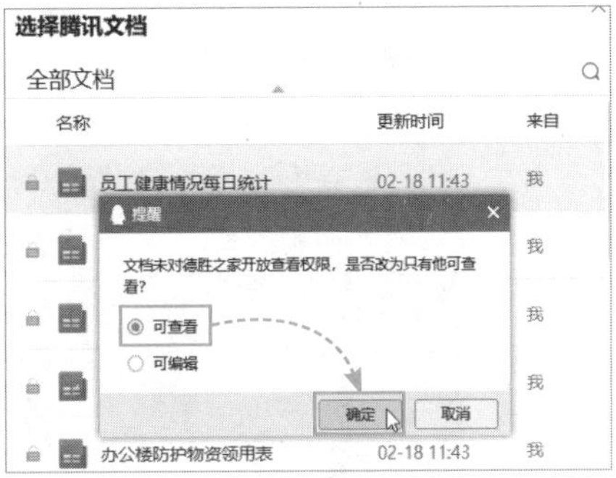

图 8-59

3. QQ 截图及编辑功能

QQ截图功能非常好用，截取完毕还可以直接编辑。

Step 01 使用Ctrl+Alt+A组合键调出QQ截图界面，选择区域完成截图，如图8-60所示。

Step 02 截图完毕，可以根据需要对截图进行编辑，如图8-61所示。

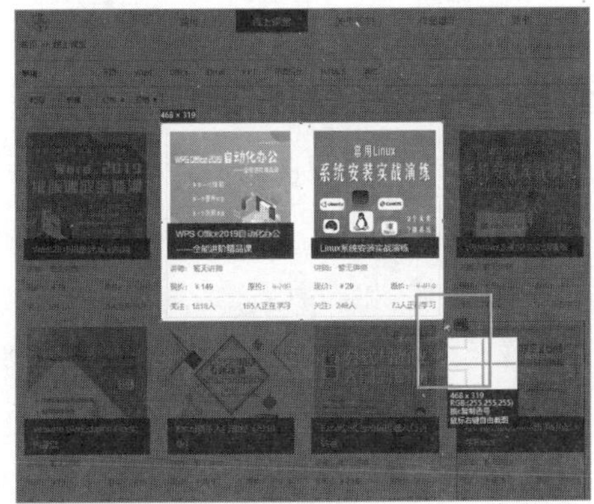

图 8-60

图 8-61

4. 使用微信电脑版传输文件

微信电脑版可以使用“文件传输助手”给其他人传输文件，如图8-62所示。还可以在“微信文件”中查找之前传递的文件信息，如图8-63所示。

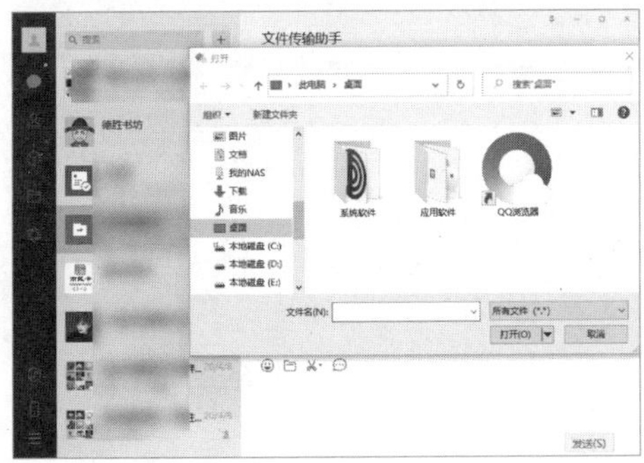

图 8-62

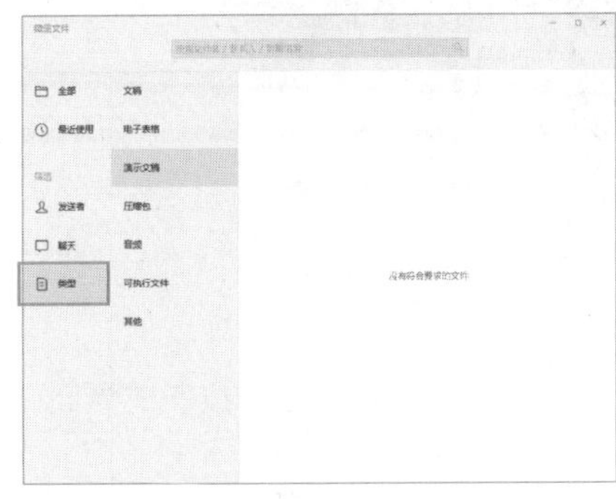

图 8-63

在微信电脑版中使用微信小程序

在微信电脑版中也可以查看并使用微信小程序，如图8-64、图8-65所示。

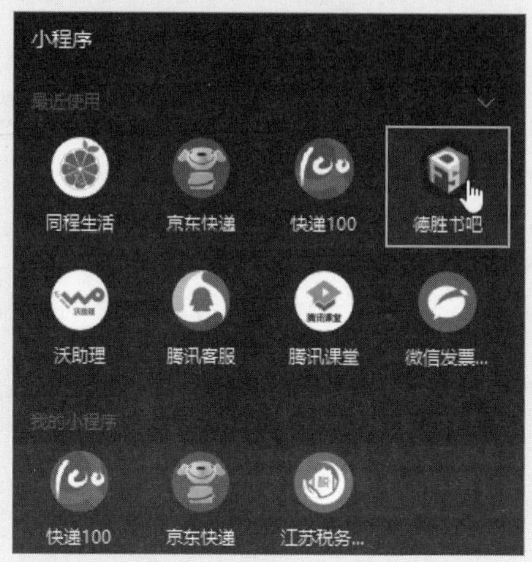

图 8-64

图 8-65

动手练 使用微信电脑版备份及还原聊天内容

微信电脑版的一大功能就是备份手机中的聊天记录，并可以随时恢复到手机微信中，下面介绍具体的操作步骤。

Step 01 在微信电脑端启动“备份与恢复”功能，如图8-66所示。

Step 02 在“备份与恢复”对话框中，单击“备份聊天记录至电脑”按钮，如图8-67所示。

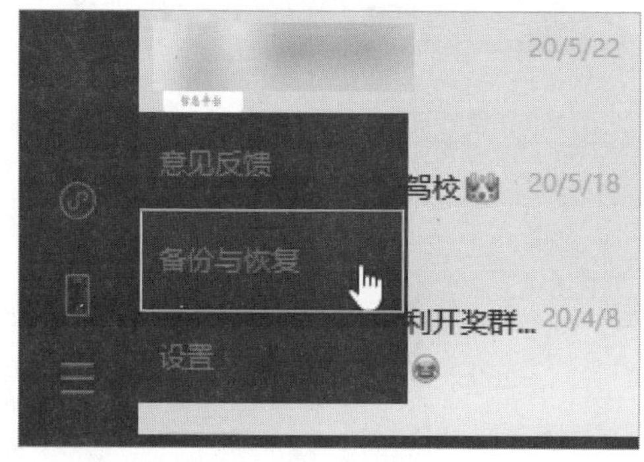

图 8-66

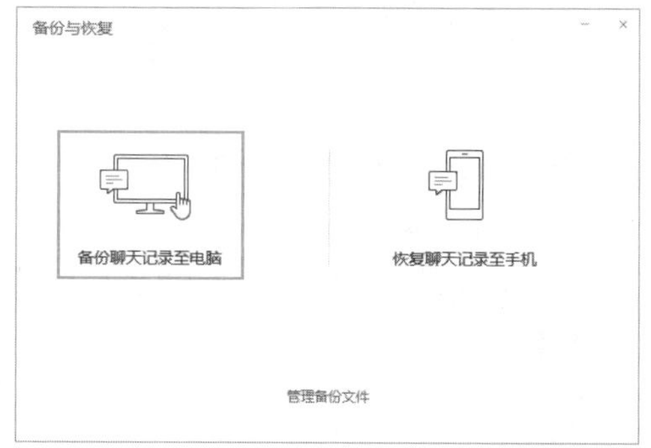

图 8-67

Step 03 在手机端微信界面确认后，数据通过无线网进行传输，备份开始，如图8-68所示。

Step 04 完成备份后弹出完成界面，单击“确定”按钮，如图8-69所示。

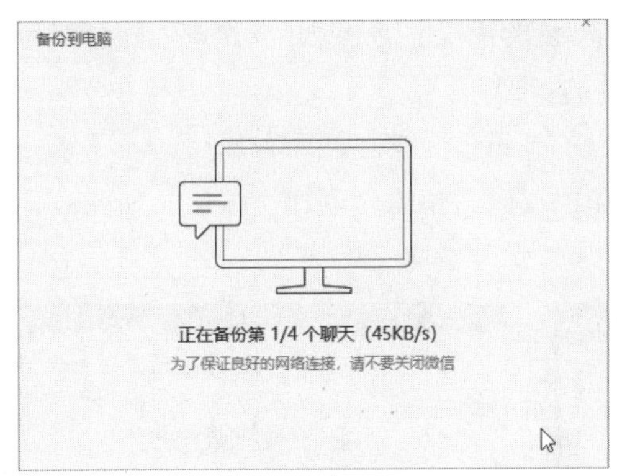

图 8-68

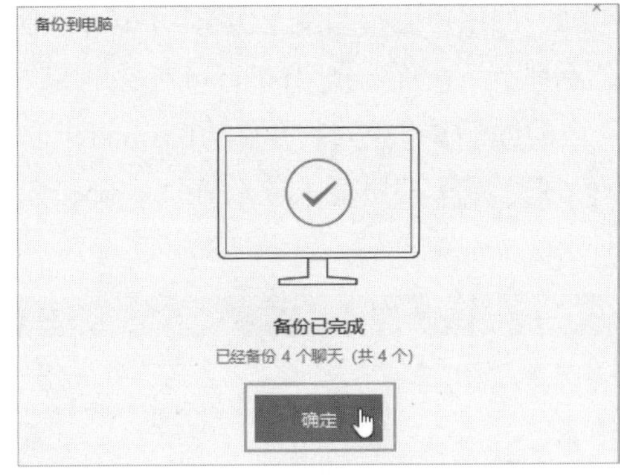

图 8-69

Step 05 如果需要还原数据，在手机端微信界面单击“恢复聊天记录至手机”按钮，选择要还原的会话，单击“确定”按钮，如图8-70所示。

Step 06 在手机端微信界面确认恢复后开始恢复，传输数据完成后会弹出提示，如图8-71所示，用户可以在手机端微信界面查看恢复情况。

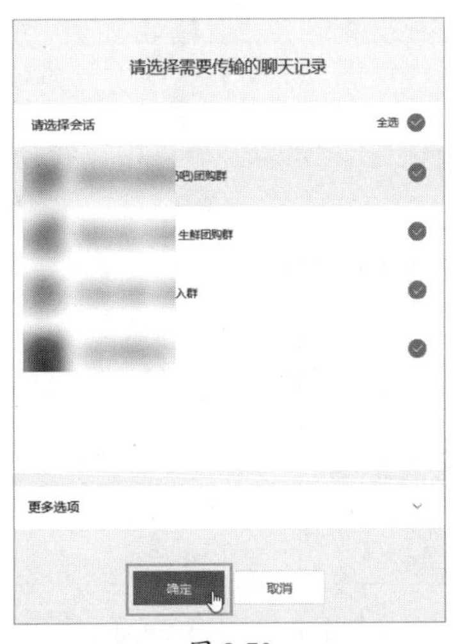

图 8-70

图 8-71

8.2.6 电子邮件软件——Foxmail

电子邮件（E-mail）是一种采用简单邮件传输协议（SMTP）的电子式邮件服务系统，用户与用户之间通过计算机网络收发信息。电子邮件在即时通信软件出现及发展过程中一直存在，而且扮演着重要的角色。由于各种即时通讯软件的普及，电子邮件已经逐渐没落，但是在某些特殊场合仍然扮演着重要的沟通角色，现在可以使用网页版邮件和邮件客户端系统来接收处理邮件。

1. 登陆 Foxmail 邮件客户端

Foxmail邮件客户端软件是国内著名的软件产品之一，中文版使用人数超过400万，英文版的用户遍布20多个国家。Foxmail通过和U盘的授权捆绑形成了安全邮、随身邮等一系列产品，首先介绍Foxmail绑定并接收邮件的步骤。

Step 01 下载安装并启动Foxmail，单击“QQ邮箱”按钮，如图8-72所示。

Step 02 按照要求获取并输入邮箱账号和授权码，单击“创建”按钮，如图8-73所示。

图 8-72

图 8-73

Step 03 启动客户端后会自动到绑定的邮箱中收取邮件，用户可以在软件中查看邮件内容，如图8-74所示，也可以回复邮件。

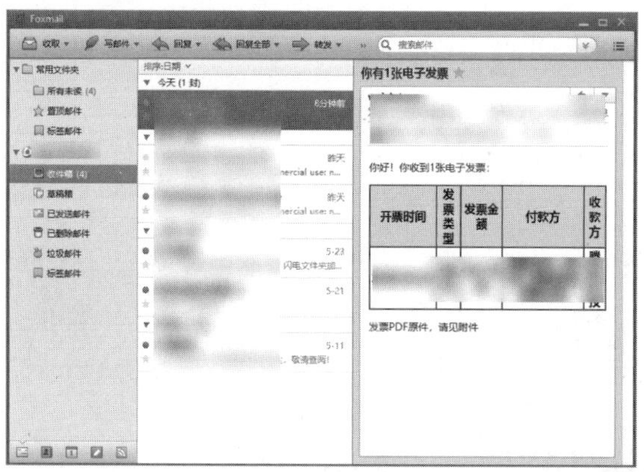

图 8-74

2. 使用网页版电子邮箱收发电子邮件

网页版邮箱最大的优势是简单方便，可以随时查看和收发邮件。下面以常用的QQ网页版邮箱为例进行介绍。

Step 01 通过QQ客户端上方的邮箱按钮，可以快速登录邮箱，如图8-75所示。如果邮箱设置了单独的密码，还需要输入密码才能访问。

图 8-75

知识点拨

进入QQ邮箱的其他方法

也可以在浏览器中输入“mail.qq.com”，输入账号和密码来登录QQ邮箱，如图8-76所示。

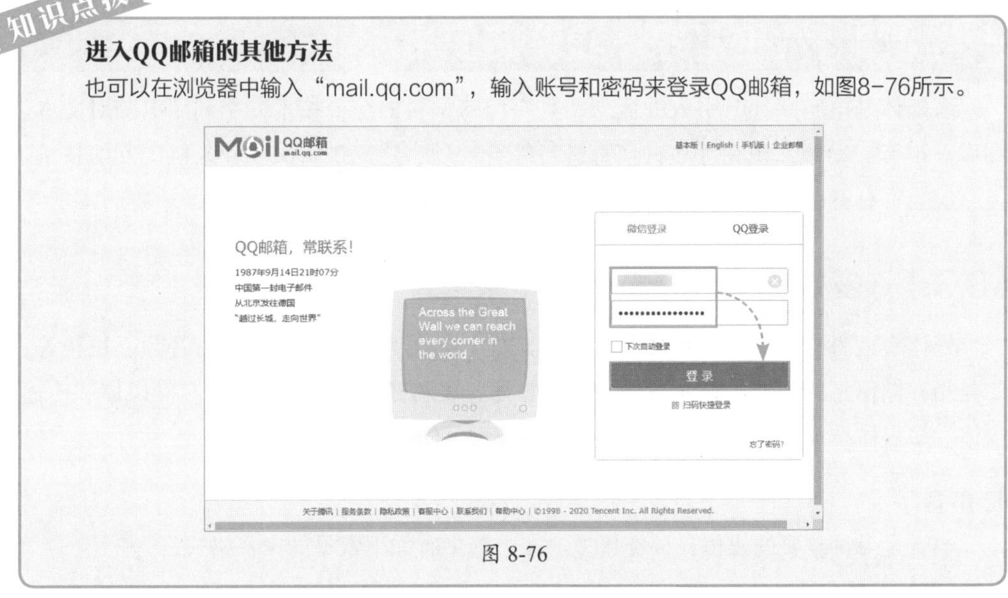

图 8-76

Step 02 在主界面中可以收信、写信，如图8-77、图8-78所示。

图 8-77

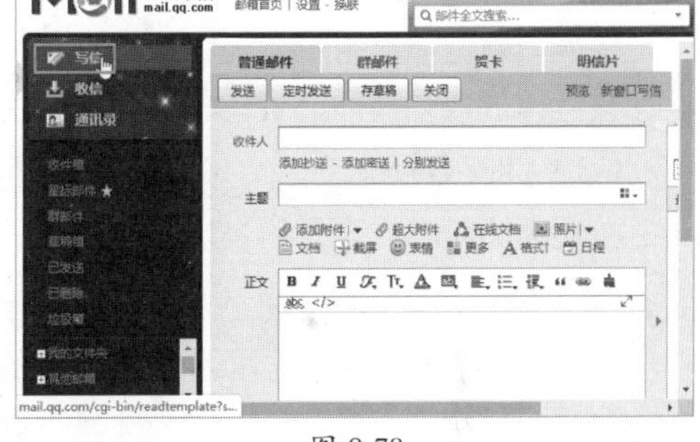

图 8-78

Step 03 在“其他邮箱”中可以收取其他邮箱的信件，如图8-79所示。

Step 04 在“文件中转站”可以保存一些大文件，如图8-80所示。

图 8-79

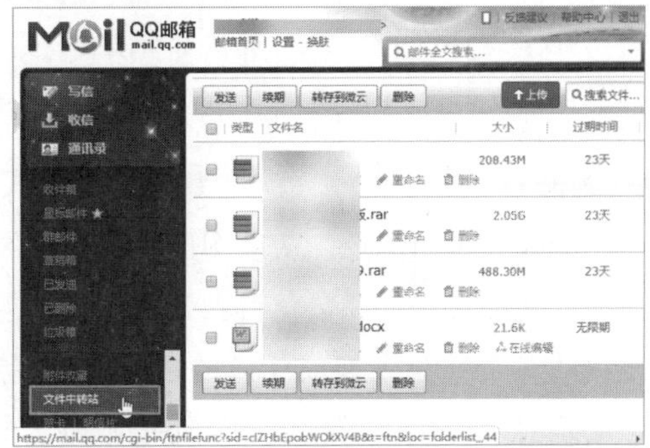

图 8-80

8.3 常用多媒体软件的使用

多媒体是电脑兴起时引入的概念，是一门跨学科的综合技术，是利用电脑对文本、图像、声音、动画、视频等多种信息进行综合处理、建立逻辑关系和人机交互的技术，电脑应用本身就涵盖了多媒体的内容。

8.3.1 多媒体文件格式概述

媒体有两种含义，一是指传播信息的载体，如语言、文字、图像、音频、视频等；二是指存储信息的载体。媒体可分为感觉媒体、表示媒体、表现媒体、存储媒体和传输媒体。多媒体技术具有多样性、交互性、集成性、实时性等特征。

1. 声音

声音是一种重要的媒体，种类繁多。在电脑中有如下常见的声音格式。

（1）WAVE。

扩展名为WAV，用该格式记录的声音文件和原声基本一致且质量较高。

（2）MOD。

扩展名为MOD、ST3、XT、S3M、FAR等。主要存放乐谱和乐曲使用的各种音色样本，具有回放效果明显、音色种类无限等优点，但已经逐渐被淘汰。

（3）MPEG-3。

扩展名为MP3，流行的音乐文件格式，压缩率大，应用广泛，但音质略差。

（4）Real Audio。

扩展名为RA，强大的压缩量和极小的失真使其在众多音频文件格式中脱颖而出，主要目标是压缩比和容错性，其次才是音质。

（5）CD Audio。

扩展名为CDA，是唱片采用的格式，记录的是波形流，音质纯正，但文件太大。

其他的声音文件格式还有CMF格式、MIDI格式。

在多媒体文件中，存储声音信息的文件格式主要有WAV文件、VOC文件、MIDI文件、RMI文件、PCM文件、AIF文件。

2. 图像

图像有黑白图像、灰度图像、彩色图像和摄影图像等。一幅图可以看成由大量的点组成，可通过采样和量化得到其数字化结果。采样就是收集组成图像的像素点，量化就是将收集的信息转换成相应的数值。这些点就称为像素，每个点的值代表其颜色、属性的信息。存储图像颜色的二进制数称为颜色深度。常见的图像文件格式有BMP格式、TIFF格式、JPEG格式、GIF格式、PSD格式等。

3. 视频

常用的视频文件格式有AVI格式、WMV格式、MPEG格式、Real Video或者Real Media（RM）格式。

8.3.2 本地音视频文件播放软件——暴风影音

本地音视频文件播放常用的软件就是暴风影音。暴风影音5播放器兼容多种视频和音频格式，采用全新架构进行设计研发，在继承之前版本强大功能的基础上，更提升了启动和使用速度。用户可以到官网下载并安装该软件，下面介绍该软件的使用方法。

打开软件，将音视频文件拖入到播放器中就可以播放，如图8-81所示，也可以在菜单的“文件”级联菜单中打开文件，如图8-82所示。

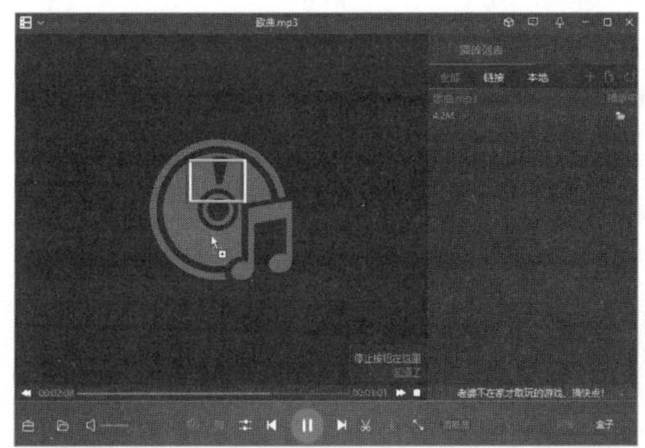

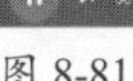
图 8-81

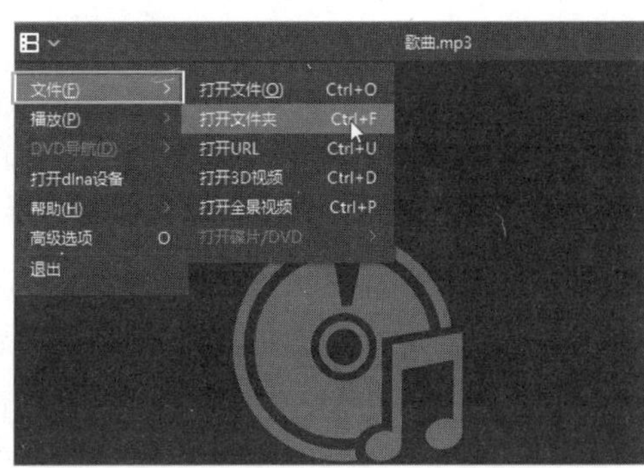

图 8-82

在播放时可以通过功能键区的功能键控制播放，如图8-83所示。

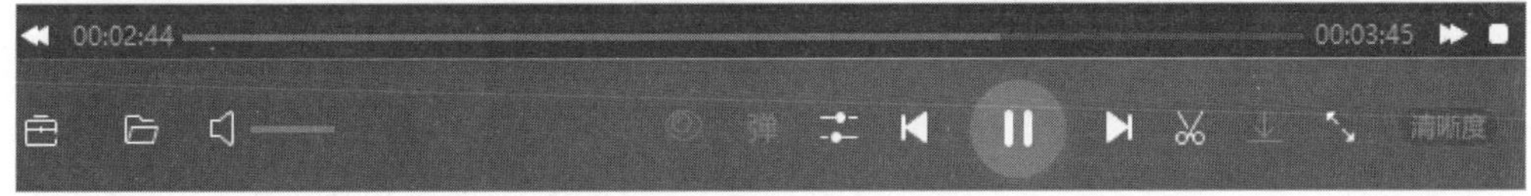

图 8-83

在右侧的播放列表中可以将文件或文件夹加入列表中来顺序播放，如图8-84所示。还可以通过搜索dlna设备进行投屏播放，如图8-85所示。

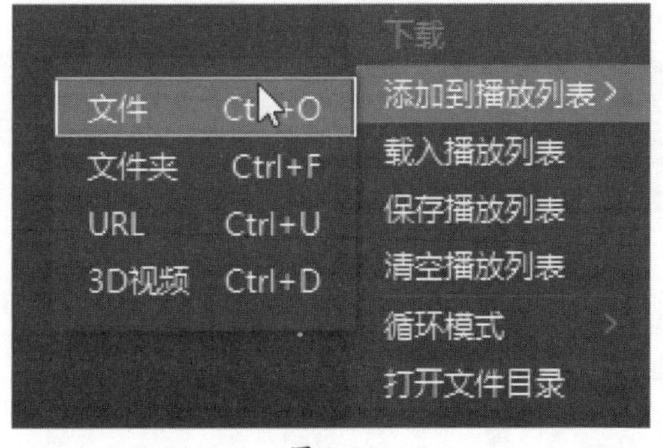

图 8-84

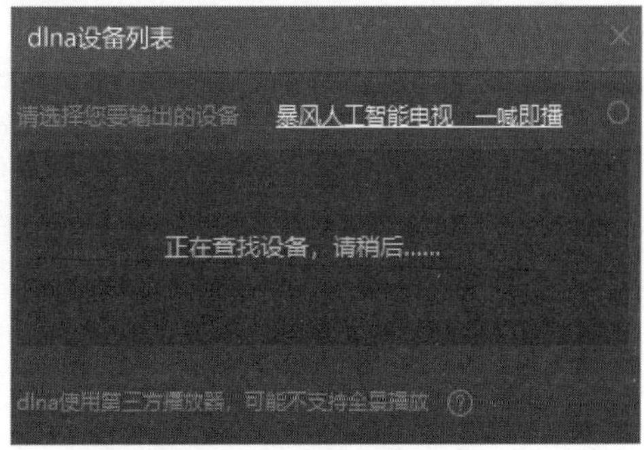

图 8-85

dlna

dlna的全称是digital living network alliance(数字生活网络联盟)，旨在解决个人电脑、消费电器、移动设备在内的无线网络和有线网络的互联互通，使得数字媒体和内容服务的无限制的共享和增长成为可能。

dlna并不是创造技术，而是形成一种解决方案、一种可以遵守的规范，所以，其选择的各种技术和协议都是当前应用很广泛的技术和协议。现在主要使用dlna来完成无线传输音视频。

8.3.3 在线音频播放软件——QQ音乐

QQ音乐致力于打造“智慧声态”的“立体”泛音乐生态圈，为用户提供多元化的音乐生活体验，下面介绍QQ音乐的使用方法。

用户可以在QQ音乐中查看推荐的专辑和歌单，也可以通过搜索找到需要的歌曲并加入自己的歌单中。

Step 01 在主界面中输入搜索内容，单击“搜索”按钮后可以找到很多同名歌曲，如图8-86所示。

Step 02 双击试听后，如果满意可以在歌曲上右击，在弹出的“添加到”级联菜单中选择加入的歌单，如图8-87所示。以后就可以直接从自己的歌单中播放所有的歌曲。

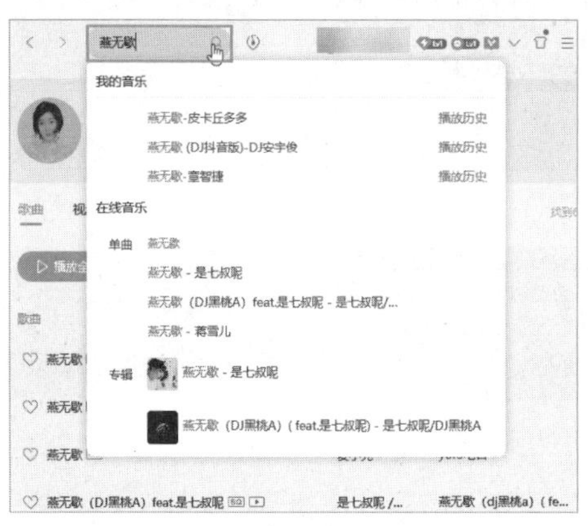

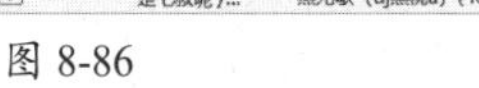

图 8-86

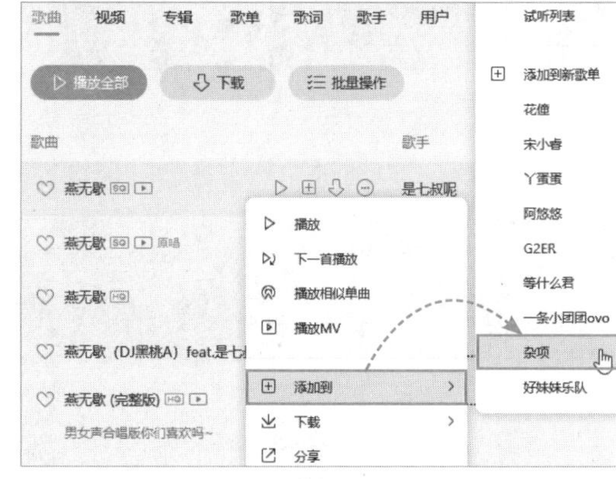

图 8-87

听歌时的操作

进入到某个歌单中，可以单击“全部播放”按钮播放歌曲，或者双击某首歌，开始播放。通过下方的控制按钮，可以暂停、播放上一首、下一首、停止、顺序播放、随机播放、调整音量大小等。

动手练 创建歌单及批量添加歌曲

如果喜欢某一类的歌或者某个歌手的歌曲，可以创建歌单，将这些歌曲放入歌单中。下面讲解如何创建歌单并批量添加歌曲。

Step 01 单击左下角的“新建歌单”的“+”按钮，如图8-88所示，输入歌单名称。

Step 02 进入专辑或歌单中，单击“批量操作”按钮，如图8-89所示。

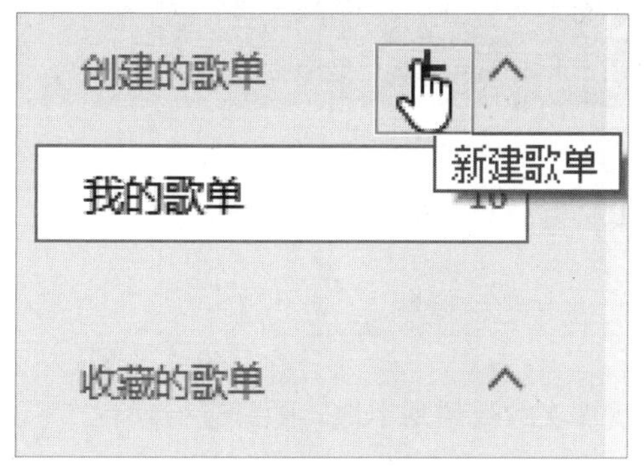

图 8-88

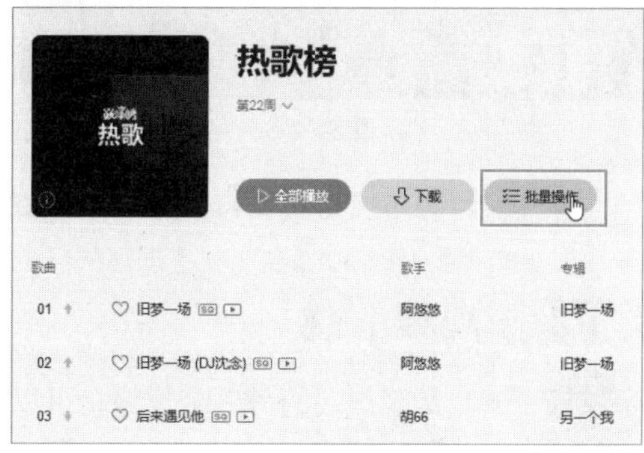

图 8-89

Step 03 勾选需要添加的歌曲，单击“添加到”按钮，如图8-90所示。

Step 04 在弹出的列表中选择歌单，如图8-91所示，将歌曲添加到歌单中。

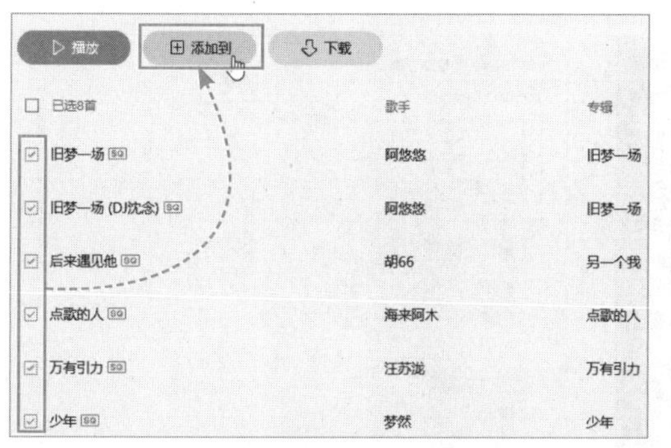

图 8-90

图 8-91

8.3.4 在线视频播放软件——腾讯视频

如果要在电脑上观看在线视频，可以通过浏览器进入官方网站观看，也可以下载对应网站的客户端软件安装后观看。使用客户端的好处是可以执行加速、记录播放内容及进行视频下载的操作。常用的在线视频播放软件是腾讯视频，下面介绍该软件的使用方法。

下载安装并启动软件，在主界面中可以单击界面的视频直接观看，也可以在搜索框中输入视频名称启动搜索，如图8-92所示。找到视频后单击视频缩略图就可以观看视频，如图8-93所示。

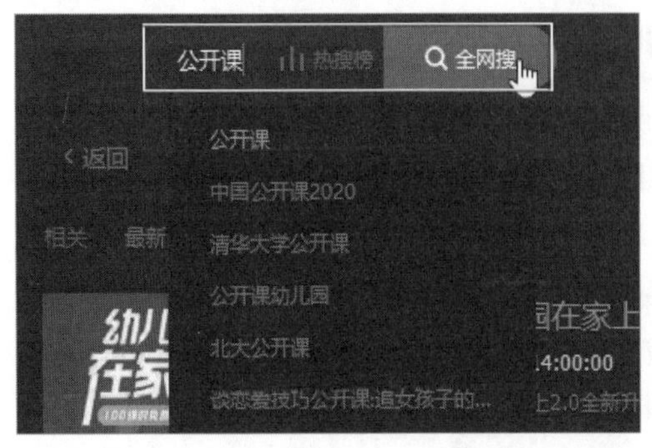

图 8-92

图 8-93

在播放过程中，可以通过下方的功能键区来暂停播放、拖动进度条调整播放进度。

动手练 视频下载

扫码看视频

客户端的另一个优势是可以下载喜欢的视频到本地，随时进行观看。

Step 01 在视频上右击，在弹出的快捷菜单中选择“下载”选项，如图8-94所示。

Step 02 在弹出的界面中选择要下载的视频，单击“确定”按钮，如图8-95所示。下载完毕后可以使用该播放器进行播放。

图 8-94

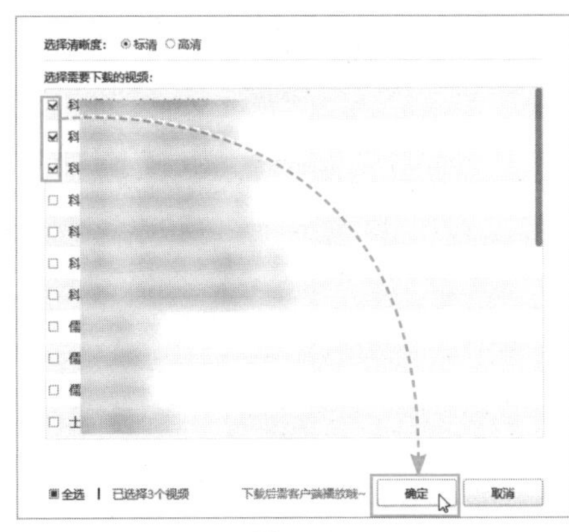

图 8-95

知识延伸：多媒体数据的压缩

多媒体信息数字化后，数据非常大，为了能够更好地存储、处理和传输，引入了数据压缩技术来减小数据量。数据压缩是一个编码过程，数据解压缩是逆过程，是对压缩数据的还原。数据的压缩方法也叫作编码方法，根据解码后的数据是否与原数据一致，数据压缩可分为两类：有损压缩与无损压缩。

1. 无损压缩

无损压缩也就是解压后的数据与压缩前不变。采用的方法是统计出重复数据对其进行编码。常用的无损压缩的种类有行程编码、霍夫曼编码、算术编码和LZW编码。

- **行程编码：** 简单直观，编码和解码速度快，压缩比与压缩数据本身有关，行程长度长、压缩比较高。
- **霍夫曼编码：** 根据信源符号出现频率的分布特性进行码率压缩的编码方式称为熵编码，其目的是在信源符号和码字之间建立明确的一一对应的关系，以便在恢复时能够准确地再现原信号，同时使平均码长或码率尽量小。熵编码包括霍夫曼编码和算术编码。
- **算术编码：** 优点是每个传输符号不需要另编码成整数“比特”。
- **LZW压缩编码：** 一种先进的数据压缩技术，用于图像数据的压缩，对简单的图像和平滑且噪声小的信号源具有较高的压缩比，并有较高的压缩和解压速度。

2. 有损压缩

有损压缩又称为不可逆编码，压缩后的数据信息不能再恢复，所以是不可逆的，也叫作破坏性压缩，以损失文件中信息为代价换来较高的压缩比，损失的信息多是对视觉、听觉感知不重要的信息，压缩比通常较高。有损压缩的种类有预测编码、变换编码、基于模型编码、分形编码和矢量化编码等。

- **预测编码：** 根据离散信号之间存在一定关联性的特点，利用前面一个或多个信号预测下一个信号，然后对实际值和预测值的差进行编码，预测准确则误差小。在同等精度要求下，用比较少的比特进行编码，达到压缩数据的目的。
- **变换编码：** 数据之间相关性大、冗余度大，经过在变换域中的变换，数据相关性大大减少，冗余量减少，参数独立，数据量少，可以得到较大压缩比。
- **基于模型编码：** 在发送端通过分析，得到数据量不大的模型参数，在接收端利用模型再重建图像。
- **分型编码：** 将图像分成子图像，然后通过算法再恢复。
- **矢量化编码：** 构建矢量数据，然后整体量化，从而压缩数据且不损失过多信息。

第9章 电脑的管理及优化

电脑系统可以根据用户的使用习惯进行设置，建议按照个人习惯进行适当优化以适应新手用户，如加快启动速度、设置存储的参数等。本章主要介绍一些常用的管理和优化设置，让系统更好用。

9.1 设置默认应用

默认应用是某些应用或者文件默认的打开软件，有时安装了某些软件会造成系统默认应用的改变，通过下面的方法可以设置回来。

9.1.1 设置常用系统默认应用

可以设置的系统常用的默认应用包括电子邮件、地图、音乐播放器、图片查看器、视频播放器、Web浏览器等软件，用户需要先安装这些应用软件。

Step 01 使用Win+I组合键启动“Windows设置”界面，单击“应用”按钮，如图9-1所示。

Step 02 选择左侧的“默认应用”选项，可以查看当前系统的默认应用状态，如图9-2所示。

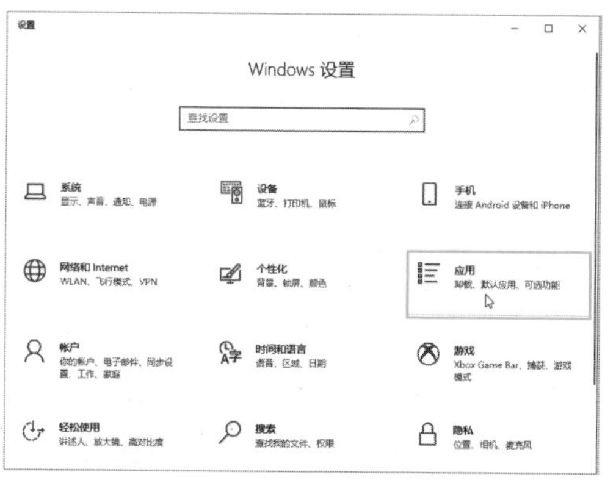

图 9-1

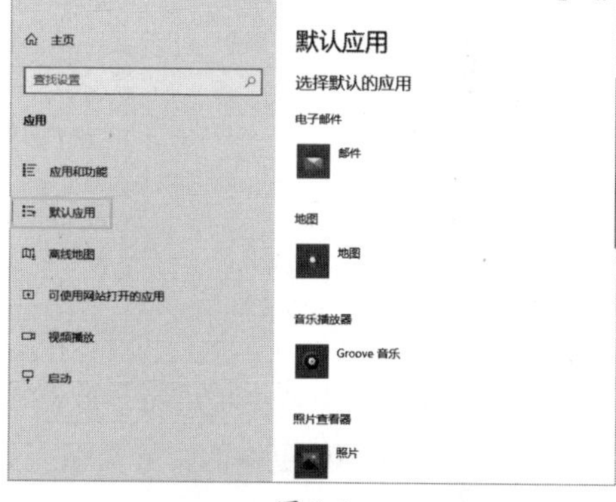

图 9-2

Step 03 如果要更换默认应用，如将浏览器设置成“QQ浏览器”，则单击“Web浏览器”下的“Microsoft Edge”按钮，在列表中选择“QQ浏览器”选项，如图9-3所示。

Step 04 系统弹出确认提示，单击“仍然切换”按钮，如图9-4所示。

图 9-3

在你切换之前

试试 Microsoft Edge - 它是专为 Windows 10 构建的新型快速浏览器。

试试

仍然切换

图 9-4

9.1.2 按应用设置默认值

如果文件被修改了默认打开程序，在系统常用应用中又找不到对应的程序，可以按照下面的方法进行设置。

Step 01 进入到“默认应用”界面中，单击“按应用设置默认值”按钮，如图9-5所示。

Step 02 系统会弹出所有安装的应用，找到需要设置的应用，如设置“迅雷播放器”默认打开的文件，则单击“迅雷播放组件”按钮，在弹出的界面中单击“管理”按钮，如图9-6所示。

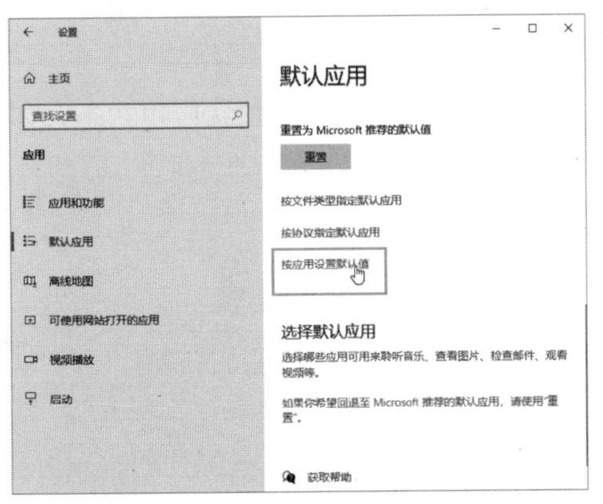

图 9-5

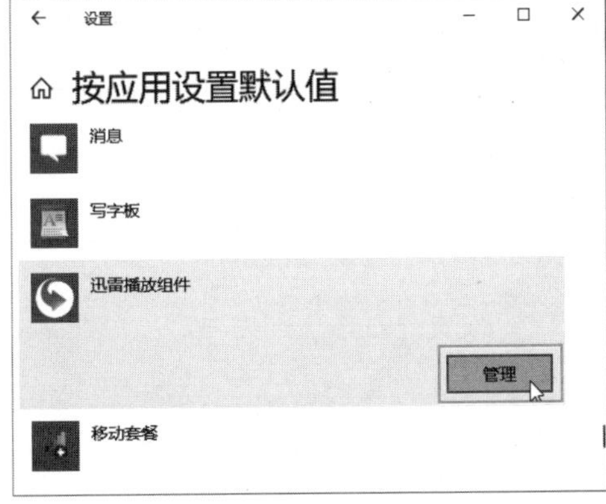

图 9-6

Step 03 列表中显示了迅雷播放器可以打开的文件扩展名和此时该类型文件的默认打开应用。找到需要更换的文件类型，如“.avi”，单击其右边的“电影和电视”按钮，如图9-7所示。

Step 04 在弹出的列表中找到并单击“迅雷播放组件”按钮，如图9-8所示。

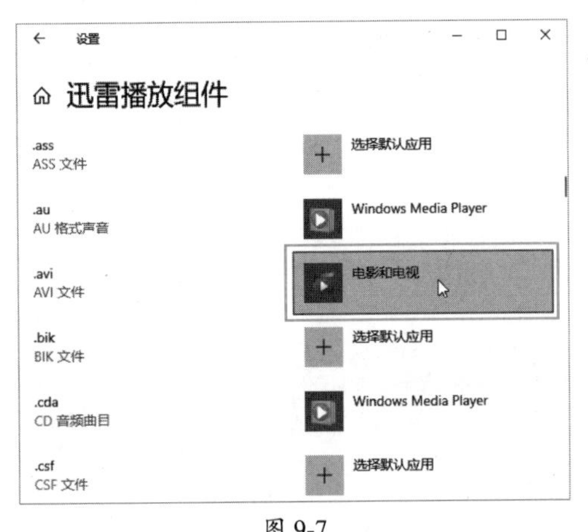

图 9-7

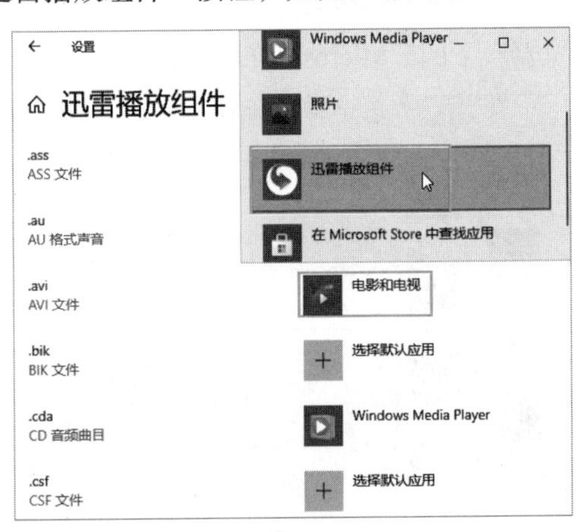

图 9-8

以后双击扩展名为“.avi”的视频文件，默认使用的程序就是迅雷影音。

注意事项 **使用软件自带的默认应用管理功能**

如果不知道该扩展名的打开程序，不要随便设置默认打开方式，可能造成不必要的麻烦。用户也可以启动某应用程序，如迅雷影音，在“设置中心”的“关联”选项中，设置软件默认打开的文件类型，如图9-9、图9-10所示。

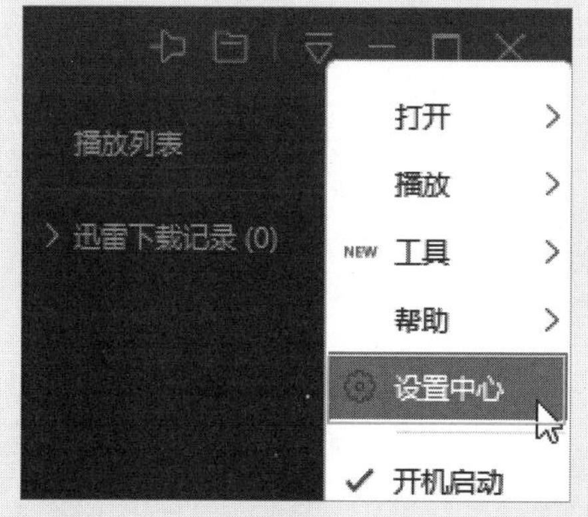

图 9-9

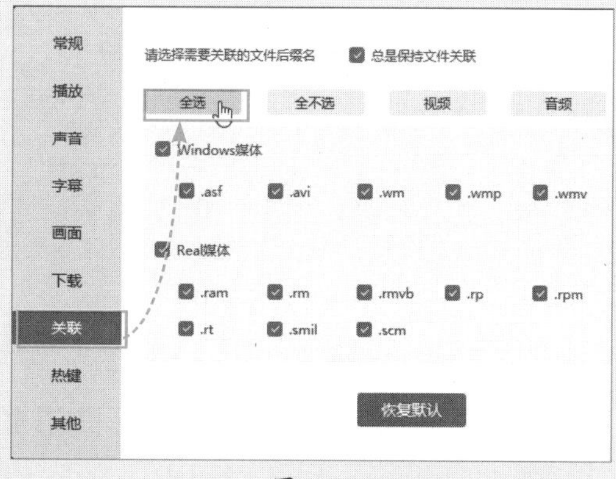

图 9-10

知识点拨

其他设置默认应用的方式

除了前面提到的方法外，用户也可以按照文件类型指定默认应用，不过因为扩展名很多，找起来比较麻烦，如图9-11所示。如果系统默认应用被修改了可以在“默认应用”界面中单击“重置”按钮，如图9-12所示。

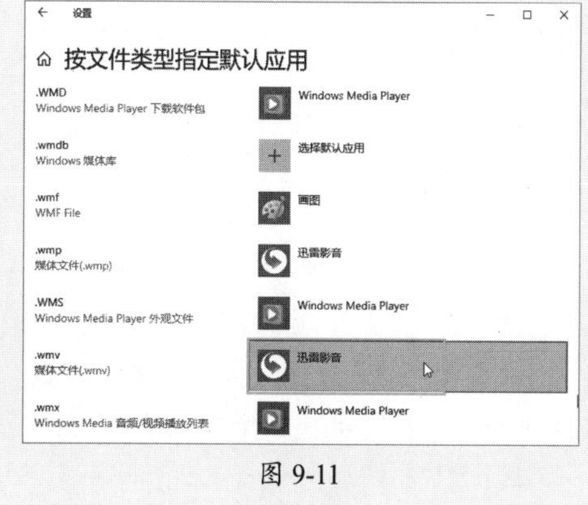

图 9-11

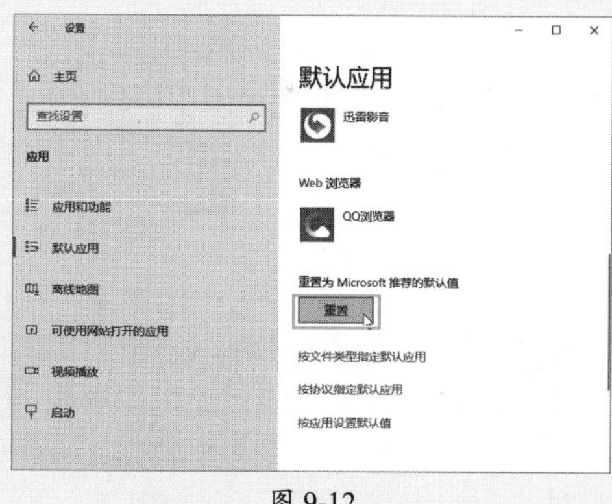

图 9-12

9.2 禁用自启动软件

有些软件会随着电脑的启动而自动运行，不仅占用系统资源，也拖慢系统开机速度，可以通过系统自带的管理功能禁止自启动。下面介绍具体步骤。

Step 01 使用Win+I组合键启动“Windows 设置”界面，单击“应用”按钮，如图9-13所示。

Step 02 在“设置”界面中选择左侧的“启动”选项，如图9-14所示。

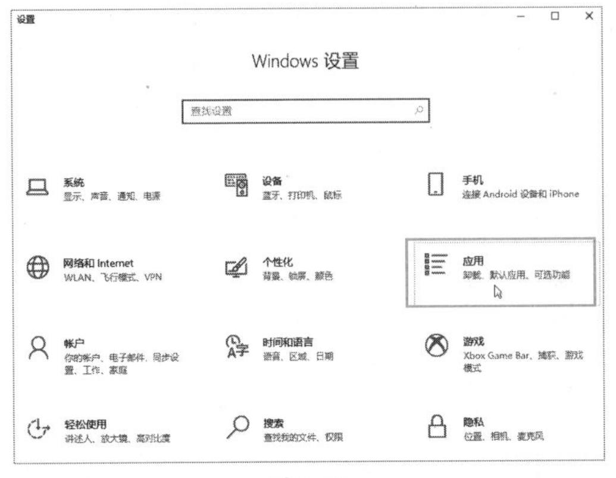

图 9-13

图 9-14

Step 03 在列表中找到需要关闭开机启动的应用，单击“开”按钮，如图9-15所示，关闭后如图9-16所示。

图 9-15

图 9-16

注意事项 根据启动影响决定是否禁用

在开关按钮右侧列出了该启动项对系统的影响。一般禁用第三方软件，则对系统运行没有影响。如果是系统软件、使用了系统功能的软件、必须开机启动的软件，则需要谨慎考虑是否禁用。当然，禁用后如果对开机或者系统造成的影响较大，可以再次设置其开机启动。

动手练 使用任务管理器禁用自启动软件

扫码看视频

除了前面的方法外，还可以使用任务管理器来禁止自启动软件。

Step 01 在任务栏右击，在弹出的快捷菜单中选择“任务管理器”选项，如图9-17所示。

Step 02 切换到“启动”选项卡，在“迅雷影音”上右击，在弹出的快捷菜单中选择“禁用”选项，如图9-18所示，其他需要禁用的软件也可以按照该方法设置。

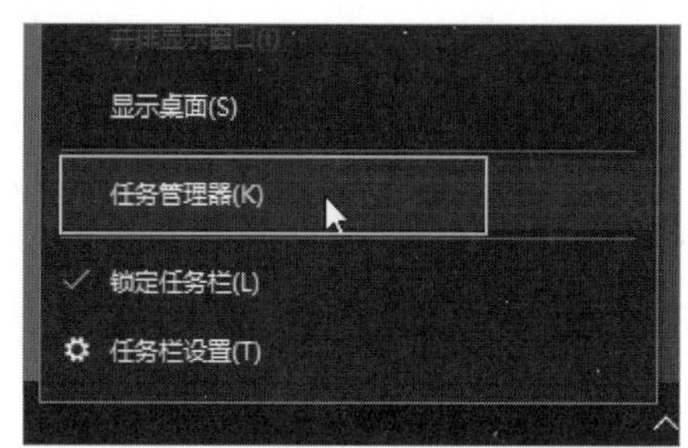

图 9-17

图 9-18

 9.3 修改系统文件夹默认位置

系统有很多默认的文件夹，如“视频”“图片”“文档”“应用”“音乐”“地图”。默认情况下是在C盘，供一些软件作为默认文件夹存放文件使用。用户可以将这些文件夹的默认位置改到其他盘，减少C盘的占用。

Step 01 使用Win+I组合键启动“Windows 设置”界面，单击“系统”按钮，如图9-19所示。

Step 02 选择左侧的“存储”选项，如图9-20所示。

图 9-19

图 9-20

Step 03 在“更多存储设置”选项组中单击“更改新内容的保存位置”按钮，如图9-21所示。

Step 04 默认情况下软件都是保存到C盘，可以单击“本地磁盘（C:）”下拉按钮，在弹出的列表中选择“新加卷（D:）”选项，如图9-22所示。

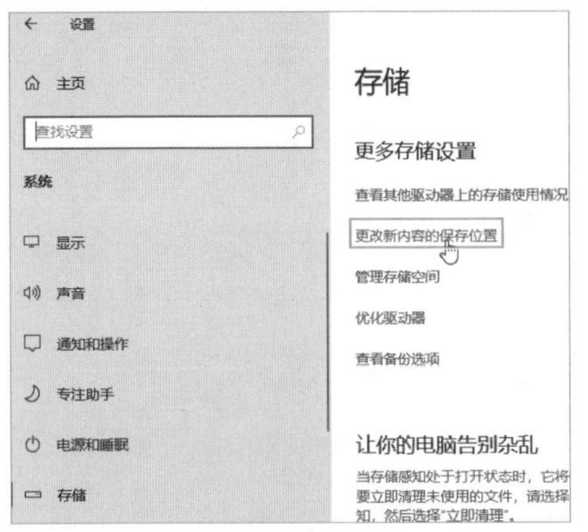

图 9-21

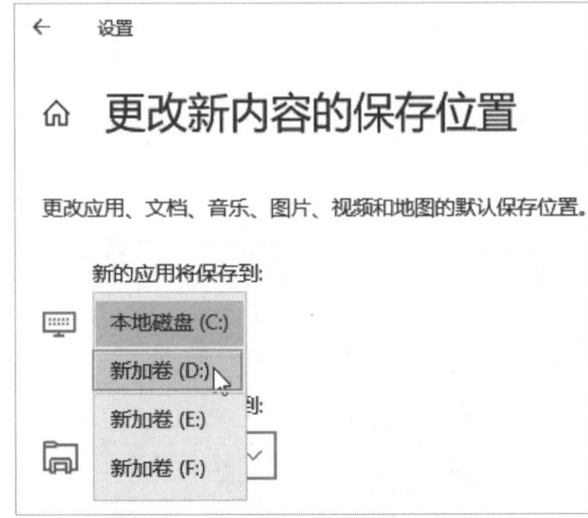

图 9-22

Step 05 单击“应用”按钮确定选择，如图9-23所示，按照该方法将其他的默认位置都调整到D盘。

Step 06 用户以后再安装软件，默认路径显示为D盘，如图9-24所示。

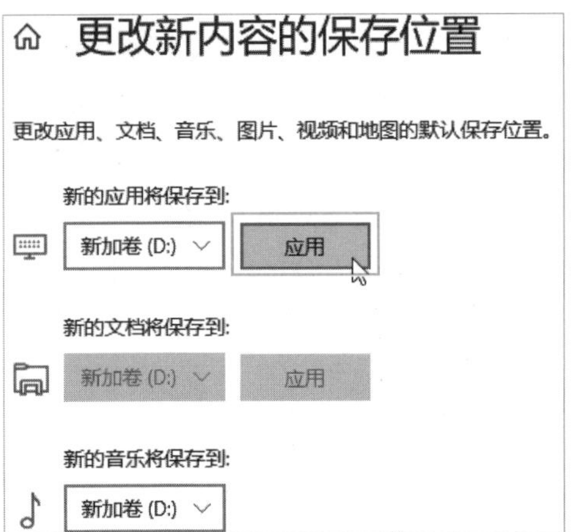

图 9-23

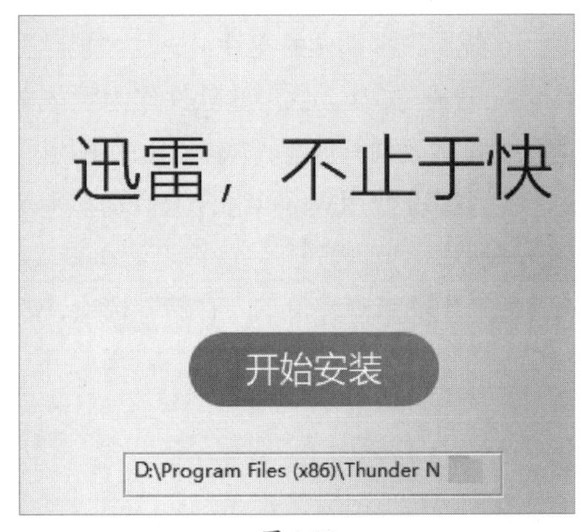

图 9-24

 9.4 设置隐私和权限

在Windows中，有一些涉及隐私和权限的设置，用户可以打开或关闭一些功能来加强隐私。首先介绍设置Windows及应用的权限。

9.4.1 设置Windows权限

Windows权限和隐私是一并设置的，下面介绍具体的设置步骤。

Step 01 使用Win+I组合键启动“Windows 设置”界面，单击“隐私”按钮，如图9-25所示。

Step 02 在左侧的“Windows 权限”选项组中，选择“常规”选项，在右侧单击广告ID的“开”按钮来禁用广告ID，如图9-26所示。

图 9-25

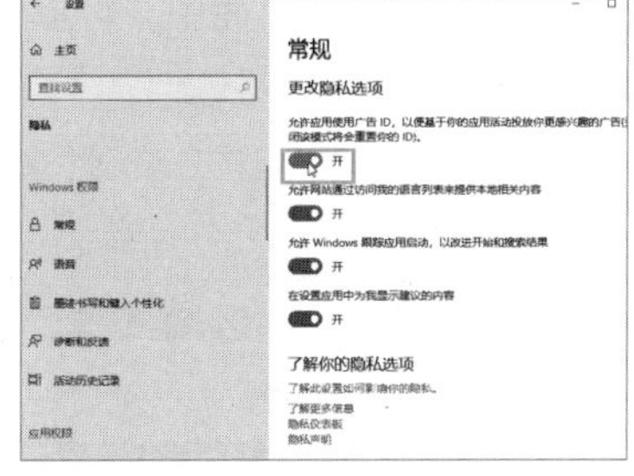

图 9-26

Step 03 在左侧的“Windows权限”选项组中，选择“论断和反馈”选项，在右侧的“诊断和反馈”界面中单击“必须诊断数据”按钮，如图9-27所示。

Step 04 在左侧的“Windows权限”选项组中，选择“活动历史记录”选项，在右侧的“活动历史记录”界面中取消勾选“在此设备上存储我的活动历史记录”及“向Microsoft发送我的活动历史记录”复选框，如图9-28所示。

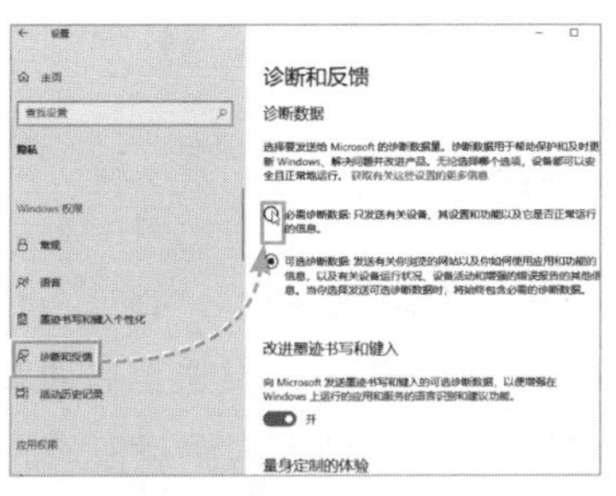

图 9-27

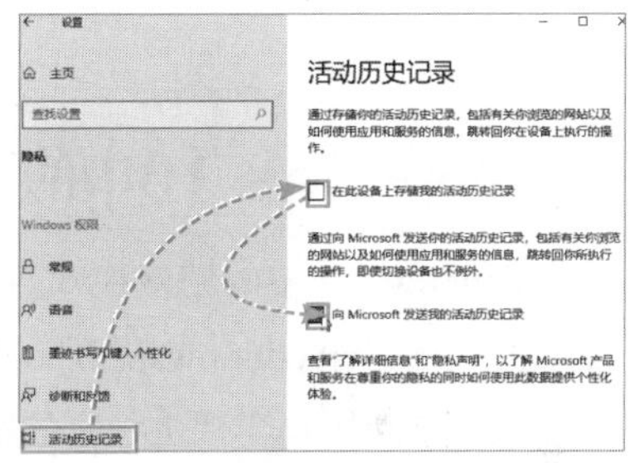

图 9-28

9.4.2 设置应用权限

除了Windows系统的一些权限外，应用软件的权限也是隐私的一部分，应用权限的设置与手机给每个App设置权限类似，下面介绍具体的设置步骤。

Step 01 在“位置”设置界面中选择左侧“稳私”组下的“位置”选项，在右侧可以关闭位置功能，如图9-29所示，或者设置可以获取位置信息的应用，如图9-30所示。

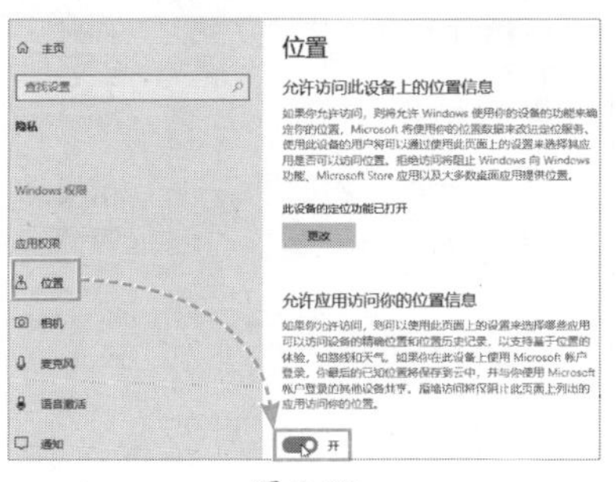

图 9-29

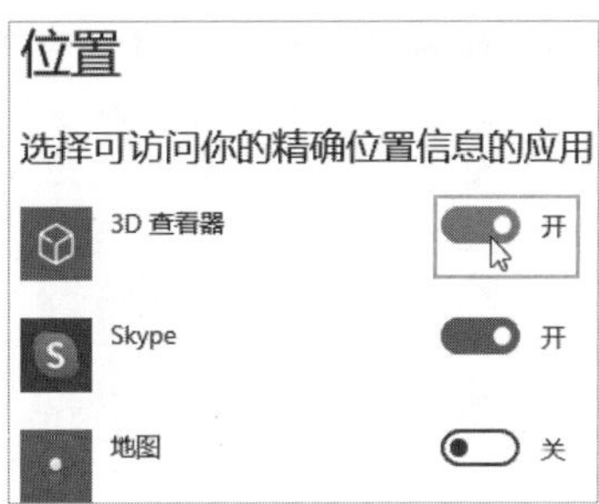

图 9-30

Step 02 在“相机”界面中，可以设置是否可以访问相机以及哪些应用可以访问，如图9-31所示。

Step 03 在“联系人”界面中，可以设置是否能访问联系人以及哪些应用可以访问联系人，如图9-32所示。

图 9-31

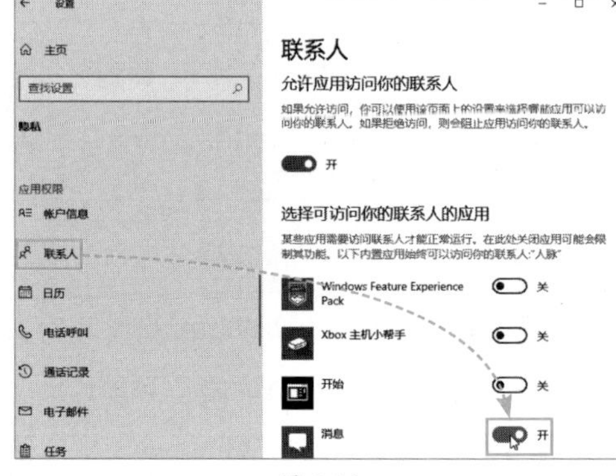

图 9-32

其他应用的设置也类似，用户可以阅读说明来设置隐私，以提高Windows系统的安全性。

动手练 打开Windows 10中的游戏模式

扫码看视频

Windows 10中的游戏模式会优化用户的游戏体验。当运行一款游戏时，游戏模式将阻止Windows更新、执行驱动程序安装、发送重启通知，还能根据具体的游戏和系统帮助用户实现更稳定的帧速率，下面介绍开启游戏模式的方法。

Step 01 使用Win+I组合键启动“Windows 设置”界面，单击“游戏”按钮，如图9-33所示。

Step 02 切换到“游戏模式”界面，默认“游戏模式”是关闭的，单击“关”按钮，启动游戏模式，如图9-34所示。

图 9-33

图 9-34

9.5 设置“轻松使用”

在Windows用户中有一些特殊的用户，还有年纪较大的用户，在使用时可以通过对“轻松使用”项进行设置，使用户的操作更方便。

9.5.1 放大字体

Windows中可以设置显示字体的大小，使用户看得更清楚。

Step 01 进入“Windows 设置”界面，单击“轻松使用”按钮，如图9-35所示。

Step 02 在“显示”界面中，拖动“示例文本”下方的滑块到合适大小，单击“应用”按钮，如图9-36所示。

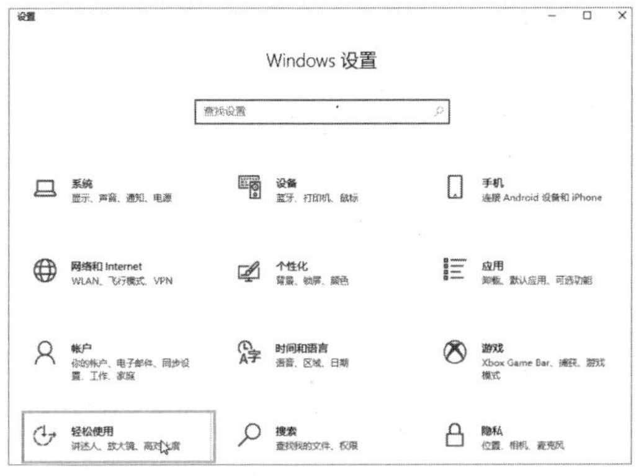

图 9-35

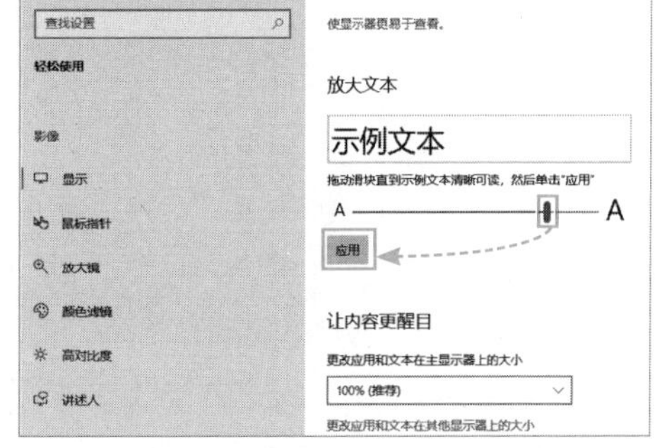

图 9-36

Step 03 此时整个桌面包括窗口中的文本已经变大，如图9-37所示。

Step 04 用户也可以单击“更改应用和文本在主显示器上的大小”下拉按钮，在弹出的列表中选择“125%”选项，此时显示的内容更加醒目，如图9-38所示。

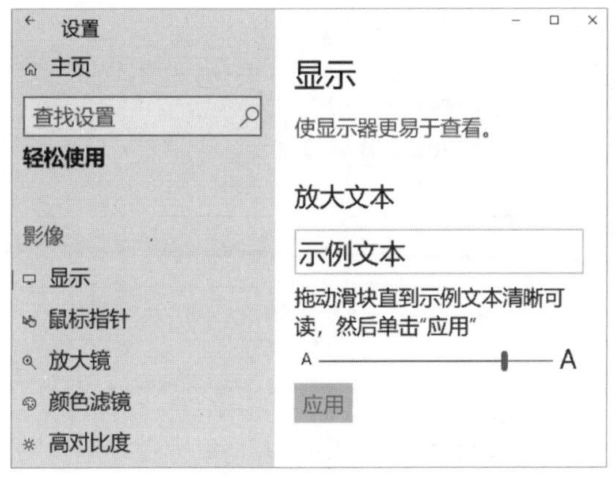

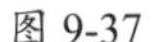

图 9-37

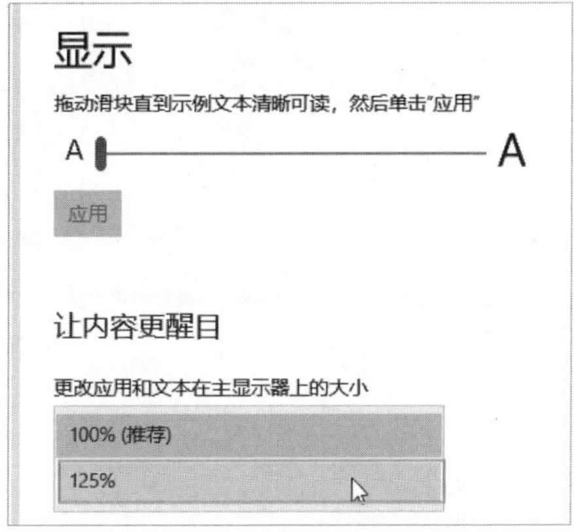

图 9-38

9.5.2 放大镜

Windows中的放大镜可以放大当前显示的内容，配合“阅读”功能为一些特殊用户提供更加友好的使用环境。

Step 01 在“轻松使用”中选择“放大镜”选项，可以查看放大镜的说明，单击“关”按钮，可以打开“放大镜”功能，也可以使用快捷键，如图9-39所示。

此时，屏幕内容放大显示，可以拖动光标来查看其他内容。

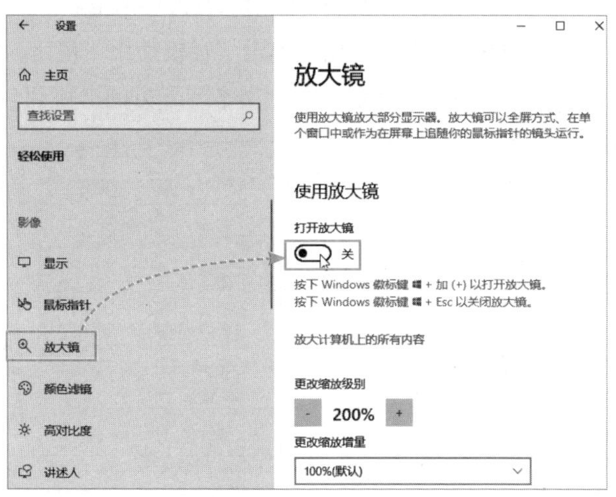

图 9-39

知识点拨

放大镜的高级操作

在“放大镜”界面中可以设置当前的缩放级别及增量级别。增量级别是每放大一次增加的量，如图9-40所示，当前的缩放级别是200%，增量是100%，使用Win+（+）组合键可以放大到300%、400%。界面有快捷键的说明，退出放大操作使用Win+Esc组合键。

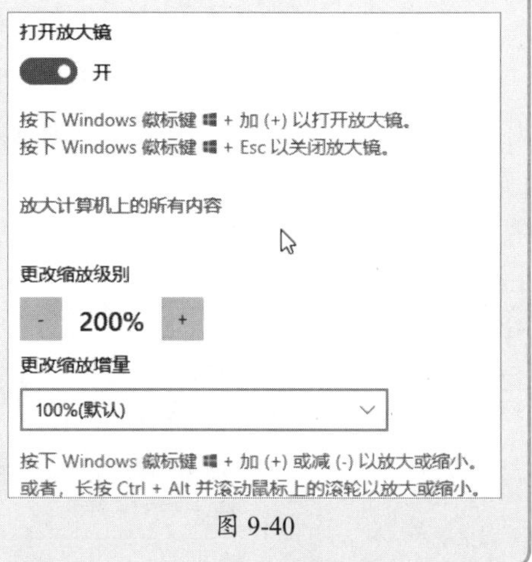

图 9-40

Step 02 在该界面中向下滚动，找到“阅读”功能，使用Ctrl+Alt+鼠标左键单击需要阅读的位置，Windows会使用内置的语音来朗读当前显示的内容，并用蓝色的方框表示当前朗读的位置，如图9-41所示。

Step 03 可以勾选“反色”复选框，让特殊用户看得更清楚，如图9-42所示。

图 9-41

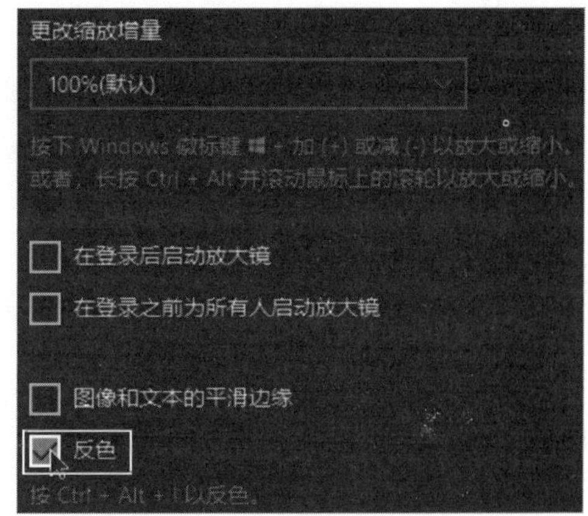

图 9-42

放大镜的视图模式

前面讲解的是放大镜的“全屏”模式，除了全屏外，用户可以在“选择视图”下拉列表中选择其他模式，例如选择“已停靠”模式，会在界面上方显示放大的内容，如图9-43所示。选择“镜头”模式会跟随鼠标的移动放大指针所在的位置，如图9-44所示。

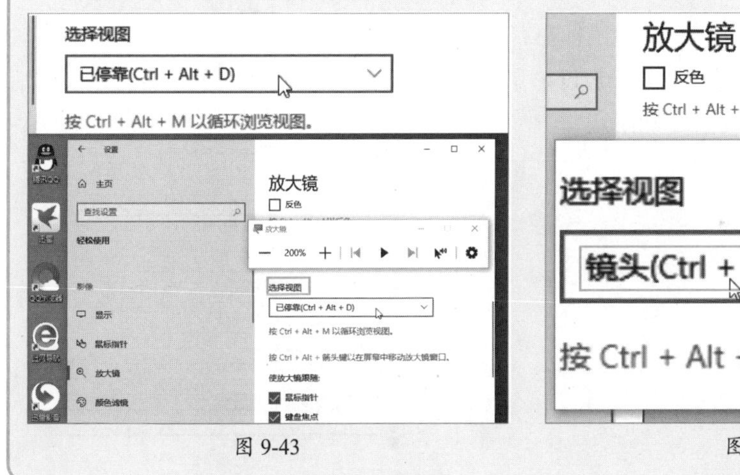

图 9-43

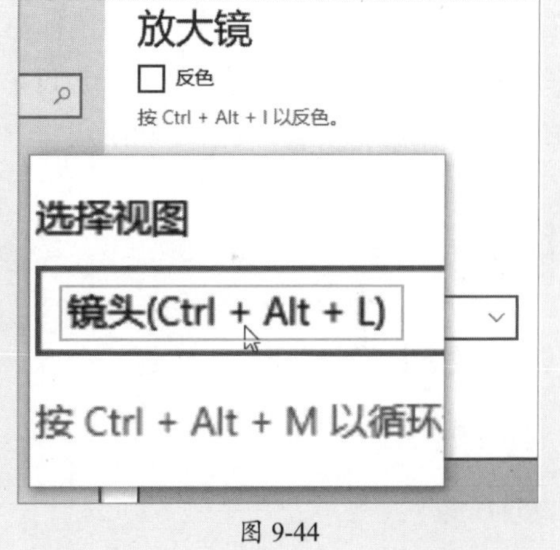

图 9-44

动手练 设置鼠标参数

有很多人习惯左手使用鼠标，在Windows中可以设置成左手模式，使鼠标使用得更方便。

Step 01 在“轻松使用”中选择“鼠标指针”选项，单击“其他鼠标设置”按钮，如图9-45所示。

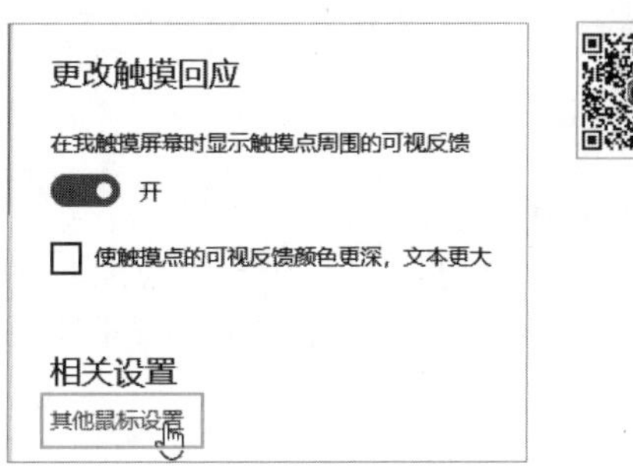

图 9-45

扫码看视频

设置鼠标指针大小及样式

在“鼠标指针”界面中拖动滑块，可以调整鼠标指针的大小，也可以调整光标的样式，如图9-46所示。

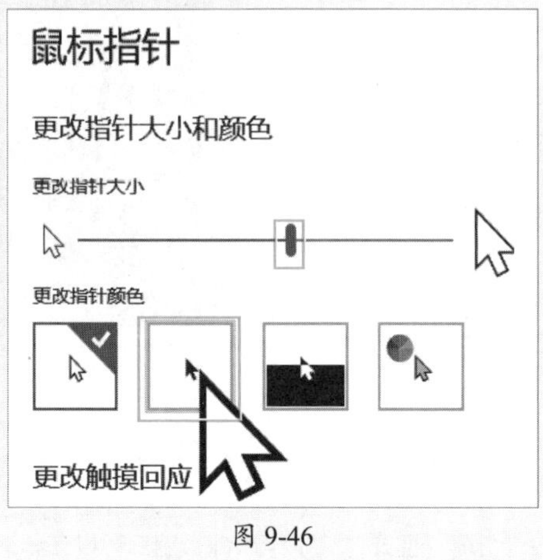

图 9-46

Step 02 单击“选择主按钮”中的“向左键”下拉按钮，在弹出的列表中选择“向右键”选项，如图9-47所示。此时鼠标左右键功能已经互换。

Step 03 此处还可以设置光标速度、鼠标滚轮每次滚动的行数以及是否可以在非活动窗口使用滚轮功能，如图9-48所示。

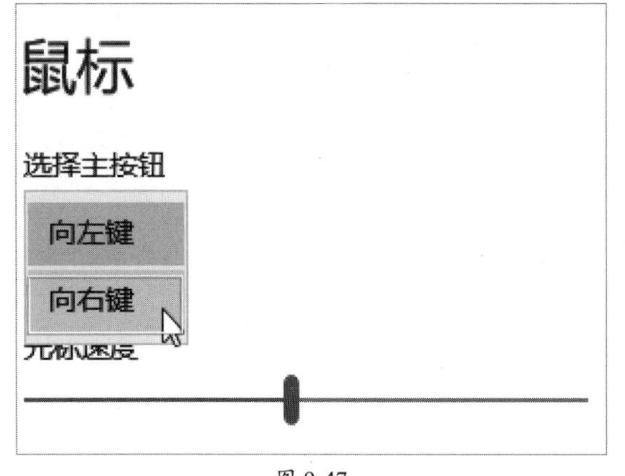

图 9-47

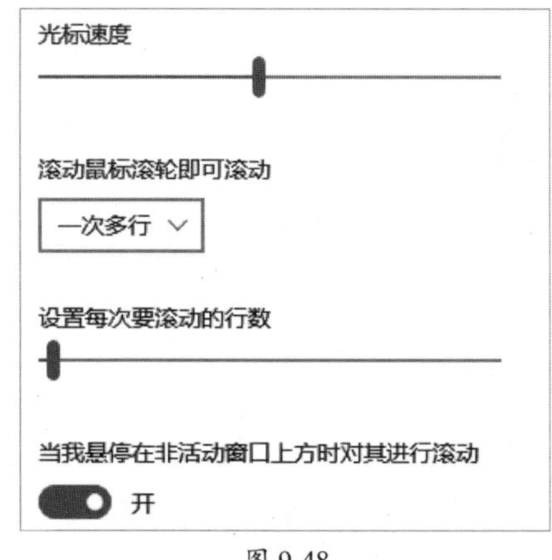

图 9-48

知识点拨

其他设置

在“轻松使用”中还可以设置颜色滤镜、对比度、讲述人、音频的调节、交互等，为有视觉障碍、听觉障碍的人群使用Windows系统提供了极大的便利。

9.6 系统垃圾的清理

Windows在运行中会产生很多垃圾文件，一般使用第三方管理软件扫描后清理。其实Windows自带有垃圾清理软件，可以快速清理常见的各种垃圾文件。

Step 01 使用Win+I组合键打开“Windows设置”界面，单击“系统”按钮，如图9-49所示。

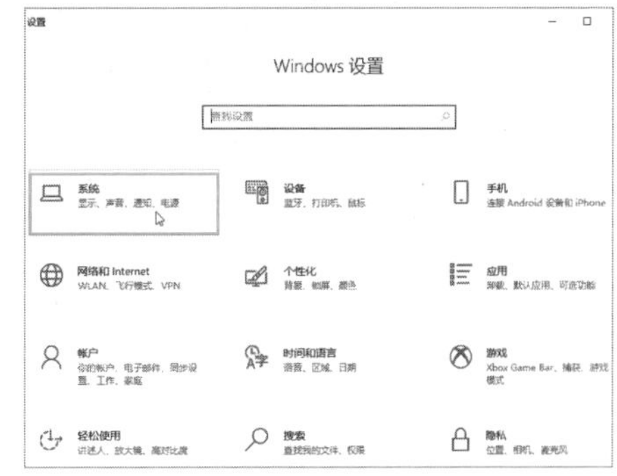

图 9-49

Step 02 在“系统”选项组中选择“存储”选项，在右侧的“存储”界面中单击“临时文件”按钮，如图9-50所示。

Step 03 在弹出的界面中勾选需要清理的垃圾文件分类，单击“删除文件”按钮，如图9-51所示。

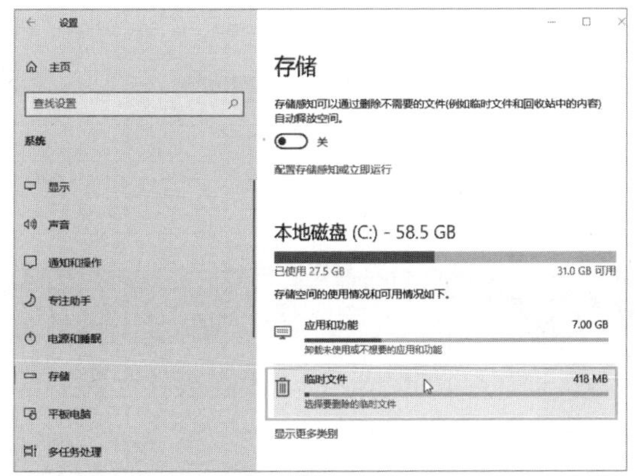

图 9-50

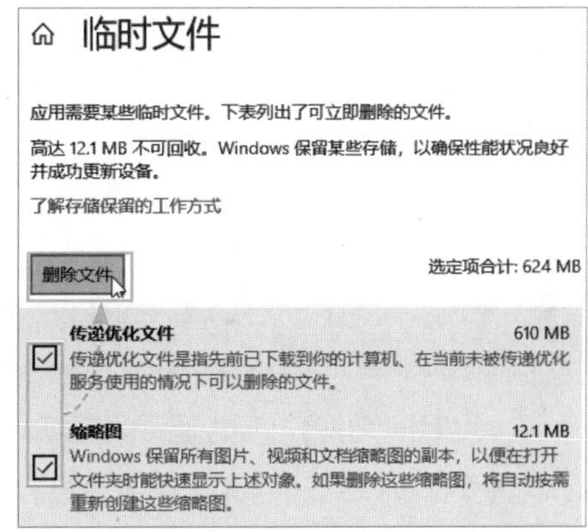

图 9-51

知识点拨

查看更多类别

在如图9-50所示的“存储”界面中单击“显示更多类别”按钮，可以显示更多的分类，用户可以根据统计信息删除其他文件夹中的垃圾文件，如图9-52所示。

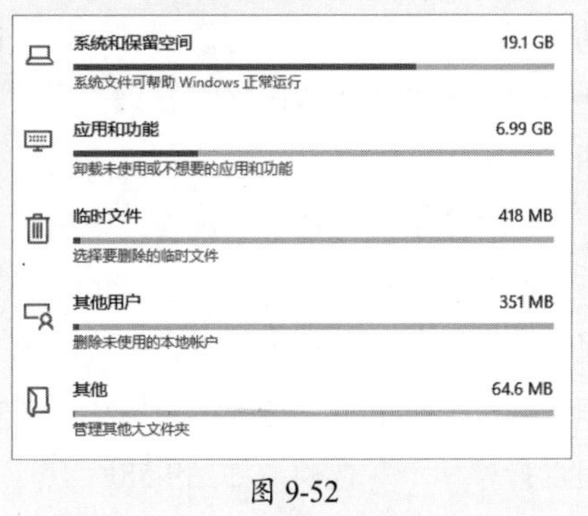

图 9-52

动手练 配置存储感知

扫码看视频

存储感知会自动侦测系统中的磁盘空间，当磁盘空间不足时会自动运行并自动清理文件。下面介绍配置存储感知的步骤。

Step 01 进入“存储”设置界面，单击“配置存储感知或立即运行”按钮，如图9-53所示。

Step 02 将“关”按钮改为“开”，启动存储感知，并设置存储感知的运行时间及临时文件的保存时间，如图9-54所示。

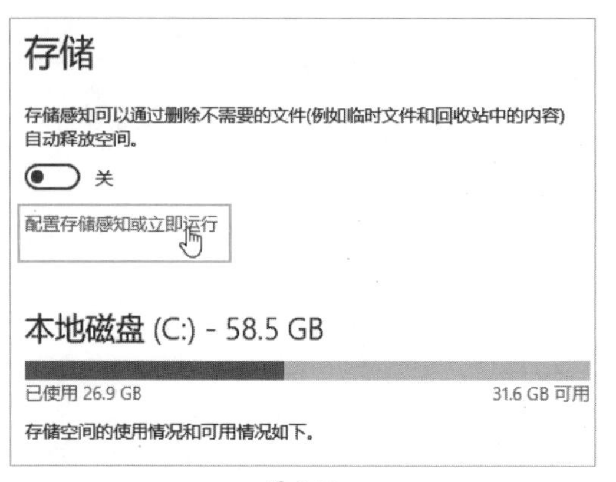

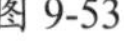
图 9-53

图 9-54

9.7 配置电源管理

一段时间无操作，电脑会自动关闭屏幕，进而自动睡眠，或者不在最佳配置上运行，这些都可以到“电源管理”中进行设置。

9.7.1 设置屏幕关闭及系统休眠时间

Windows系统会在无操作的情况下自动关闭屏幕，持续一段时间仍无操作，则会自动睡眠。用户可以到“电源管理”中关闭或调整设置。

Step 01 使用Win+I组合键打开“Windows设置”界面，单击“系统”按钮，如图9-55所示。

Step 02 在“系统”选项组中选择“电源和睡眠”选项，如图9-56所示。

Step 03 单击“屏幕”下方的下拉按钮，在弹出的列表中选择关闭屏幕的时间，这里选择“10分钟”选项，如图9-57所示。

Step 04 单击“睡眠”下方的下拉按钮，在弹出的列表中选择系统睡眠的时间，这里选择“从不”选项，如图9-58所示。

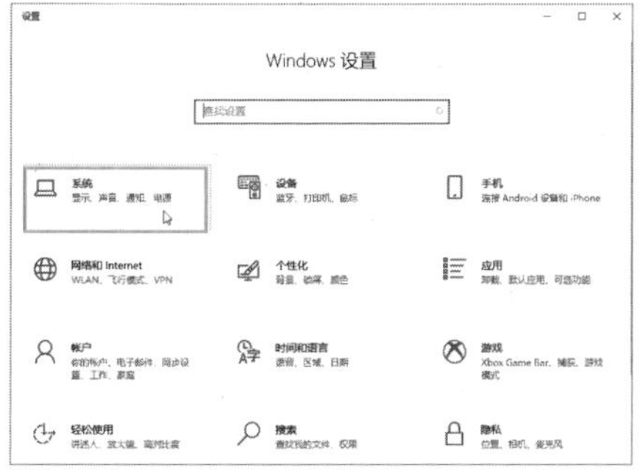

图 9-55

图 9-56

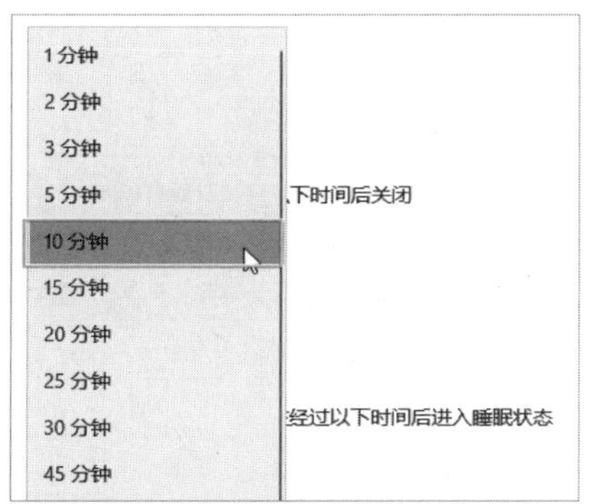

图 9-57

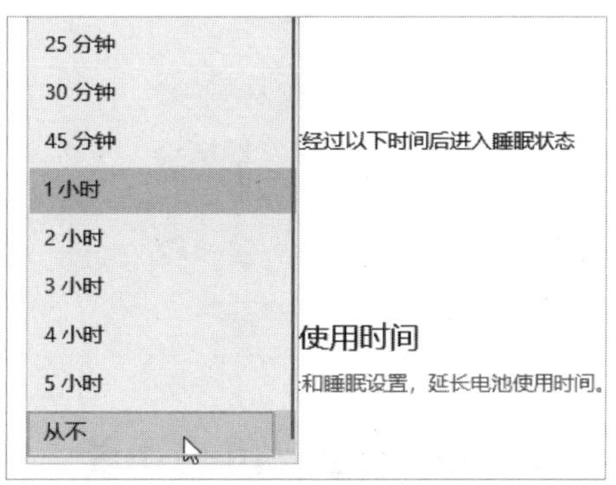

图 9-58

笔记本电脑的电源管理

用户也可以根据自己的使用习惯设置成其他参数，但对于笔记本电脑等使用电池供电的设备，应尽量保持系统默认设置，这样可以延长笔记本电脑的待机时间，否则很容易造成耗电过高。

9.7.2 设置系统的电源计划

系统电源计划可以设置更详细的电源管理参数，普通用户选择配置完成的几组模式即可。

Step 01 在“电源和睡眠”界面中，单击“其他电源设置”按钮，如图9-59所示。

Step 02 在“电源选项”界面中，单击“高性能”按钮，单击“更改计划设置”按钮，如图9-60所示。

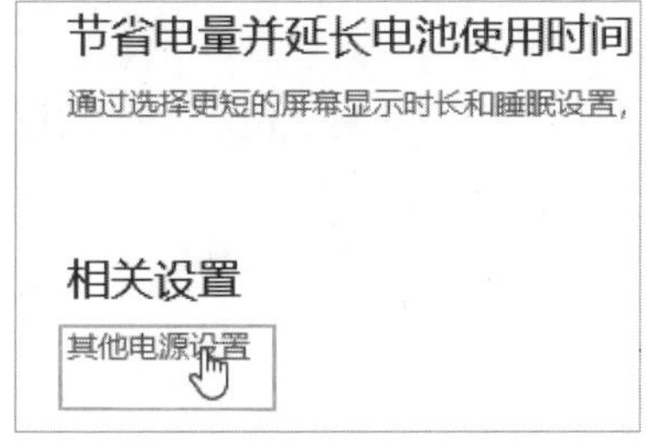

图 9-59

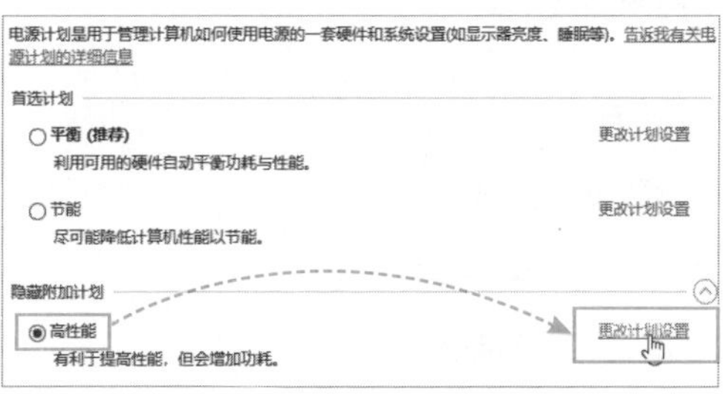

图 9-60

Step 03 在“高性能”的电源计划中，可以设置该模式下系统关闭显示器的时间和进入睡眠的时间，如图9-61所示。单击“更改高级电源设置”按钮，在弹出的“高级设置”界面中可以进行更复杂的设置，如图9-62所示。

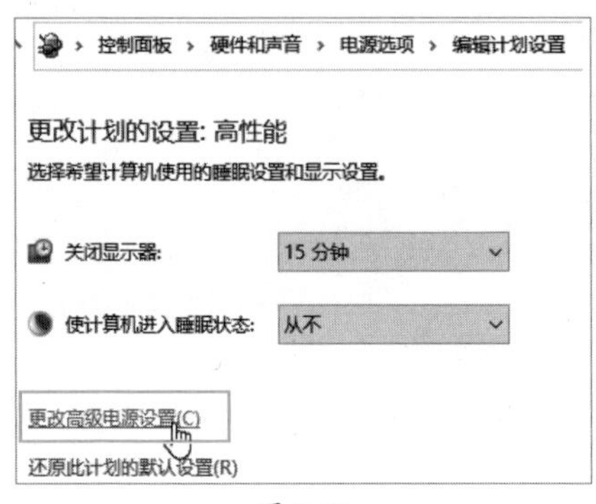

图 9-61

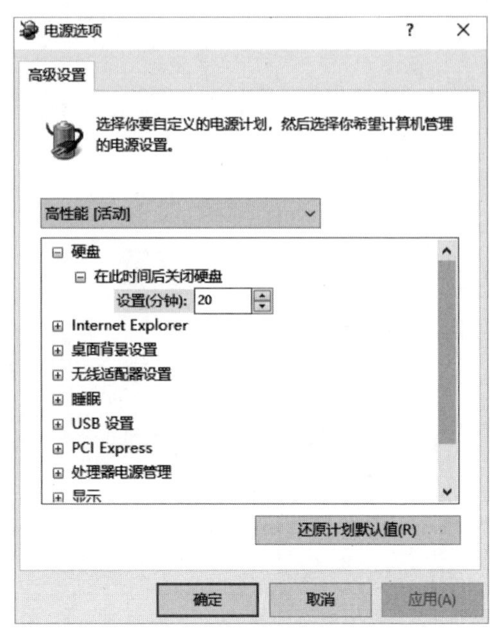

图 9-62

动手练 修改电源按钮的功能

按下机箱的电源按钮可以开机，在开机状态下还可以自定义电源按钮的功能。

Step 01 在“电源选项”界面中，单击左侧的“选择电源按钮的功能”按钮，如图9-63所示。

Step 02 在自定义界面中，单击“按电源按钮时”后的下拉按钮，在弹出的列表中选择一个功能，如“不采取任何操作”选项，如图9-64所示。这样可以防止因误碰造成关机。

图 9-63

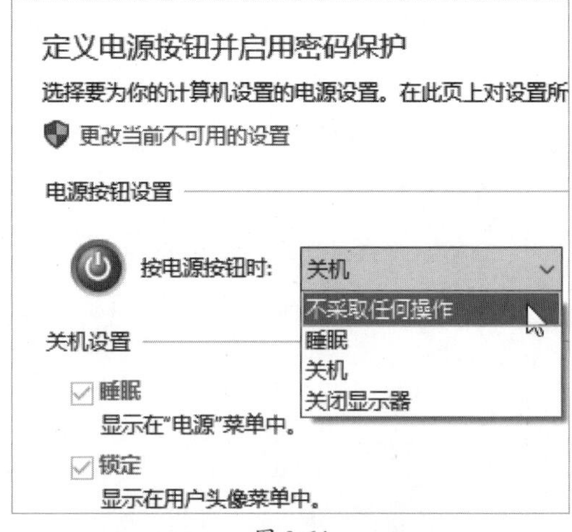

图 9-64

知识延伸：使用电脑管家优化系统

电脑管家是腾讯公司推出的免费安全管理软件，能有效预防和解决计算机上常见的安全风险，帮助用户解决各种电脑的“疑难杂症”，优化系统和网络环境。腾讯电脑管家拥有安全云库、系统加速、一键清理、实时防护、网速保护，电脑诊所等功能，首创了“管理+杀毒”二合一的产品模式，依托强大的腾讯安全云库、自主研发反病毒引擎“鹰眼”及QQ账号全景防卫系统，能有效查杀各类计算机病毒。下面着重介绍使用电脑管家优化系统的步骤。

1. 全面体检

下载并安装该软件，双击程序图标启动电脑管家。最常用的操作是全面体检，检测电脑的使用情况和出现的问题。

Step 01 启动软件后，在主界面单击“全面体检”按钮，如图9-65所示。

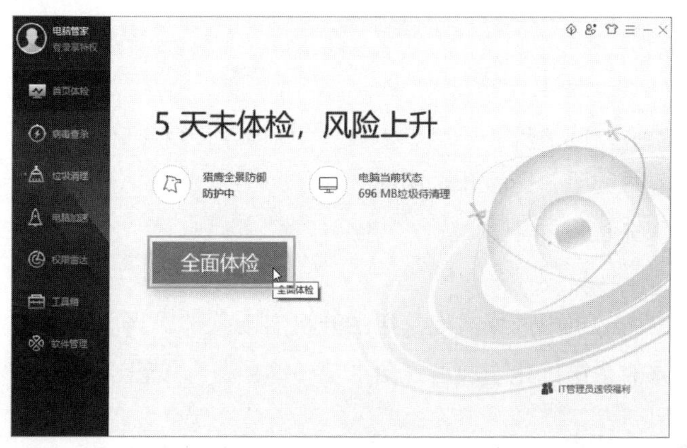

图 9-65

Step 02 电脑管家会列出当前扫描到的问题，如垃圾文件和可优化项目，单击“一键修复”按钮自动处理，如图9-66所示。

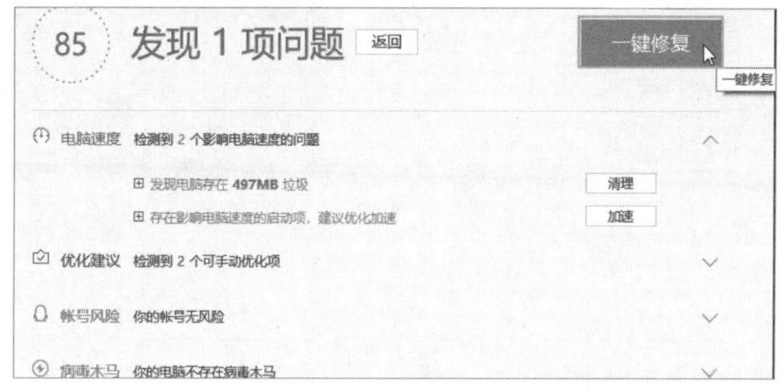

图 9-66

2. 垃圾清理

电脑管家也可以进行垃圾清理，下面介绍具体步骤。

Step 01 在主界面上选择“垃圾清理”选项，单击“扫描垃圾”按钮，如图9-67所示。

Step 02 电脑管家扫描各种垃圾，完成后让用户选择需要删除的垃圾，选择完成后单击“立即清理”按钮，删除垃圾文件，如图9-68所示。

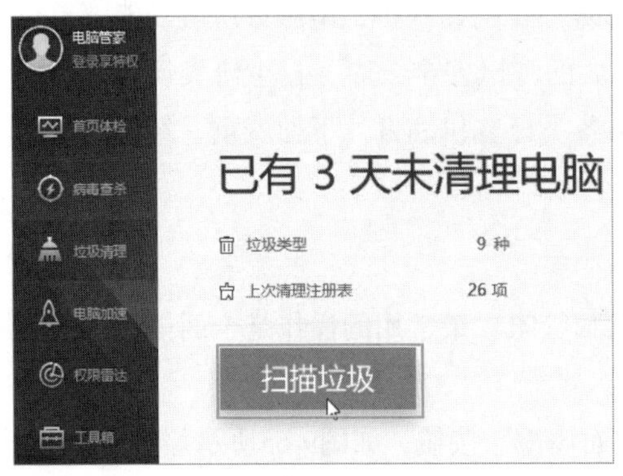

图 9-67

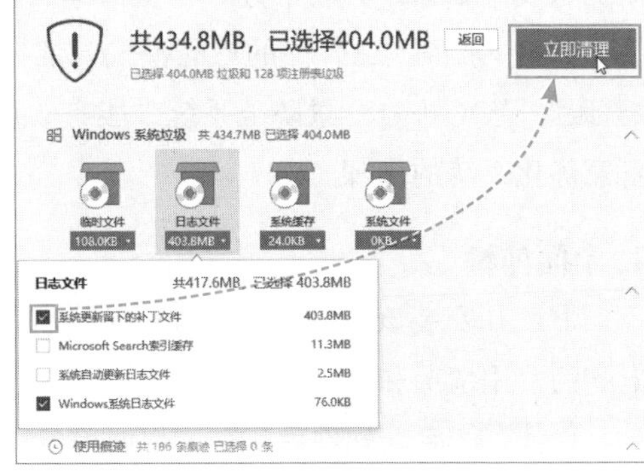

图 9-68

3. 电脑加速

除了提供垃圾文件的清理，电脑管家还可以扫描电脑开机程序，将不需要的开机启动项目禁止，以节约资源并提高开机速度。

Step 01 在软件主界面中，选择“电脑加速”选项，单击“一键扫描”按钮，如图9-69所示。

Step 02 在扫描结果中选择需要禁用的开机启动软件、当前状态下内存中不需要的软件进程以及下方的系统优化选项后，单击“一键加速”按钮，如图9-70所示。

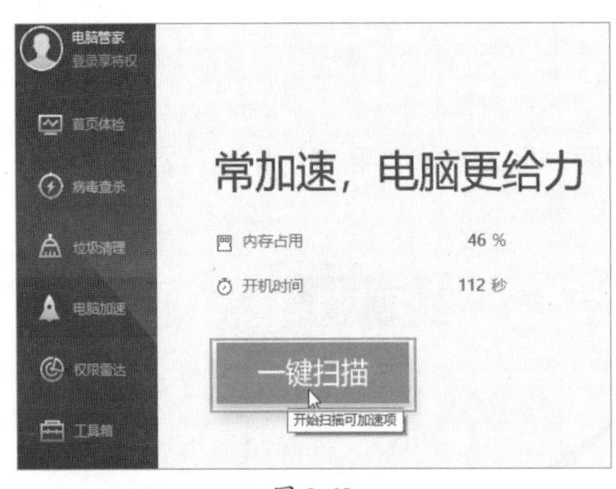

图 9-69

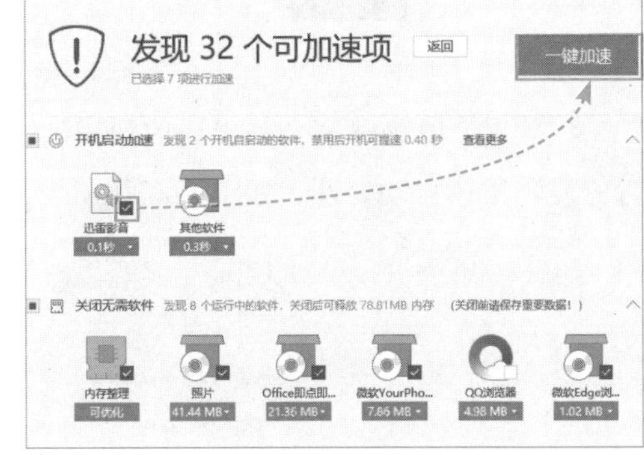

图 9-70

知识点拨

开机时间管理及更多启动项管理

在“电脑加速”主界面中，可以单击“开机时间管理”按钮查看更多的系统启动项目，也可以直接禁用，如图9-71所示。还可以在“启动项”功能中结束不需要的开机启动项，或者恢复启动，如图9-72所示。

图 9-71　　　　图 9-72

4. 系统优化

电脑管家有专门的系统优化板块，可对电脑的各方面进行优化管理，用户只要勾选对应的复选框即可启用。

Step 01 在“垃圾清理”选项主界面中单击右下角的“文件清理”按钮，如图9-73所示。

Step 02 切换到“系统加速”选项卡，单击“重新扫描”按钮，如图9-74所示，软件会检测当前的操作系统是否需要优化，需要哪些优化，如图9-75所示。

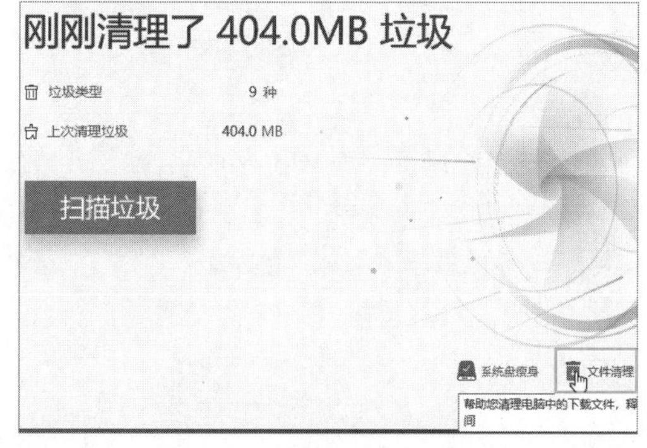

图 9-73

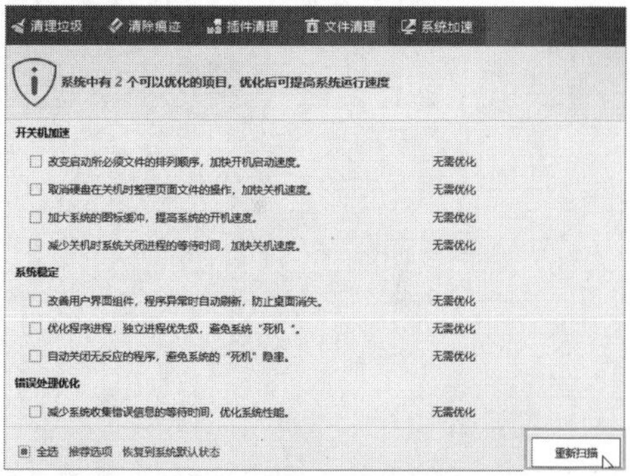

图 9-74

Step 03 软件检测出需要优化的内容，单击“立即优化”按钮，如图9-75所示。

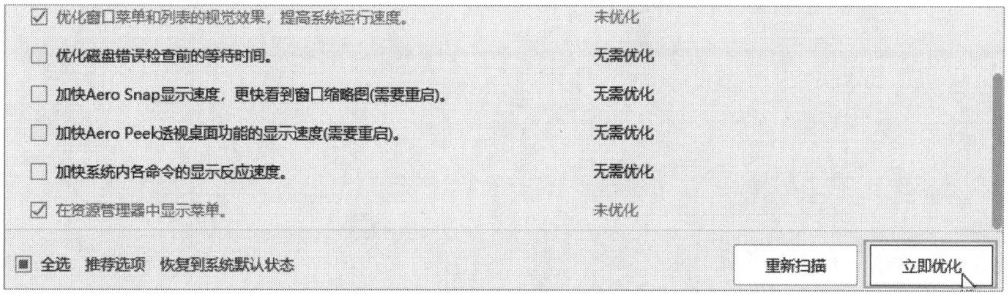

图 9-75

第10章 电脑的日常维护

电脑的优化是为了使电脑工作得更好，而电脑的维护是确保电脑可以长期正常、稳定地使用。电脑的维护有很多方面，如电脑驱动的维护、安全的维护、电脑的备份和还原、杀毒与防毒等。下面将介绍电脑常用的维护方式和方法。

10.1 电脑的防毒和杀毒

电脑的威胁有很多，最常见的就是病毒和木马。本节主要介绍电脑病毒、木马及防毒杀毒的知识。

10.1.1 电脑病毒与木马概述

虽然现在病毒和木马的界线越来越不明显，但电脑病毒和木马在原理上还是有区别的，下面介绍病毒和木马的相关概念。

1. 电脑病毒和木马

和操作系统及应用软件类似，病毒和木马实质上也是一种非常特殊的计算机程序。

根据相关部门的定义，计算机病毒是指专门编制或者在计算机程序中插入的破坏计算机功能或者破坏数据、影响计算机使用并能自我复制的一组计算机指令或者程序代码。常见的病毒如风靡一时的“熊猫烧香”病毒，如图10-1所示。

与病毒不同，木马不会破坏电脑，会随着电脑启动联网而运行，通知黑客并打开端口。黑客利用木马程序，可以任意地修改计算机的参数设定、复制文件、窥视整个硬盘中的内容等，从而达到控制计算机及窃取财产的目的。冰河木马病毒如图10-2所示。

图 10-1

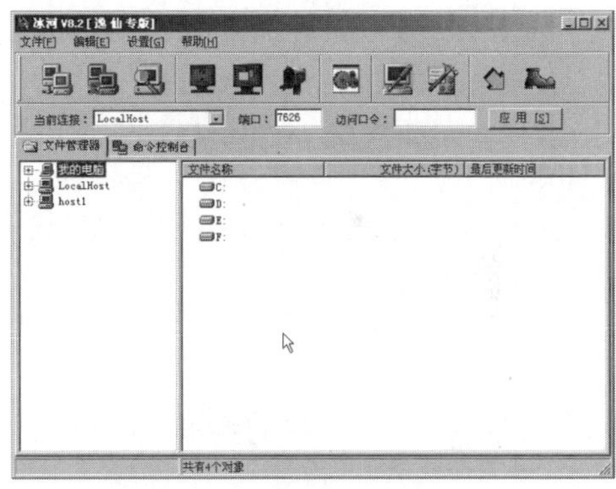

图 10-2

2. 电脑病毒的特征

电脑病毒具有繁殖性、破坏性、传染性、潜伏性、隐蔽性和可触发性。

- **繁殖性：** 和生物病毒类似，电脑病毒可以繁殖，能够自我复制。
- **破坏性：** 感染病毒后，可能导致正常的程序无法使用，会自动添加或删除计算机信息。
- **传染性：** 病毒可以从一台已感染的电脑传播到另一台。
- **潜伏性：** 有些病毒像定时炸弹一样，可根据触发条件启动并进行破坏。
- **隐蔽性：** 大多数病毒隐藏得非常好，甚至有些杀毒软件都查不出来。
- **可触发性：** 因某个时间点或某个数值的出现，触发病毒实施感染或攻击。

3. 电脑病毒的分类

根据不同的标准，电脑病毒可分为多种类型。

- 根据病毒感染的方式，可以分为引导区域型病毒、文件型病毒、混合型病毒、宏病毒和网络病毒。
- 根据病毒感染硬件的种类，可以分为驻留型病毒和非驻留型病毒。
- 根据病毒的破坏能力，可以分为无害型、无危险型、危险型和非常危险型。

4. 感染病毒及木马后的表现

电脑感染了病毒，一般会表现为死机、蓝屏、电脑卡顿、弹窗、篡改桌面图标、恶意加密文件、删除文件等。勒索病毒也是病毒的一种，如图10-3所示。而电脑中了木马，一般没有明显异常，偶尔会有卡顿、网速变慢等问题，因为只有电脑正常运行，木马才能窃取信息。

图 10-3

知识点拨

电脑感染病毒后的具体表现

电脑感染病毒后，有一些比较明显的表现形式，但需要结合如下其他多方面因素才能判断是否中毒。

- 显示器出现异常字符或画面，如图10-4所示。
- 文件长度莫名增加、减少或出现新文件。
- 可运行文件无法运行或丢失。
- 计算机系统无故进行磁盘读写或格式化。
- 系统出现异常重启或经常死机。
- 系统可用内存明显减小。
- 打印机等外部设备突然工作。
- 磁盘出现损坏磁道或存储空间突然减小。
- 程序或数据突然消失或文件名不能辨认。

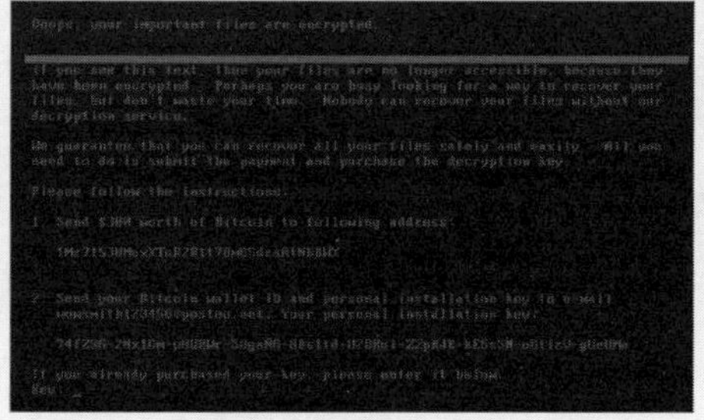

图 10-4

5. 计算机病毒和木马的清除与预防

如果感染了病毒或木马，最好立即关闭系统，进入安全模式并进行全面杀毒。

提高系统安全性是预防病毒的一个重要方法，可以按照下面的方案进行。

第一，增强网络管理人员和使用人员的安全意识，使用安全密码并经常更换。

第二，安装杀毒软件并及时更新病毒库。

第三，及时扫描及修复漏洞。

第四，不打开陌生的可疑文件。

第五，对数据进行必要的备份。

10.1.2 安全软件的使用

现在的安全软件不仅可以做到查杀病毒，还能长期监控系统的状态并对文件实时扫描。下面介绍一款比较热门的安全软件——火绒软件的使用。该软件是一款杀防一体的安全软件，分为个人产品和企业产品，拥有丰富的功能和完美的体验。特别根据国内安全趋势，自主研发了高性能病毒通杀引擎。火绒软件的主要特色是简单易用、一键安装。该软件的主要优势如下。

- **干净：**无任何具有广告推广性质的弹窗和捆绑等打扰用户的行为。
- **简单：**一键下载，安装后使用默认配置即可获得安全防护。
- **小巧：**占用资源少，不影响日常办公或打游戏。
- **易用：**产品性能经历数次优化，兼容性好，运行流畅。

1. 计算机病毒和木马的查杀

安全软件最主要的功能就是查杀病毒及木马软件，下面介绍具体的操作步骤。

Step 01 进入火绒软件的主界面，单击“病毒查杀”按钮，如图10-5所示。

Step 02 在弹出的查杀模式中单击“全盘查杀”按钮，如图10-6所示。

图 10-5

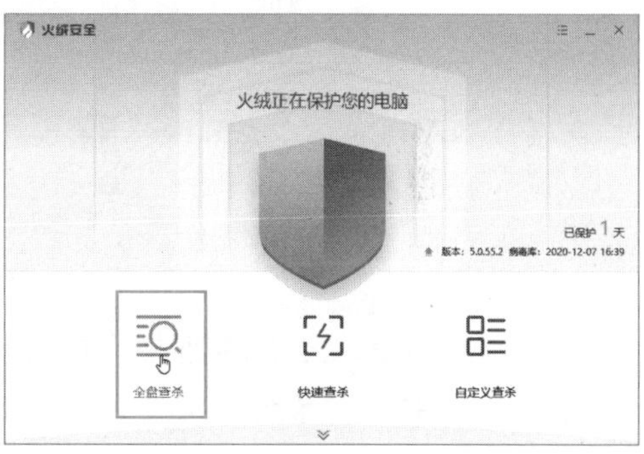

图 10-6

几种查杀模式的区别

一般杀毒都有全盘、快速和自定义三种查杀模式。快速查杀是查杀电脑的关键区域，一般是系统的工作区。快速查杀可以在需要时启动查杀。全盘查杀主要针对电脑中所有文件进行查杀，花费时间较长，建议定期做全盘查杀。自定义查杀是根据实际情况，选择一些经常下载的目录进行查杀。

Step 03 软件会自动扫描当前磁盘的所有分区、目录及文件，同病毒库进行对比，也就是进行杀毒操作，如图10-7所示。

Step 04 如果没有问题会弹出完成提示，单击“完成”按钮，如图10-8所示。

图 10-7

图 10-8

2. 防护功能

除了杀毒外，火绒软件还有实时防护功能，可以监控文件、用户及软件操作的安全性。

Step 01 在火绒软件的主界面中，单击“防护中心”按钮，如图10-9所示。

Step 02 在“防护中心”界面中单击“文件实时监控”按钮，如图10-10所示。

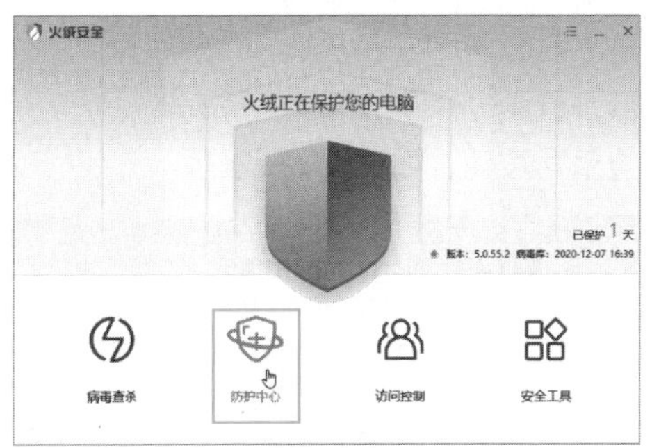

图 10-9

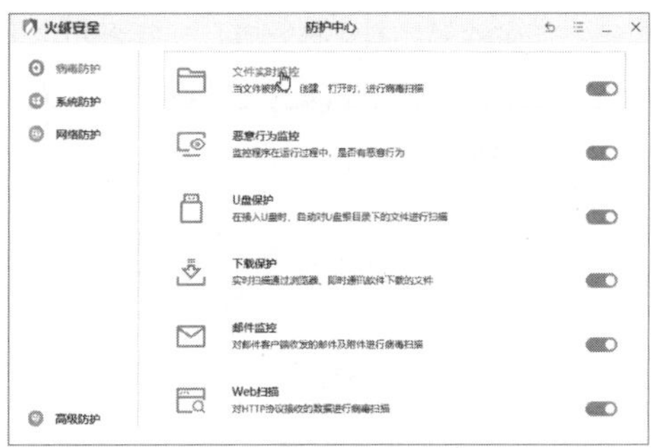

图 10-10

Step 03 设置“文件实时监控”的参数，如图10-11所示。

Step 04 关闭该界面，返回到上一级，可以启用或者关闭某些功能，如图10-12所示。

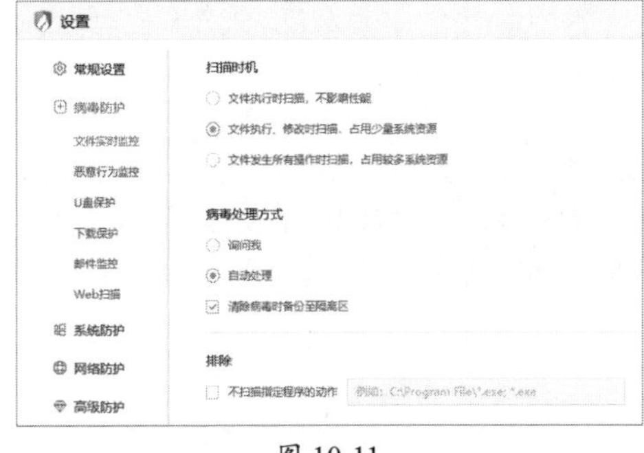

图 10-11

图 10-12

火绒软件的防护功能

在火绒软件的防护中心，除了“病毒防护”，还有“系统防护”和“网络防护”，如图10−13及图10−14所示，几乎涵盖了系统的所有防护。用户可以像设置“文件实时监控”一样，对图中所有的功能进行详细设置。

图 10-13

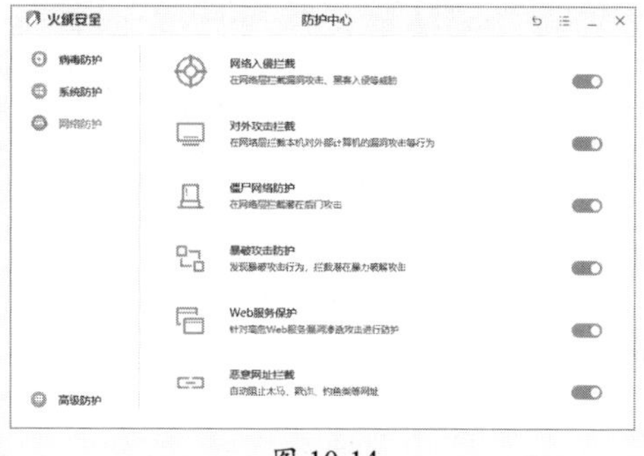

图 10-14

3. 访问控制的管理

设置电脑可以联网的时间段、不允许访问的网站等。这些在火绒中可以轻松实现。

Step 01 在火绒软件的主界面单击“访问控制”按钮，如图10-15所示。

Step 02 在“访问控制”中先单击“上网时段控制”开关按钮，再单击“上网时段控制”按钮，如图10-16所示。

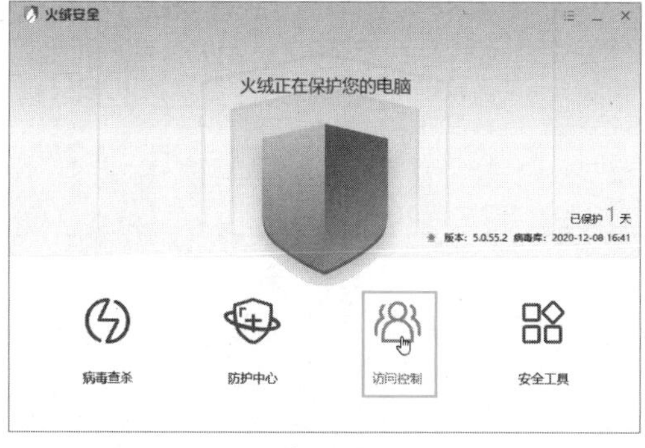

图 10-15

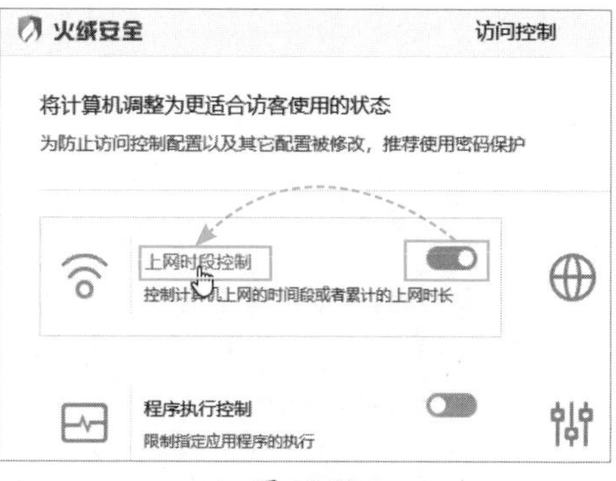

图 10-16

Step 03 在“上网时段控制”界面填充阻止上网的时间，如图10-17所示。

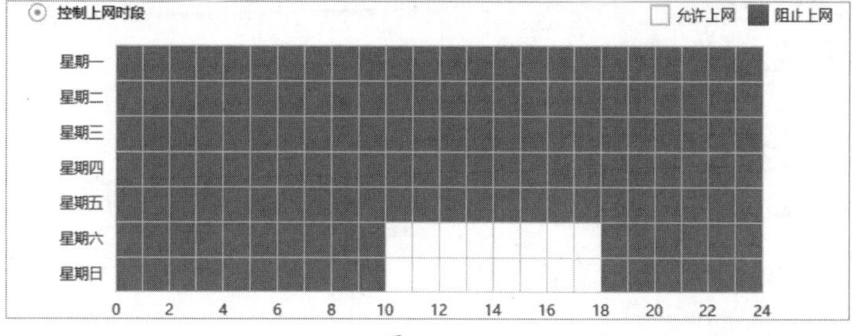

图 10-17

Step 04 关闭页面，返回“访问控制”主界面中，单击“网站内容控制”开关按钮并单击“网站内容控制”链接，如图10-18所示。

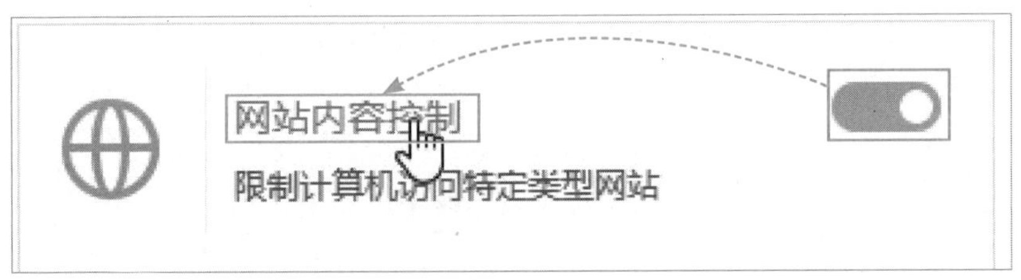

图 10-18

Step 05 在“网站内容控制”界面打开不允许访问的网站类型开关按钮，单击“添加网站”按钮，如图10-19所示。

Step 06 输入该类型的名称及不允许访问的网站地址，单击“保存”按钮，如图10-20所示。

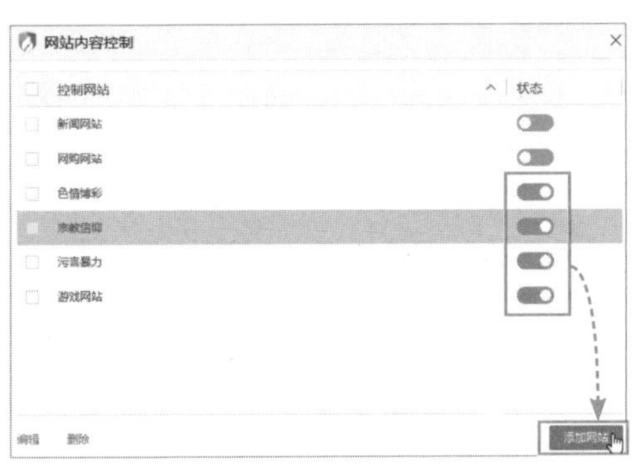

图 10-19

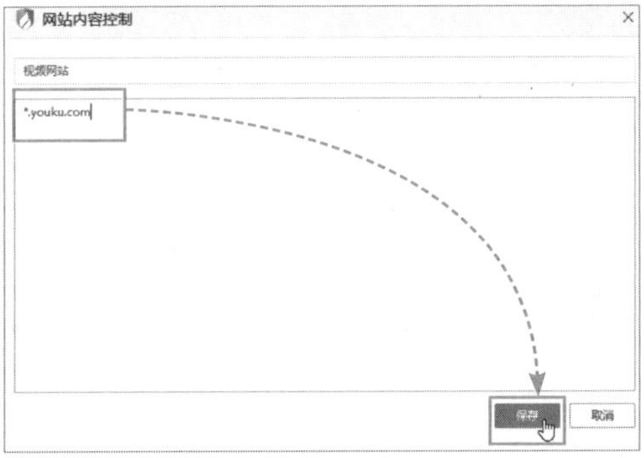

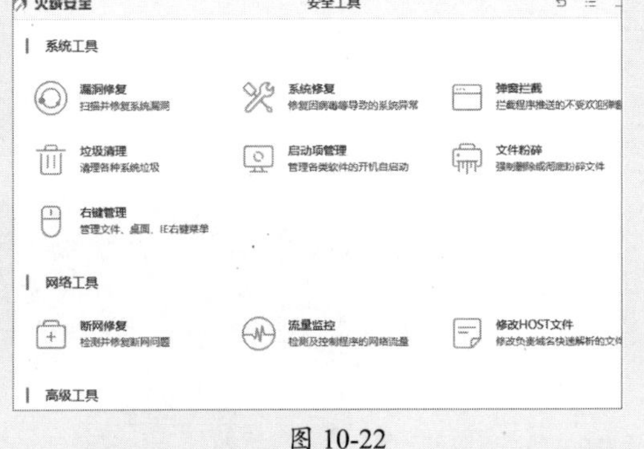

图 10-20

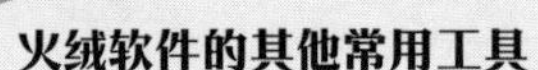

火绒软件的其他常用工具

在火绒软件的主界面中单击“安全工具”按钮，如图10-21所示，可以打开“安全工具”界面，如图10-22所示。

图 10-21

图 10-22

在该界面中有很多实用工具，如扫描修复漏洞、弹窗拦截、垃圾清理、启动项清理等。单击对应的按钮后，会下载并启动这些独立的小工具来维护或优化系统。例如在“弹窗拦截”工具中可以设置关闭软件的弹窗，如图10-23所示；在“垃圾清理”工具中可以扫描并清理发现的垃圾文件，如图10-24所示。

图 10-23

图 10-24

动手练 禁止程序启动

在火绒软件中，还有禁止程序启动运行的功能，下面介绍具体的设置步骤。

扫码看视频

Step 01 在火绒软件主界面单击“访问控制”按钮，如图10-25所示。

Step 02 在“访问控制”界面首先单击开关按钮启动功能，然后单击“程序执行控制”按钮，如图10-26所示。

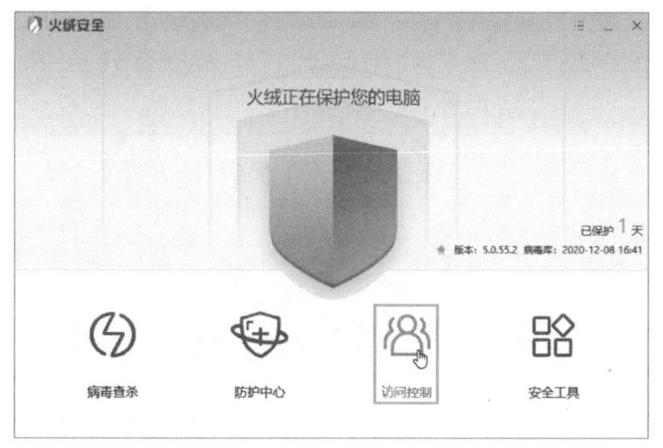

图 10-25

图 10-26

Step 03 在“程序执行控制”界面中可以禁用某些类型程序，如单击“单机游戏”开关按钮，禁止单击游戏启动。单击“添加程序”按钮，如图10-27所示，手动添加一个禁止启动的程序。

Step 04 在程序列表中选择禁止启动的程序，如QQ浏览器，单击“保存”按钮，如图10-28所示。

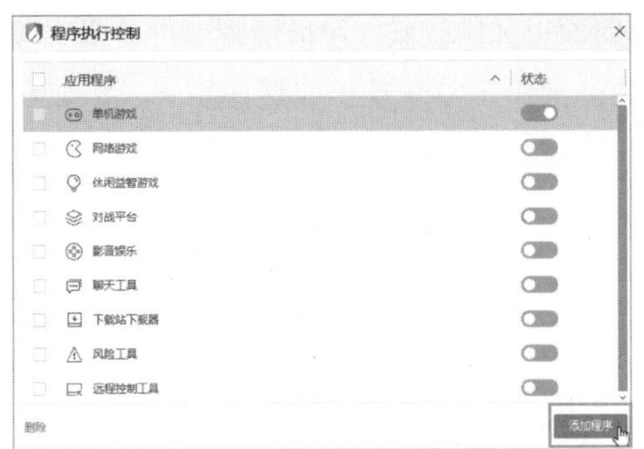

图 10-27

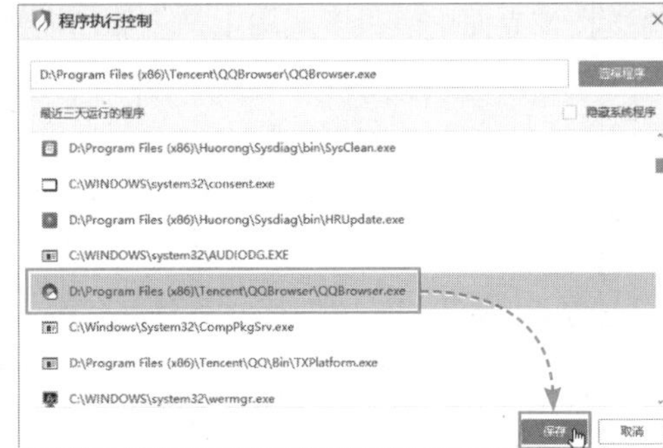

图 10-28

Step 05 返回“程序执行控制”界面，可以看到QQ浏览器已经添加到最下方，当前是禁用状态，如图10-29所示。

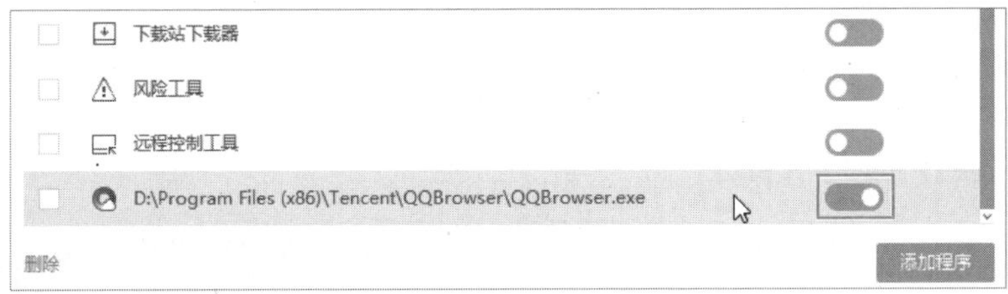

图 10-29

Step 06 双击QQ浏览器图标启动该软件时，火绒会弹出信息提示该软件已经被禁用，如图10-30所示。

图 10-30

注意事项 **开启密码保护**

仅仅设置禁用功能还不够，还需要设置密码保护以防止其他用户更改设置跳过规则。开启密码保护的步骤如下。

Step 01 打开“访问控制”界面，单击右上角的“密码保护”按钮，如图10-31所示。

图 10-31

Step 02 在“设置”界面中勾选“开启密码保护”复选框，如图10-32所示。

Step 03 在“密码设置”界面中设置密码并勾选保护范围中需要保护的功能前的复选框，设置完毕后单击“保存”按钮，如图10-33所示。

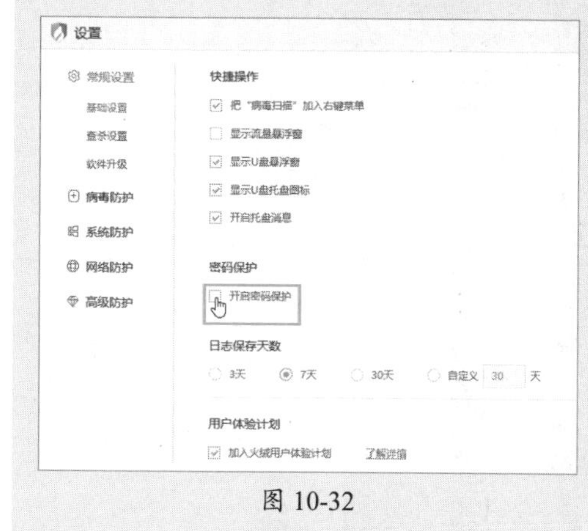

图 10-32

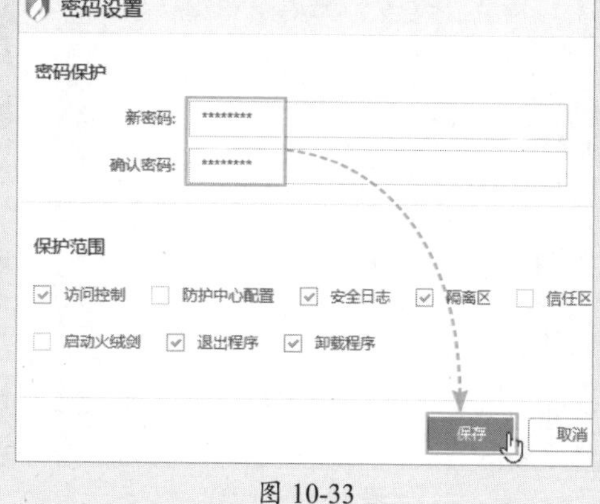

图 10-33

如果其他用户恶意调整参数，或者要关闭火绒软件，会提示输入密码保护设置的密码才能继续操作，如图10-34所示。

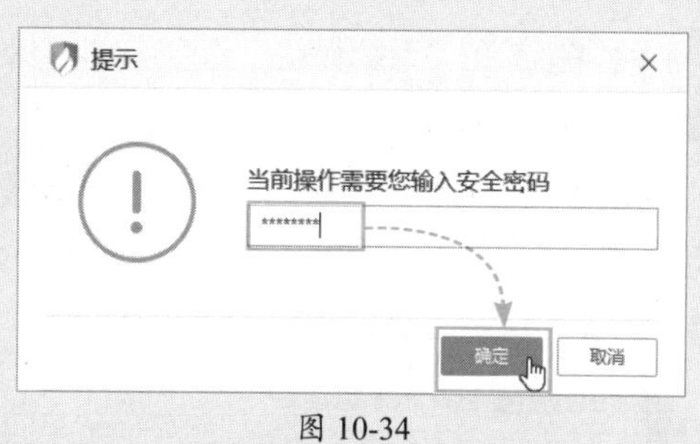

图 10-34

10.2 电脑的备份和还原

电脑维护最主要的目的是使电脑能正常工作，排除影响工作的因素。维护的一项重要内容是做好电脑的备份工作，在出现问题后能够及时还原，不影响电脑的正常使用。

10.2.1 使用系统还原点进行备份和还原

计算机系统还原点存储了当前系统的主要工作状态，计算机系统发生问题后可以还原到还原点的工作状态。下面介绍系统还原点的创建和还原到还原点状态的步骤。

1. 创建系统还原点

默认情况下系统还原功能是关闭的，需要进行配置并启动。

Step 01 在桌面的“此电脑”上右击，在弹出的快捷菜单中选择“属性”选项，如图10-35所示。

Step 02 在“系统”界面中单击“系统保护”按钮，如图10-36所示。

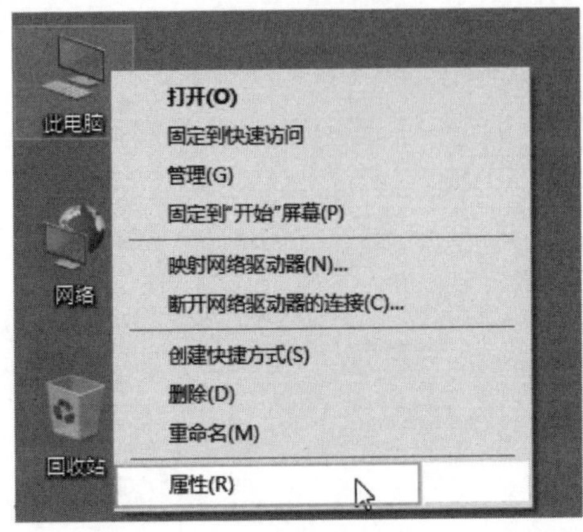

图 10-35

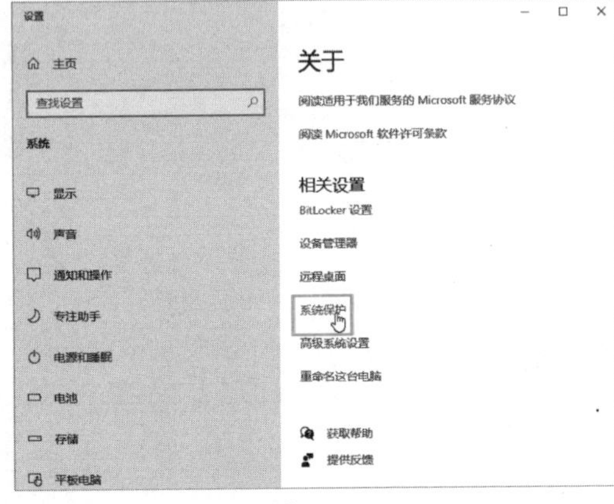

图 10-36

Step 03 在“系统保护”选项卡的“保护设置”列表中选择系统盘，这里选择“本地磁盘（C:）(系统)”选项，单击“配置”按钮，如图10-37所示。

Step 04 在配置界面中选中“启用系统保护”单选按钮，拖动滑块，设置系统保护的最大空间，单击“确定”按钮，如图10-38所示。

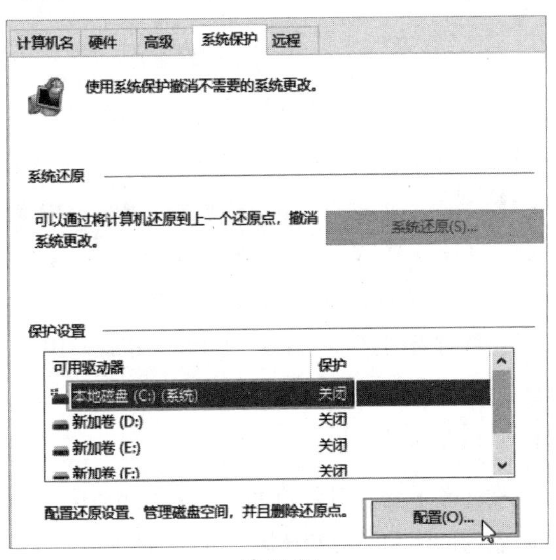

图 10-37

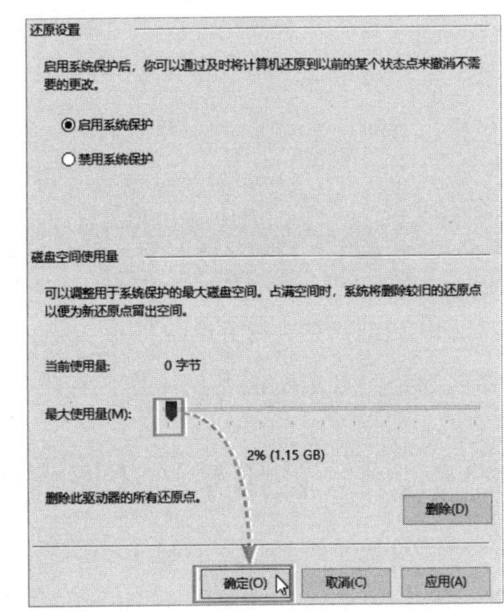

图 10-38

Step 05 返回“系统属性”界面，单击“创建”按钮，如图10-39所示，为选择的驱动器设置还原点。

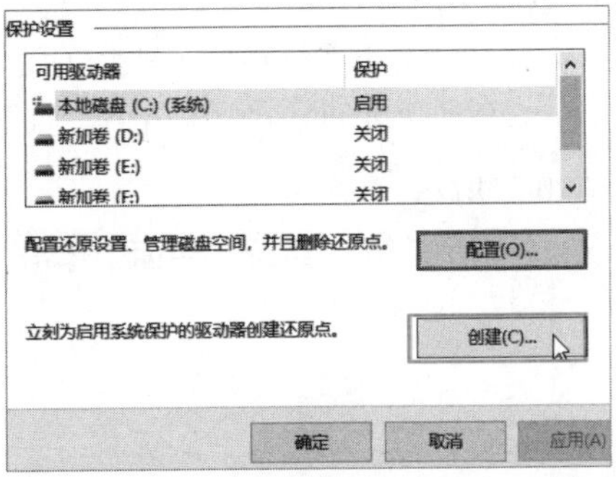

图 10-39

Step 06 在“系统保护”对话框中为还原点创建描述信息，完成后单击“创建”按钮，如图10-40所示。

Step 07 完成还原点创建会弹出提示信息，单击“关闭”按钮，如图10-41所示。

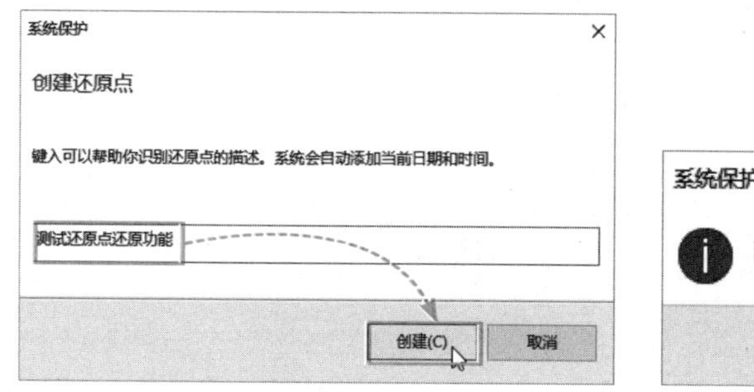

图 10-40

图 10-41

注意事项 系统还原点并不是还原用户的文件

系统还原可帮助用户将计算机的系统文件还原到备份的还原点状态，可以在不影响个人文件的情况下，撤销对计算机的系统更改，这种更改包括安装程序或驱动等。还原点中还存储了有关注册表设置和Windows使用的其他系统信息。系统还原点并不备份用户的文件，也无法恢复已删除或损坏的个人文件。

2. 使用还原点还原系统

接下来就可以使用创建的还原点还原系统。为了方便演示，首先安装一个温度软件，安装完毕，可以在“应用和功能”中找到安装记录，如图10-42所示。下面介绍具体的还原步骤。

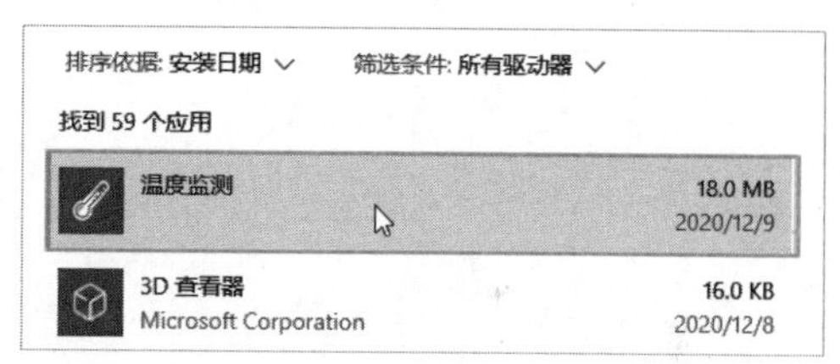

图 10-42

Step 01 进入“系统保护”选项卡中，单击“系统还原”按钮，如图10-43所示。

Step 02 进入系统还原向导界面，单击“下一步”按钮，如图10-44所示。

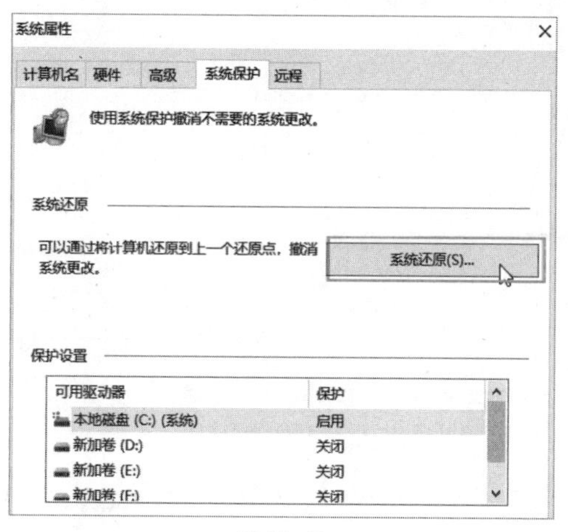

图 10-43

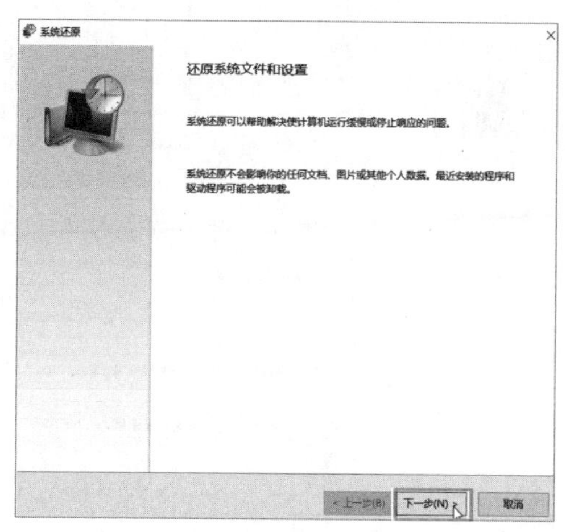

图 10-44

Step 03 可以查看所有还原点信息及备份的日期、描述等内容。选择系统正常工作状态下的还原点，单击“下一步”按钮，如图10-45所示。

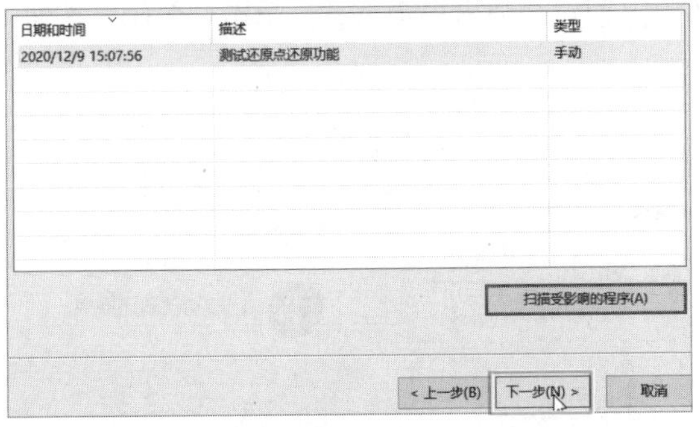

图 10-45

注意事项 查看受影响的程序或驱动

单击“扫描受影响的程序”按钮，系统会列出受影响的程序，如刚刚安装的“温度监控”，如果有其他的驱动变动也会列出，确认后单击“关闭”按钮，如图10-46所示。

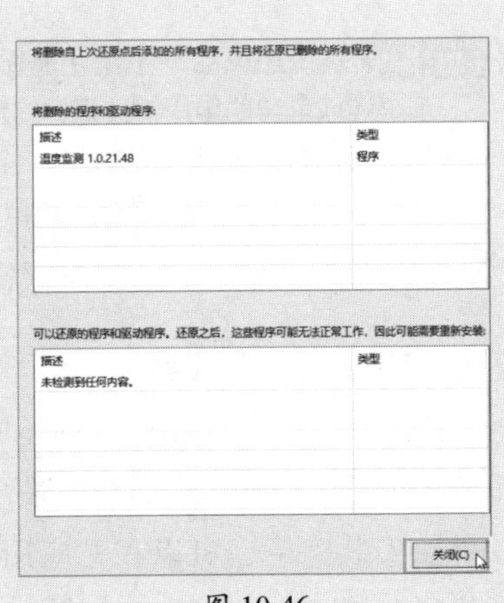

图 10-46

Step 04 系统弹出确认信息，单击“完成”按钮，如图10-47所示。

Step 05 系统弹出警告信息，单击“是”按钮，如图10-48所示。

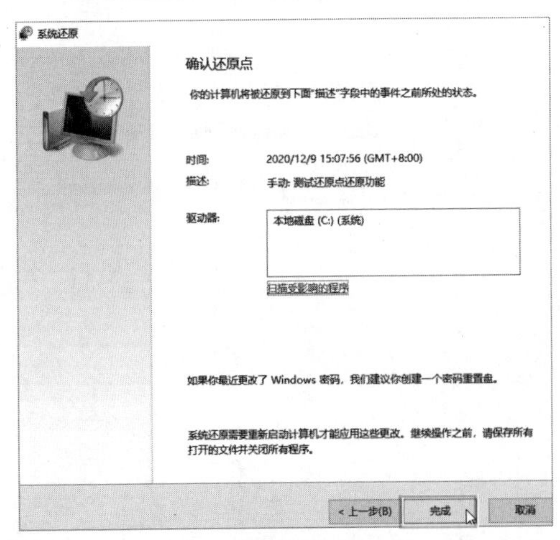

图 10-47

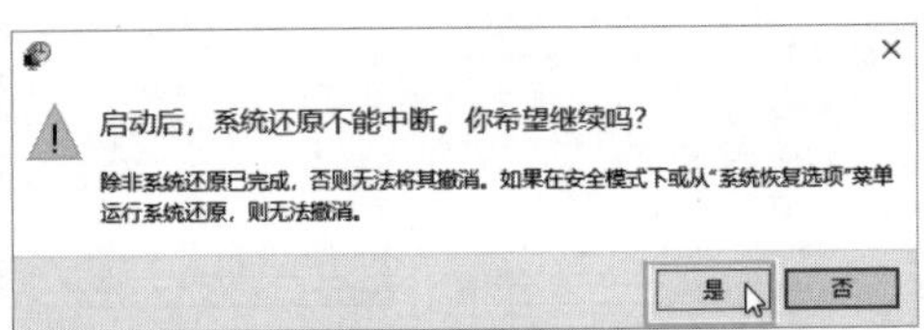

图 10-48

Step 06 系统开始还原，如图10-49所示，完成后会弹出成功信息，如图10-50所示。

图 10-49

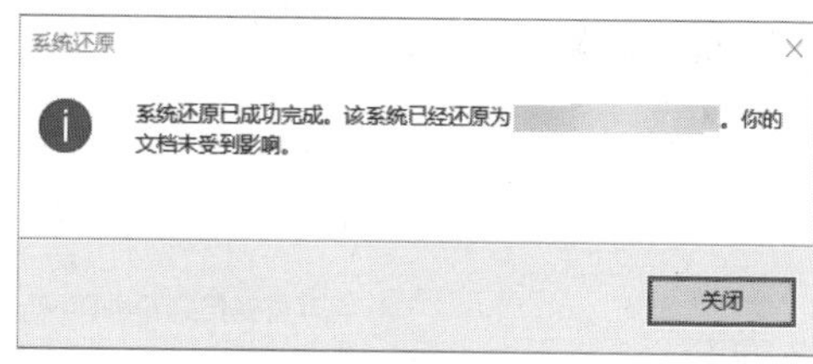

图 10-50

注意事项 还原点还原提示“卷影副本错误”

如果用户使用了QQ电脑管家，需到电脑管家设置中心，在“实时防护”中取消勾选“开启卷影副本”复选框。

10.2.2 使用Windows备份还原功能

这里的备份还原功能就不是还原点，而是Windows自带的，可以备份和还原包括数据文件、库文件、系统文件和手动配置的位置等，可以做到增量备份。下面介绍具体的操作方法。

1. 创建 Windows 备份

在还原前一定要创建备份，没有备份就无法还原。

Step 01 使用Win+I组合键启动“Windows 设置”，单击“更新和安全”按钮，如图10-51所示。

Step 02 选择“备份”选项，单击“添加驱动器”按钮，如图10-52所示。

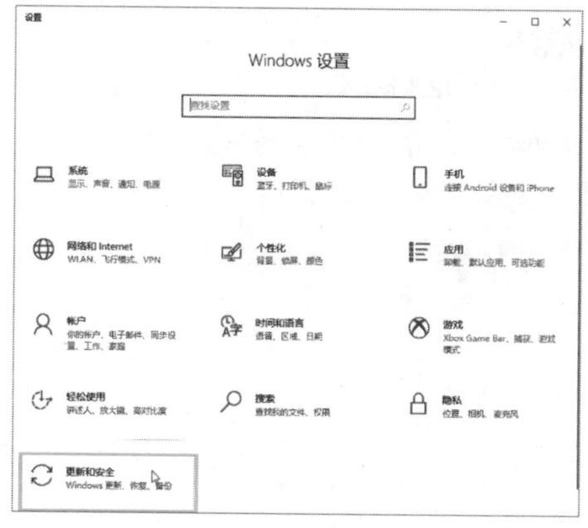

图 10-51

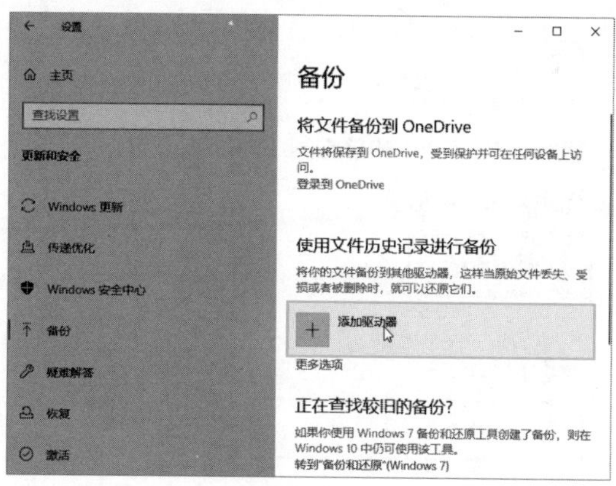

图 10-52

注意事项 Windows备份需要新驱动器的支持

Windows备份无法在同一硬盘上进行备份。Windows考虑得比较全面，本驱动器损坏，无论备份在哪个分区，都会损坏，所以要另一个驱动器的支持。

Step 03 添加硬盘后，可以找到并选择新的驱动器，如图10-53所示。

Step 04 “自动备份我的文件”功能按钮自动打开，单击“更多选项”按钮，如图10-54所示。

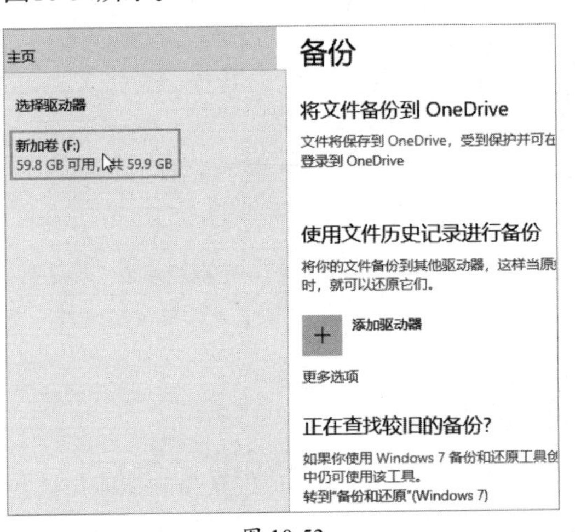

图 10-53

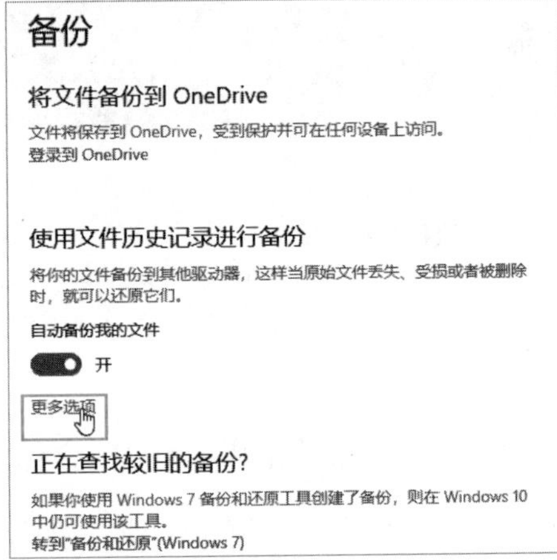

图 10-54

Step 05 进入“备份选项”设置界面，可以设置备份的目录、时间等。用户根据实际情况进行设置。完成后单击“立即备份”按钮，如图10-55所示。

Step 06 备份完成后可以查看备份信息，如图10-56所示。

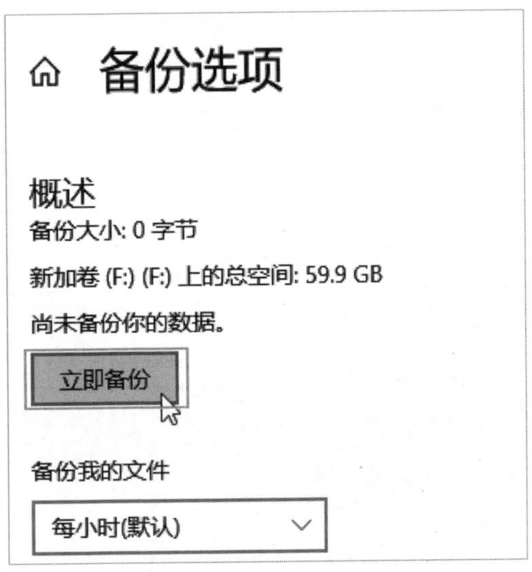

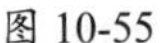
图 10-55

图 10-56

2. 使用备份还原

出现问题后可以使用备份还原用户的文件等。下面介绍还原的操作步骤。

Step 01 打开“备份选项”功能界面，单击“从当前的备份还原文件”按钮，如图10-57所示。

Step 02 在弹出的备份内容中可以查看备份的所有文件夹。选择需要还原的文件夹或文件，单击“还原到原始位置”按钮，如图10-58所示。稍等片刻，完成文件或文件夹的还原。

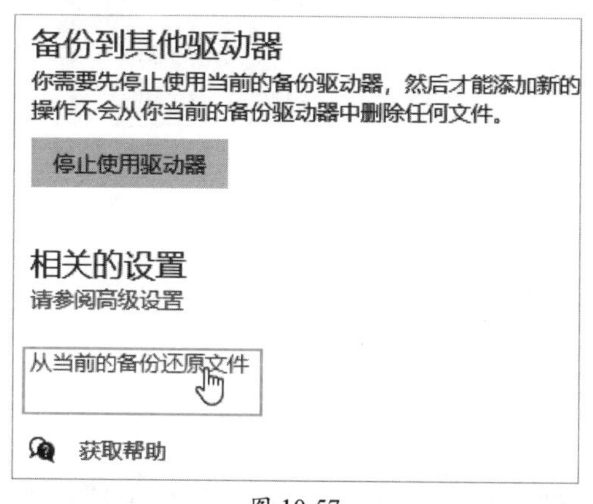

图 10-57

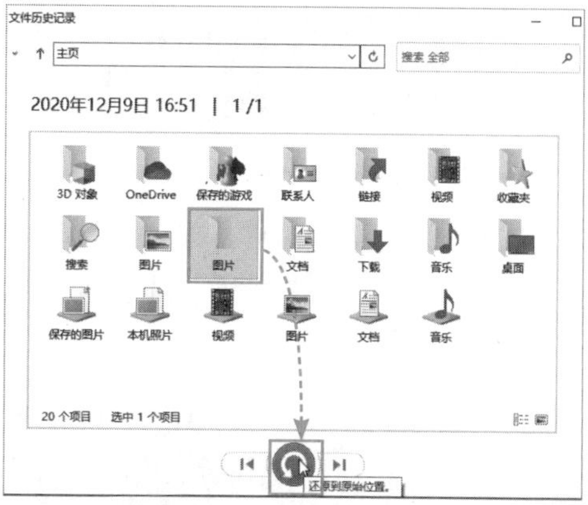

图 10-58

动手练 重置操作系统

如果系统本身出现问题，可以考虑重置操作系统，类似手机的恢复出厂值设置，这样就省去了安装操作系统的麻烦。

Step 01 使用Win+I组合键打开“Windows设置”界面，单击“更新和安全”按钮，在“更新和安全”界面中选择“恢复”选项，单击“开始”按钮，如图10-59所示。

Step 02 系统提示是否保留用户文件，单击“删除所有内容”按钮，如图10-60所示。

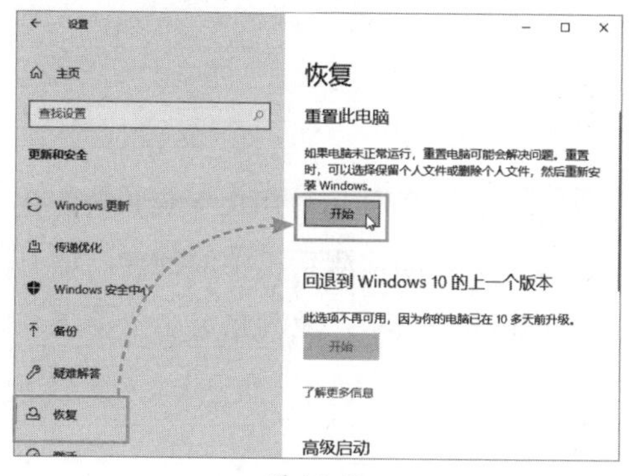

图 10-59

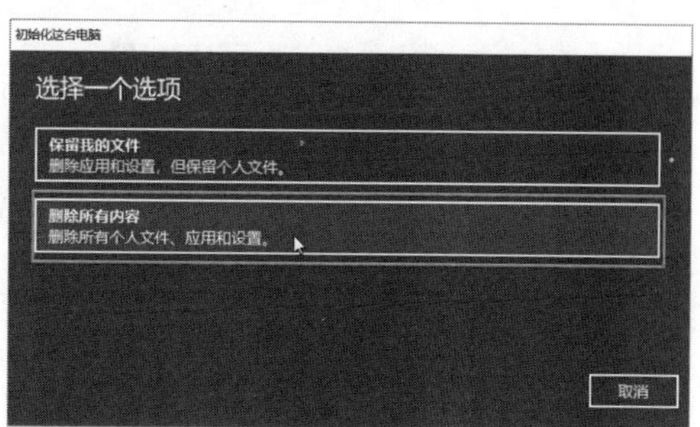

图 10-60

Step 03 选择恢复的驱动器，单击“仅限安装了Windows的驱动器”按钮，如图10-61所示。

Step 04 单击“删除文件并清理驱动器”按钮，如图10-62所示。

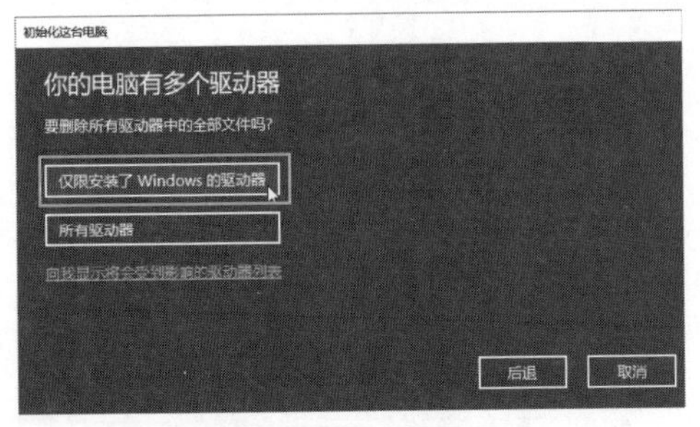

图 10-61

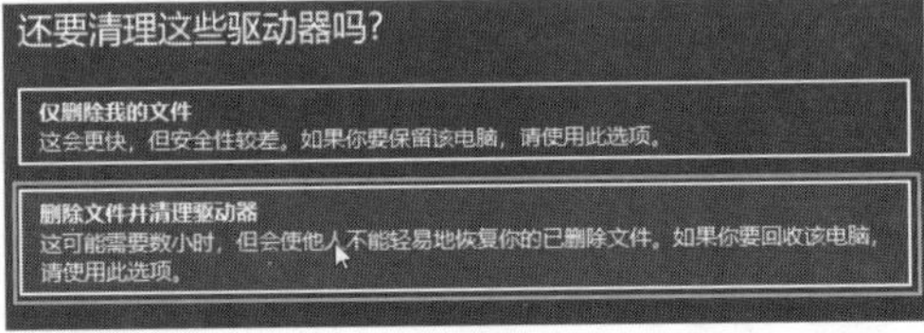

图 10-62

Step 05 系统弹出确认提示，单击“重置”按钮，如图10-63所示。

Step 06 系统开始初始化并重启电脑，如图10-64所示。完成重置后会进入系统设置界面。

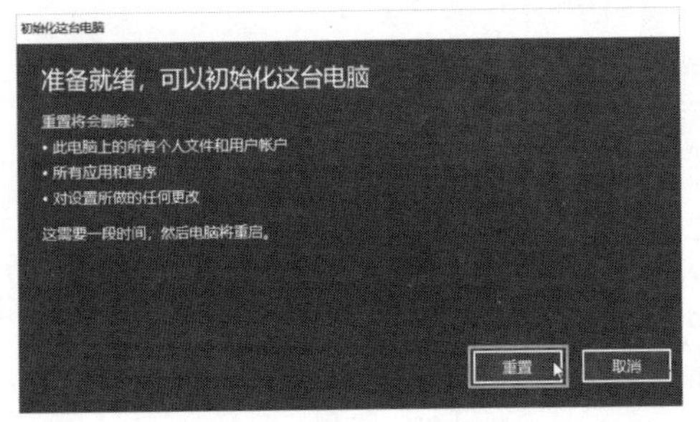

图 10-63

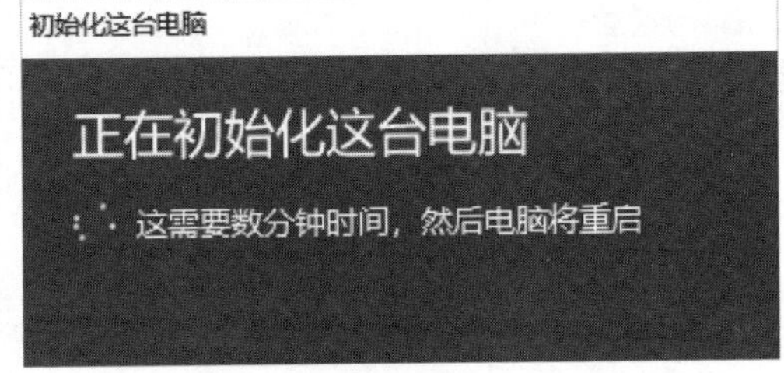

图 10-64

10.3 电脑驱动的维护

电脑驱动的维护包括电脑驱动的安装、更新、备份和还原等操作，下面以常用的驱动精灵为例介绍电脑驱动的维护步骤。

10.3.1 电脑驱动的安装

安装了操作系统的电脑，首先要给各种硬件安装驱动才能使用。用户下载并启动软件后，单击“立即检测”按钮，如图10-65所示，软件会自动检测系统中的硬件。如果需要安装或者升级，则单击“一键安装”按钮，如图10-66所示，驱动精灵会自动下载并启动对应的驱动安装程序。

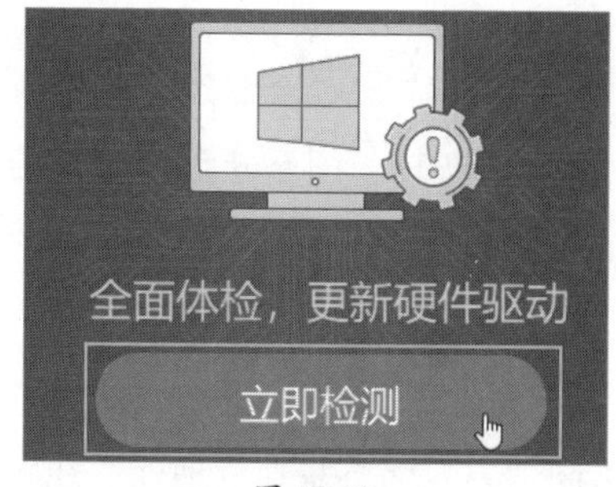

图 10-65

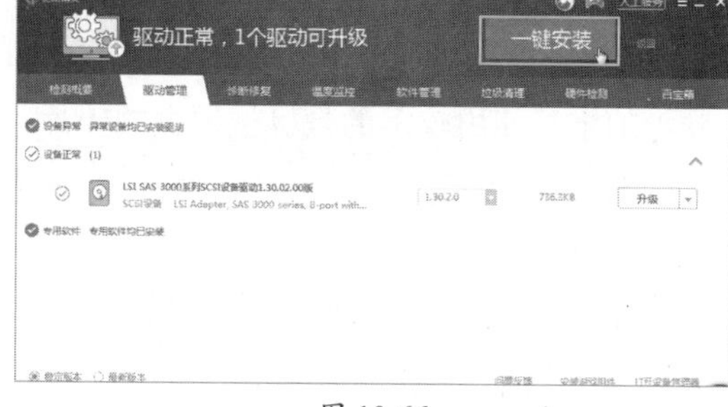

图 10-66

10.3.2 电脑驱动的备份与还原

安装后的驱动可以备份下来，在系统出现驱动问题后可以还原。

Step 01 单击硬件项的“已安装”下拉按钮，在弹出的列表中选择“备份”选项，如图10-67所示。

Step 02 在“备份”界面中勾选需要备份的项目，单击“一键备份”按钮，如图10-68所示。

图 10-67

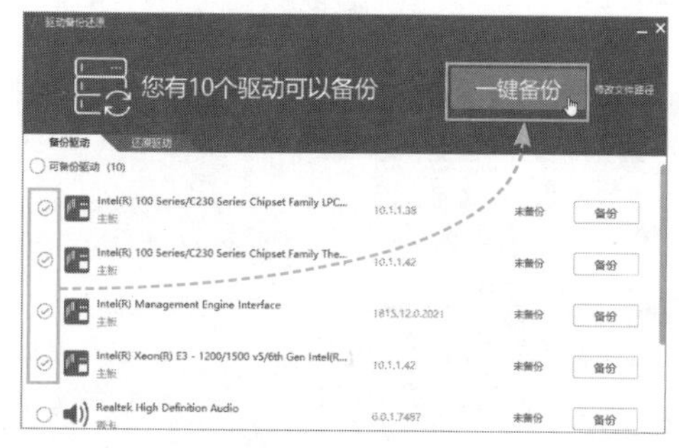

图 10-68

Step 03 备份完成后，如果遇到驱动问题，可以启动驱动精灵，在硬件项目后单击“已安装”下拉按钮，在弹出的列表中选择“还原”选项，如图10-69所示。

Step 04 在“还原驱动”界面中选择需要还原的驱动，单击“一键还原”按钮，如图10-70所示，驱动精灵会自动还原驱动。

图 10-69

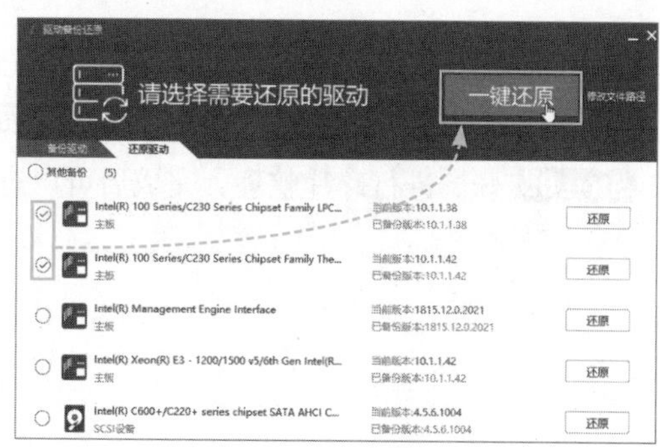

图 10-70

10.4 硬盘的维护

硬盘的维护使用较多的是机械硬盘的碎片整理和数据恢复。固态硬盘因原理的不同，可以不作碎片整理。

10.4.1 电脑硬盘的碎片整理

在电脑工作时，文件被分散保存在整个磁盘的不同地方，而不是连续地保存在磁盘的簇中。其他如IE浏览器浏览信息时生成的临时文件或临时文件目录的设置也会在系统中形成大量的碎片。经常进行磁盘的碎片清理，可以提升电脑硬盘的运行效率。

Step 01 打开“此电脑”界面，在需要进行碎片整理的分区上右击，在弹出的快捷菜单中选择“属性”选项，如图10-71所示。

Step 02 切换到“工具”选项卡，单击“优化”按钮，如图10-72所示。

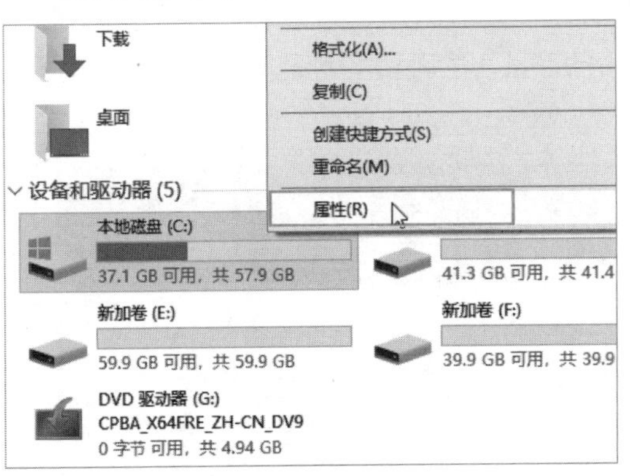

图 10-71

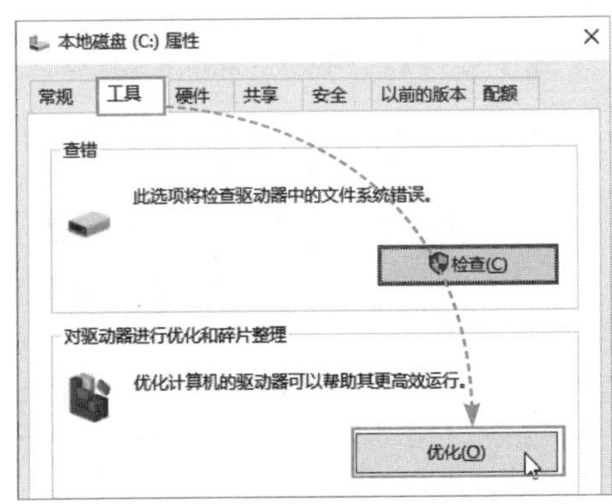

图 10-72

> **操作点拨**
>
> **碎片整理的作用**
>
> 整理碎片，就是将不连续的文件按照某种标准按序排列。整理碎片可以减少磁头的无序读取，可以连续读取很多数据，也就间接提高了磁盘的有效读取效率。定期对机械硬盘做磁盘碎片整理操作，可以保持电脑的良性运行。

Step 03 选择“C:”盘，单击“分析”按钮，如图10-73所示。

Step 04 分析完毕，单击“优化”按钮，如图10-74所示。

Step 05 开始进行碎片整理，完成后可以查看整理效果，如图10-75所示。

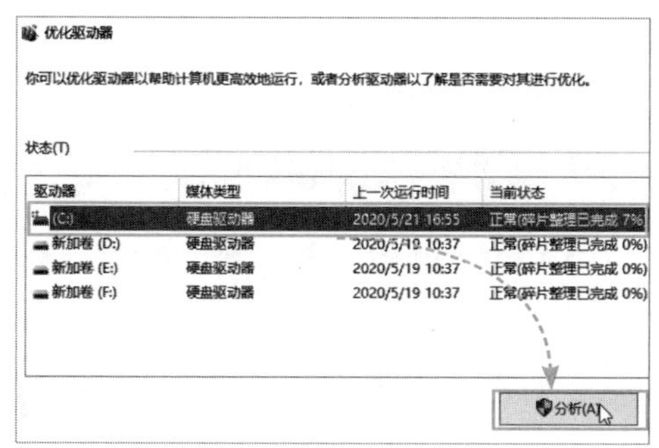

图 10-73

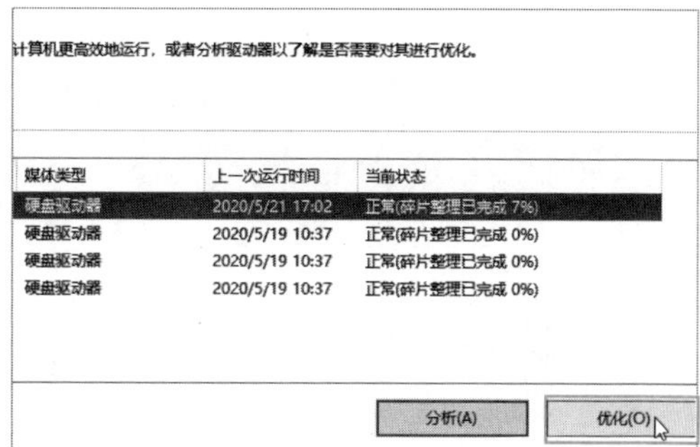

图 10-74

状态(T)

驱动器	媒体类型	上一次运行时间	当前状态
(C:)	硬盘驱动器	2020/5/21 17:03	正常(碎片整理已完成 0%)
新加卷 (D:)	硬盘驱动器	2020/5/19 10:37	正常(碎片整理已完成 0%)
新加卷 (E:)	硬盘驱动器	2020/5/19 10:37	正常(碎片整理已完成 0%)
新加卷 (F:)	硬盘驱动器	2020/5/19 10:37	正常(碎片整理已完成 0%)

图 10-75

10.4.2 数据恢复

数据恢复是使用软件从硬盘上恢复已经删除或者损坏的文件，这里使用的是R-Studio。R-Studio是一个功能强大、节省成本的反删除和数据恢复软件系列，其采用独特的数据恢复新技术，为恢复FAT12/16/32、NTFS、NTFS5（由Windows 2000/Windows XP/Windows 2003/Windows Vista/Windows 8/Windows 10创建或更新）、Ext2FS/Ext3FS（OSX Linux文件系统）及UFS1/UFS2（FreeBSD/OpenBSD/NetBSD文件系统）分区的文件提供了最广泛的数据恢复解决方案，为用户挽回数据，减少数据丢失造成的损失。下面介绍恢复的步骤。

Step 01 启动软件，选中被删除的文件或文件夹所在的分区，单击“扫描”按钮，如图10-76所示。

Step 02 单击“已知文件类型”按钮，如图10-77所示。

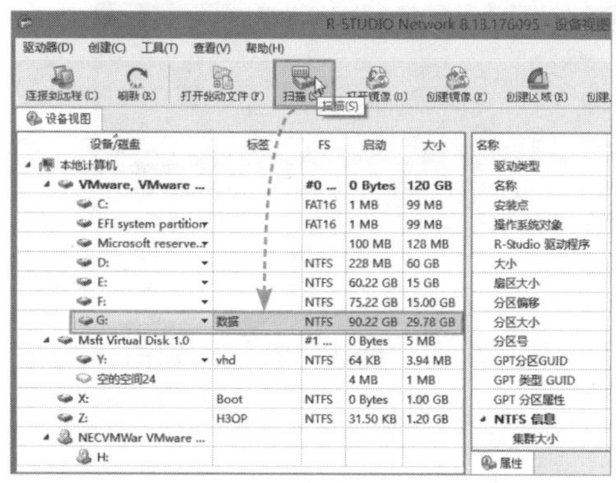

图 10-76

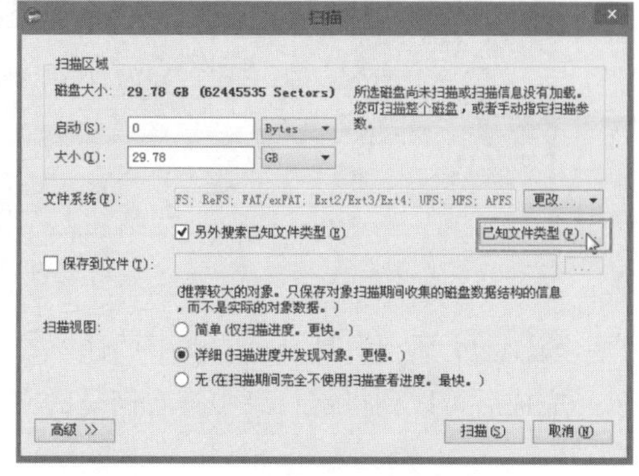

图 10-77

Step 03 选择需要扫描的类型，完成后单击“确定”按钮，如图10-78所示。

Step 04 其余选项保持默认参数，单击“扫描”按钮，如图10-79所示。

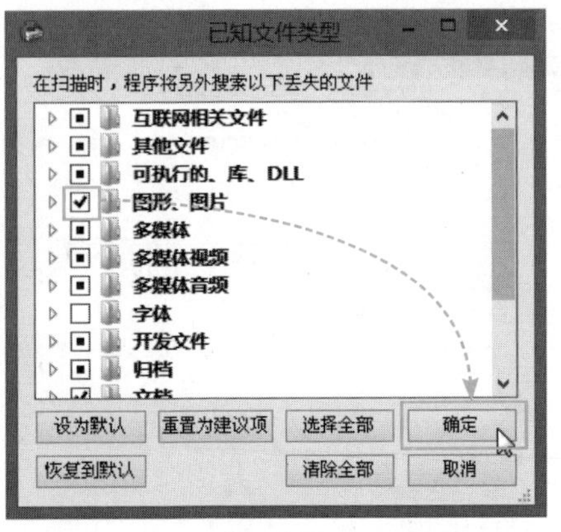

图 10-78

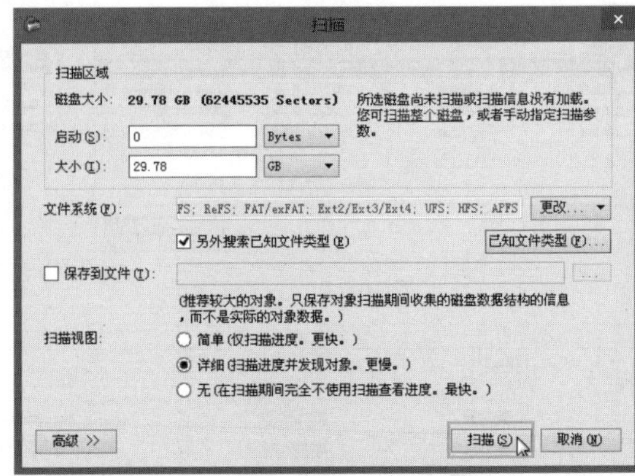

图 10-79

Step 05 扫描完毕后，选中扫描的“G:”盘，单击“打开驱动文件”按钮，如图10-80所示。

Step 06 查看文件是否为删除的文件，如图10-81所示。

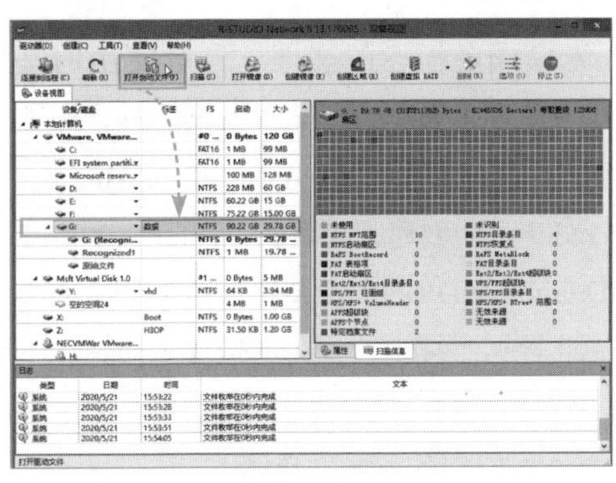

图 10-80

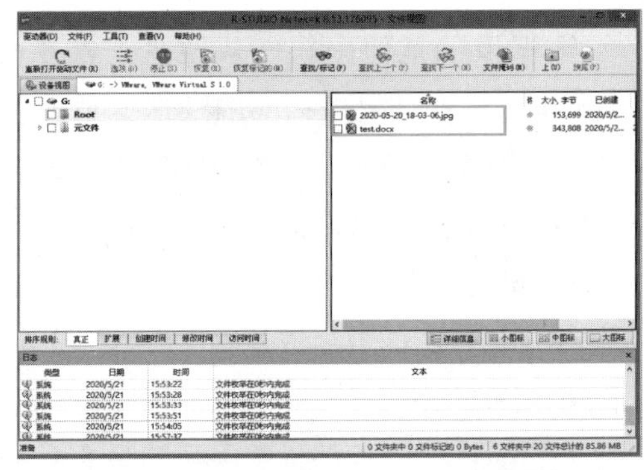

图 10-81

Step 07 确认无误后，选中文件，单击“恢复标记的”按钮，如图10-82所示。

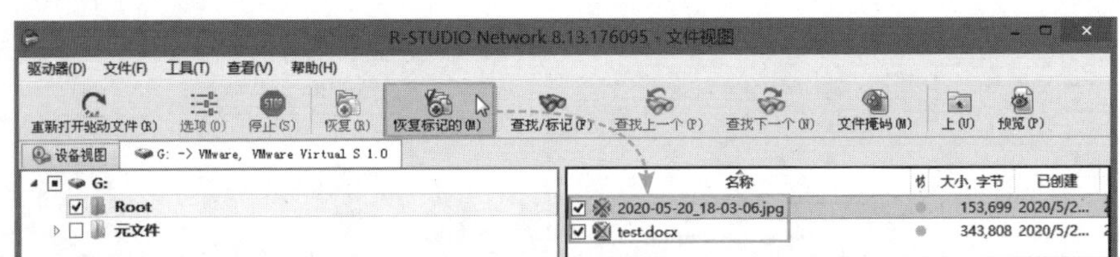

图 10-82

Step 08 在“恢复”对话框中选择恢复到的位置，单击“确认”按钮，如图10-83所示。完成后可以到指定目录中查看恢复的文件，如图10-84所示。

图 10-83

图 10-84

注意事项 数据恢复的原则

硬盘一旦发生故障，要立即停止使用，关机等待修复，否则有可能被新数据覆盖，加大恢复难度。数据恢复从原理上是可行的，但没有保证百分之百成功的恢复。利用一些高级软件和高级设备，可以恢复覆盖了几层甚至几十层的数据，但代价非常大，所以普通用户在使用电脑时一定要做好数据备份工作。如果出现状况，只能使用一些常用软件尽量尝试恢复。

10.5 电脑的其他维护操作

前面介绍的都是常用的电脑软件维护，而电脑硬件本身的使用也有一些注意事项。

10.5.1 使用环境的要求

因为电脑一般在室内使用，所以室内环境的要求需要满足以下条件。

（1）保持合适的温度。

计算机在启动后，各部件会慢慢升温，若温度过高，则会造成电路及零部件老化，引起脱焊等。有条件的用户应该在机房内配备空调，保持室内空气流通。

（2）保持合适的湿度。

电脑周围的湿度应保持在30%～80%，湿度过大会腐蚀计算机零部件，严重时会造成短路。湿度过低，容易产生大量静电，在放电时易击穿芯片。

（3）保持环境清洁。

单纯的静电可以吸附大量灰尘，影响散热，造成短路，所以要保持电脑机箱周围的清洁，定期清理。

（4）保持稳定的电压。

电压过高或过低都会影响电脑的正常运行，因此电脑不要与空调、冰箱等大功率家电共用线路或插座，避免瞬间的电压变化造成电脑故障。

（5）防止磁场干扰。

机械硬盘采用磁介质存储数据，如果电脑附近有强磁场，会有影响磁盘存储的可能性。另外强磁场会产生额外的电压电流，容易引起显示器的故障，所以在电脑附近不要放置强磁设备、手机、音箱等。

10.5.2 电脑硬件维护技巧

除了电脑软件环境外，每一个电脑硬件在使用时都有一定的注意事项。

- CPU的主要影响因素是高温和高电压，解决高温可以选购一款好的散热器，硅脂涂抹时要均匀。水冷散热的效果不一定比风冷好，一个好的机箱风道配合好的散热才能有效降低CPU温度。高压的处理，一是要有好的供电，二是要有良好的接地，三是雷暴天气尽量关闭电脑，并且拔下插座。
- 电源的好坏直接关系到系统的稳定，在选购时一定要以额定电压为准，而且一定要查看+12V所占的功率，因为CPU和显卡主要由+12V提供供电，一般不能低于总功率的70%，否则也是偷换概念的产品。
- 使用鼠标键盘时不要大力敲击，要有节奏、有控制地使用。
- 显示器一定不能用有腐蚀成分的清洁剂擦拭，最好使用专用的清洁工具。
- 机械硬盘在使用时一定不要碰撞，容易产生坏道。
- 电脑出现故障，要遵循从软件到硬件的排查顺序，可以使用CPU、主板、内存的最小系统启动，再逐渐增加其他设备来排查硬件故障。
- 网络设备使用时要确保散热条件、保持环境清洁。
- 电脑出现故障后要记录当时的状态，最好请专业人员来维修，如闻到异常气味，要立刻切断电源，万不可带电维修或者自己拆卸电源等设备。

知识延伸：Windows更新的使用

Windows更新的作用有很多，可以修补漏洞、提供软件的更新以及安装硬件驱动。建议用户不要禁用，否则系统出现漏洞被入侵就得不偿失了。

可以在“Windows设置”界面中单击“更新和安全”按钮，如图10-85所示，启动“Windows更新”界面。启动后会自动扫描当前系统中是否有需要安装的驱动或者补丁，如果有补丁更新，单击“立即安装”按钮启动安装，如图10-86所示。

“Windows更新”会自动下载和安装补丁程序，如图10-87所示。如果安装后需要重启，单击“立即重新启动”按钮进行重启操作，如图10-88所示。

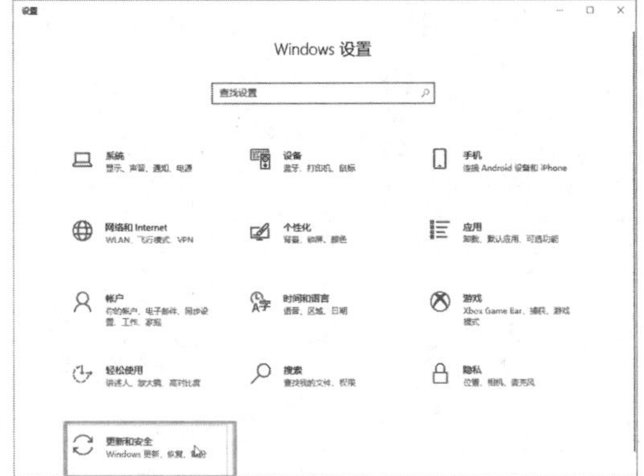

图 10-85

图 10-86

图 10-87

图 10-88

注意事项 更新重启注意事项

系统会在重启过程中配置并安装更新文件，此时不要强行关闭电脑，否则可能造成无法预料的后果。

Windows更新也可以手动检查更新、暂停或延后更新、查看更新的补丁信息等。用户可以自己探索“Windows 更新”的其他设置。

第11章 日常办公从Word开始

无论是新手或者有一定基础的电脑使用者，了解office系列软件的使用都是必不可少的。office是由微软公司开发的办公软件套装，其中使用频率最高的是Word、Excel和Powerpoint。本章将以案例的形式介绍Word的基本操作和使用技巧。

11.1 Word文档的基本操作

刚接触Office的用户首先需要了解Word文档的基本操作，包括新建文档、页面布局的设置、保存文档和打印输出文档。

11.1.1 文档的创建及页面设置

用户下载并安装Microsoft Office，激活后就可以使用了。首先介绍文档的创建及页面设置的步骤。

1. 新建空白文档

在使用Word前，需要先新建Word文档，才能在文档中进行文字编辑。

Step 01 在桌面上右击，在弹出的“新建”级联菜单中选择“Microsoft Word文档”选项，如图11-1所示。

Step 02 软件会新建一个Word文档，名称变为可编辑状态，为文件重命名，如图11-2所示，单击桌面任意位置完成重命名，文档创建完毕。

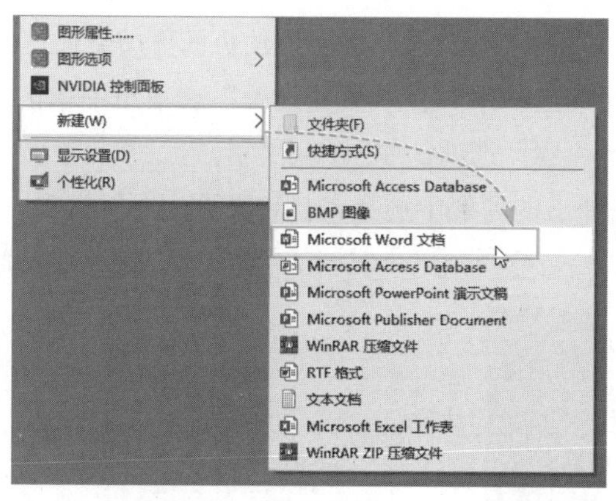

图 11-1

图 11-2

Step 03 双击文件图标启动Word并自动打开编辑界面，如图11-3所示。

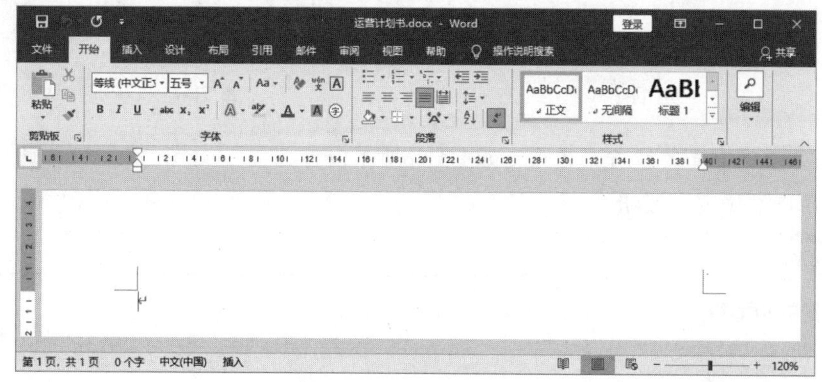

图 11-3

其他新建Word文档的方法

用户也可以在桌面或者开始菜单中找到Word程序的图标，如图11-4所示，双击图标启动Word后，选择“新建”选项，单击“空白文档”按钮，如图11-5所示，自动创建空白文档。

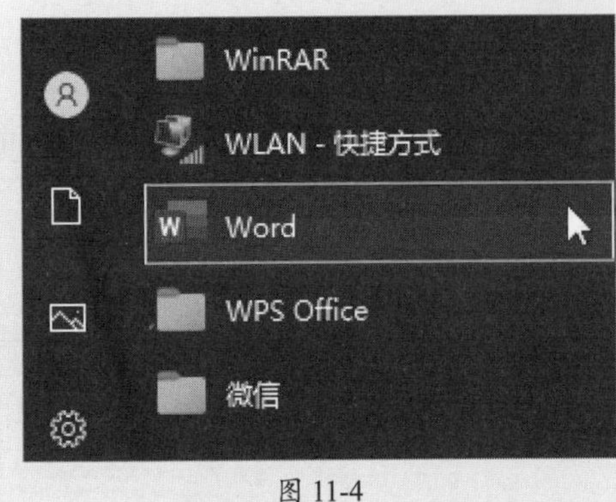

图 11-4

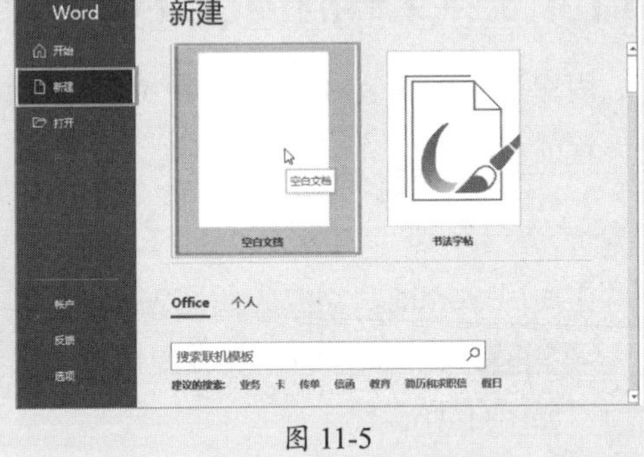

图 11-5

2. 设置页面布局

新建文档后，建议首先根据文档内容设置页面布局，在打印时能使页面更加美观。

Step 01 在Word编辑界面中选择“布局”选项卡，在“页面设置”选项组中单击“纸张大小”下拉按钮，在弹出的列表中选择“A4”选项，如图11-6所示。

Step 02 单击“页边距”下拉按钮，在弹出的列表中选择“自定义页边距”选项，如图11-7所示。

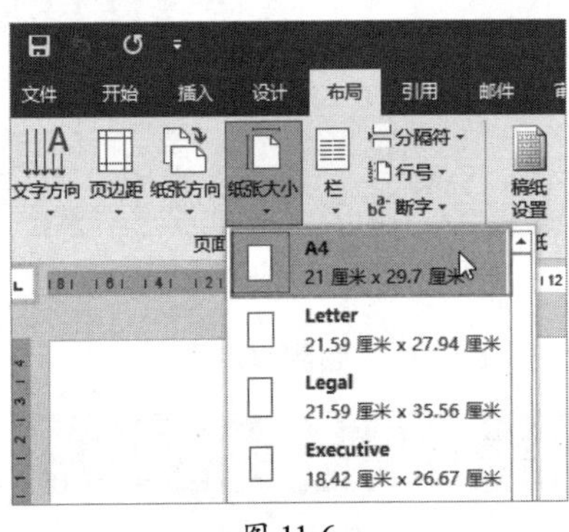

图 11-6

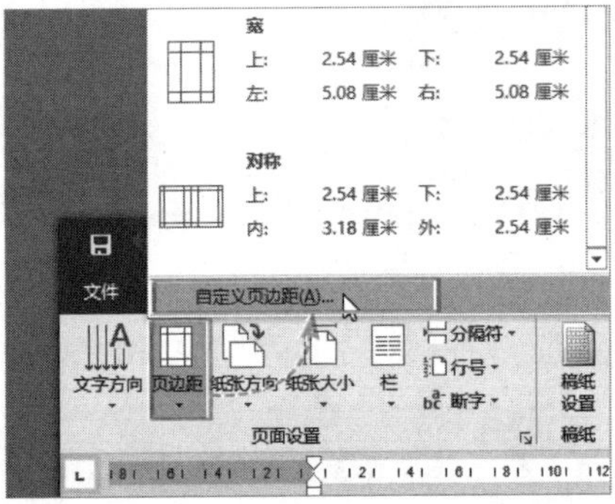

图 11-7

Step 03 根据需要设置页边距，如图11-8所示设置“上”“下”“左”“右”的页边距均为2，单击“确定”按钮。

其他的页面设置

其他的页面设置还包括“纸张方向”“文字方向”“分栏显示”等。用户可以根据文档内容的需要提前设置各个参数。

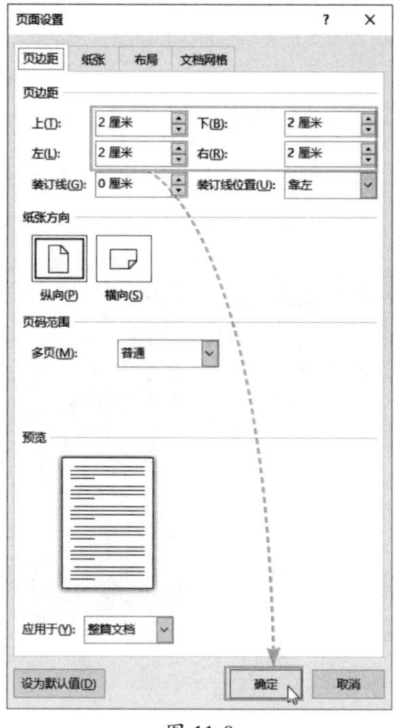

图 11-8

11.1.2 文档的输入与保存

文档创建后就可以输入、编辑文本。在编辑过程中或者编辑完毕，一定要执行保存操作，否则如果意外断电，用户所做的操作会全部丢失。下面介绍文档的输入与保存。

1. 设置字体与字号

Step 01 在“开始”选项卡的“字体”选项组中，单击“等线”下拉按钮，在弹出的列表中选择“宋体”选项，如图11-9所示。

Step 02 单击“五号”下拉按钮，在弹出的列表中选择“小四”选项，如图11-10所示。

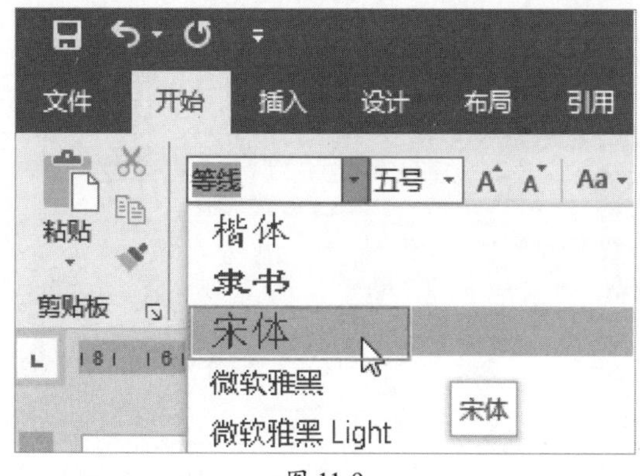

图 11-9

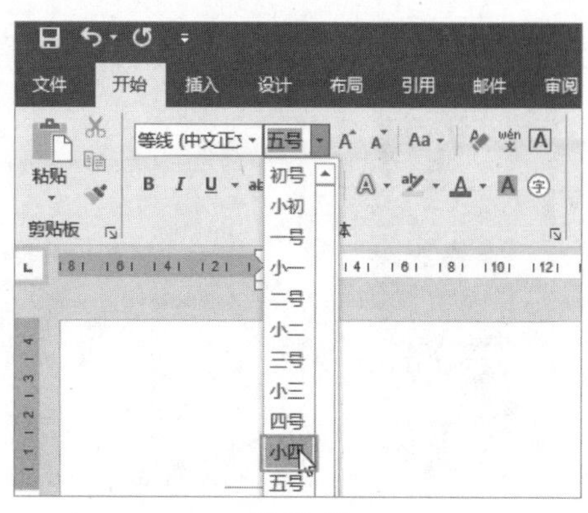

图 11-10

设置完毕后，输入文档的全部内容。

2. 保存文档

文档的保存方法有很多种。下面介绍常用的保存方法。

Step 01 单击界面左上角的“文件”按钮，如图11-11所示。

Step 02 在弹出的界面中选择“保存”选项，如图11-12所示，就可以保存了。

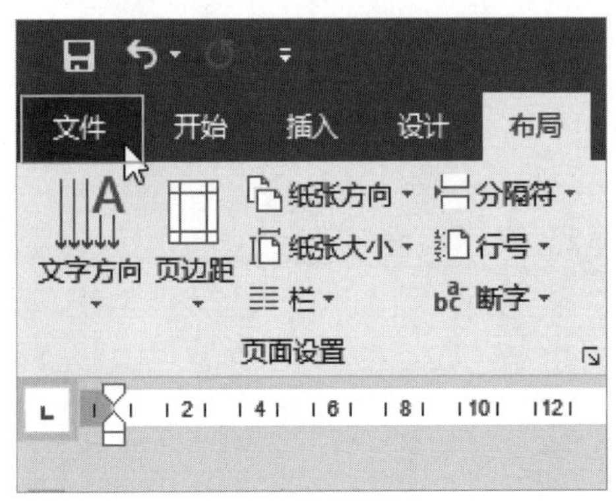

图 11-11

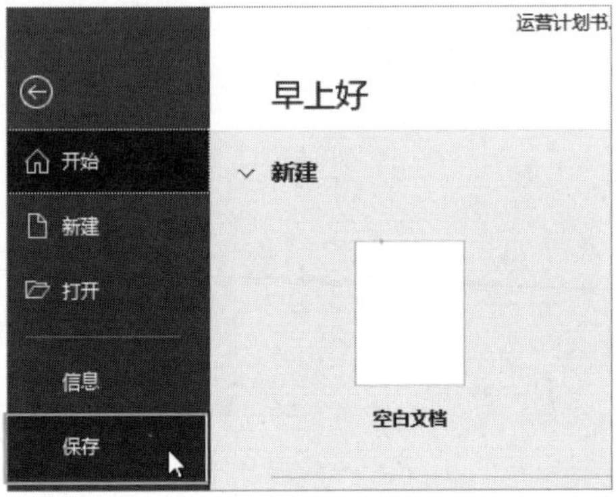

图 11-12

知识点拨

其他保存方式

除了上面的步骤外，还可以使用Ctrl+S组合键快速保存。

动手练 文档另存为操作

扫码看视频

“保存”操作是直接保存到已创建的文档中，“另存为”操作可以保存到任意位置，且不覆盖当前的文档。

Step 01 单击左上角的“文件”按钮，在弹出的界面中，选择“另存为”选项并单击“浏览”按钮，如图11-13所示。

Step 02 在对话框中选择保存的路径后单击“保存”按钮，如图11-14所示。

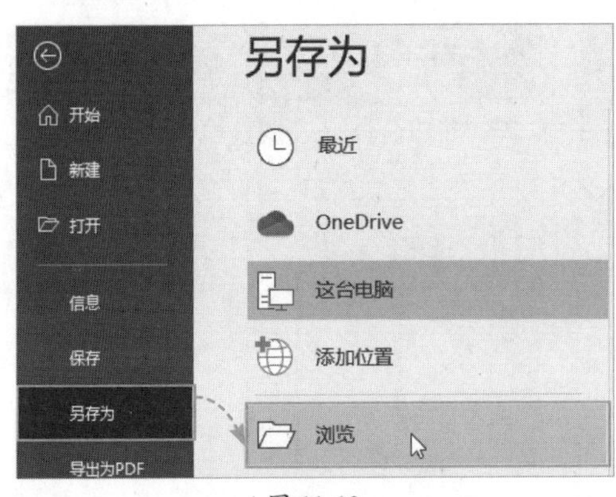

图 11-13

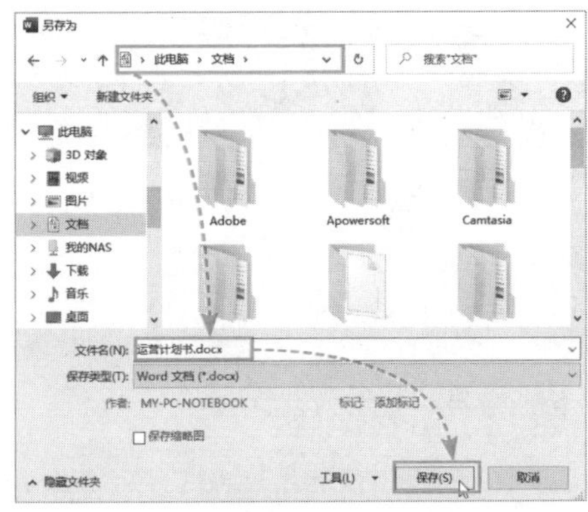

图 11-14

11.2 设置文档格式

输入文字信息后仅仅完成了第一步，而后要设置文档的格式，经过设置后的文档才能符合工作的要求。下面介绍文档格式的设置。

11.2.1 文本的选择

对文本进行设置或者执行其他操作时，需要先选中文本，根据操作的不同，文本的选择也不同。

1. 选择连续的文本

使用鼠标拖曳的方式即可选择连续的文本，如图11-15所示。

2. 选择不连续的文本

和选择不连续的文件类似，按住Ctrl键配合鼠标拖曳，可选择不连续的文本，如图11-16所示。

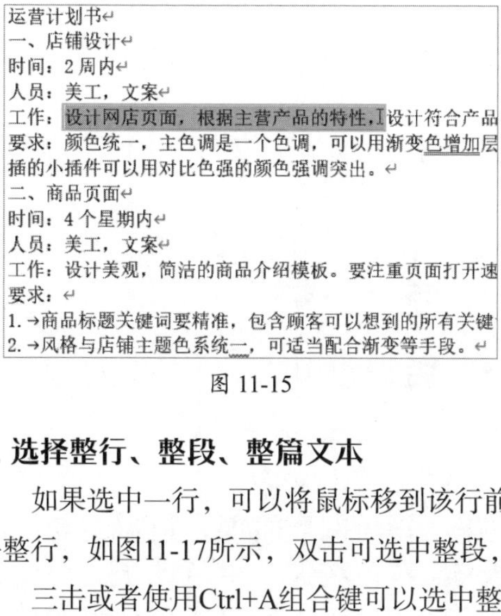

运营计划书
一、店铺设计
时间：2 周内
人员：美工，文案
工作：设计网店页面，根据主营产品的特性，设计符合产品
要求：颜色统一，主色调是一个色调，可以用渐变色增加层
插的小插件可以用对比色强的颜色强调突出。
二、商品页面
时间：4 个星期内
人员：美工，文案
工作：设计美观，简洁的商品介绍模板。要注重页面打开速
要求：
1. →商品标题关键词要精准，包含顾客可以想到的所有关键
2. →风格与店铺主题色系统一，可适当配合渐变等手段。

图 11-15

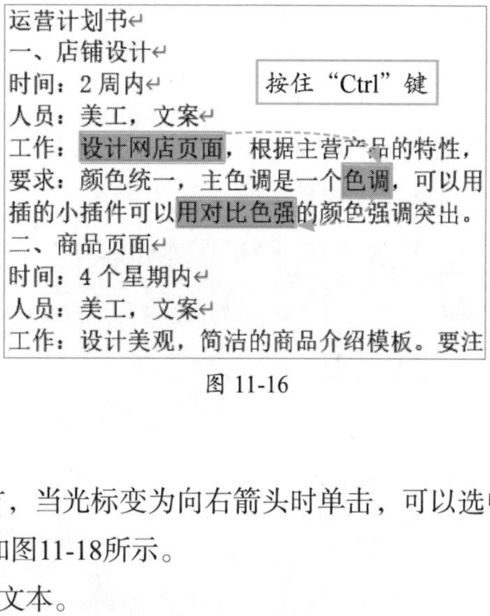

运营计划书
一、店铺设计
时间：2 周内
人员：美工，文案
工作：设计网店页面，根据主营产品的特性，
要求：颜色统一，主色调是一个色调，可以用
插的小插件可以用对比色强的颜色强调突出。
二、商品页面
时间：4 个星期内
人员：美工，文案
工作：设计美观，简洁的商品介绍模板。要注
按住“Ctrl”键

图 11-16

3. 选择整行、整段、整篇文本

如果选中一行，可以将鼠标移到该行前方，当光标变为向右箭头时单击，可以选中一整行，如图11-17所示，双击可选中整段，如图11-18所示。

三击或者使用Ctrl+A组合键可以选中整篇文本。

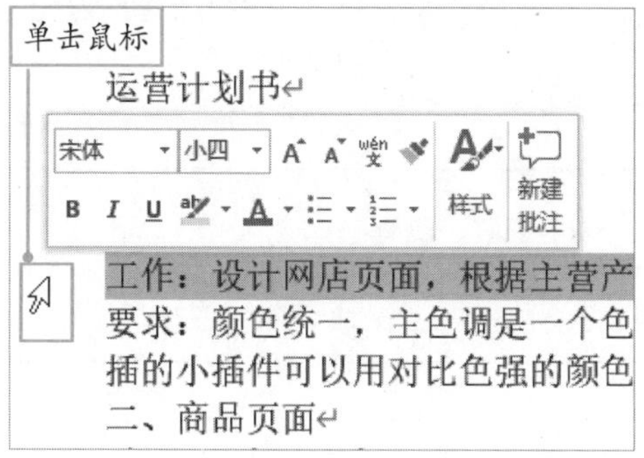

图 11-17

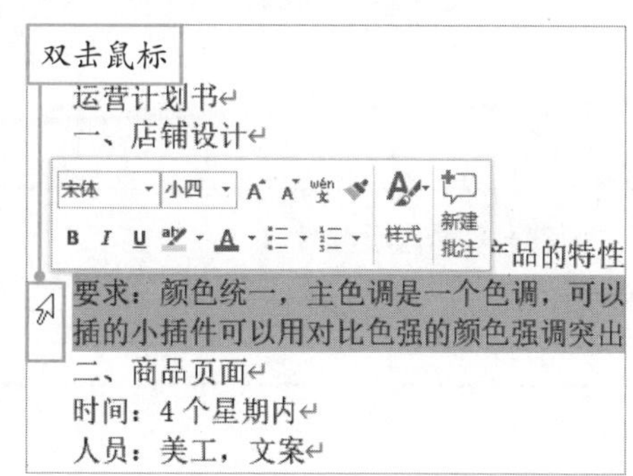

图 11-18

Shift键配合选择

和选择文件类似，将光标定位到选取开始的位置，在结束位置按住Shift键单击，即可选中中间的全部文本。

复制和移动文本

选中文本后，使用Ctrl+C组合键可以复制文本，使用Ctrl+X组合键可以剪切文本，将光标定位到需要粘贴的位置，使用Ctrl+V组合键就可以将文本复制或移动过来，也可以选中文本后使用鼠标拖曳的方式移动到指定位置。

11.2.2　文本格式的设置

扫码看视频

前面介绍的字体和字号的设置就是文本格式设置的一种。

Step 01 选中标题文本“运营计划书”，按照前面介绍的设置字体字号的方法，重新设置字体为“黑体”，字号为“22”号。在“字体”选项组中单击“加粗”按钮，如图11-19所示。

Step 02 选中文本“一、店铺设计”，设置字体为“黑体”，字号为“14”，加粗显示。完成后如图11-20所示。

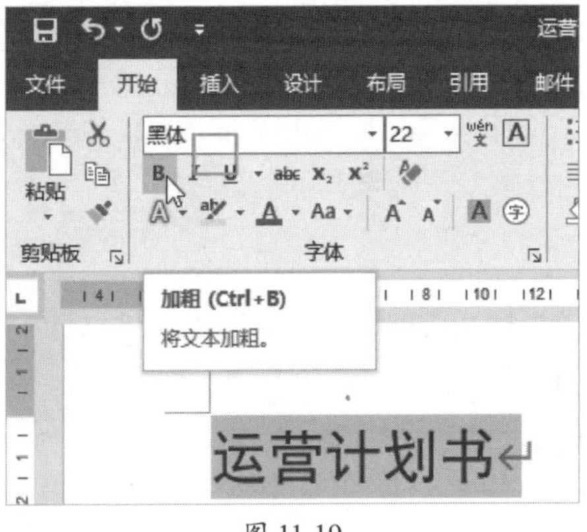

图 11-19

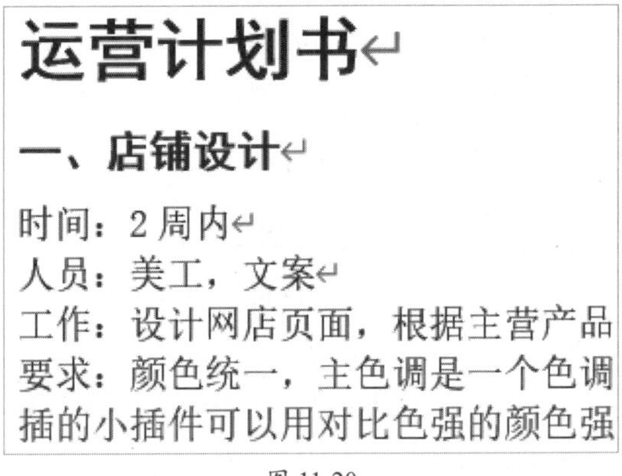

运营计划书

一、店铺设计

时间：2 周内

人员：美工，文案

工作：设计网店页面，根据主营产品

要求：颜色统一，主色调是一个色调

插的小插件可以用对比色强的颜色强

图 11-20

其他文本格式的设置

除了字体和字号外，在“字体”选项组中还可以设置文字的颜色、底纹、文字下画线、文字上下标、更改英文大小写及字号的增大和缩小等。

11.2.3 格式刷的使用

格式刷可以将文本的各种格式复制给其他文本使用，在实际工作中用得非常多，下面介绍使用步骤。

Step 01 选中文本“一、店铺设计”，在“开始”选项卡的“剪贴板”选项组中单击“格式刷”按钮，如图11-21所示。

Step 02 此时鼠标指针变成刷子形状，使用鼠标拖曳的方法选中文本“二、商品页面”，如图11-22所示。

文件
开始
插入
设计
布局
引用
黑体
14
粘贴
剪贴板
字体
运营计划书
一、店铺设计

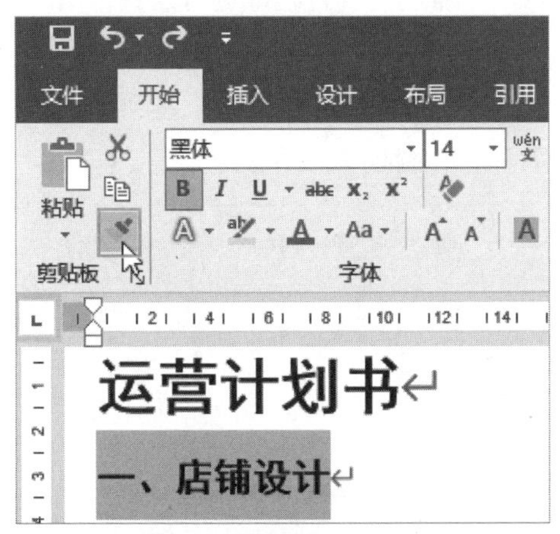

图 11-21

一、店铺设计
时间：2 周内
人员：美工，文案
工作：设计网店页面，根据主营产
要求：颜色统一，主色调是一个色
插的小插件可以用对比色强的颜色
二、商品页面
时间：4 个星期内
人员：美工，文案

图 11-22

松开鼠标后，就会将“一、店铺设计”的字体、字号、加粗等设置复制过来，如图11-23所示。

Step 03 按照同样的方法，使用格式刷将其他小标题也设置为该格式，完成后如图11-24所示。

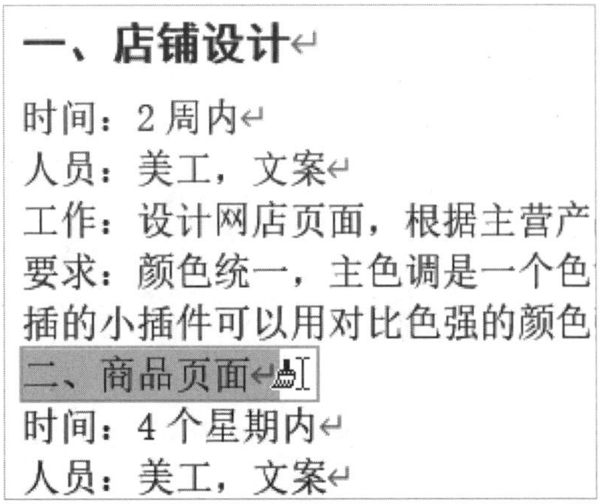

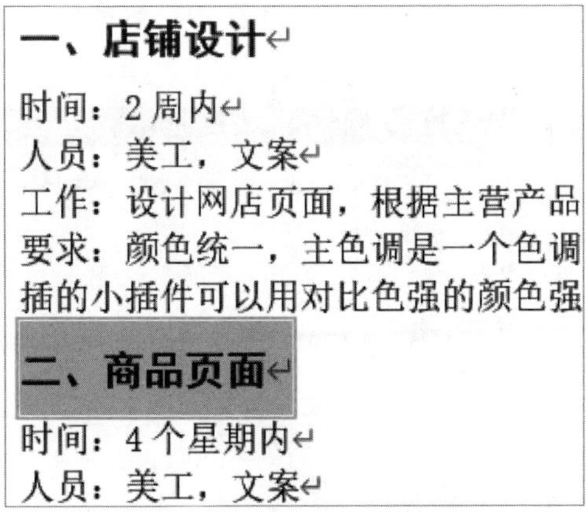

一、店铺设计
时间：2 周内
人员：美工，文案
工作：设计网店页面，根据主营产品
要求：颜色统一，主色调是一个色调
插的小插件可以用对比色强的颜色强
二、商品页面
时间：4 个星期内
人员：美工，文案

图 11-23

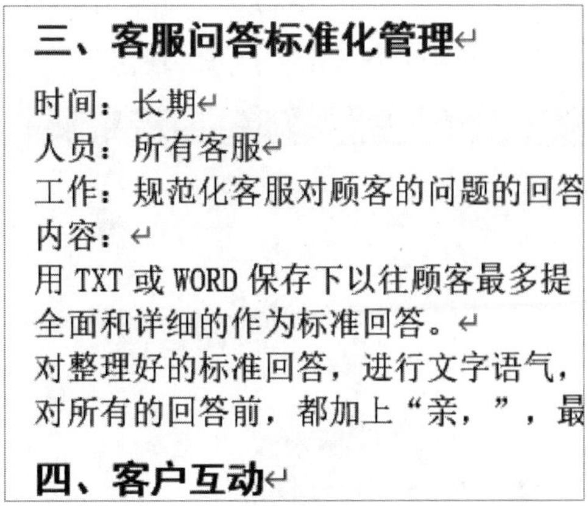

三、客服问答标准化管理
时间：长期
人员：所有客服
工作：规范化客服对顾客的问题的回答
内容：
用 TXT 或 WORD 保存下以往顾客最多提
全面和详细的作为标准回答。
对整理好的标准回答，进行文字语气，
对所有的回答前，都加上“亲，”，最
四、客户互动

图 11-24

多次使用格式刷

选中文本，单击“格式刷”按钮后，可以使用一次格式复制功能。如果要使用多次，双击格式刷按钮，就可以在多个文本上应用该格式。

11.2.4 段落格式的设置

扫码看视频

段落格式的设置是对段落的对齐方式、缩进量、行距等进行设置，用户可以按照下面的步骤设置段落格式。

Step 01 选中标题文本“运营计划书”，在“开始”选项卡的“段落”选项组中单击“居中”按钮，如图11-25所示，此时标题居中显示，如图11-26所示。

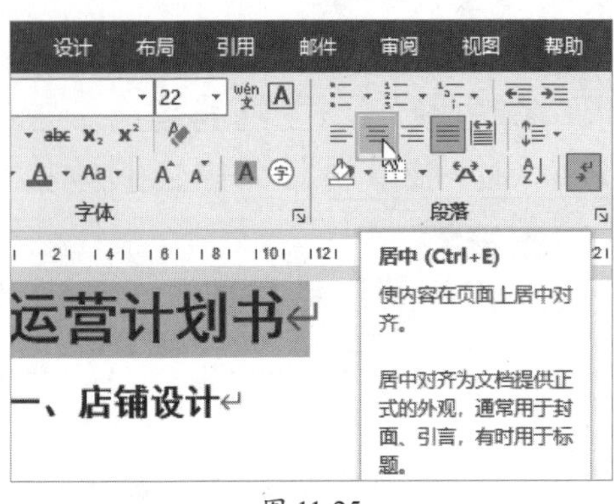

图 11-25

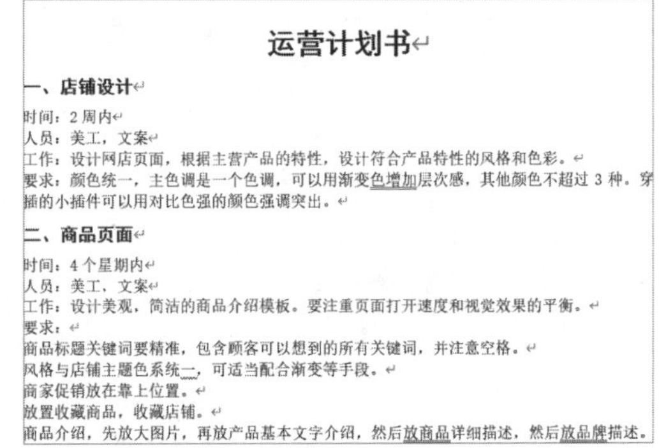

运营计划书

一、店铺设计

时间：2 周内

人员：美工，文案

工作：设计网店页面，根据主营产品的特性，设计符合产品特性的风格和色彩。

要求：颜色统一，主色调是一个色调，可以用渐变色增加层次感，其他颜色不超过 3 种。穿插的小插件可以用对比色强的颜色强调突出。

二、商品页面

时间：4 个星期内

人员：美工、文案

工作：设计美观，简洁的商品介绍模板。要注重页面打开速度和视觉效果的平衡。

要求：

商品标题关键词要精准，包含顾客可以想到的所有关键词，并注意空格。

风格与店铺主题色系统一，可适当配合渐变等手段。

商家促销放在靠上位置。

放置收藏商品，收藏店铺。

商品介绍，先放大图片，再放产品基本文字介绍，然后放商品详细描述，然后放品牌描述。

图 11-26

Step 02 选中结尾处的落款，设置字体为“黑体”，字号为“14”，在“段落”选项组中单击“右对齐”按钮，如图11-27所示。

Step 03 使用Ctrl+A组合键选中全部文本，在“段落”选项组中单击“段落设置”按钮，如图11-28所示，打开“段落”对话框。

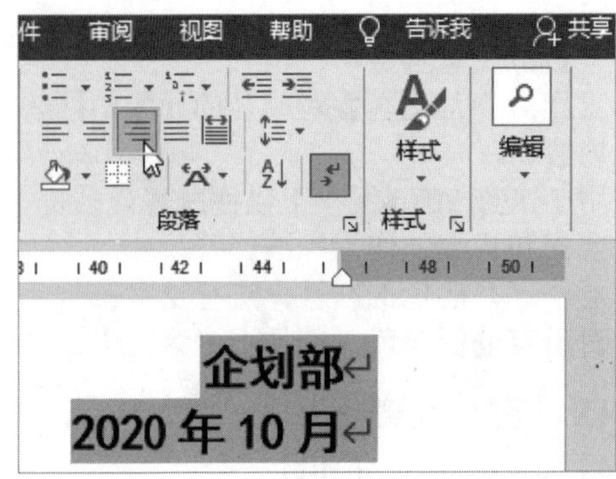

图 11-27

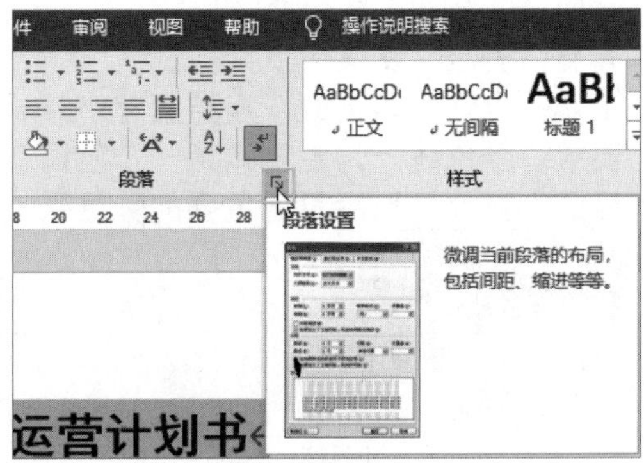

图 11-28

Step 04 在“间距”组中，单击“行距”下拉按钮，在弹出的列表中选择“1.5倍行距”，如图11-29所示，单击“确定”按钮，返回到编辑界面。

Step 05 将光标定位到标题行“运营计划书”的任意位置，启动“段落”对话框，在“间距”组中，设置“段前”值为“1行”，设置“段后”值为“2行”，单击“确定”按钮，如图11-30所示。

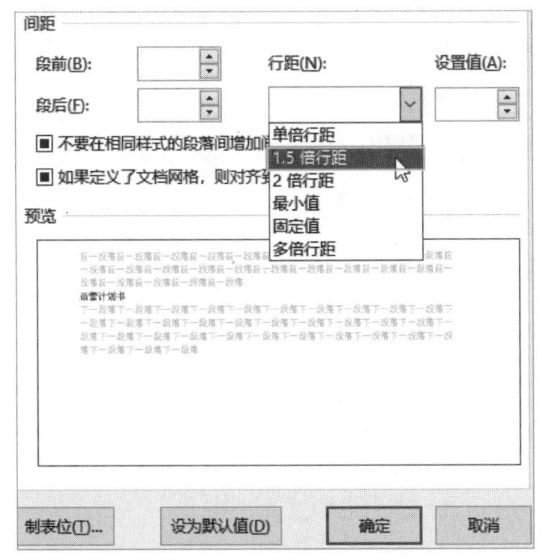

图 11-29

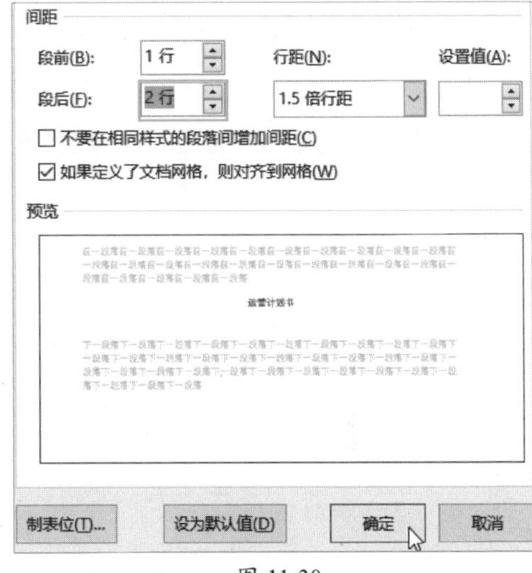

图 11-30

文本与段落的选择与设置

设置文本或段落时，需要先选中才能操作，而选择段落时，可以选中整个段落，也可以将光标定位到段落中的任意位置。两者都代表选中了该段落。如果要设置两个及以上的段落的格式，则需要选中多个段落才能设置。

Step 06 将小标题段前值设置为“0.5行”，使用格式刷将格式复制到所有小标题中，最后效果如图11-31所示。

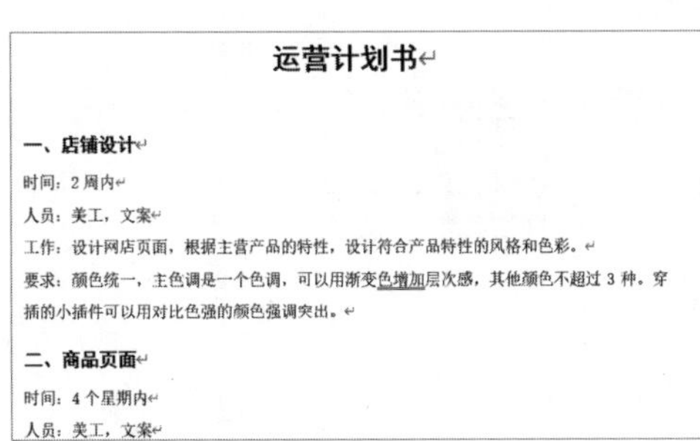

运营计划书

一、店铺设计

时间：2 周内

人员：美工，文案

工作：设计网店页面，根据主营产品的特性，设计符合产品特性的风格和色彩。

要求：颜色统一，主色调是一个色调，可以用渐变色增加层次感，其他颜色不超过 3 种，穿插的小插件可以用对比色强的颜色强调突出。

二、商品页面

时间：4 个星期内

人员：美工，文案

图 11-31

知识点拨

知识点拨：设置段落缩进

段首需要空两个空格，可以按Tab键，也可以到“段落”对话框中设置首行缩进2字符，如图11-32所示。

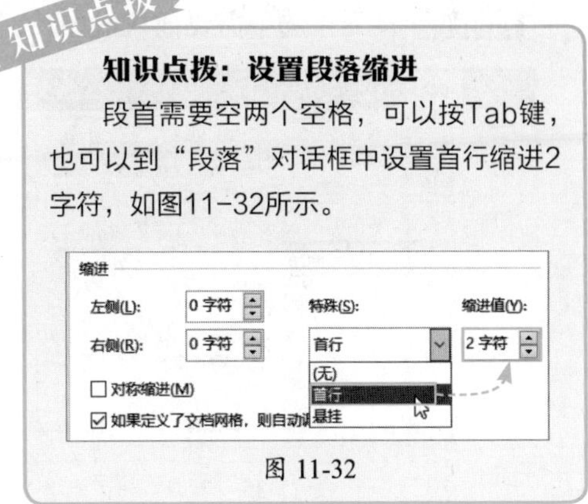

图 11-32

11.2.5 添加编号和项目符号

为文档添加编号和项目符号，可以更加直观、清晰地查看文本，下面介绍具体的设置步骤。

Step 01 选中需要添加编号的段落文本，在“开始”选项卡的“段落”选项组中单击“编号”下拉按钮，在弹出的列表中选择一款满意的编号样式，如图11-33所示。

Step 02 选中需要添加项目符号的段落文本，在“段落”选项组中单击“项目符号”下拉按钮，在弹出的列表中选择一款满意的项目符号样式，如图11-34所示。

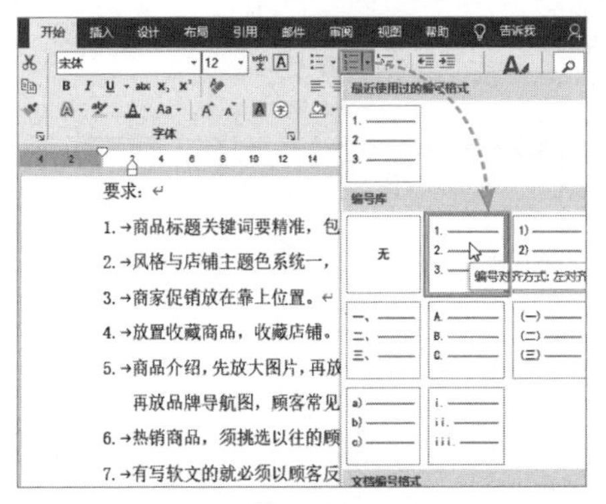

图 11-33

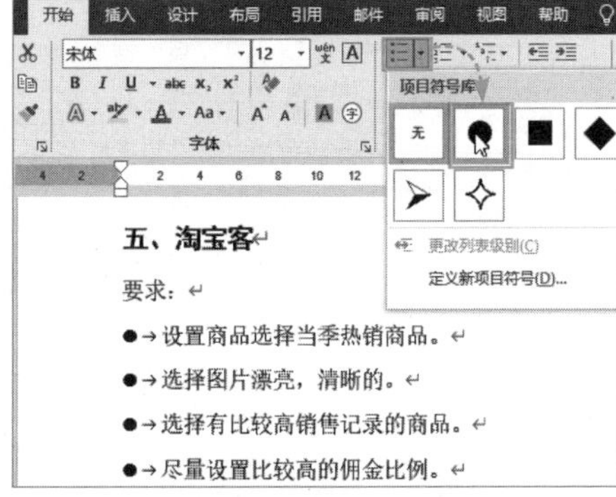

图 11-34

按照该方法完成文中其他需要添加编号和项目符号的文本。

11.2.6 插入及编辑图片

Word文档除了对文字的处理外，还可以添加图片使文章更加生动美观。下面介绍具体的操作步骤。

1. 插入图片

Step 01 将光标定位到需要插入图片的位置，在“插入”选项卡的“插图”选项组中单击“图片”下拉按钮，在弹出的列表中选择“此设备”选项，如图11-35所示。

Step 02 找到并选中需要插入的图片，单击“插入”按钮，如图11-36所示。

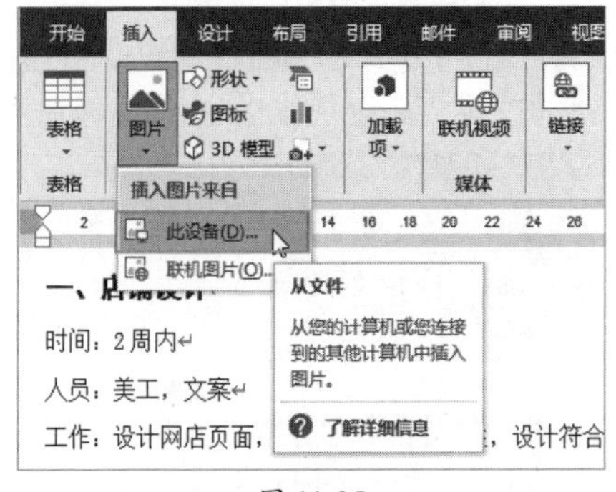

图 11-35

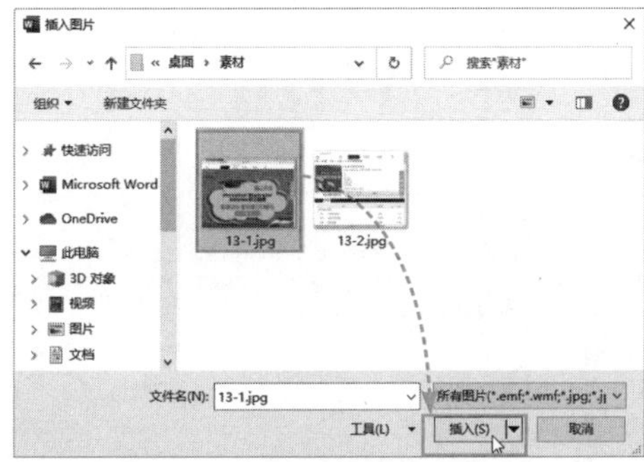

图 11-36

2. 调整图片大小

插入图片后，可以对图片的大小进行调整。

选中需要调整的图片，在图片四周会出现控制角点，按住角点并拖动鼠标调整图片的大小，如图11-37所示。调整完毕后如图11-38所示。

图 11-37

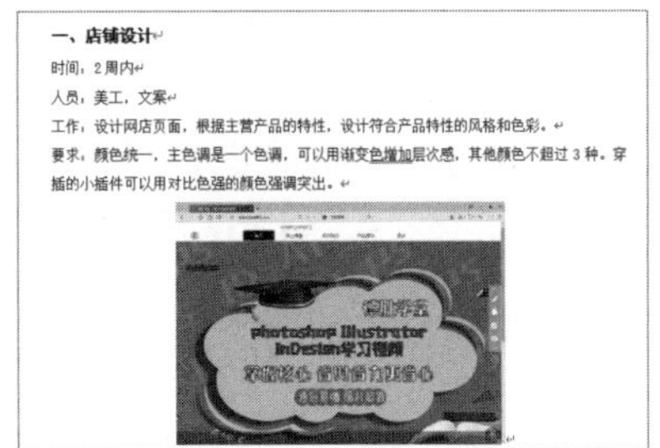

图 11-38

3. 编辑图片

在文档中插入的图片，有的看起来不是很美观，而且画面也很单调，这时用户可以选中图片后在“图片工具”选项卡中调整并设置图片的各种样式。

Step 01 选中图片，在“图片工具-格式”选项卡的“调整”选项组中单击“艺术效果”下拉按钮，在弹出的列表中选择“纹理化”按钮，如图11-39所示，更改后的效果如图11-40所示。

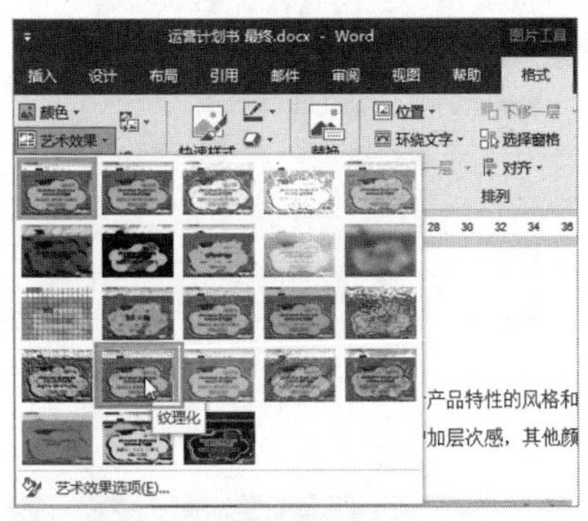

图 11-39

图 11-40

Step 02 在“图片样式”选项组中单击预设样式的“更多”下拉按钮，在弹出的列表中选择“矩形投影”选项，如图11-41所示，最终效果如图11-42所示。

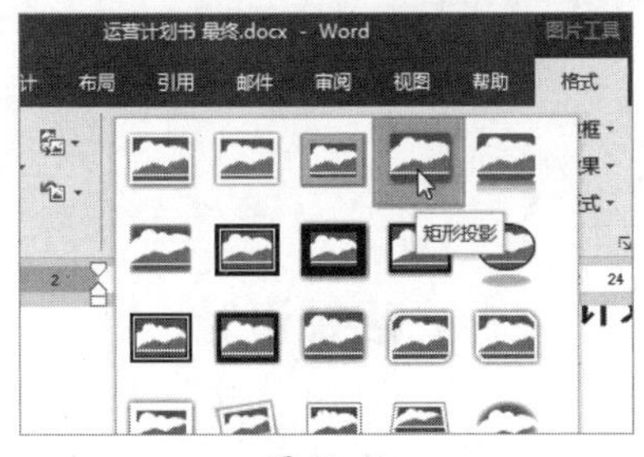

图 11-41

图 11-42

Step 03 将光标定位到另一张图片的插入位置，使用鼠标拖曳的方法将图片拖动到Word文档中，如图11-43所示。按照上面介绍的方法美化图片，最终效果如图11-44所示。

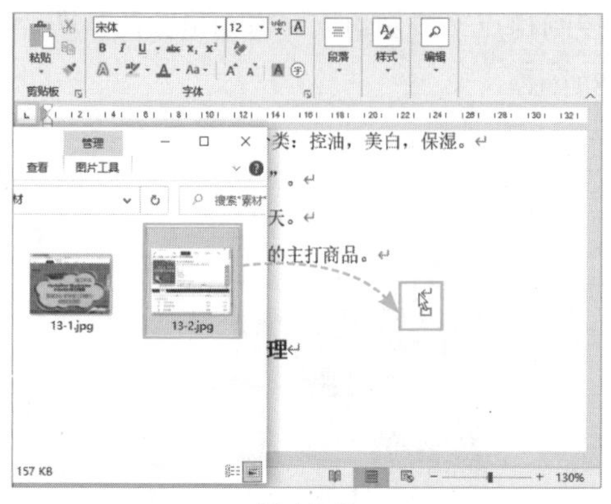

图 11-43

图 11-44

知识点拨

重置图片

如果图片经过了多次修改后仍不满意，可以使用重置功能将图片还原，再从头进行设置。方法是选中图片，在“图片工具-格式”选项卡的“调整”选项组中单击“重置图片”按钮，如图11-45所示。

图 11-45

动手练 文档的打印与输出

扫码看视频

文档编辑完成后，可以直接发给其他人，也可以打印到纸上，或输出成其他格式，下面介绍具体的操作步骤。

1. 文档的打印操作

用户连接并启动打印机，在电脑中添加打印机后，可以直接打印文档，下面介绍操作步骤。

Step 01 打开Word文档，单击界面左上角的“文件”按钮，如图11-46所示。

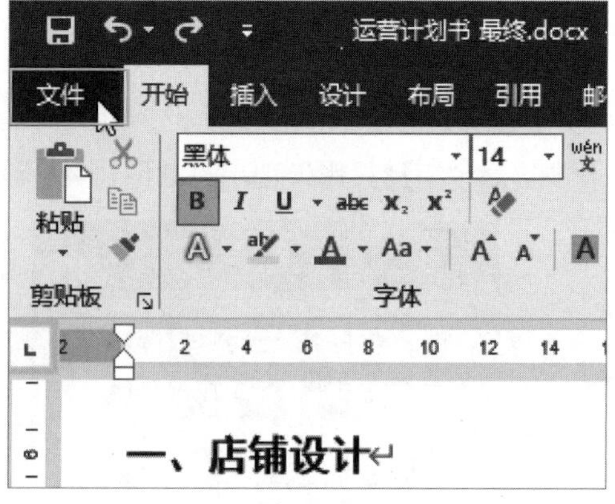

图 11-46

Step 02 选择“打印”选项，在右侧单击“打印机”下拉按钮，在弹出的列表中选择用户添加的打印机选项，如图11-47所示。

Step 03 在“设置”板块中，按照需要设置打印的参数，可设置“打印整个文档”“单面打印”“纵向”“A4”尺寸。在右侧，可以查看当前设置下的打印预览效果。设置打印份数，单击“打印”按钮，如图11-48所示，电脑就会将文档发送给打印机进行打印。

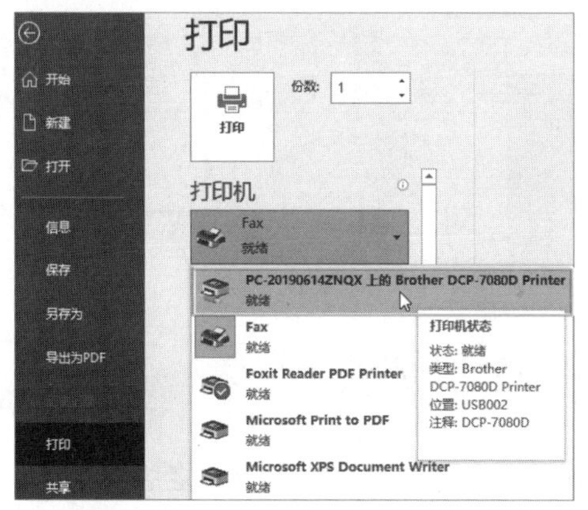

图 11-47

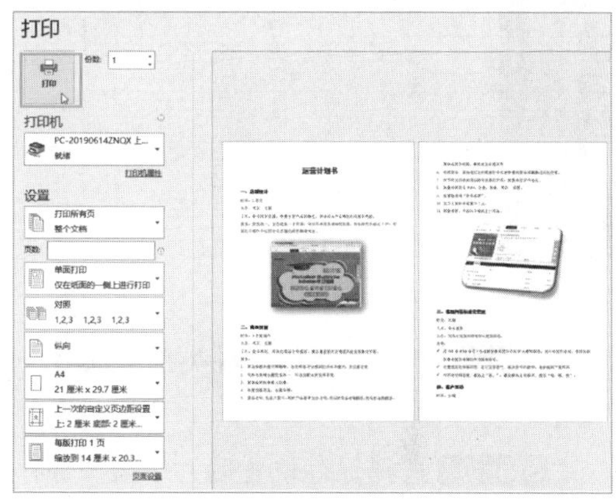

图 11-48

知识点拨

设置打印机的参数

这里设置的主要是打印机的相关参数。也可以单击打印机下的“打印机属性”按钮，打开打印机的“属性”界面来设置打印机的相关参数，如图11-49所示。

图 11-49

2. 文档的输出操作

默认情况下文档是保存成Word的格式，用户也可以输出为PDF等其他格式，以方便其他用户查看或者展示。下面介绍具体的操作方法。

Step 01 在“文件”界面中选择“导出”选项，单击“创建PDF/XPS”按钮，如图11-50所示。

Step 02 选择导出目录后，单击“发布”按钮，如图11-51所示的文档就被导出为PDF格式了。

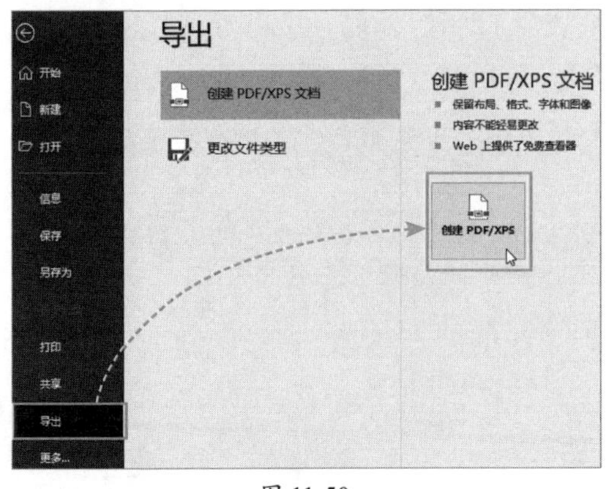

图 11-50

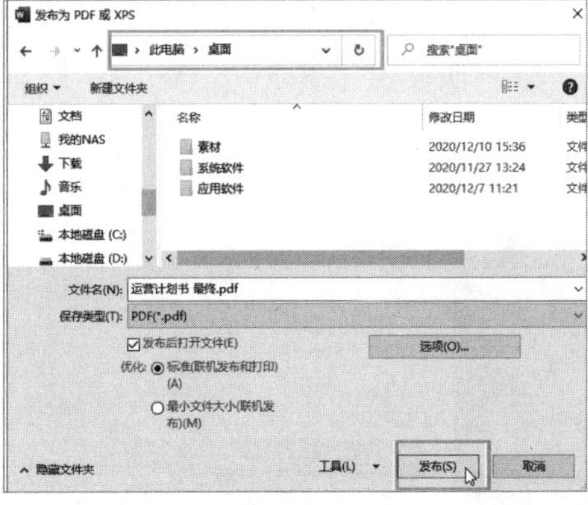

图 11-51

Step 03 选择“更改文件类型”选项，单击“Word 97-2003文档”按钮，如图11-52所示。

Step 04 选择保存位置后，单击“保存”按钮，就可以将文档保存成老版本Office软件所能打开的格式了，如图11-53所示。

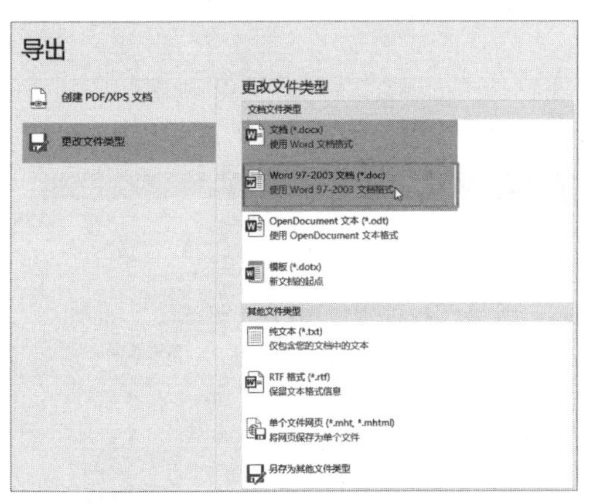

图 11-52

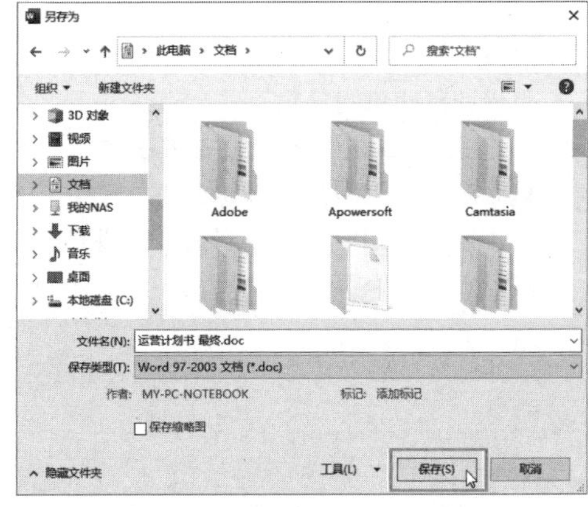

图 11-53

知识点拨

导出其他格式

在“导出”中的“更改文件类型”选项中，还可以将当前的Word文档格式导出成模板、txt纯文本、写字板的rtf格式、网页等其他格式的文件。用户也可以在“另存为”对话框中选择导出的格式，如图11-54所示。

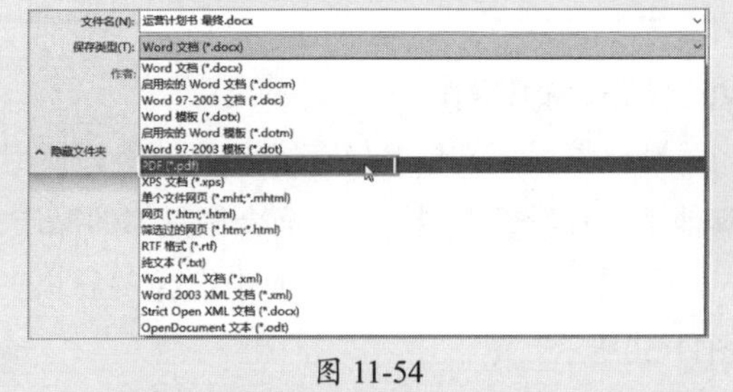

图 11-54

知识延伸：文本的查找和替换

文本的查找和替换也是非常常用的功能，在批量修改中经常使用，下面介绍具体步骤。

1. 查找文本内容

在文档中查找指定文本是基本操作，下面介绍具体的步骤。

Step 01 打开要查找的文件，在“开始”选项卡的“编辑”选项组中单击“查找”按钮，如图11-55所示。

Step 02 在左侧的“导航”窗格中，输入查找的内容，在下方会显示含有该内容的结果个数和所在段落，在右侧会高亮显示查找的结果，如图11-56所示。

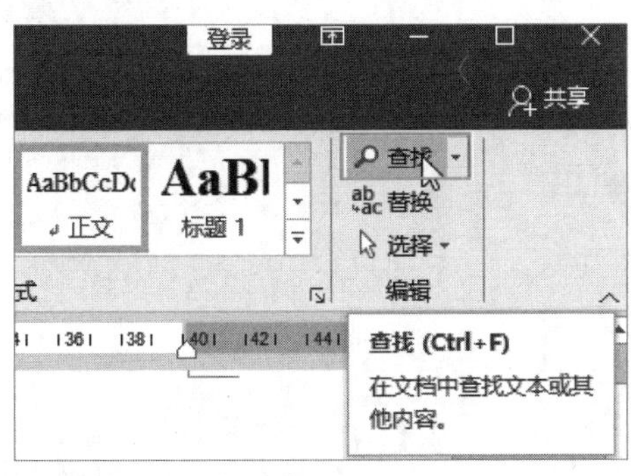

图 11-55

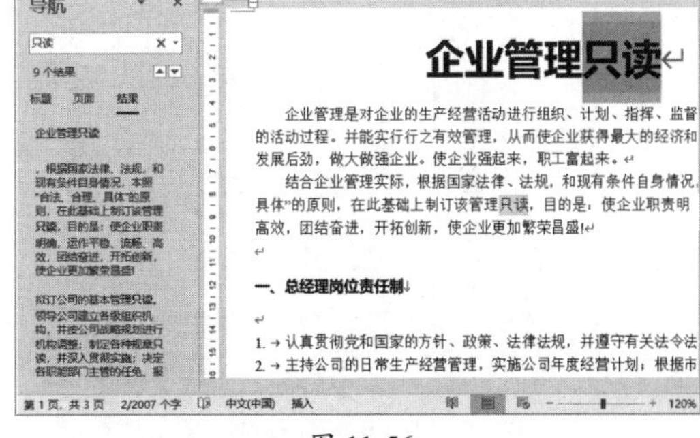

图 11-56

2. 查找并替换文本

除了查找文本外，用户还可以使用查找和替换功能，将查找内容替换成指定的文字。查找与替换支持使用通配符，“?”代表一个字符，“*”代表多个字符。

Step 01 在“开始”选项卡的“编辑”选项组中单击“替换”按钮，如图11-57所示。

Step 02 在打开的对话框中输入查找的内容及替换的内容，单击“全部替换”按钮，如图11-58所示，这样所有查找到的文字就都被替换了。

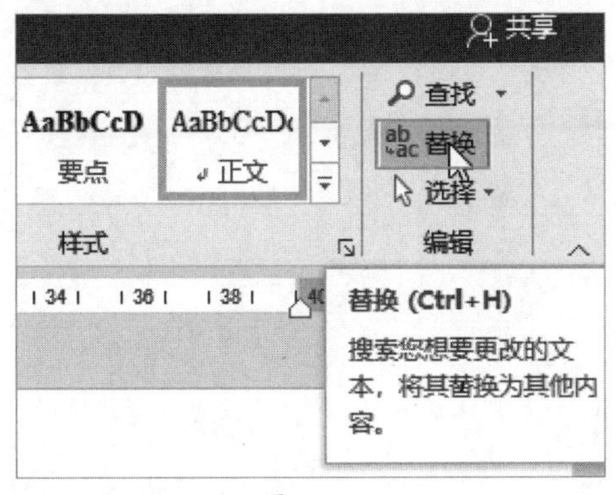

图 11-57

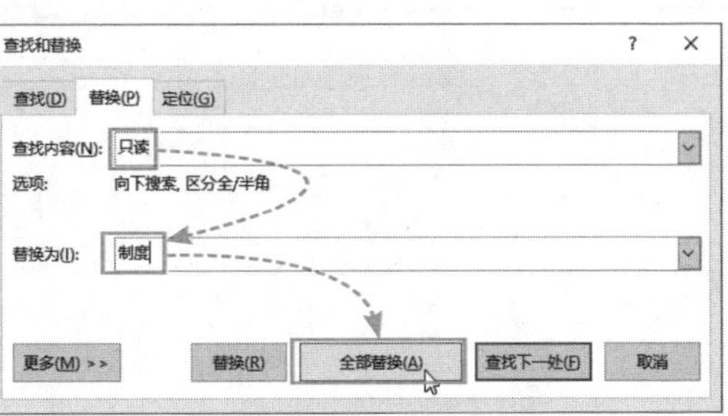

图 11-58

第12章 数据管家——Excel电子表格

Excel是Office系列的一个重要组件，也称为电子表格。Excel在数据的分析、处理、统计中应用非常广泛。由于其操作简单、功能强大，已经成为大家工作生活中必不可少的数据处理软件。本章将向读者着重介绍Excel的使用方法和操作技巧。

12.1 Excel的基本操作

Excel文件也叫作工作簿，可以在工作簿中创建工作表，工作簿与工作表的关系类似于文件夹与文件的关系。用户的数据录入及数据的处理都是在工作表中进行的。

12.1.1 创建及保存工作簿

Excel工作簿的创建和保存是Excel的基本操作。

1. 创建工作簿

创建工作簿的方法有很多，下面介绍常用的一种。

Step 01 打开“开始”菜单，找到并单击“Excel”选项，如图12-1所示。

Step 02 在打开的工作界面中单击“空白工作簿”按钮，如图12-2所示。

图 12-1

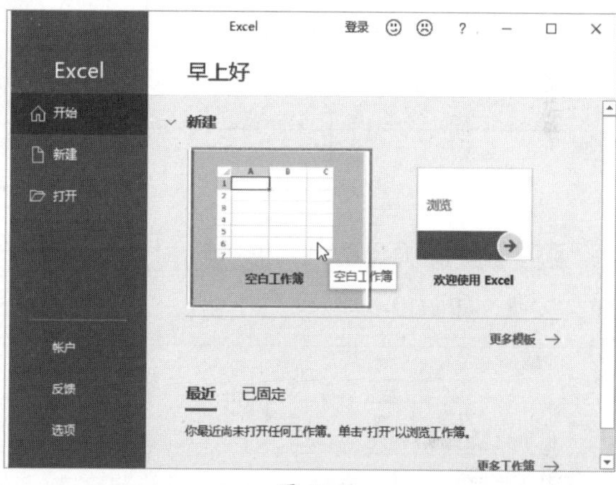

图 12-2

Step 03 Excel创建一个空白工作簿，并自动创建一张空白工作表，Excel工作表的界面如图12-3所示。

图 12-3

2. 保存工作簿

完成工作表的编辑工作后一定要保存，用户可以按照下面的步骤操作。

Step 01 单击Excel界面左上角的“快速访问工具栏”中的“保存”按钮，如图12-4所示。

Step 02 和Word类似，因为是第一次执行保存操作，所以进入“另存为”界面中，单击“浏览”按钮，如图12-5所示。

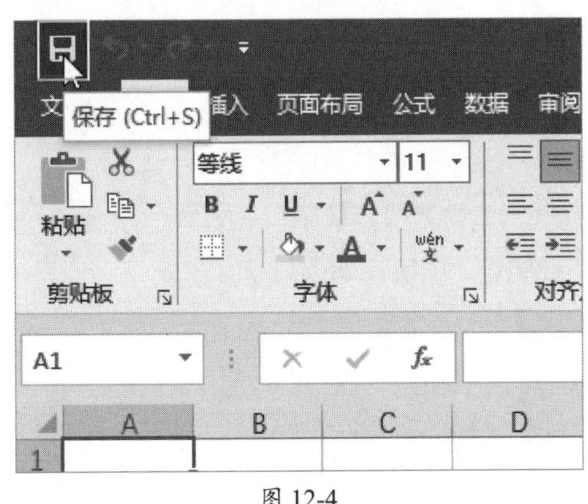

图 12-4

图 12-5

Step 03 在弹出的“另存为”对话框中选择保存位置，重命名工作簿后单击“保存”按钮，如图12-6所示。

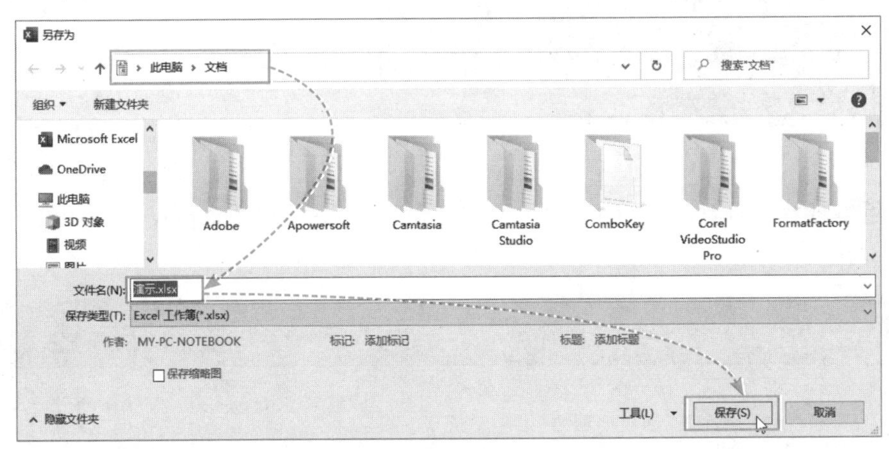

图 12-6

12.1.2 工作表的基本操作

Excel工作表的基本操作包括工作表重命名、新建与删除工作表、移动与复制工作表、隐藏与显示工作表等。

1. 为工作表重命名

为了方便了解工作表的含义，一般要为工作表重命名。

Step 01 在Excel界面下方，右击工作表名称，在弹出的快捷菜单中选择“重命名”选项，如图12-7所示。

Step 02 此时工作表名称变成可编辑状态，输入新的工作表名称，按回车键完成修改，如图12-8所示。

图 12-7

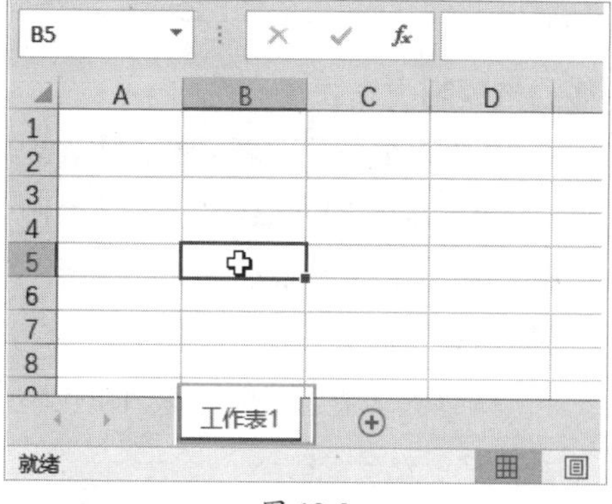

图 12-8

知识点拨

其他重命名的方法

用户双击工作表名称进入名称的编辑状态，输入名称即可。单击其他位置确认修改。

2. 新建与删除工作表

一个工作簿可以有很多张工作表，用户可以新建更多张工作表，也可将多余的工作表删除。

Step 01 单击“工作表1”后的“+”按钮，如图12-9所示，可以新建一张空白工作表，用户可以通过双击为新工作表重命名。

Step 02 在新建的工作表“Sheet2”上右击，在弹出的快捷菜单中选择“删除”选项，可以删除该工作表，如图12-10所示。

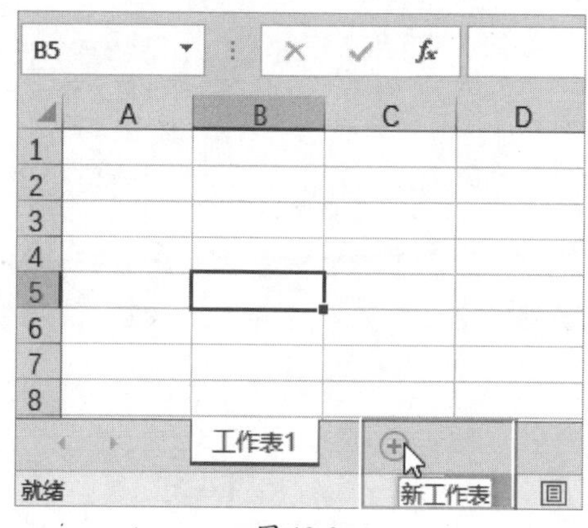

图 12-9

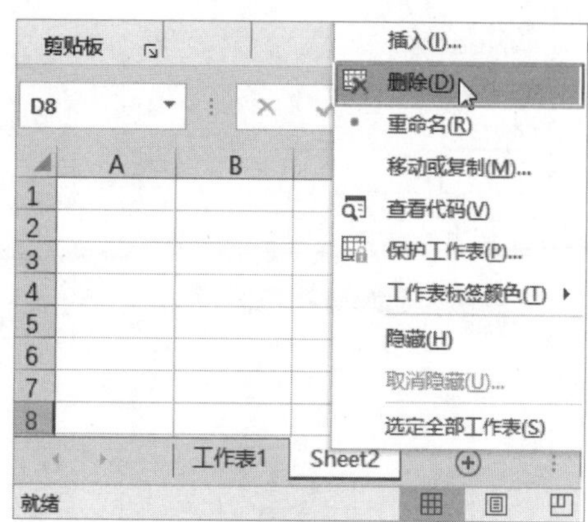

图 12-10

在工作表间创建新工作表

如果要在“工作表1”和“Sheet2”之间创建工作表，可以选中“工作表1”，单击“+”按钮，在“工作表1”后创建一张空白的新工作表。

3. 移动与复制工作表

移动工作表的位置或者复制工作表到新位置的操作如下。

Step 01 如将“Sheet4”移动至前两张表之间，可以按住“Sheet4”的名称，拖动到“工作表1”和“Sheet2”之间，如图12-11所示，松开鼠标，完成移动。

Step 02 如果要复制“工作表1”，可以在“工作表1”上右击，在弹出的快捷菜单中选择“移动或复制”选项，如图12-12所示。

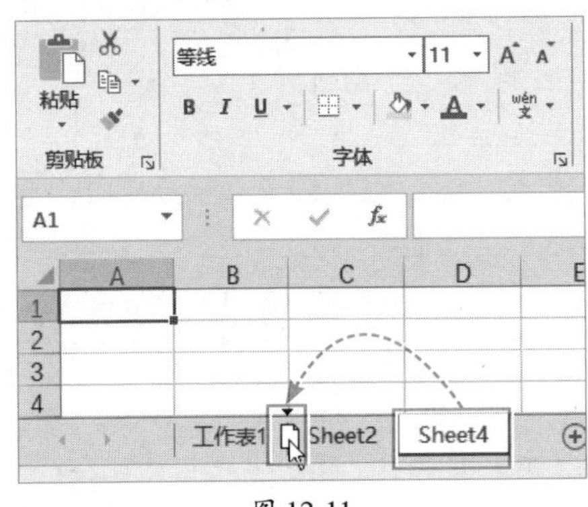

图 12-11

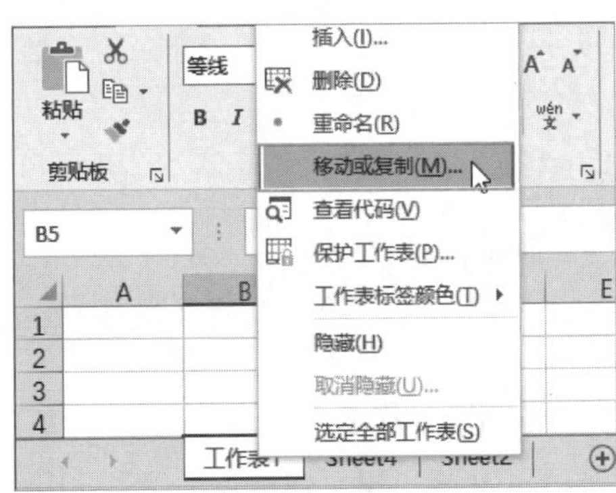

图 12-12

Step 03 在“移动或复制工作表”对话框中，选择需要操作的“工作簿1”，选择复制到的位置“Sheet2”前，勾选“建立副本”复选框，单击“确定”按钮，如图12-13所示。

Step 04 返回到界面中，可以看到“工作表1”已经复制到“Sheet2”前，并重命名为“工作表1（2）”，如图12-14所示。

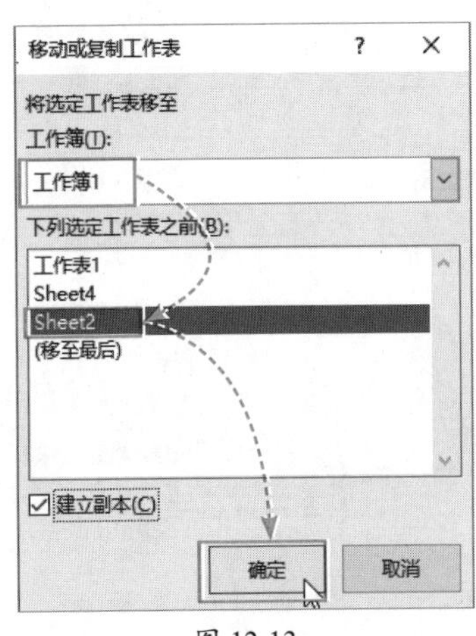

图 12-13

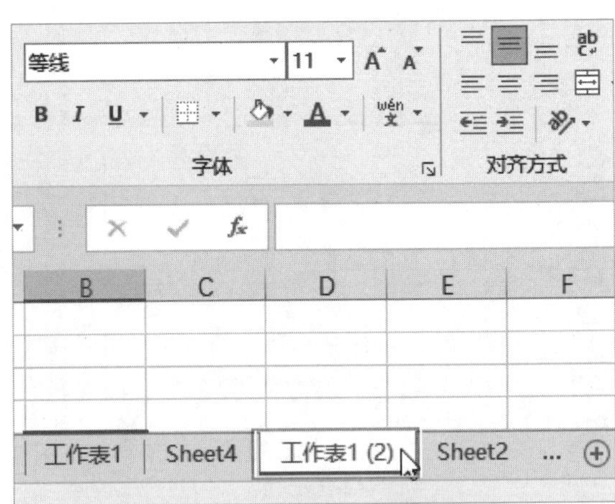

图 12-14

“建立副本”的作用

如果移动，就不用勾选“建立副本”复选框，“建立副本”是复制的意思。如果感觉该方法比较麻烦，用户可以选择需要复制的工作表，按住Ctrl键，使用鼠标将其拖动到指定位置后松开鼠标，也可以达到“复制”的作用。

动手练 隐藏及显示工作表

扫码看视频

如果展示Excel时，不希望别人看到一些工作表，可以将其隐藏起来，在需要编辑的时候再显示出来。

Step 01 在需要隐藏的“工作表2”上右击，在弹出的快捷菜单中选择“隐藏”选项，如图12-15所示，可以看到此时“工作表2”已经消失，如图12-16所示。

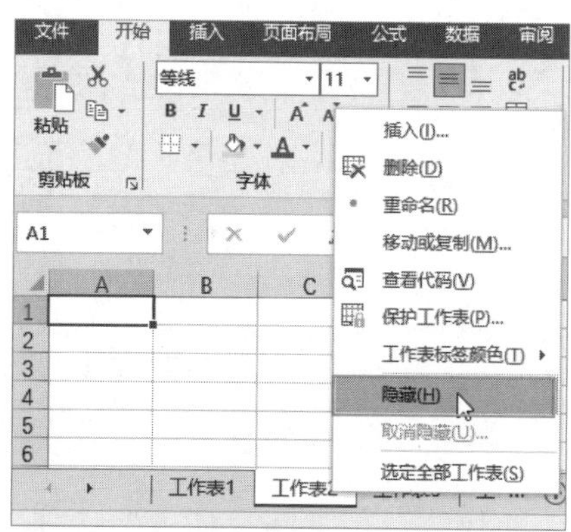

图 12-15

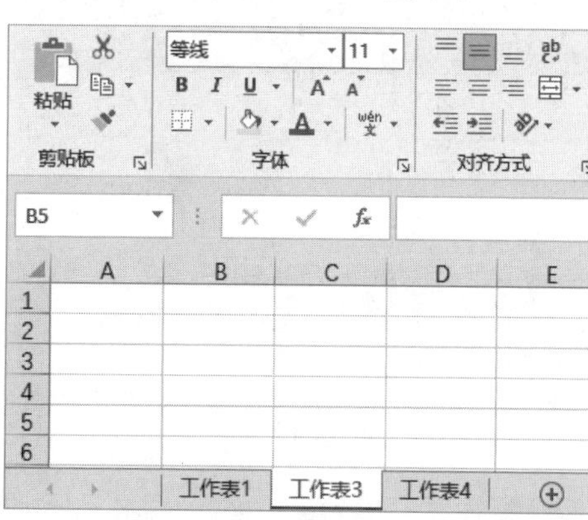

图 12-16

Step 02 随便在任意工作表名称上右击，在弹出的快捷菜单中选择“取消隐藏”选项，如图12-17所示。

Step 03 选择需要显示的工作表，如“工作表2”，单击“确定”按钮，如图12-18所示，这样隐藏的工作表就显示出来了。

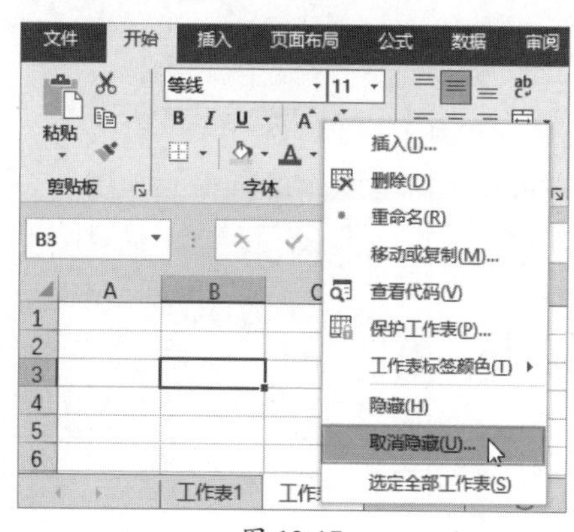

图 12-17

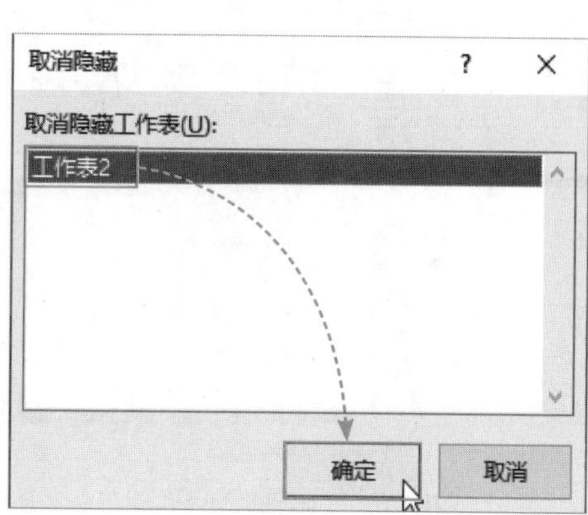

图 12-18

12.2 输入表格内容

在新建了Excel工作表后即可输入数据，下面介绍具体的操作步骤。

12.2.1 插入或删除行或列

在输入表格内容时，经常会遇到插入行或列的情况，下面介绍具体的操作步骤，首先打开“员工档案表 原始”，输入档案内容。

Step 01 选中A列任意单元格，在“开始”选项卡的“单元格”选项组中单击“插入”下拉按钮，在弹出的列表中选择“插入工作表列”选项，如图12-19所示。

Step 02 Excel会自动在选中的列左侧新建空白列，如图12-20所示。

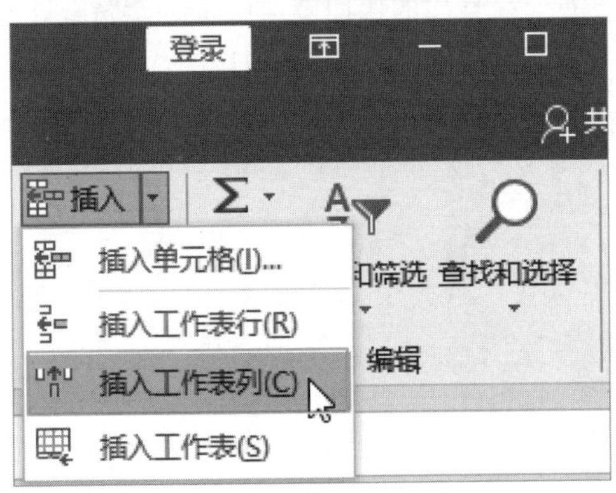

图 12-19

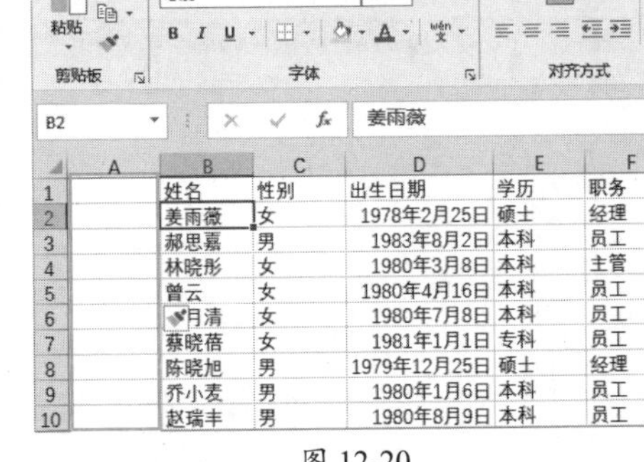

	A	B	C	D	E	F
1		姓名	性别	出生日期	学历	职务
2		姜雨薇	女	1978年2月25日	硕士	经理
3		郝思嘉	男	1983年8月2日	本科	员工
4		林晓彤	女	1980年3月8日	本科	主管
5		曾云	女	1980年4月16日	本科	员工
6		邱月清	女	1980年7月8日	本科	员工
7		蔡晓蓓	女	1981年1月1日	专科	员工
8		陈晓旭	男	1979年12月25日	硕士	经理
9		乔小麦	男	1980年1月6日	本科	员工
10		赵瑞丰	男	1980年8月9日	本科	员工

图 12-20

Step 03 选中B2单元格，右击，在弹出的快捷菜单中选择“插入”选项，如图12-21所示。

Step 04 在“插入”对话框中选中“整行”单选按钮，单击“确定”按钮，如图12-22所示。

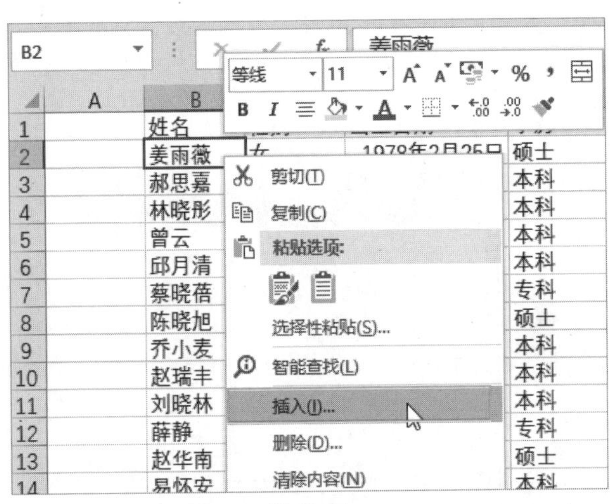

图 12-21

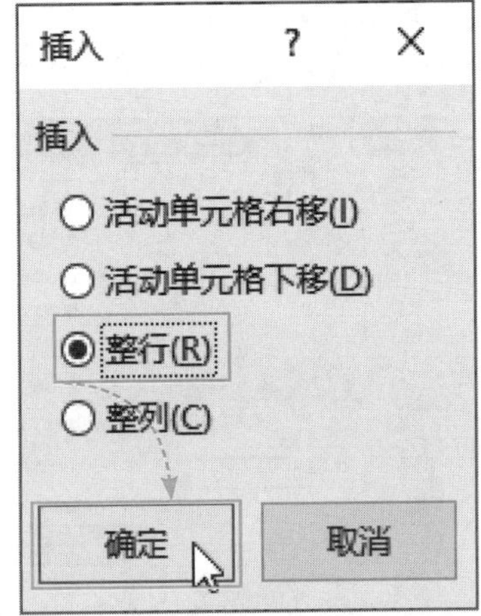

图 12-22

Step 05 此时会在B2单元格上方插入一行新的空白行，如图12-23所示。

Step 06 选中需要删除的行的任意单元格，在“开始”选项卡“单元格”选项组中，单击“删除”下拉按钮，在弹出的列表中选择“删除工作表行”选项，如图12-24所示。

	A	B	C	D
1		姓名	性别	出生日期
2				
3		姜雨薇	女	1978年2月25日
4		郝思嘉	男	1983年8月2日
5		林晓彤	女	1980年3月8日
6		曾云	女	1980年4月16日
7		邱月清	女	1980年7月8日
8		蔡晓蓓	女	1981年1月1日
9		陈晓旭	男	1979年12月25日
10		乔小麦	男	1980年1月6日

图 12-23

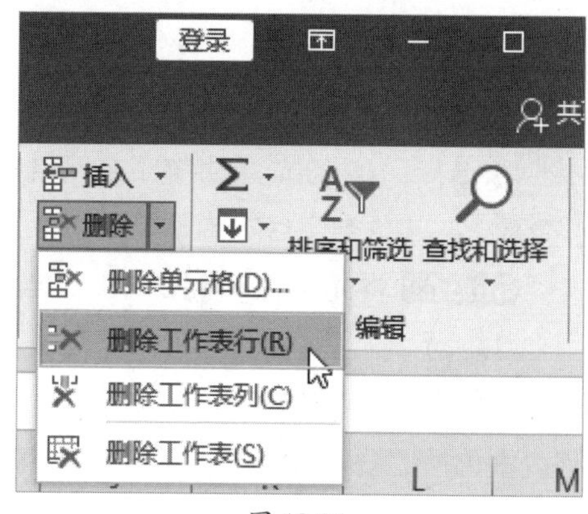

图 12-24

此时选择的单元格所在行被删除，列的删除方法和行的删除方法一致。

12.2.2 填充柄的使用

填充柄可以快速输入连续的或者一定规则的数列，也可以填充公式或者其他格式，下面介绍使用填充柄功能填充的步骤。

Step 01 在A1单元格输入标题“序号”，选中A2单元格，在“开始”选项卡的“数字”选项组中单击“常规”下拉按钮，在弹出的列表中选择“文本”选项，如图12-25所示。

Step 02 在A2单元格输入序号“001”，按住单元格右下角的填充柄，向下拖动到“A6”单元格，如图12-26所示。继续填充到A20单元格，完成A列的输入。

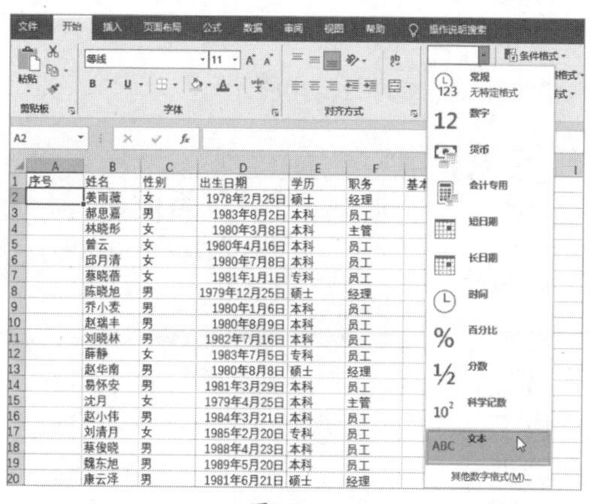

图 12-25

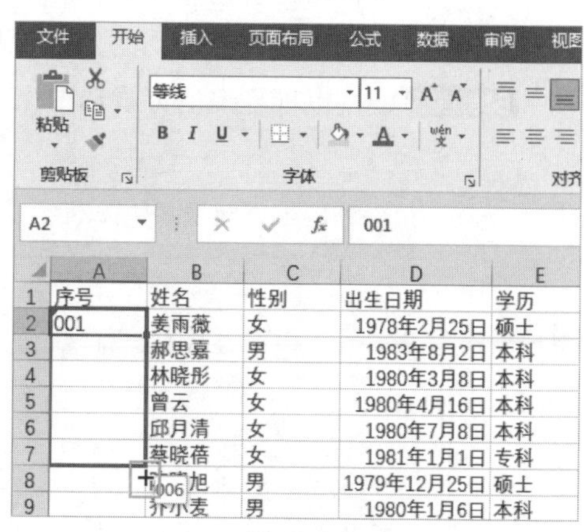

图 12-26

注意事项 “0”开头数字的输入

在这里将单元格格式改为“文本”，再输入“0”开头的数字才能正确显示，若按照“常规”格式输入数字，会自动将开头的“0”省略掉。

12.2.3 修改单元格格式

上面简单讲解了单元格格式的应用。单元格的格式有很多种，用户可以输入数字后再调整单元格格式。

Step 01 将光标移动到D列上，当光标变成向下的箭头时单击选中整个D列，如图12-27所示。

Step 02 在“开始”选项卡的“数字”选项组中单击“常规”下拉按钮，在弹出的列表中选择“短日期”选项，如图12-28所示。

fx 出生日期

C	D	E	F
性别	出生日期	学历	职务
女	1978年2月25日	硕士	经理
男	1983年8月2日	本科	员工
女	1980年3月8日	本科	主管
女	1980年4月16日	本科	员工
女	1980年7月8日	本科	员工
女	1981年1月1日	专科	员工
男	1979年12月25日	硕士	经理
男	1980年1月6日	本科	员工
男	1980年8月9日	本科	员工

图 12-27

图 12-28

Step 03 D列中的日期全部以短格式显示，如图12-29所示。

Step 04 使用鼠标拖曳的方式选中G2～G19单元格，如图12-30所示。

字体 对齐方式

fx 1978/2/25

C	D	E	F
性别	出生日期	学历	职务
女	1978/2/25	硕士	经理
男	1983/8/2	本科	员工
女	1980/3/8	本科	主管
女	1980/4/16	本科	员工
女	1980/7/8	本科	员工
女	1981/1/1	专科	员工
男	1979/12/25	硕士	经理

图 12-29

F	G	H
职务	基本工资	联系电话
经理	6000	187****4068
员工	4000	183****1927
主管	5000	187****7541
员工	3000	181****3302
员工	4000	183****4698
员工	3000	187****7632
经理	7000	181****3348
员工	4000	187****2896

图 12-30

Step 05 单击“常规”下拉按钮，在弹出的列表中选择“货币”选项，如图12-31所示。

Step 06 此时G2～G19单元格变为货币格式，如图12-32所示。

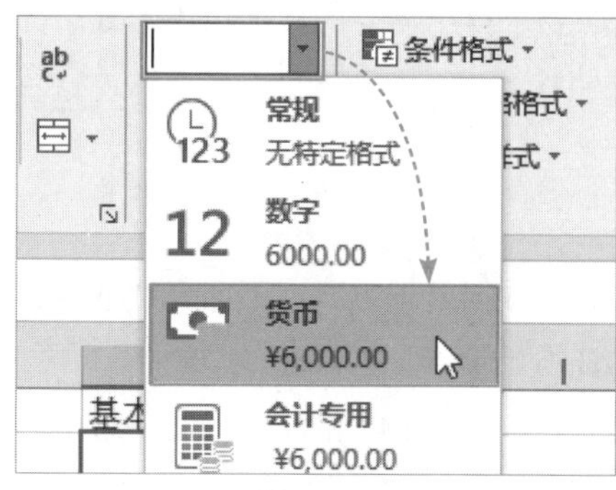

图 12-31

E	F	G	H
学历	职务	基本工资	联系电话
硕士	经理	¥6,000.00	187****4068
本科	员工	¥4,000.00	183****1927
本科	主管	¥5,000.00	187****7541
本科	员工	¥3,000.00	181****3302
本科	员工	¥4,000.00	183****4698
专科	员工	¥3,000.00	187****7632
硕士	经理	¥7,000.00	181****3348
本科	员工	¥4,000.00	187****2896
本科	员工	¥3,000.00	181****7413

图 12-32

动手练 调整单元格行高/列宽

单元格的调整包括行高和列宽的调整及对齐方式的调整。

Step 01 将光标放置在需要调节列宽的两列列号之间，当光标变成双向箭头时拖动光标进行调整，如图12-33所示。行高的调节与此类似。

Step 02 选中C列，在“开始”选项卡的“对齐”选项组中单击“居中”及“垂直居中”按钮，如图12-34所示。

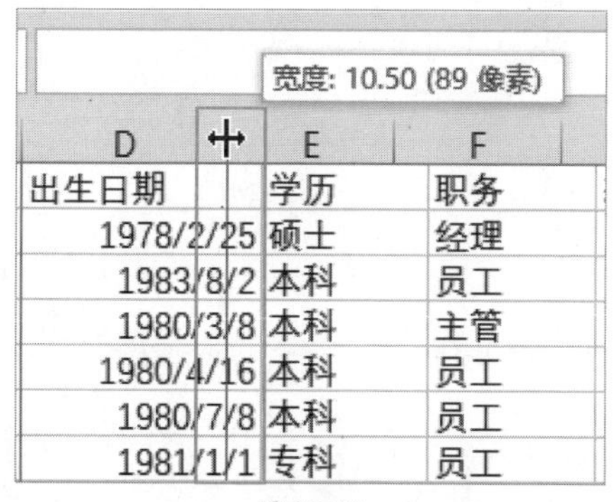

图 12-33

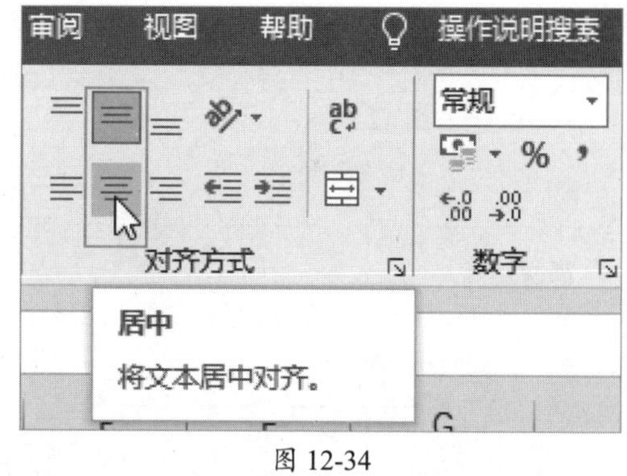

图 12-34

Step 03 按照同样的方法调整其他列和行，最后效果如图12-35所示。

K10

	A	B	C	D	E	F	G	H
1	序号	姓名	性别	出生日期	学历	职务	基本工资	联系电话
2	001	姜雨薇	女	1978/2/25	硕士	经理	¥6,000.00	187****4068
3	002	郝思嘉	男	1983/8/2	本科	员工	¥4,000.00	183****1927
4	003	林晓彤	女	1980/3/8	本科	主管	¥5,000.00	187****7541
5	004	曾云	女	1980/4/16	本科	员工	¥3,000.00	181****3302
6	005	邱月清	女	1980/7/8	本科	员工	¥4,000.00	183****4698

图 12-35

12.3 数据的高级操作

完成数据的录入后可以对数据进行处理，按照要求得出需要的数据组织形式，为决策提供数据支持，下面介绍一些常用的数据处理方法。

12.3.1 对数据进行排序

按照数据的某种属性进行排序的操作是最常见的数据处理方式。下面介绍数据排序的步骤，首先打开实例文件“抽检不合格产品明细 原始.xlsx”工作表。

Step 01 选中F列任意单元格，在“数据”选项卡的“排序和筛选”选项组中单击“升序”按钮，如图12-36所示。

Step 02 表格中的所有行会按照F列从小到大进行排序，如图12-37所示。

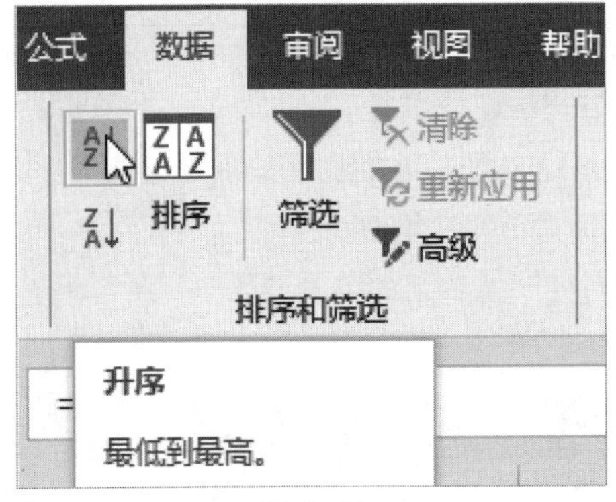

图 12-36

生产日期	生产车间	生产型号	当日产量	不合格数	不合格率
2020/3/3	电芯车间	CD105C	2301	2	0.09%
2020/3/3	电芯车间	CD50B	1256	3	0.24%
2020/3/3	装配车间	CD50B	1158	3	0.26%
2020/3/2	电极车间	CD50B负	7850	26	0.33%
2020/3/2	装配车间	CD105C	1478	5	0.34%
2020/3/1	电芯车间	CD80B	1580	8	0.51%
2020/3/2	电极车间	CD80C正	3650	25	0.68%
2020/3/3	电极车间	CD80A负	1203	9	0.75%
2020/3/1	电极车间	CD50B正	1250	10	0.80%
2020/3/2	装配车间	CD50B	3325	28	0.84%
2020/3/1	电极车间	CD105C	2540	22	0.87%
2020/3/1	电极车间	CD80C负	1320	21	1.59%
2020/3/2	电极车间	CD80A负	1520	33	2.17%
2020/3/1	装配车间	CD50B	1030	23	2.23%
2020/3/3	电极车间	NE42B	1123	33	2.94%

图 12-37

知识点拨

高级排序

在“排序和筛选”选项组中单击“排序”按钮，会启动高级排序对话框，可以设置按多个关键字排序，如图12-38所示。

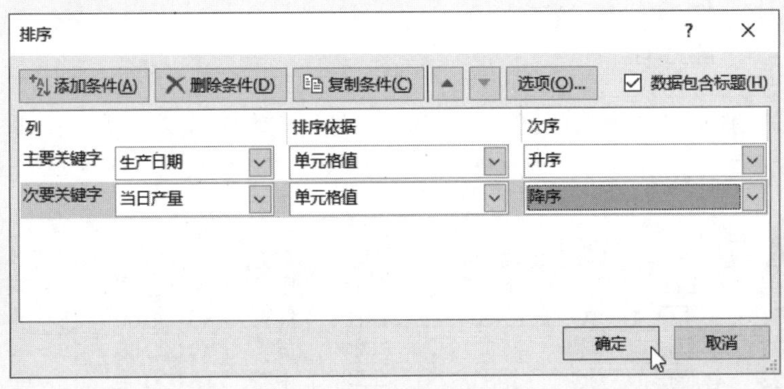

图 12-38

12.3.2 对数据进行筛选

数据的筛选可以将需要的数据快速筛选出来并隐藏无关数据，使结果满足用户的要求。

Step 01 选中有数据的任意单元格，在“数据”选项卡的“排序和筛选”选项组中单击“筛选”按钮，如图12-39所示。

Step 02 此时在数据表标题中出现筛选按钮，单击“生产车间”的“筛选”按钮，如图12-40所示。

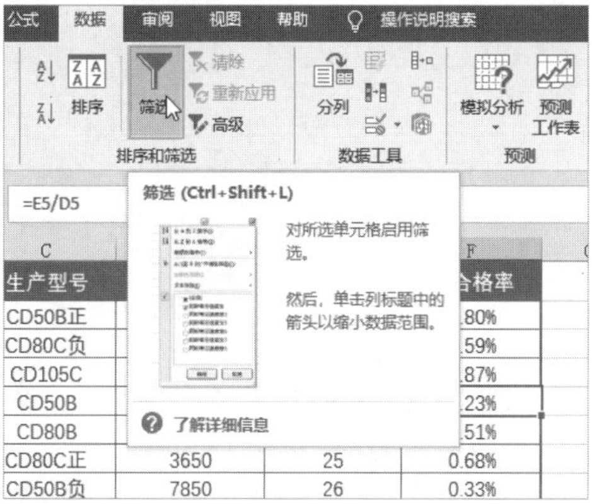

图 12-39

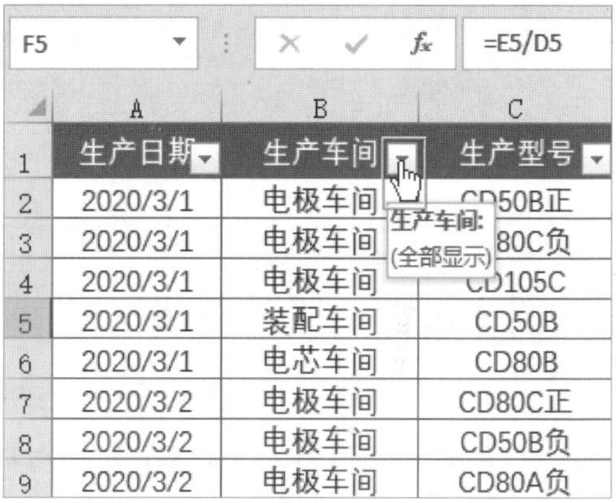

	A	B	C
1	生产日期	生产车间	生产型号
2	2020/3/1	电极车间	CD50B正
3	2020/3/1	电极车间	CD80C负
4	2020/3/1	电极车间	CD105C
5	2020/3/1	装配车间	CD50B
6	2020/3/1	电芯车间	CD80B
7	2020/3/2	电极车间	CD80C正
8	2020/3/2	电极车间	CD50B负
9	2020/3/2	电极车间	CD80A负

图 12-40

Step 03 只勾选“电芯车间”复选框，单击“确定”按钮，如图12-41所示。

Step 04 表格只显示“电芯车间”的相关数据，如图12-42所示，其他行都被隐藏起来。

图 12-41

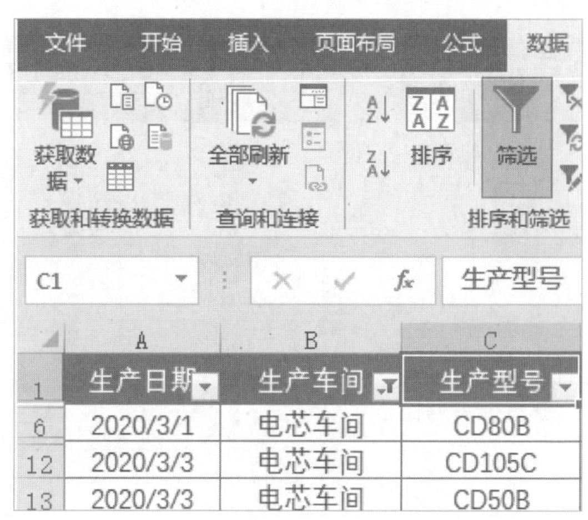

图 12-42

高级筛选

在筛选界面，除了可以选择项目外，对于数字类，还有筛选大于、小于、介于、低于平均值、高于平均值等更复杂的筛选功能，如图12-43所示。在这里还可以实现排序及高级排序的功能。如果要取消筛选，可以在“排序和筛选”选项组中，再次单击“筛选”按钮取消筛选。

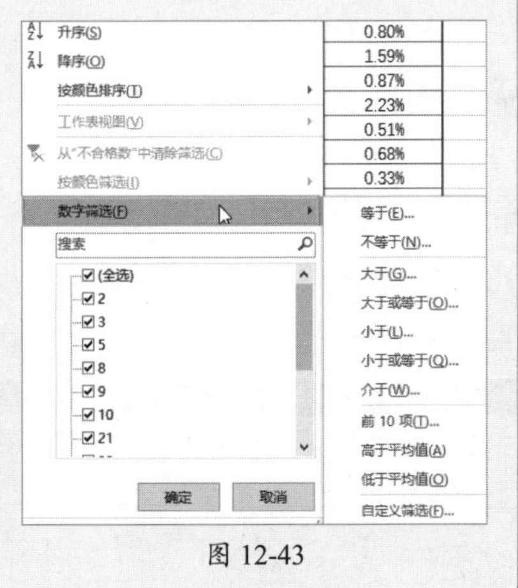

图 12-43

动手练 对数据进行分类汇总

扫码看视频

分类汇总是常用的数据分析的一种方法，在日常数据管理过程中，经常需要对数据进行分类汇总，分类汇总能够将同类数据的汇总结果体现在表格中，下面介绍如何进行分类汇总。

Step 01 分类汇总前需要对数据进行排序。选中B列任意单元格，在“数据”选项卡的“排序和筛选”选项组中单击“降序”按钮，如图12-44所示。

Step 02 在“数据”选项卡的“分级显示”选项组中单击“分类汇总”按钮，如图12-45所示。

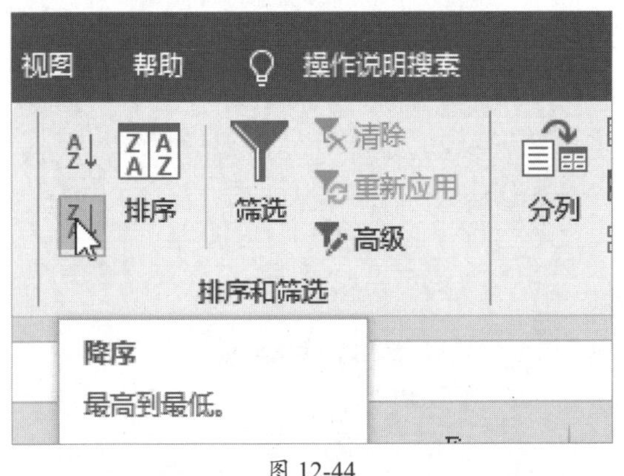

图 12-44

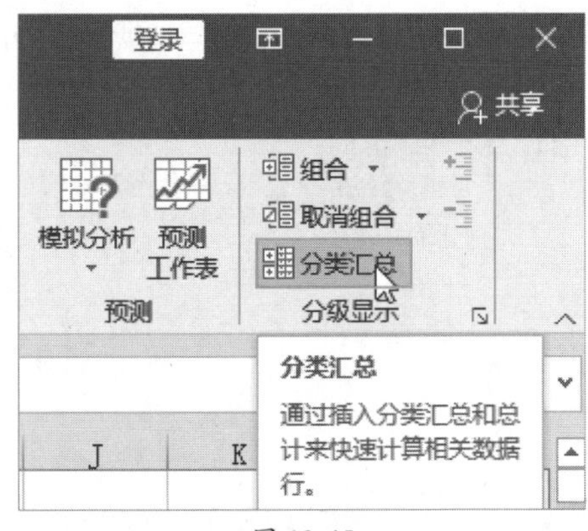

图 12-45

Step 03 在分类汇总对话框中单击“分类字段”下拉按钮，在弹出的列表中选择“生产车间”选项，如图12-46所示。

Step 04 在“汇总方式”中选择“求和”选项，在“选定汇总项”中只勾选“当日产量”复选框，单击“确定”按钮，如图12-47所示。

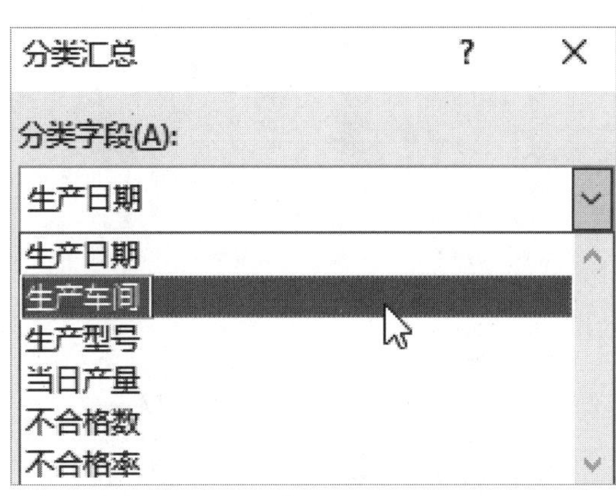

图 12-46

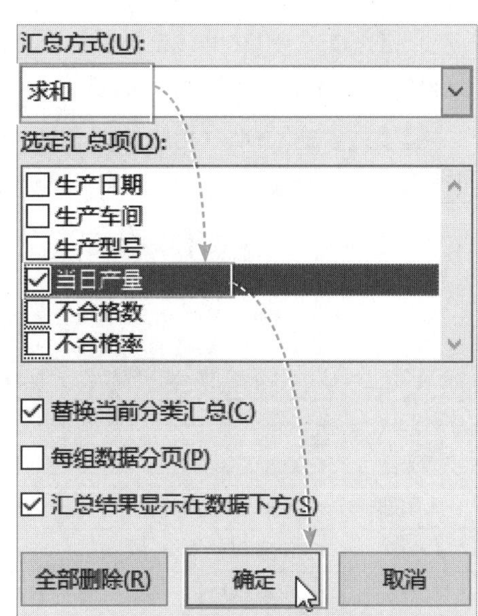

图 12-47

Step 05 表格按照生产车间进行分类，并进行了产量的求和计算，如图12-48所示，数据表即变成当日产量按照生产车间汇总的统计表了。

生产日期	生产车间	生产型号	当日产量	不合格数	不合格率
2020/3/1	装配车间	CD50B	1030	23	2.23%
2020/3/2	装配车间	CD50B	3325	28	0.84%
2020/3/2	装配车间	CD105C	1478	5	0.34%
2020/3/3	装配车间	CD50B	1158	3	0.26%
	装配车间 汇总		6991		
2020/3/1	电芯车间	CD80B	1580	8	0.51%
2020/3/3	电芯车间	CD105C	2301	2	0.09%
2020/3/3	电芯车间	CD50B	1256	3	0.24%
	电芯车间 汇总		5137		
2020/3/1	电极车间	CD50B正	1250	10	0.80%
2020/3/1	电极车间	CD80C负	1320	21	1.59%
2020/3/1	电极车间	CD105C	2540	22	0.87%
2020/3/2	电极车间	CD80C正	3650	25	0.68%
2020/3/2	电极车间	CD50B负	7850	26	0.33%
2020/3/2	电极车间	CD80A负	1520	33	2.17%
2020/3/3	电极车间	NE42B	1123	33	2.94%
2020/3/3	电极车间	CD80A负	1203	9	0.75%
	电极车间 汇总		20456		
	总计		32584		

图 12-48

12.4 公式与函数

公式是对工作表中的数据进行计算的等式，也是一种数学运算式。而函数则是预先编写的公式，可以对一个或多个值执行运算，并返回一个或多个值。函数可以简化和缩短工作表中的公式，尤其在用公式执行很长或很复杂的计算时。函数不能单独使用，需要嵌入到公式中使用。

12.4.1 在数据表中使用公式计算

普通公式的使用频率非常高，包括加、减、乘、除的运算。下面介绍使用公式计算员工应缴纳各项费用的步骤。

扫码看视频

Step 01 选中D2单元格，输入“=”，单击C2单元格，公式会自动引用C2单元格，继续输入“*8%”，如图12-49所示。单击任意单元格完成公式输入，计算出结果。

Step 02 拖动D2单元格的填充柄，计算出其他行的数据，如图12-50所示。用户按照该方法，结合实例文件的公式，可计算出其他列的数据。

所属部门	基本工资	养老保险	医疗保险
财务部	¥3,800.00	=C2*8%	
销售部	¥3,000.00		
人事部	¥3,500.00		
办公室	¥3,500.00		
人事部	¥3,500.00		
设计部	¥4,500.00		

图 12-49

	A	B	C	D
7	王丽霞	设计部	¥4,500.00	¥360.00
8	王玉	销售部	¥3,000.00	¥240.00
9	赵武	财务部	¥3,800.00	¥304.00
10	蒋梦婕	人事部	¥3,500.00	¥280.00
11	薛倩倩	办公室	¥3,500.00	¥280.00
12	吴明玉	办公室	¥3,500.00	¥280.00
13	赵丹	财务部	¥3,800.00	¥304.00
14	王凯	销售部	¥3,000.00	¥240.00
15	江与城	设计部	¥4,500.00	¥360.00
16	李连杰	人事部	¥3,500.00	¥280.00
17				

图 12-50

12.4.2 函数与公式结合使用

函数的使用涉及语法格式和参数。常用的函数有求和、求平均数等。下面以求和函数为例介绍函数的使用步骤。

Step 01 选中H2单元格，先输入公式“=C2-”，在“公式”选项卡的“插入函数库”选项组中单击“插入函数”按钮，如图12-51所示。

Step 02 找到并选中函数“SUM”，单击“确定”按钮，如图12-52所示。

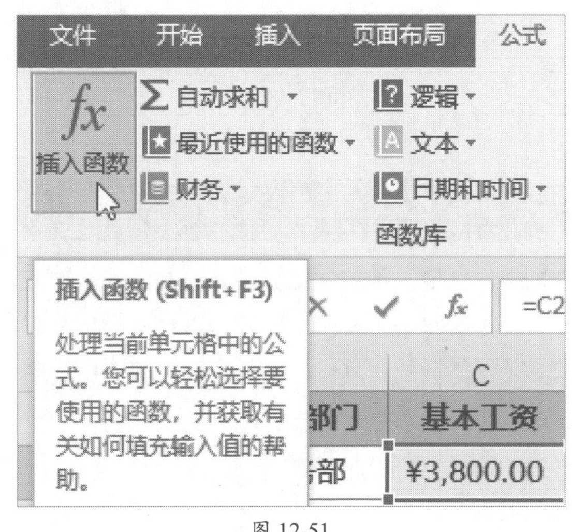

图 12-51

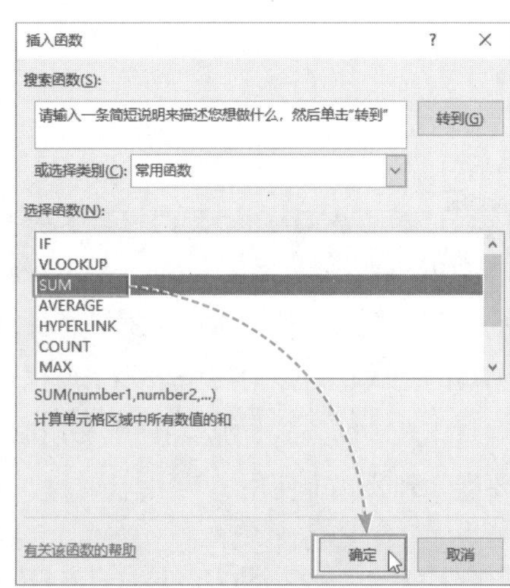

图 12-52

Step 03 弹出函数参数设置对话框，单击“Number1”后的“选择数据”按钮，如图12-53所示。

Step 04 在表格按住鼠标左键并拖动，选中D2～G2的单元格，如图12-54所示，按回车键完成选取。

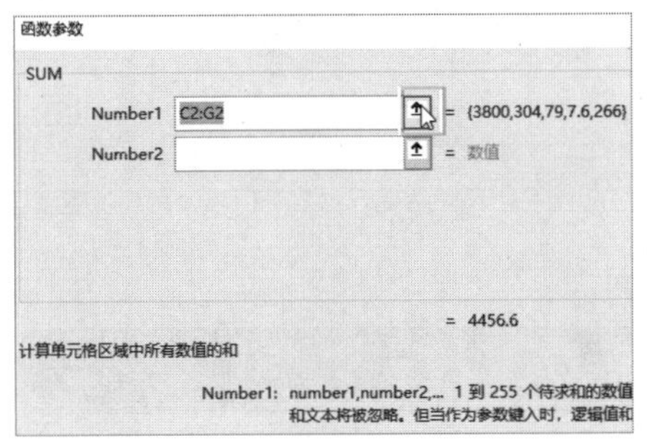

图 12-53

=C2-SUM(D2:G2)

B	C	D	E	F	G	H
所屬部门	基本工资	养老保险	医疗保险	失业保险	住房公积金	实发工资
财务部	¥3,800.00	¥304.00	¥79.00	¥7.60	¥266.00	D2:G2)
人事部	¥3,500.00	¥280.00	¥73.00	¥7.00	¥245.00	
设计部	¥4,500.00	¥360.00	¥93.00	¥9.00	¥315.00	
销售部	¥3,000.00	¥240.00	¥63.00	¥6.00	¥210.00	
财务部	¥3,800.00	¥304.00	¥79.00	¥7.60	¥266.00	
人事部	¥3,500.00	¥280.00	¥73.00	¥7.00	¥245.00	

函数参数 ? ×
D2:G2

图 12-54

Step 05 返回“函数参数”对话框中，单击“确定”按钮，如图12-55所示。

Step 06 返回编辑界面，H2单元格已经计算出来，使用填充柄完成H列其他行的计算，最终效果如图12-56所示。

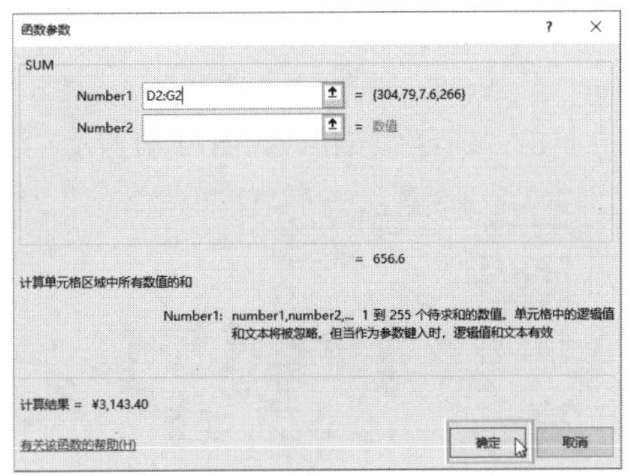

图 12-55

H2 =C2-SUM(D2:G2)

	A	B	C	D	E	F	G	H
1	姓名	所屬部门	基本工资	养老保险	医疗保险	失业保险	住房公积金	实发工资
2	李华	财务部	¥3,800.00	¥304.00	¥79.00	¥7.60	¥266.00	¥3,143.40
3	刘阳	销售部	¥3,000.00	¥240.00	¥63.00	¥6.00	¥210.00	¥2,481.00
4	张成明	人事部	¥3,500.00	¥280.00	¥73.00	¥7.00	¥245.00	¥2,895.00
5	马玉洁	办公室	¥3,500.00	¥280.00	¥73.00	¥7.00	¥245.00	¥2,895.00
6	赵可心	人事部	¥3,500.00	¥280.00	¥73.00	¥7.00	¥245.00	¥2,895.00
7	王丽霞	设计部	¥4,500.00	¥360.00	¥93.00	¥9.00	¥315.00	¥3,723.00
8	王玉	销售部	¥3,000.00	¥240.00	¥63.00	¥6.00	¥210.00	¥2,481.00
9	赵武	财务部	¥3,800.00	¥304.00	¥79.00	¥7.60	¥266.00	¥3,143.40
10	蒋梦婕	人事部	¥3,500.00	¥280.00	¥73.00	¥7.00	¥245.00	¥2,895.00
11	薛倩倩	办公室	¥3,500.00	¥280.00	¥73.00	¥7.00	¥245.00	¥2,895.00
12	吴明玉	办公室	¥3,500.00	¥280.00	¥73.00	¥7.00	¥245.00	¥2,895.00
13	赵丹	财务部	¥3,800.00	¥304.00	¥79.00	¥7.60	¥266.00	¥3,143.40
14	王凯	销售部	¥3,000.00	¥240.00	¥63.00	¥6.00	¥210.00	¥2,481.00
15	江与城	设计部	¥4,500.00	¥360.00	¥93.00	¥9.00	¥315.00	¥3,723.00
16	李连杰	人事部	¥3,500.00	¥280.00	¥73.00	¥7.00	¥245.00	¥2,895.00

图 12-56

动手练 打印Excel文档

扫码看视频

选中打印区域，在“文件”功能中选择“打印”选项，设置为“横向”打印，启动“页面设置”，如图12-57所示。在“页边距”选项卡中勾选“水平”“垂直”居中方式复选框，如图12-58所示。返回后查看预览，如图12-59所示。最后单击“打印”按钮即可打印。

图 12-57

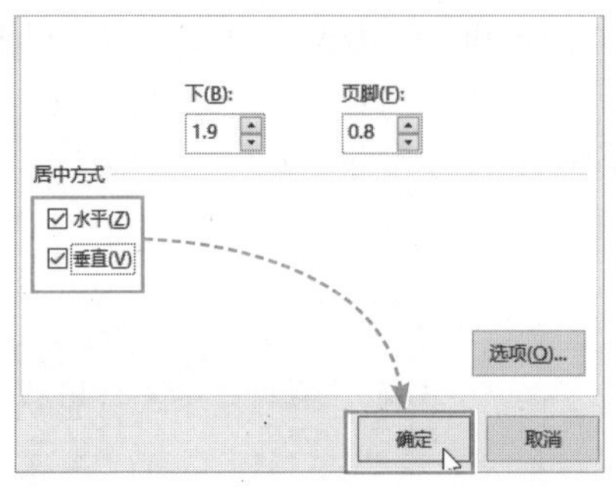

图 12-58

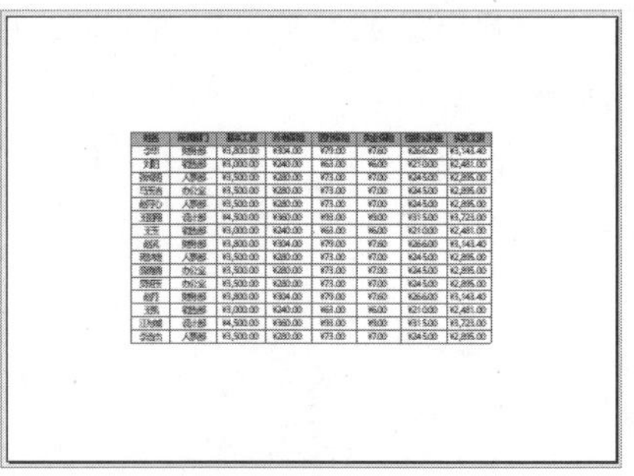
图 12-59

知识延伸：根据数据创建图表

图表可以让数据展示得更加直观、形象，通过数据可以直接创建图表。下面介绍具体的创建方法。

1. 创建普通图表

图表的创建方法有很多，常用的方法如下。

Step 01 打开实例文件“插入图表 原始”工作表，选中所有的数据单元格，在“插入”选项卡的“图表”选项组中，单击“推荐的图表”按钮，如图12-60所示。

Step 02 选择图表类型，如“簇状柱形图”，单击“确定”按钮，如图12-61所示。

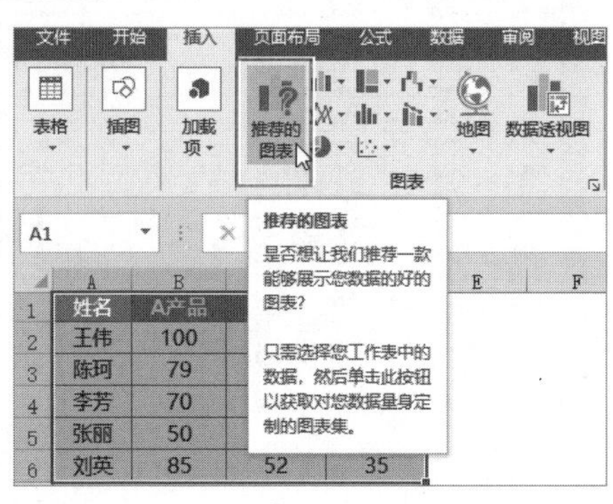

图 12-60

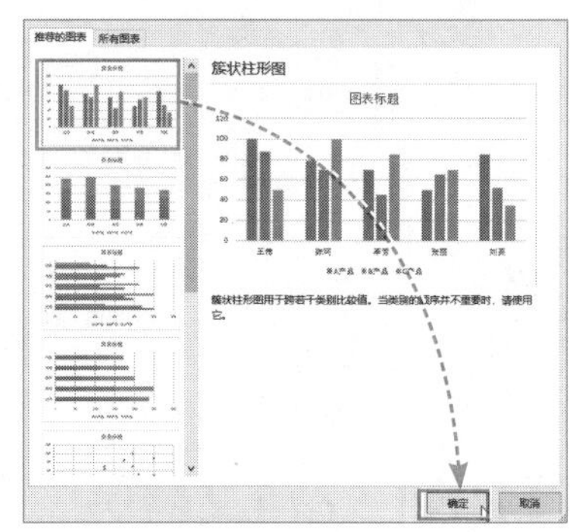

图 12-61

Step 03 返回界面中，调整图表的位置，完成后如图12-62所示。

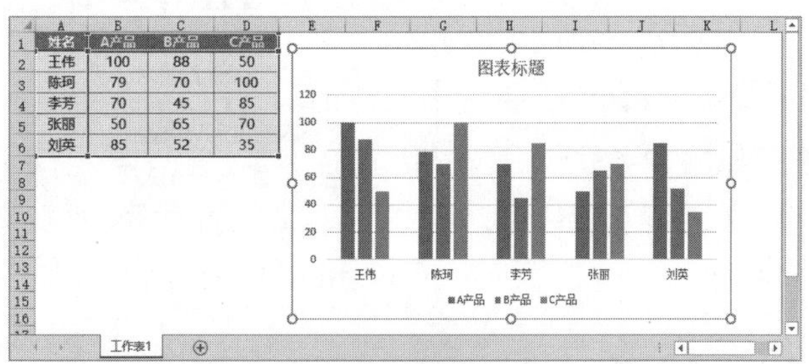

姓名	A产品	B产品	C产品
王伟	100	88	50
陈珂	79	70	100
李芳	70	45	85
张丽	50	65	70
刘英	85	52	35

图 12-62

2. 创建迷你图

Excel的迷你图可以直观地展示数据的走向，而且就在单元格中，使用非常方便。下面介绍具体的设置方法。

Step 01 首先打开“创建迷你图原始”工作表，在工作表中选择H2单元格，在“插入”选项卡的“迷你图”选项组中单击“折线”按钮，如图12-63所示。

Step 02 在“创建迷你图”对话框中单击“数据范围”后的“选择”按钮，如图12-64所示。

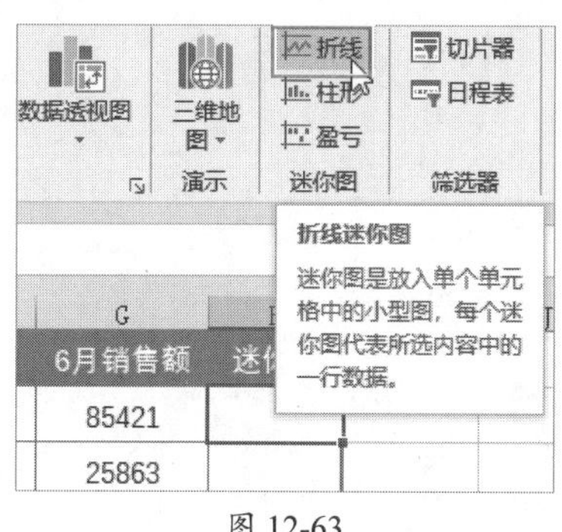

图 12-63

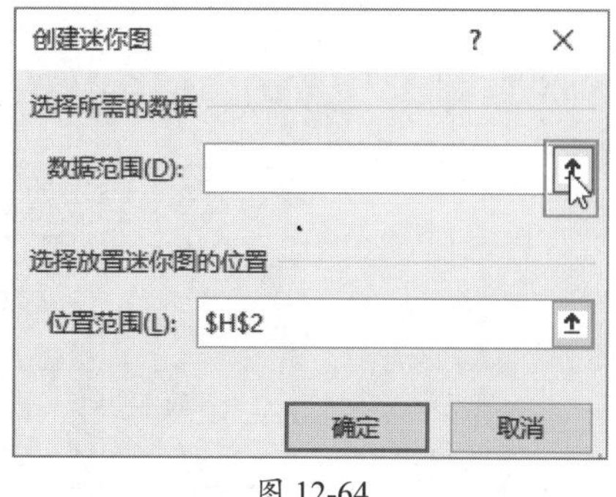

图 12-64

Step 03 回到数据表中，选中B2～G2单元格，单击“完成选择”按钮，如图12-65所示。

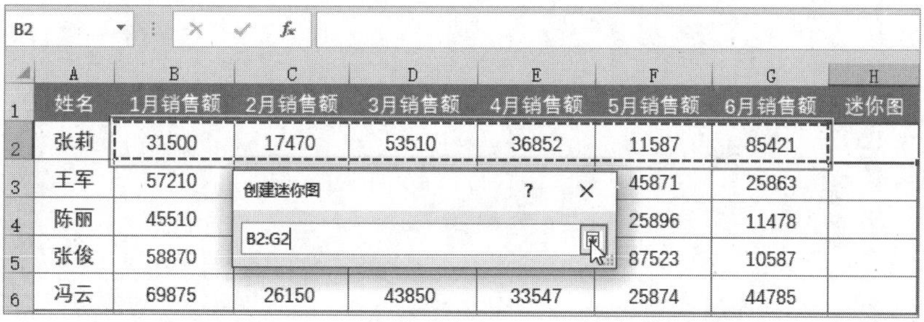

B2 fx

	A	B	C	D	E	F	G	H
1	姓名	1月销售额	2月销售额	3月销售额	4月销售额	5月销售额	6月销售额	迷你图
2	张莉	31500	17470	53510	36852	11587	85421	
3	王军	57210				45871	25863	
4	陈丽	45510				25896	11478	
5	张俊	58870				87523	10587	
6	冯云	69875	26150	43850	33547	25874	44785	

创建迷你图 ? ×

B2:G2

图 12-65

Step 04 返回“创建迷你图”对话框中，单击“确定”按钮，如图12-66所示。

Step 05 返回数据界面中，使用填充柄完成其他单元格迷你图的设置，最终效果如图12-67所示。

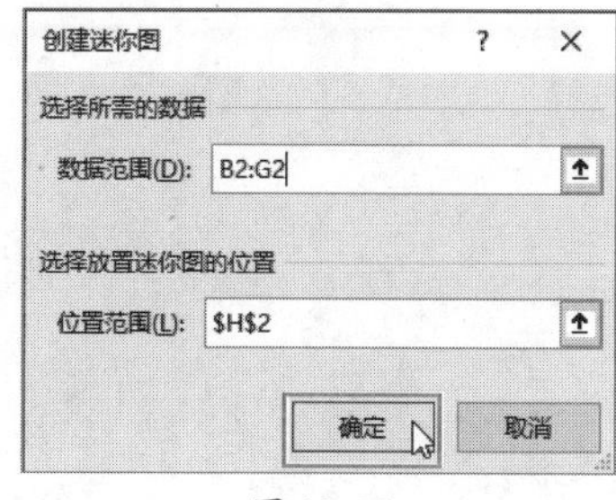

图 12-66

图 12-67

第13章 PPT演示文稿的应用

PowerPoint是制作演示文稿最常用的软件，一套演示文稿由多张幻灯片组成，所以演示文稿和幻灯片类似于工作簿与工作表的关系。在日常工作中，经常遇到汇报、讲解的情况，基本会使用演示文稿进行演示。本章将介绍演示文稿的一些常用操作。

13.1 演示文稿的基本操作

创建演示文稿、创建幻灯片、删除幻灯片等都属于演示文稿的基本操作。下面介绍其常用的基本操作。

13.1.1 演示文稿的创建和保存

在制作幻灯片前需要创建演示文稿，创建的方法同Office其他组件的创建方法类似。

Step 01 在桌面上找到PowerPoint的图标，双击启动软件，如图13-1所示。

Step 02 在“欢迎”界面中单击“空白演示文稿”按钮，如图13-2所示。

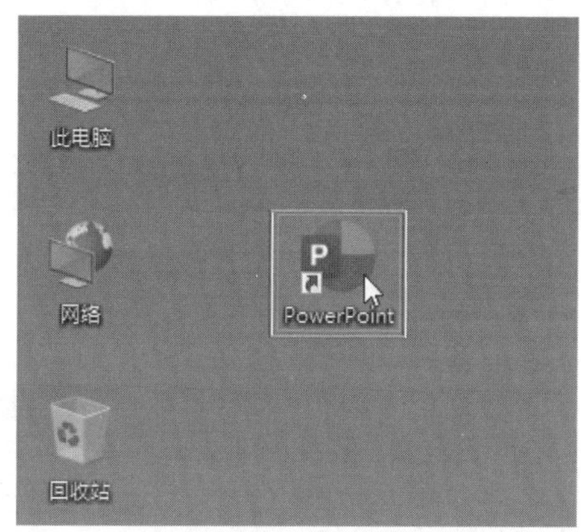

图 13-1

图 13-2

Step 03 输入文档内容，使用Ctrl+S组合键启动“保存”功能，弹出“另存为”界面，单击“浏览”按钮，如图13-3所示。

Step 04 选择保存的位置，重命名后单击“保存”按钮，如图13-4所示。

图 13-3

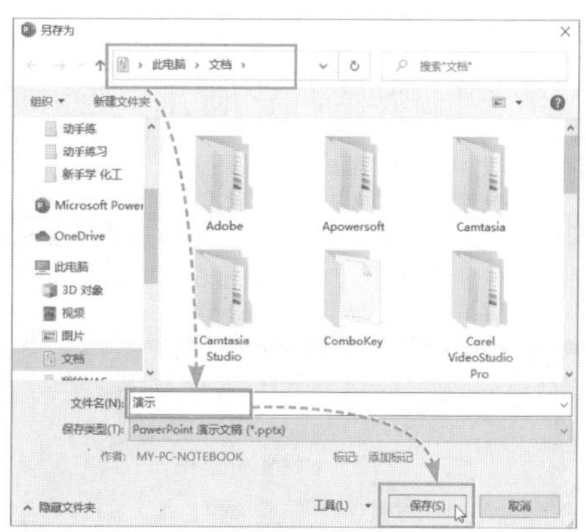

图 13-4

13.1.2 幻灯片的常用操作

扫码看视频

幻灯片的常用操作包括幻灯片的创建、删除、复制、移动等。下面介绍具体的操作步骤。

1. 新建幻灯片

新建幻灯片的方法有很多，这里介绍比较常用的一种。

Step 01 首先打开实例文件“幻灯片的基本操作”，在左侧的“幻灯片浏览”窗格中，在需要插入幻灯片的位置右击，在弹出的快捷菜单中选择“新建幻灯片”选项，如图13-5所示。

Step 02 会在两张幻灯片中间插入一张空白幻灯片，如图13-6所示。

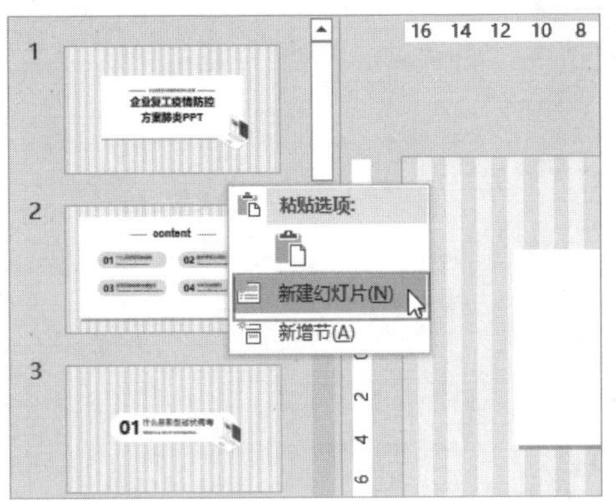

图 13-5

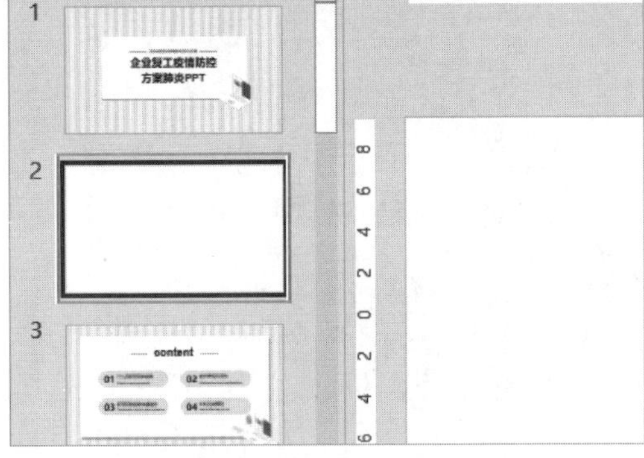

图 13-6

2. 删除幻灯片

选中需要删除的幻灯片，右击，在弹出的快捷菜单中选择“删除幻灯片”选项，如图13-7所示。

3. 移动幻灯片

选中需要移动的幻灯片，使用鼠标拖曳的方法将其拖动到插入位置，如图13-8所示，松开鼠标完成移动。

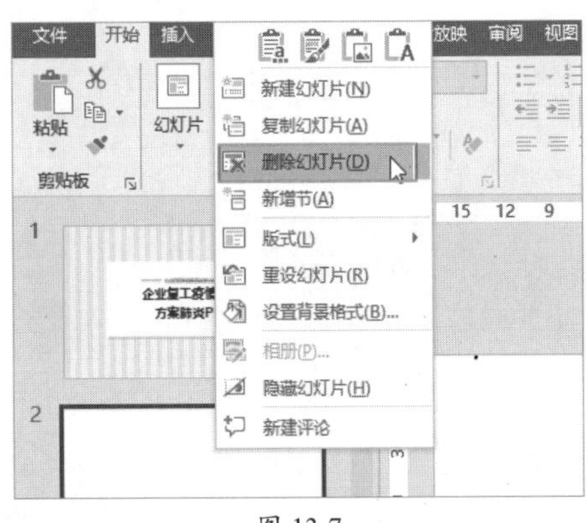

图 13-7

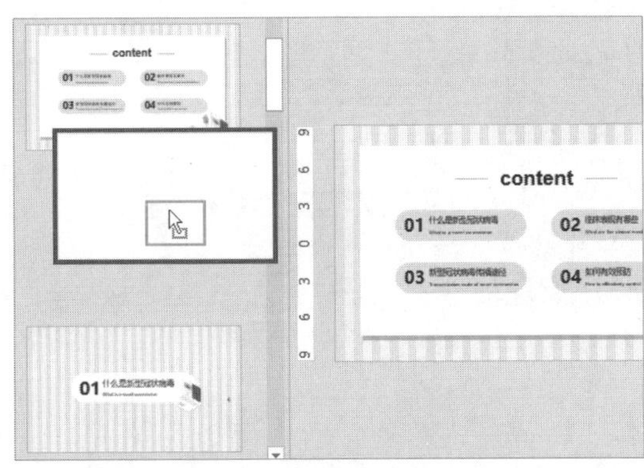

图 13-8

4. 复制幻灯片

选中需要复制的幻灯片，右击，在弹出的快捷菜单中选择“复制”选项，如图13-9所示。在粘贴的位置右击，在“粘贴选项”选项卡中选择“使用目标主题”选项，如图13-10所示。

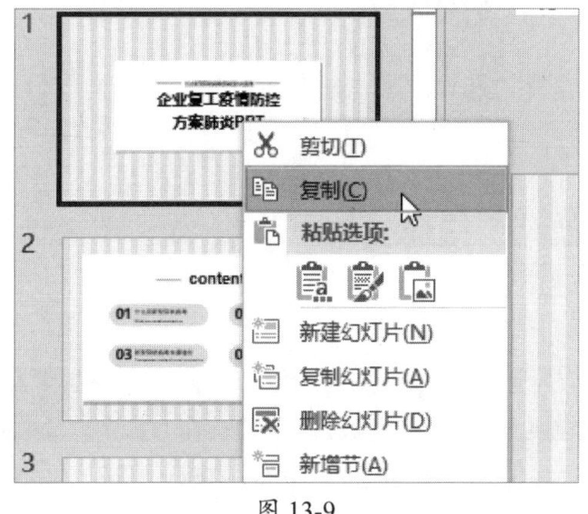

图 13-9

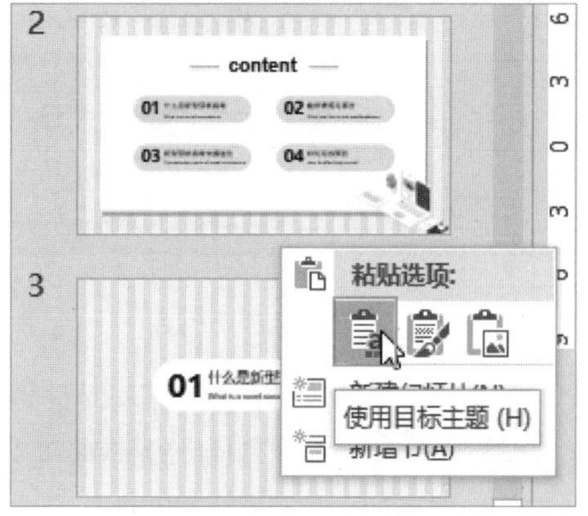

图 13-10

动手练 为幻灯片添加图片

扫码看视频

为幻灯片添加图片的方法和在Word中插入图片的方法类似。

Step 01 打开实例文件“幻灯片基本操作”，切换到第4张幻灯片，在“插入”选项卡的“图像”选项组中单击“图片”下拉按钮，在弹出的列表中选择“此设备”选项，如图13-11所示。

Step 02 在“插入图片”对话框中找到并选中图片，单击“插入”按钮，如图13-12所示。

图 13-11

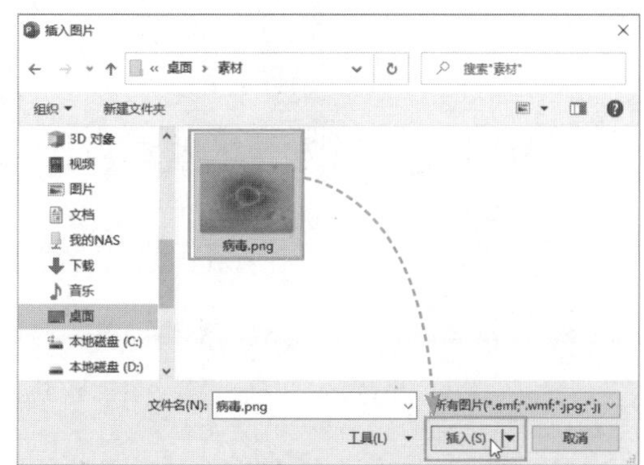

图 13-12

知识点拨

其他插入图片的方式

用户也可以将图片拖动到幻灯片中，完成插入操作。

移动并调整好图片的位置和大小，最终效果如图13-13所示。

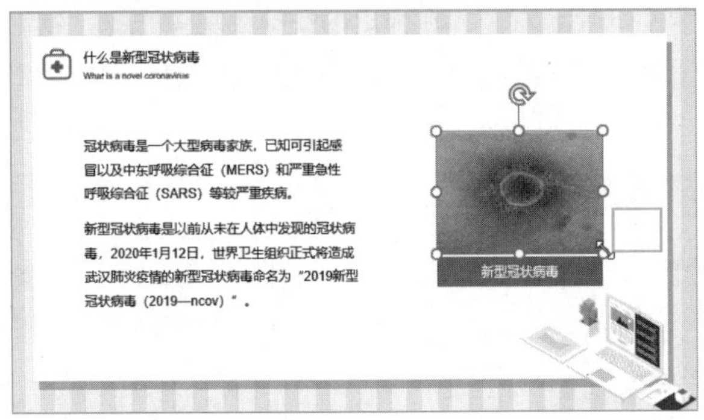

图 13-13

13.2 为幻灯片添加多媒体

添加多媒体内容，包括为幻灯片添加音频及视频的操作。下面介绍具体步骤。

13.2.1 为幻灯片添加音频

扫码看视频

为幻灯片添加音频作为背景音乐使用，可以在演示时营造氛围。

Step 01 打开实例文件“插入音频 原始”，选中幻灯片，在“插入”选项卡的“媒体”选项组中，单击“音频”下拉按钮，在弹出的列表中选择“PC上的音频”选项，如图13-14所示。

Step 02 选中音频，单击“插入”按钮，如图13-15所示。

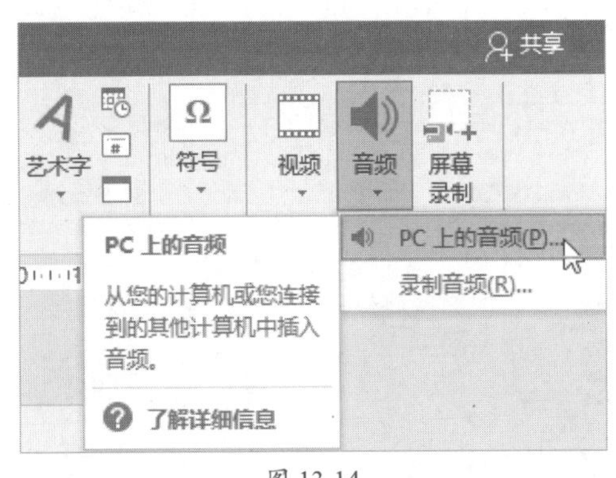

图 13-14

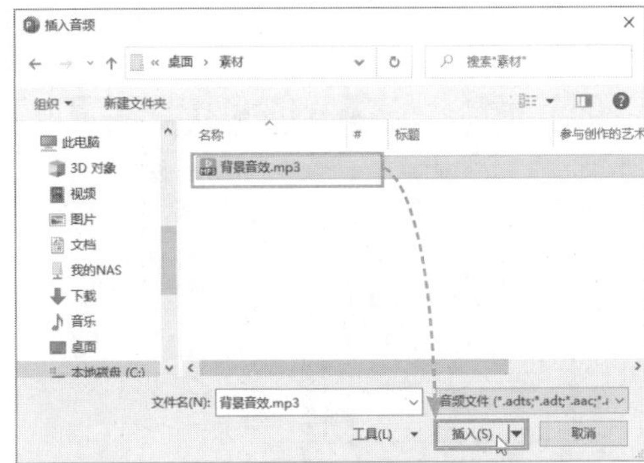

图 13-15

Step 03 插入后，拖动音频图标调整位置，通过控制角点可以调整音频控件的大小。调整完毕后如图13-16所示。

Step 04 在“音频工具-播放”选项卡的“音频选项”选项组中，勾选“跨幻灯片播放”“循环播放，直到停止”“放映时隐藏”复选框，将“开始”设置为“自动”，如图13-17所示，这样就完成了背景音乐的添加。

图 13-16

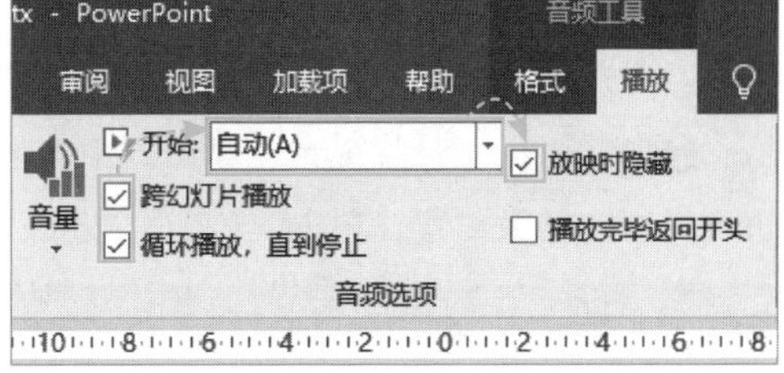

图 13-17

知识点拨

音频控制柄的作用

音频控制柄可以控制音频的播放，可以暂停或继续播放、定位播放点、快退快进、查看播放时间和静音。

13.2.2 为幻灯片添加视频

为幻灯片添加视频文件，可以在播放时播放该视频，更加生动地展示作者的表述内容，增强幻灯片的表现效果。

Step 01 打开实例文件“PPT教学 原始”，切换到第3张幻灯片，找到视频文件并拖入幻灯片中，如图13-18所示。

Step 02 将视频拖动到合适位置，通过控制角点调整视频框的大小，如图13-19所示。

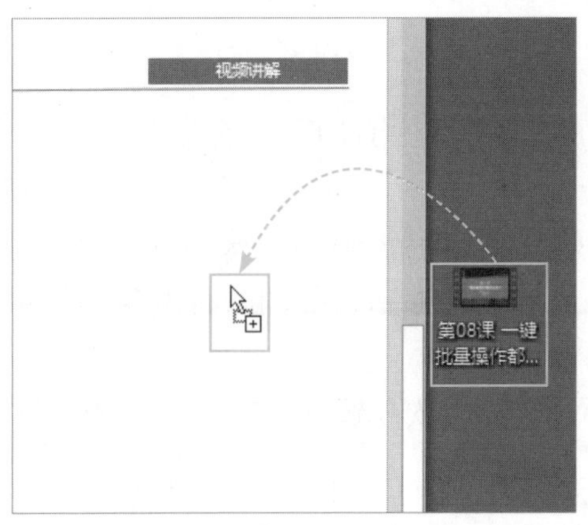

图 13-18

图 13-19

动手练 视频的剪裁

扫码看视频

PowerPoint还提供视频的剪辑功能，可以简单调整视频播放的内容，该操作对于音频文件也同样适用。

Step 01 选中插入的视频，在“视频工具-播放”选项卡的“编辑”选项组中单击“剪裁”按钮，如图13-20所示。

Step 02 在“剪裁视频”对话框中，拖动绿色滑块到保留的开始位置，拖动红色滑块到保留的结束位置，单击“确定”按钮，如图13-21所示，完成剪裁。

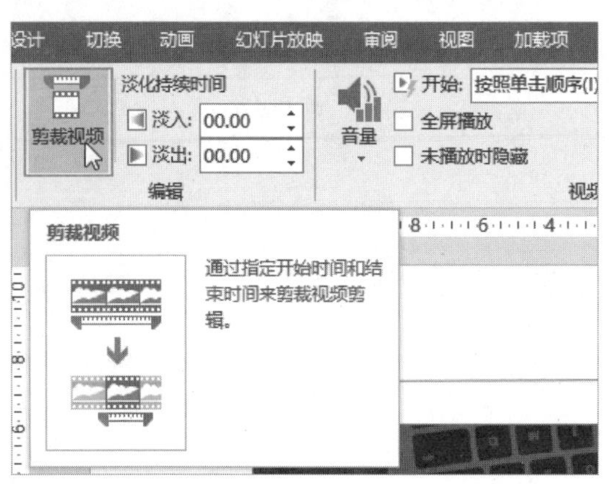

图 13-20

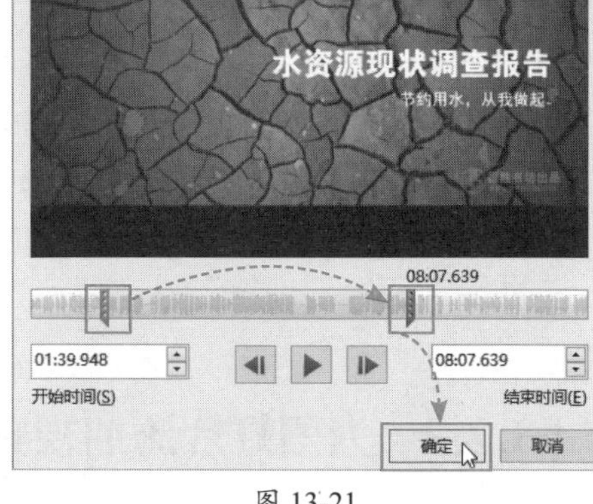

图 13-21

13.3 为幻灯片添加转场和动画效果

除了音频和视频外，还可以为幻灯片添加转场效果以及为幻灯片上的元素添加动画效果。下面介绍添加及设置的步骤。

13.3.1 为幻灯片添加转场效果

所谓转场效果就是幻灯片切换时的动画。PowerPoint中内置了很多转场效果，用户可以直接使用。

Step 01 打开实例文件“设置幻灯片切换效果 原始”，选择第2张幻灯片，在“切换”选项卡的“切换到此幻灯片”选项组中单击“其他”按钮，在下拉列表中选择“百叶窗”选项，如图13-22所示。

Step 02 返回编辑界面进行预览，用户也可以在“预览”选项组中单击“预览”按钮查看效果，如图13-23所示。

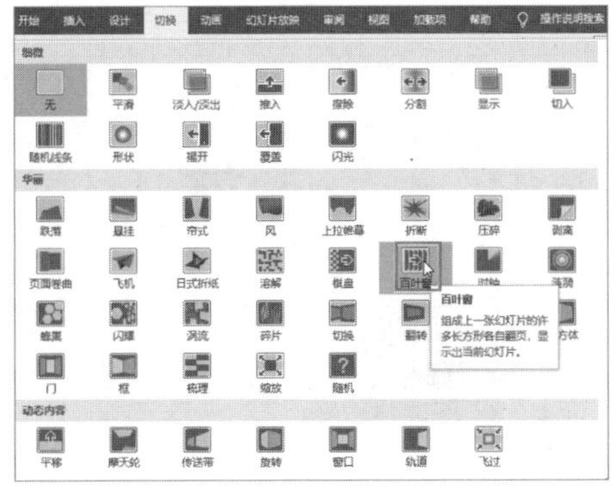

图 13-22

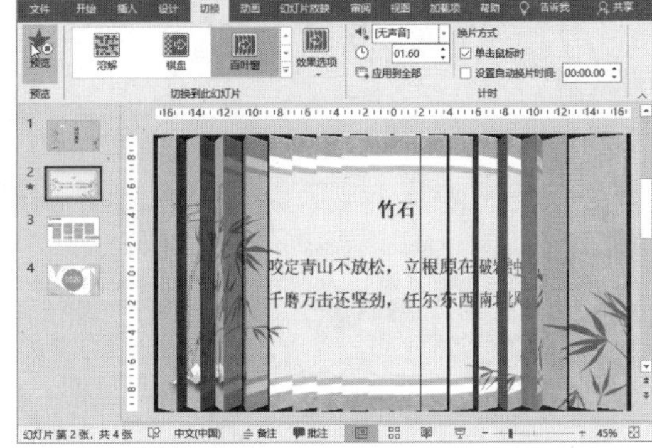

图 13-23

Step 03 选择第4张幻灯片，按照同样方法选择“碎片”选项，如图13-24所示。

Step 04 在“切换到此幻灯片”选项组中单击“效果选项”下拉按钮，在弹出的列表中选择“粒状向内”选项，如图13-25所示，可以更改“碎片”效果的类别。

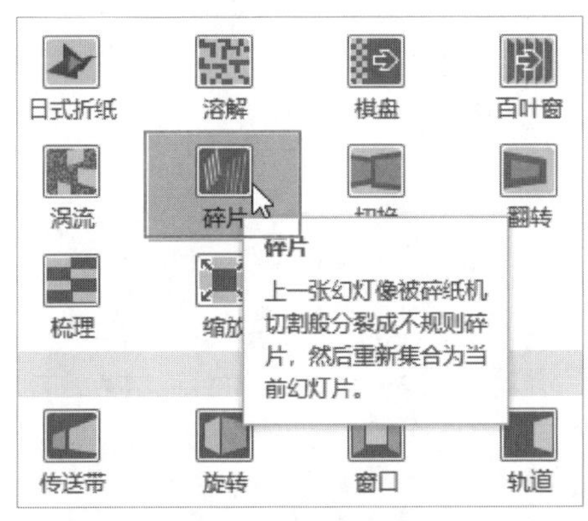

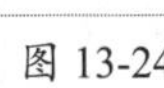

图 13-24

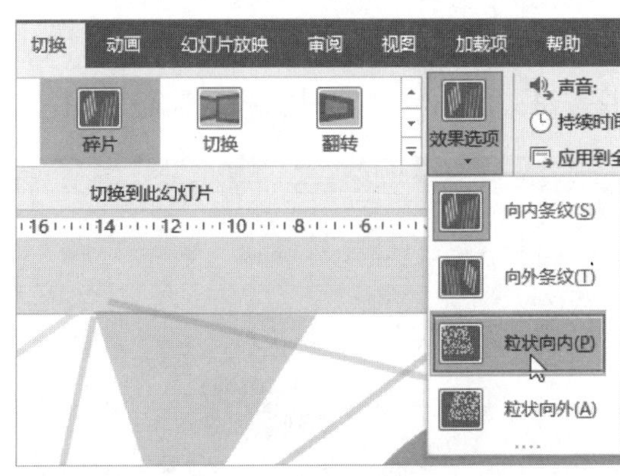

图 13-25

13.3.2 为幻灯片添加动画效果

幻灯片中的元素可以添加动画效果，使演示过程更加炫酷。下面介绍为幻灯片添加动画效果的步骤。

Step 01 打开实例文件“设置幻灯片动画 原始”，在第1张幻灯片中，选中文本框“工作汇报”，在“动画”选项卡的“动画”选项组中单击“其他”按钮，在弹出的列表中选择“轮子”动画效果，如图13-26所示。

Step 02 返回到编辑界面，可以看到该动画的预览效果，如图13-27所示。

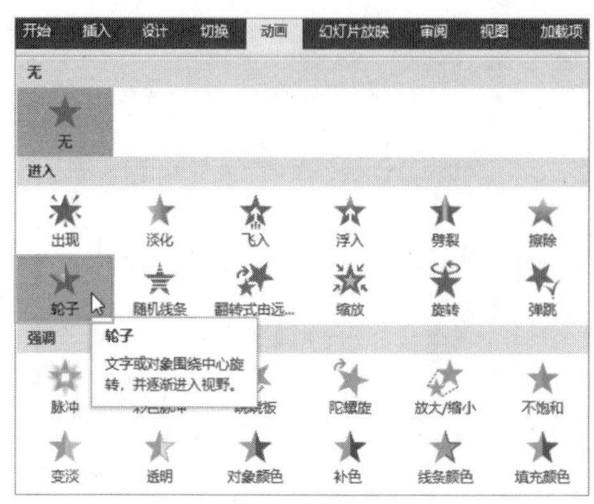

图 13-26

图 13-27

Step 03 在第2张幻灯片中，将文本“一闪一闪亮晶晶”设置为“脉冲”效果。在第3张幻灯片中，将文本“企业复工疫情防控指南”设置为“擦除”。单击“效果选项”下拉按钮，在弹出的列表中选择“自顶部”选项，如图13-28所示。

Step 04 选中第4张幻灯片的“太阳”图片，在“动画”选项组中单击“其他”下拉按钮，在弹出的列表中选择“自定义路径”按钮，如图13-29所示。

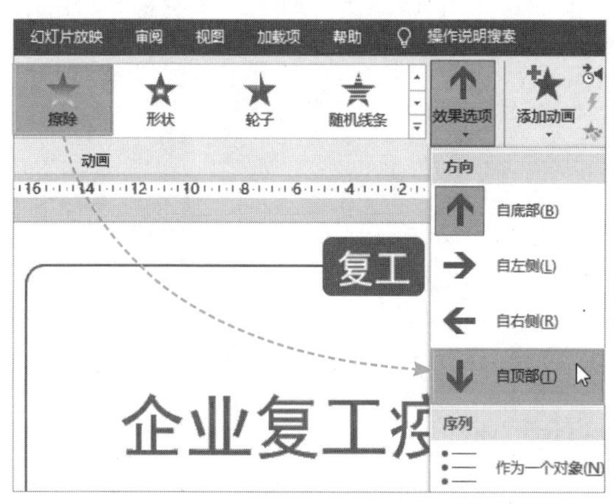

图 13-28

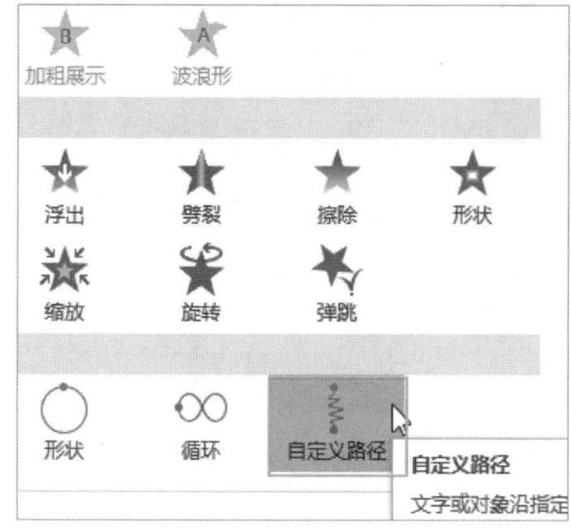

图 13-29

Step 05 移动鼠标绘制出太阳的运动路径，如图13-30所示，按回车键完成。

图 13-30

小太阳图片会按照运行轨迹运动到指定位置。

Step 06 选中第5张幻灯片的文本框，设置为“飞入”动画，在“效果选项”中选择“自左侧”选项，如图13-31所示。

Step 07 继续选中文本框，在“动画”选项卡的“高级动画”选项组中单击“添加动画”下拉按钮，在弹出的列表中选择“飞出”选项，如图13-32所示。

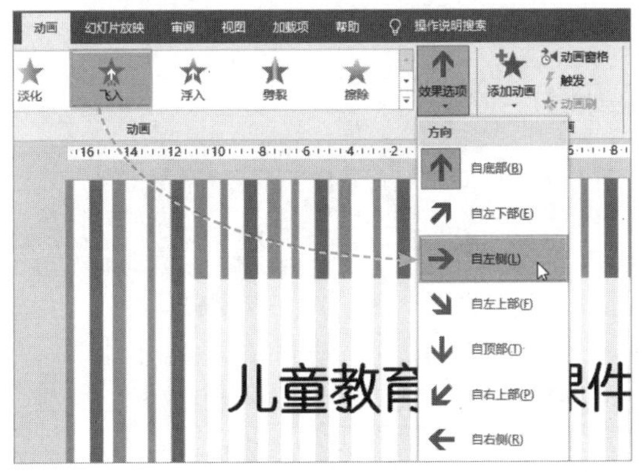

图 13-31

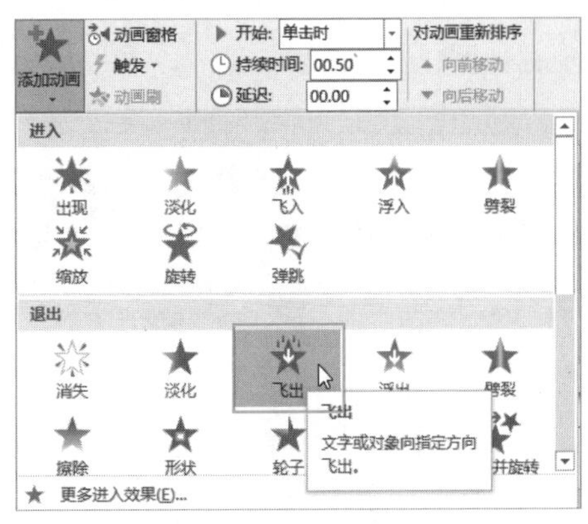

图 13-32

Step 08 将“飞出”动画的“效果选项”设置为“到右侧”，如图13-33所示。

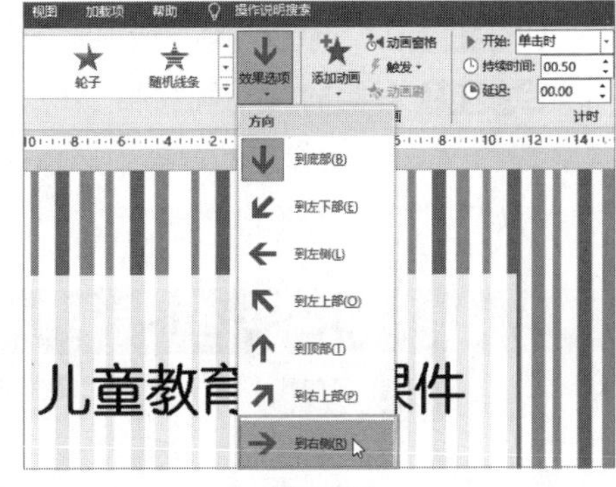

图 13-33

注意事项 **多个动画的选择**

按照上面的步骤，第5张幻灯片的文本框就有两个动画效果。选择文本框，就选择了两个动画。如果要分别选择动画进行设置，可以单击文本框前的动画序号，如图13-34所示。

图 13-34

动手练 设置动画自动播放

默认情况下，动画启动是在用户单击时。用户也可以设置成自动播放，多个动画也可以设置成连续播放。

Step 01 在第5张幻灯片中选中文本框，单击动画“1”标签，在“动画”选项卡的“计时”选项组中单击“开始”下拉按钮，在弹出的列表中选择“与上一动画同时”选项，如图13-35所示。

Step 02 将“持续时间”设置为“1”，如图13-36所示。

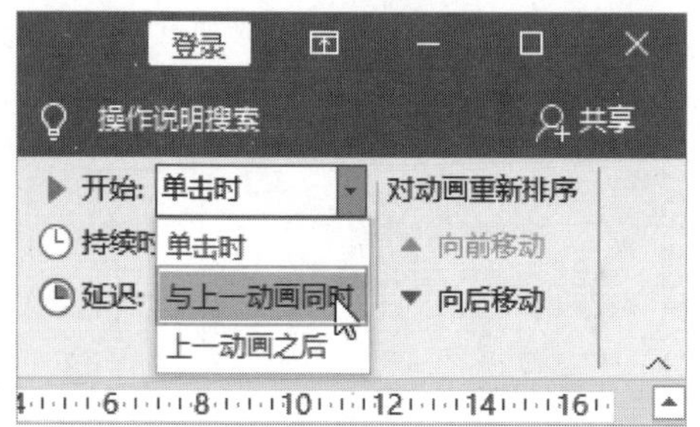

图 13-35

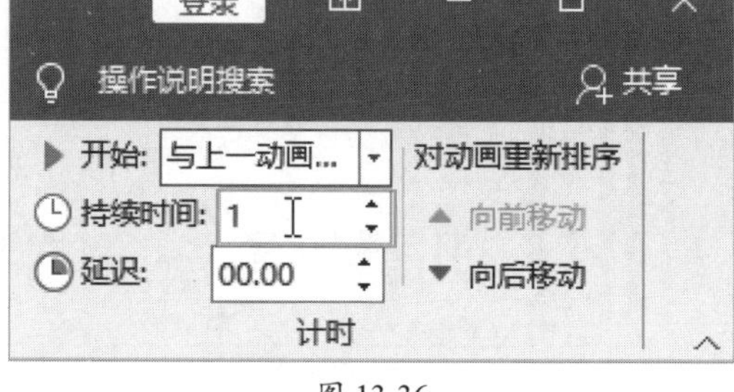

图 13-36

Step 03 在“高级动画”选项组中单击“动画窗格”按钮，如图13-37所示。

Step 04 右侧的“动画窗格”中，在“1 文本框2”上右击，在弹出的列表中选择“从上一项之后开始”选项，如图13-38所示。

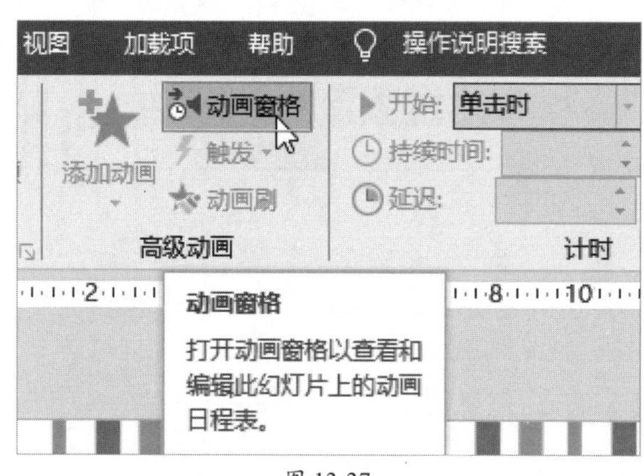

图 13-37

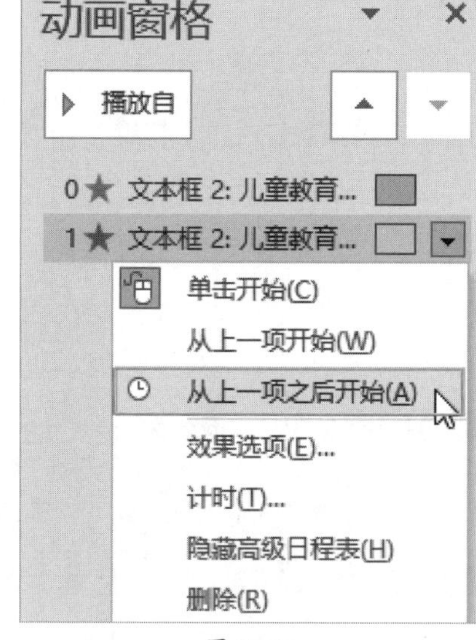

图 13-38

Step 05 将持续时间设置为“1”，动画设置完毕，用户可以预览效果。

动画窗格的高级应用

如果有多个动画，可以在动画窗格中查看并设置每个动画的启动、相互之间的关系、调整动画的顺序、删除动画、设置效果、计时等高级功能。

知识延伸：在幻灯片中添加超链接

超链接的主要作用是跳转，在演示过程中经常需要跳转到其他页面，如在任意页面返回到目录中。使用超链接可以一键跳转到指定的幻灯片，还可以载入其他的页面或者文档，非常方便。

Step 01 打开实例文件“添加超链接 原始”，在第2张幻灯片中选中文本框“李白简介”，如图13-39所示。

Step 02 在“插入”选项卡的“链接”选项组中单击“链接”按钮，如图13-40所示。

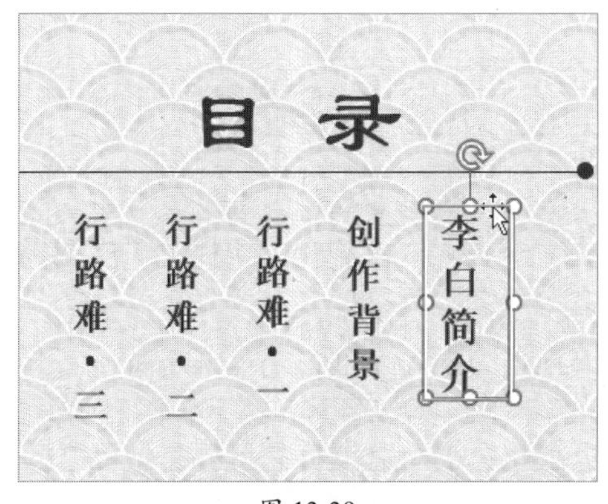

图 13-39

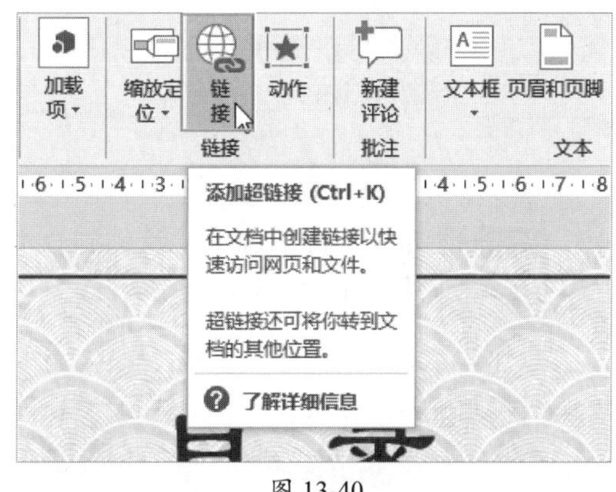

图 13-40

Step 03 在“插入超链接”对话框中单击“本文档中的位置”，选中“幻灯片3”，可以查看预览，确认无误后单击“确定”按钮，如图13-41所示。

Step 04 放映幻灯片时，当光标移动到文本上，指针会变成手指形状，代表有超链接，如图13-42所示。

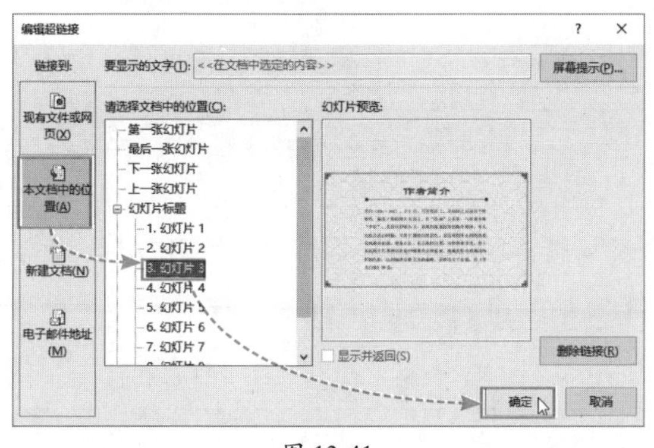

图 13-41

图 13-42

Step 05 按照同样的方法，为其他目录项创建超链接到对应的幻灯片。

Step 06 接下来设置每个页面到目录的返回按钮。定位到第3张幻灯片，在“插入”选项卡的“插图”选项组中单击“图标”按钮，如图13-43所示。

Step 07 PowerPoint打开微软提供的素材界面，找到并选择需要的图标，单击“插入”按钮，如图13-44所示。

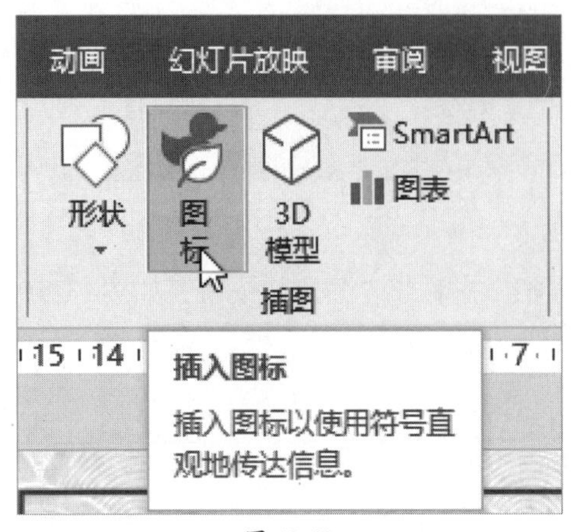

图 13-43

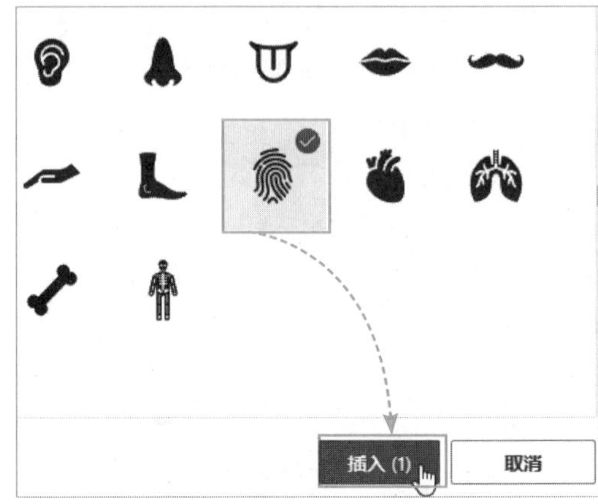

图 13-44

Step 08 调整图标的大小并移动到合适的位置，右击，在弹出的快捷菜单中选择“超链接”选项，如图13-45所示。

Step 09 找到并选中目录页，单击“确定”按钮，如图13-46所示。在演示时，单击此按钮就能跳转回目录页。

图 13-45

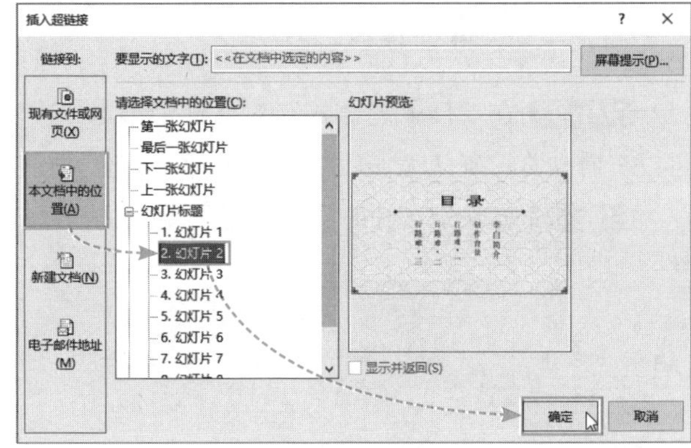

图 13-46

Step 10 选中图标后，按Ctrl+C组合键复制，在第4～7页幻灯片上使用Ctrl+V组合键粘贴，这样每一页都有跳转到目录的图标了。

知识点拨

幻灯片的播放

可以使用“F5”快捷键从头开始播放幻灯片，也可使用Shift+F5组合键，从当前编辑的页面开始播放。